工业和信息化部“十四五”规划教材

华为系列丛书

华为云计算 HCIA实验指南

（第二版）

王隆杰　杨名川　齐　坤　主编
肖　斌　王金周　审校

電子工業出版社
Publishing House of Electronics Industry
北京 • BEIJING

内 容 简 介

本书分为 FusionCompute 和 FusionAccess 两篇，共 9 章，内容覆盖华为云计算 HCIA 认证课程的内容。作者精心构思了一个实验拓扑，以最少的设备完成本书的实验。在华为云计算解决方案中，FusionCompute 负责底层的计算虚拟化；FusionAccess 负责桌面云。FusionCompute 篇介绍 FusionCompute 的安装、虚拟机的管理、如何连接常见的存储、分布式交换机的使用、在集群中实现高可用性和主机电源的自动调度，以及系统的监控；FusionAccess 篇介绍 FusionAccess 软件的安装过程、各种虚拟机模板的制作、虚拟机组和桌面组的管理。

本书是华为云计算 HCIA 课程的配套资料，讲解细致，适合准备参加华为云计算 HCIA 认证的学习者、华为云计算工程师以及大专院校相关专业师生阅读。

图书在版编目（CIP）数据

华为云计算 HCIA 实验指南 / 王隆杰，杨名川，齐坤主编. —2 版. —北京：电子工业出版社，2021.8
（华为系列丛书）
ISBN 978-7-121-42068-9

Ⅰ. ①华… Ⅱ. ①王… ②杨… ③齐… Ⅲ. ①云计算－指南 Ⅳ. ①TP393.072-62

中国版本图书馆 CIP 数据核字（2021）第 191905 号

责任编辑：满美希　　文字编辑：宋　梅
印　　刷：北京天宇星印刷厂
装　　订：北京天宇星印刷厂
出版发行：电子工业出版社
　　　　　北京市海淀区万寿路 173 信箱　邮编　100036
开　　本：787×980　1/16　印张：22.25　字数：513 千字
版　　次：2016 年 9 月第 1 版
　　　　　2021 年 8 月第 2 版
印　　次：2021 年 8 月第 1 次印刷
定　　价：99.00 元

凡所购买电子工业出版社图书有缺损问题，请向购买书店调换。若书店售缺，请与本社发行部联系，联系及邮购电话：（010）88254888，88258888。

质量投诉请发邮件至 zlts@phei.com.cn，盗版侵权举报请发邮件至 dbqq@phei.com.cn。

本书咨询联系方式：1246920786@qq.com。

前　言

当今云计算的应用已经十分普及。云有公有云、私有云和混合云，初学者通常从私有云开始，私有云也是初学者较有机会接触的云。云计算整体解决方案的技术被掌握在少数几家顶尖的 IT 公司手里，我们很高兴地看到，中国的华为公司也能够提供完整的云计算解决方案，包含计算虚拟化、网络虚拟化、存储虚拟化、桌面虚拟化、云的备份与冗余和云平台管理等产品。基于国产化的需要，近年来，华为云计算产品的部署在我国呈现快速增长态势。

为了培养社会急需的云计算工程师，华为推出了云计算的课程和认证，目前已经有云计算 HCIA、云计算 HCIP 和云计算 HCIE 的认证。云计算有许多新概念，对于初学者来说，如果不通过实际的实验和操作，则无法理解这些抽象的概念。因此还是那句老话"实践出真知"，只有亲自动手做做实验，才能理解理论，触类旁通。

华为云计算课程的资料并不多，唯一权威的是华为官方发布的认证课程教材，还有就是华为官方的各种云计算产品文档。对于初学者来说，要利用这些资料来完成认证课程中的实验需要花费很多时间，一个产品文档就七八百页，何时能看完？况且产品文档是技术文档，并不是教材，内容前后没有关联性。这就是编写这本实验指南的原因。

本书内容涵盖华为云计算 HCIA 认证课程的内容，为了达到实用性，部分内容稍微超出 HCIA 认证课程的要求。本书采用了当前最新版本的软件：FusionCompute 6.5.1 和 FusionAccess 8.0，这些软件在华为官网均可免费下载和免费试用，这解决了读者很大的一个难题。掌握了本书中介绍的技能，读者将能够胜任华为云计算和华为桌面云的基本部署工作。

本书作者在实际环境中完成了书中的全部实验，以保证实验的真实性，所有实验均采用华为设备：华为路由器和交换机、华为服务器以及华为存储设备。为了减少对设备的要求，作者精心构思了一个实验拓扑，以最少的设备完成华为云计算中绝大部分的功能。整本书的前后章节是连贯的，请勿跳跃阅读，这和在实际工作中完成一个项目是一样的。因此读者可以认为，这本书实际上只完成一个大的实验。

云计算是一门综合性较强的课程，要求学习者有交换机中 VLAN、Trunk、链路聚合、三层交换方面的知识，路由器中的 IP 规划、路由、NAT 基本知识，Windows Server 中的活动目录、组策略、网络服务等基本知识，以及 Linux 中最基本的命令使用技能。

本书是华为云计算 HCIA 课程的配套资料，讲解细致，适合准备参加华为云计算 HCIA 认证的学习者、华为云计算工程师以及大专院校相关专业师生阅读。

本书第1～3章由王隆杰编写，第4～6章由杨名川编写，第7～9章由齐坤编写。全书由肖斌、王金周审校。作者虽然已竭尽所能，但终因水平限制，书中如有错误，请读者指正，作者邮箱：wanglongjie@szpt.edu.cn。

作者于深圳

2021年7月1日

目　录

FusionCompute 篇

FusionAccess 篇

FusionCompute 篇

重点知识

- 第 1 章　FusionCompute 安装
- 第 2 章　虚拟机管理
- 第 3 章　存储管理
- 第 4 章　网络管理
- 第 5 章　主机和集群管理
- 第 6 章　配置管理、安全管理和监控

第 1 章　FusionCompute 安装

1.1　安装前准备

为完成本书的各个实验，作者设计了一个实验拓扑，该拓扑非常精简，采用该拓扑读者既能通过实验掌握华为云计算的主要功能，同时也可减少对设备数量的要求，降低实验室的总成本。本章采用华为目前最新的 RH2288H V5 服务器完成，但考虑实际情况，也把老版本服务器的配置方法保留，放在第 9 章，有需要的读者可以用 9.1 节介绍的服务器配置来替代 1.1.3 节相关内容。

1.1.1　实验拓扑

整体实验网络拓扑如图 1-1 所示，设备清单如表 1-1 所示，该表中给出了详细的设备配置。图 1-1 中包含 2 台华为 RH2288H V5 服务器、2 台华为 FC 存储交换机 SNS2124、1 台华为存储设备 S2600T（双控制器，A 控制器和 B 控制器）、1 台华为二层以太网交换机（简称交换机）S5700-52P-L1-AC、1 台华为路由器 AR1220。RH2288H V5 服务器有专用的 BMC 接口，通过该接口可以远程开、关服务器以及安装操作系统，服务器另外 4 个千兆位接口连接到交换机。FC 存储交换机 SNS2124 有管理接口连接到交换机，管理员可以远程配置存储交换机。存储设备 S2600T 有 2 个控制器，每个控制器均有一个管理接口连接到交换机，管理员可以远程配置存储设备。路由器 AR1220 用于将整个网络连接到互联网（本书互联网为校园网）。

存储设备是云计算中非常重要的基础设施。存储部分的拓扑结构如图 1-2 所示，存储设备清单及其详细配置见表 1-1 中 4、5、6 三行。服务器 RH2288H V5 通过不同的 FC 接口连接到不同的存储交换机 SNS2124，存储交换机 SNS2124 又各自连接到 SAN 存储 S2600T 的不同控制器上，这样做的目的是实现存储网络的冗余，同时也实现了存储的多路径功能，提供较高的性能。

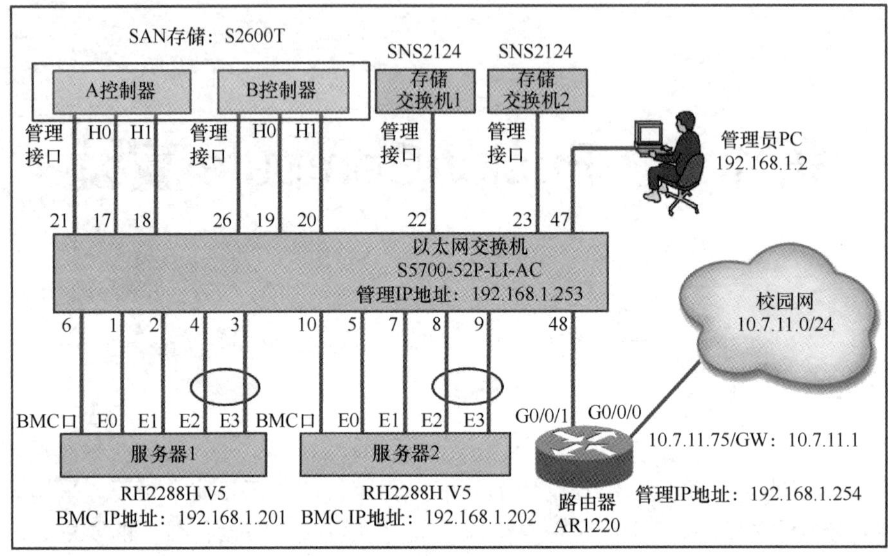

图 1-1　整体实验网络拓扑

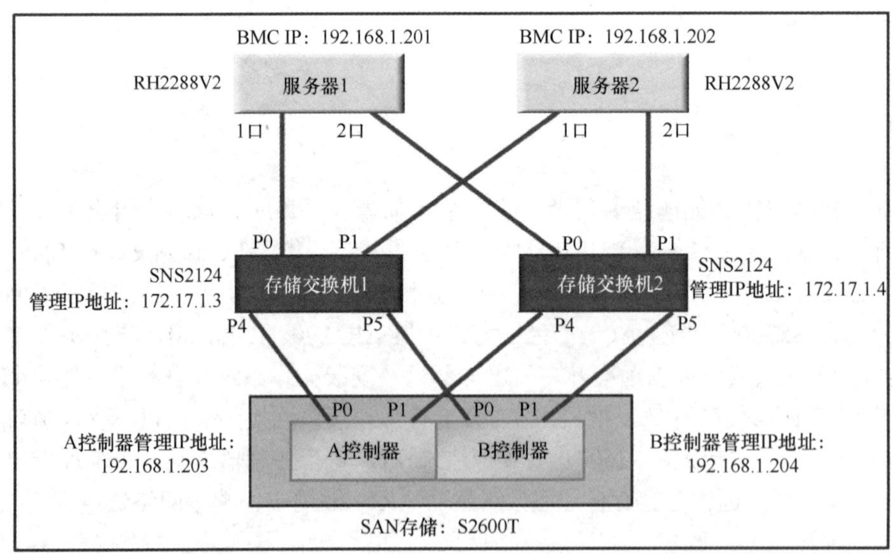

图 1-2　存储部分的拓扑结构

表 1-1　设备清单

序　号	名　称	品牌 / 型号	数　量	配　置
1	服务器	华为 RH2288H V5	2 台	2 个 Intel Xeon(R) Silver 4216 CPU、128 GB RAM、5×600 GB SAS 硬盘、2 个万兆位网络接口、2 个千兆位网络接口、1 个 BMC 专用管理网络接口、双 8 GB FC 接口的 HBA 卡、双 460 W 电源、LSI SAS3508 RAID 卡

（续表）

序　号	名　称	品牌 / 型号	数　量	配　置
2	以太网交换机	华为 S5700-52P-LI-AC	1 台	VRP 为 V200R003C00SPC300、全千兆位企业二层交换机、48×10/100/1000Base-TX、256 MB RAM
3	路由器	华为 AR1220	1 台	VRP 为 AR1200 V200R003C00、2 个千兆以太网接口、标准出厂配置
4	存储设备	华为 S2600T	1 台	VRP 为 V200R003C00SPC300、双控制器、6×300 GB SAS 10000 转硬盘、每台控制器有 4 个 8 GB FC 接口和 4 个千兆位以太网接口
5	存储交换机	华为 SNS2124	2 台	OS 为 V7.2.1，8 个 8 GB FC 接口并激活授权
6	光纤跳线	AMP 多模光纤	8 条	3 m，LC-LC 多模
7	以太网跳线	AMP 直通线	25 条	3 m，6 类双绞线
8	笔记本 电脑 / PC	不限	1 台	4GB RAM、Intel i5 CPU、安装最新版火狐浏览器、安装 jre-8u221-Windows-i586

各设备管理 IP 地址及管理员用户名和密码如表 1-2 所示，因为本书用于教学，所以尽可能让所有的用户名和密码保持一致。如果为实际的运行环境，请勿采用默认的密码或者统一密码，以免带来安全问题。

表 1-2　各设备 IP 地址及管理用户名和密码

序号	设　备　名	IP 地址	管理链接	用户名和密码	备　注
1	服务器 1	BMC IP 地址： 192.168.1.201	IPMI 管理链接 http://192.168.1.201	改为 root： IE$cloud8!	这是 BMC 上的 IP 地址，默认密码：Admin@9000
2	服务器 2	BMC IP 地址： 192.168.1.202	IPMI 管理链接 http://192.168.1.202	改为 root： IE$cloud8!	这是 BMC 上的 IP 地址，默认密码：Admin@9000
3	存储交换机 1	172.17.1.3	http://172.17.1.3	admin： IE$cloud8!	默认用户名为 admin: Huawei12#$
4	存储交换机 2	172.17.1.4	http://172.17.1.4	admin： IE$cloud8!	默认用户名为 admin: Huawei12#$
5	存储设备 A 控制器	192.168.1.203	https://192.168.1.203:8088	admin： IE$cloud8!	默认用户名为 admin: Admin@storage
6	存储设备 B 控制器	192.168.1.204	https://192.168.1.204:8088	admin： IE$cloud8!	默认用户名为 admin: Admin@storage
7	以太网交换机	192.168.1.1	telnet 192.168.1.1	IE$cloud8!	
8	路由器	192.168.1.254	telnet 192.168.1.254	IE$cloud8!	
9	管理员 PC	192.168.1.2			

（续表）

序号	设备名	IP 地址	管理链接	用户名和密码	备注
10	CNA1	192.168.1.101		root：IE$cloud8!	gandalf 用户的默认密码为 IaaS@OS-CLOUD9!
11	CNA2	192.168.1.102		root：IE$cloud8!	gandalf 用户的默认密码为 IaaS@OS-CLOUD9!
12	FusionCompute VRM	192.168.1.100	http://192.168.1.100	admin：IE$cloud8!	默认用户 admin:IaaS@PORTAL-CLOUD8!
13	服务器 1 IP SAN 存储平面	172.16.2.5			IP SAN 网络
14	服务器 2 IP SAN 存储平面	172.16.2.6			IP SAN 网络
15	存储设备 A 控 H0 接口	172.16.2.1			IP SAN 网络
16	存储设备 A 控 H1 接口	172.16.2.2			IP SAN 网络
17	存储设备 B 控 H0 接口	172.16.2.3			IP SAN 网络
18	存储设备 B 控 H1 接口	172.16.2.4			IP SAN 网络
19	FusionAccess 管理虚拟机	192.168.1.220	https://192.168.1.220:8448	root：IE$cloud8!	主要部署 ITA/HDC/WI/LIDB/LiteAS 默认密码为 Cloud12#$
20	FusionAccess 接入虚拟机	192.168.1.230	http://192.168.1.230	gandalf：Cloud12#$	主要部署 vAG/vLB 默认密码为 Cloud12#$
21	Windows Server 2016	192.168.3.240		Administrator：IE$cloud8!	桌面云中的 AD/DNS/DHCP

VLAN 规划如表 1-3 所示，需要在交换机上配置表 1-3 中的 VLAN；同时在路由器上要使用单臂路由实现 VLAN 间的路由并进行 NAT，将这些 VLAN 与互联网（校园网）相连接。

表 1-3　VLAN 规划

序号	VLAN	IP 地址与网关	用途
1	1	192.168.1.0/24 网关：192.168.1.254	FusionCompute、存储管理网络
2	2	172.16.2.0/24 网关：172.16.2.254	IP-SAN 存储网络

（续表）

序　号	VLAN	IP 地址与网关	用　　途
3	3	192.168.3.0/24 网关：192.168.3.254	桌面云用户业务平面
4	4	192.168.4.0/24 网关：192.168.4.254	备用
5	5	192.168.5.0/24 网关：192.168.5.254	备用

1.1.2　交换机、路由器配置

【背景知识】

云计算离不开网络基础设施，云计算中的网络通常会分为不同的平面，例如，管理平面、存储平面、业务平面等。管理平面：主要负责整个系统的监控、操作维护（系统配置、系统加载、告警上报）和虚拟机管理（创建 / 删除虚拟机、虚拟机调度）等。存储平面：主要为存储系统提供通信平面，并为虚拟机提供存储资源，用于虚拟机数据存储和访问（包括虚拟机的系统磁盘和用户磁盘中的数据）。业务平面：主要为虚拟机的虚拟网卡提供对外通信平面。

【实验内容】

① 在交换机 S5700 上创建各个网络平面对应的 VLAN，配置 Trunk 和链路聚合。交换机各接口模式及所在 VLAN 如表 1-4 所示。服务器、存储交换机、存储设备、管理员均在管理平面（VLAN 1）；存储设备 S2600T 两个控制器的 H0、H1 接口连接到存储平面，两台服务器 RH2288H V5 的 E1 接口通过 Trunk 链路连接到存储平面（VLAN 2）；将两台服务器的 E2、E3 进行链路聚合，通过 Trunk 链路连接到交换机。

表 1-4　交换机各接口模式及所在 VLAN

序　号	交换机接口编号	接 口 模 式	VLAN	用　　途
1	6、1、10、5、21、26、22、23、47	Access	VLAN 1	FusionCompute 管理网络
2	17、18、19、20	Access	VLAN 2	IP-SAN 存储网络
3	2、7	Trunk	VLAN 2	VLAN 2：IP-SAN 存储网络
4	3、4	Trunk 链路聚合	VLAN 1～5 VLAN 101～120	允许各个 VLAN 数据通过，主要是业务 VLAN
5	8、9	Trunk 链路聚合	VLAN 1～5 VLAN 101～120	允许各个 VLAN 数据通过，主要是业务 VLAN

（续表）

序　号	交换机接口编号	接 口 模 式	VLAN	用　　途
6	48	Trunk	VLAN 1～5 VLAN 101～120	和路由器连接，实现 VLAN 间路由
7	其余接口	默认	VLAN 1	默认时接口在 VLAN 1 上

② 在路由器 AR1220 上配置单臂路由，实现 VLAN 间路由；配置 NAT 功能，将各 VLAN 与互联网（校园网）相连接。

【实验拓扑】

实验拓扑如图 1-1 所示。

【实验步骤】

（1）通过 Console 端口连接并配置交换机

```
<Switch>system-view                                  //进入系统视图
[Switch]vlan batch 2 to 5 1000                       //创建 VLAN 2～ VLAN 5，VLAN 1000 不使用

Enter system view, return user view with Ctrl+Z.
[Switch]interface g0/0/6                             //进入接口视图
[Switch-GigabitEthernet0/0/6]port link-type access   //接口模式为 Access
[Switch-GigabitEthernet0/0/6]port default vlan 1     //将接口划到 VLAN 1
[Switch-GigabitEthernet0/0/6]quit
//接口 1、10、5、21、26、22、23、47 和接口 6 一样，都被划到 VLAN 1 中，此处省略它们的
配置过程

[Switch]interface g0/0/17                            //进入接口视图
[Switch-GigabitEthernet0/0/6]port link-type access   //接口模式为 Access
[Switch-GigabitEthernet0/0/6]port default vlan 2     //将接口划到 VLAN 2
[Switch-GigabitEthernet0/0/6]quit
//接口 18、19、20 和接口 17 一样，都被划到 VLAN 2 中，此处省略它们的配置过程

[Switch]int g0/0/2                                   //进入接口视图
[Switch-GigabitEthernet0/0/2]port link-type trunk    //接口模式为 Trunk
[Switch-GigabitEthernet0/0/2]port trunk allow-pass vlan all
                                                     //允许所有 VLAN 通过该 Trunk 链路
[Switch]int g0/0/7                                   //同 g0/0/2 接口，该接口被配置为 Trunk 链路
[Switch-GigabitEthernet0/0/7]port link-type trunk
[Switch-GigabitEthernet0/0/7]port trunk allow-pass vlan all
```

```
[Switch]interface Eth-Trunk 0                          //创建链路聚合组 0
[Switch]interface g0/0/3                               //进入接口视图
[Switch-GigabitEthernet0/0/3]eth-trunk 0               //将接口加入链路聚合组 0
Info: This operation may take a few seconds. Please wait for a moment...done.
[Switch]interface g0/0/4
[Switch-GigabitEthernet0/0/4]eth-trunk 0               //将接口加入链路聚合组 0
Info: This operation may take a few seconds. Please wait for a moment...done.
[Switch]interface Eth-Trunk 0                          //进入链路聚合组 0
[Switch-Eth-Trunk0]port link-type trunk                //接口模式为 Trunk
[Switch-Eth-Trunk0]port trunk allow-pass vlan all      //允许所有 VLAN 的数据通过

[Switch]interface Eth-Trunk 1                          //创建链路聚合组 1
[Switch]interface g0/0/8                               //进入接口视图
[Switch-GigabitEthernet0/0/3]eth-trunk 1               //将接口加入链路聚合组 1
[Switch]interface g0/0/9
[Switch-GigabitEthernet0/0/4]eth-trunk 1               //将接口加入链路聚合组 1
[Switch]interface Eth-Trunk 1                          //进入链路聚合组 1
[Switch-Eth-Trunk0]port link-type trunk                //接口模式为 Trunk
[Switch-Eth-Trunk0]port trunk allow-pass vlan all      //允许所有 VLAN 的数据通过

[Switch]interface g0/0/48                              //进入接口视图
[Switch-Eth-Trunk0]port link-type trunk                //接口模式为 Trunk
[Switch-Eth-Trunk0]port trunk allow-pass vlan all      //允许所有 VLAN 的数据通过
[Switch-Eth-Trunk0]port trunk pvid vlan 1000
//VLAN 1000 的数据在该链路上传输时不打标签，目的是和路由器对接，实现单臂路由

[Switch]interface Vlanif 1                             //该接口作为交换机的管理接口
[Switch-Vlanif1]ip address 192.168.1.253 255.255.255.0 //配置 IP 地址，以便实现 telnet 功能
[Switch]ip route-static 0.0.0.0 0.0.0.0 192.168.1.254  //配置默认路由
[Switch]user-interface vty 0 4                         //配置 telnet 功能
[Switch-ui-vty0-4]authentication-mode password         //使用密码进行 telnet 认证
[Switch-ui-vty0-4]set authentication password cipher Huawei@123  //telnet 密码
[Switch-ui-vty0-4]user privilege level 15              //将 telnet 用户的权限改为 15 级
```

（2）通过 Console 端口连接并配置路由器

```
<Huawei>
<Huawei>system                     //进入系统视图
Enter system view, return user view with Ctrl+Z.
```

```
[Huawei]sysname Router                                      //修改设备的名称
[Router]interface g0/0/0                                    //进入接口视图，这是连接互联网的接口
[Router-GigabitEthernet0/0/0]ip address 10.7.11.75 255.255.255.0

[Router]interface GigabitEthernet0/0/1.1                    //配置单臂路由，创建子接口
[Router-GigabitEthernet0/0/1.1]dot1q termination vid 1      //封装 VLAN 1
[Router-GigabitEthernet0/0/1.1]ip address 192.168.1.254 255.255.255.0
                                                            //配置 IP 地址，该地址为 VLAN 1 的网关
[Router-GigabitEthernet0/0/1.1]arp broadcast enable         //打开 arp 响应功能
[Router]interface GigabitEthernet0/0/1.2
[Router-GigabitEthernet0/0/1.1]dot1q termination vid 2
[Router-GigabitEthernet0/0/1.1]ip address 192.168.2.254 255.255.255.0
[Router-GigabitEthernet0/0/1.1]arp broadcast enable
//其他接口（VLAN 3～VLAN 10）配置和 GigabitEthernet0/0/1.1 和 GigabitEthernet0/0/1.2 子接口的配置雷同，此处省略它们的配置过程

[Router]acl 2000   //创建 ACL 供 NAT 调用，允许全部内网计算机通过 NAT 方式连接互联网
[Router-acl-basic-2000]rule 5 permit source 192.168.0.0 0.0.255.255
[Router]interface GigabitEthernet0/0/0                      //将该接口与互联网相连
[Router-GigabitEthernet0/0/0] nat outbound 2000             //配置 Easy-NAT

[Router]user-interface vty 0 4                              //配置 telnet 功能
[Router-ui-vty0-4]authentication-mode password              //使用密码进行 telnet 认证
Please configure the login password (maximum length 16):Huawei@123 [Router-ui-vty0-4]user privilege level 15                                            //将 telnet 用户的权限改为 15 级
```

1.1.3　服务器配置

【背景知识】

要在服务器（也称为主机）上安装 FusionCompute，服务器要满足一定要求，包括主机的硬件配置以及主机的 BIOS 设置。主机配置要求如表 1-5 所示，主机的 BIOS 设置要求如表 1-6 所示。

智能型平台管理接口（Intelligent Platform Management Interface，IPMI）标准是管理基于 Intel 结构的企业系统中所使用的外围设备采用的一种工业标准，用户可以利用 IPMI 监视服务器的物理健康特征，如温度、电压、风扇工作状态、电源状态等。实现 IPMI 使用 IPMI 专用芯片，其核心是一个专用芯片 / 控制器［被称为服务器处理器或基板管理控制器

(BMC)]，它并不依赖于服务器的处理器、BIOS 或操作系统来工作，非常独立，是一个单独在系统内运行的无代理管理子系统。BMC 通常是一个安装在服务器主板上的独立的板卡。

表 1-5　主机配置要求

项　目	要　求
CPU	Intel 或 AMD 的 64 位 CPU。CPU 支持硬件虚拟化技术，如 Intel 的 VT-x 或 AMD 的 AMD-V，并已在 BIOS 中开启 CPU 虚拟化功能
内存	≥8 GB，推荐内存配置≥64 GB
硬盘 / U 盘	使用硬盘时，硬盘≥16 GB。如果 VRM 虚拟机使用本地存储创建磁盘，则硬盘空间应≥96 GB
网口	NIC 网口数目≥1。建议网卡数目为 6 个，网卡速率要求每秒千兆比特以上
RAID	理论上应该使用 1、2 号硬盘组 RAID 1，用于安装主机操作系统，以提高可靠性。在主机 BIOS 中设置启动方式时，需要将已组为 RAID 1 的硬盘设置为硬盘的第一个启动位置，可将剩下的 3、4、5 号硬盘组成 RAID 5 来作为服务器的本地硬盘使用，用于存储虚拟机的磁盘数据。但实际上，也可根据自身情况将全部硬盘组成 RAID 0 以保证性能和容量

表 1-6　主机的 BIOS 设置要求

设　置　项	BIOS 设置要求	说　明
Intel HT technology	打开（Enable）	Intel 超线程技术。开启该选项，使 CPU 支持多线程，提升 CPU 性能
Intel Virtualization tech	打开（Enable）	CPU 虚拟化功能。开启该选项，使 CPU 支持虚拟化技术
Execute Disable Bit（XD Capability）	打开（Enable）	CPU 硬件防病毒技术，亦称作 NX 或 XD 功能。开启该选项，可解决系统异常重启问题。同时，如需要主机支持集群 IMC 功能，也必须开启该选项
Intel SpeedStep tech（EIST Support）	关闭（Disable）	CPU 工作模式切换技术，新款服务器可能写作 EIST。关闭该选项，可解决硬盘丢失或网卡失效问题
C-State	关闭（Disable）	CPU 节电功能。关闭该选项，可解决硬盘丢失、网卡失效以及时钟偏移问题

【实验内容】

① 对两台 RH2288H V5 服务器的 BIOS 进行设置，以满足表 1-6 中要求，同时配置 IPMI，以便远程安装 FusionCompute 系统。

② 对两台 RH2288H V5 服务器的 RAID 进行配置，由于每台服务器上有 5 块硬盘，因此将其规划组成 RAID 5 磁盘组，FusionCompute 将安装在每台服务器上的本地硬盘上。

【实验步骤】

（1）在服务器 RH2288H V5 上进行现场操作

在服务器 1 接上显示器、键盘、鼠标，打开服务器电源，当出现图 1-3 所示的服务器开机画面时，按 Del 键进入设置界面。

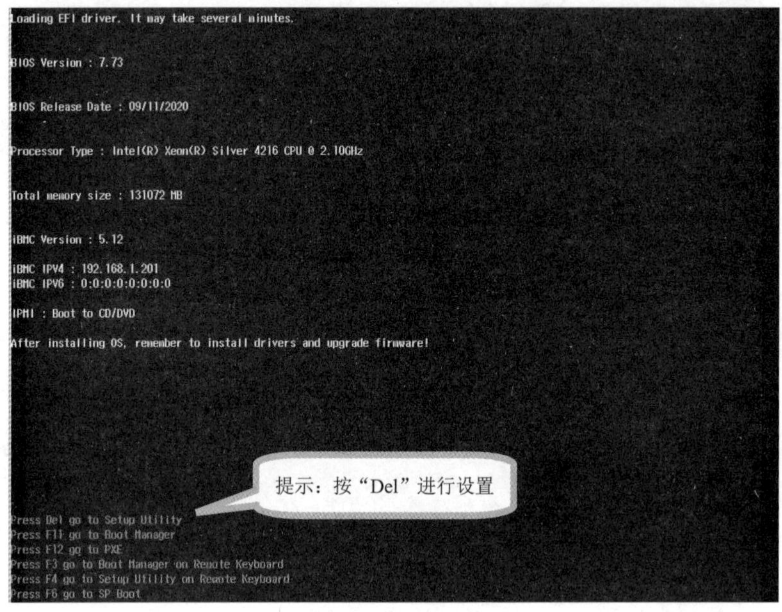

图 1-3　服务器开机画面

（2）选择配置功能

在进入设置界面前，服务器需验证权限，服务器会要求输入密码（初始默认为 Admin@9000），成功输入后，如图 1-4 所示，移动光标到“BIOS 配置”，按回车键，进行功能选择。

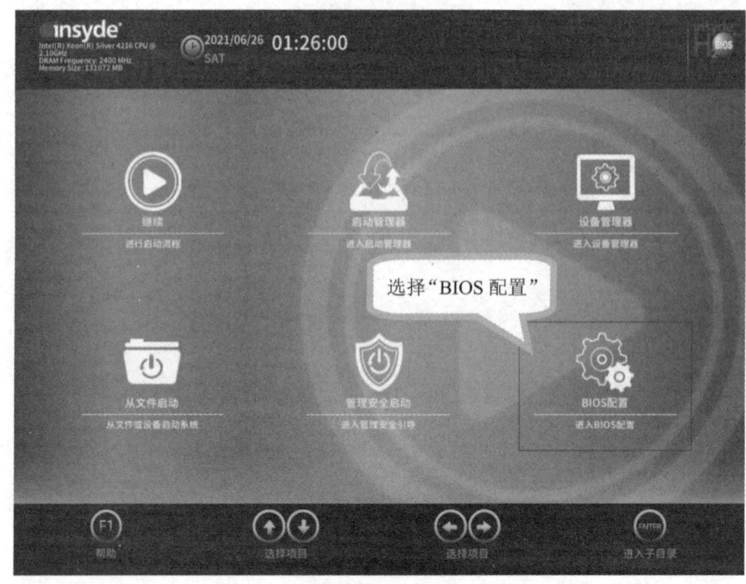

图 1-4　功能选择

（3）进入 BIOS 配置界面

如图 1-5 所示，进入 BIOS 配置界面，选择“高级”→“IPMI iBMC 配置”，按回车键进入 IPMI iBMC 配置界面。

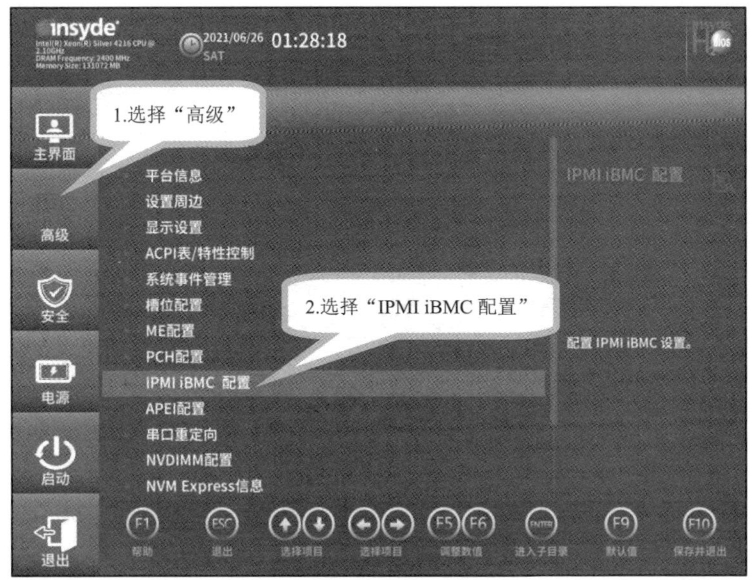

图 1-5　BIOS 配置界面

（4）完成 BIOS 配置

在 IPMI iBMC 配置界面中，如图 1-6 所示，先将“设置 iBMC 服务”设置为“启用”状态，然后将光标移动到“iBMC 配置”菜单，按回车键。

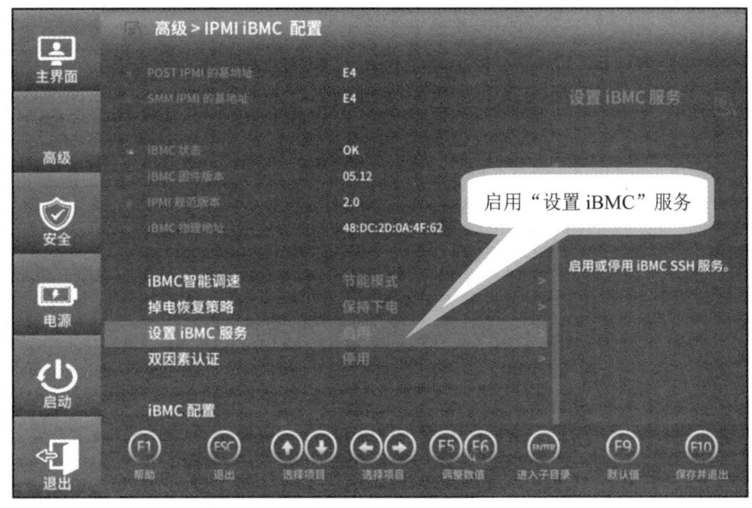

图 1-6　开启 iBMC 服务

在如图 1-7 所示的界面中，按照表 1-2 规划配置 BMC 的用户名、密码和 IPv4 地址，这样管理员就可以通过该 IP 地址来远程开、关服务器，也可以远程安装操作系统。配置完成后按“F10”键保存配置并退出，此时服务器 1 的初始配置完成。服务器 2 也按照此方式进行设置。设置完成后就可以将连接服务器的显示器和键鼠撤下了。

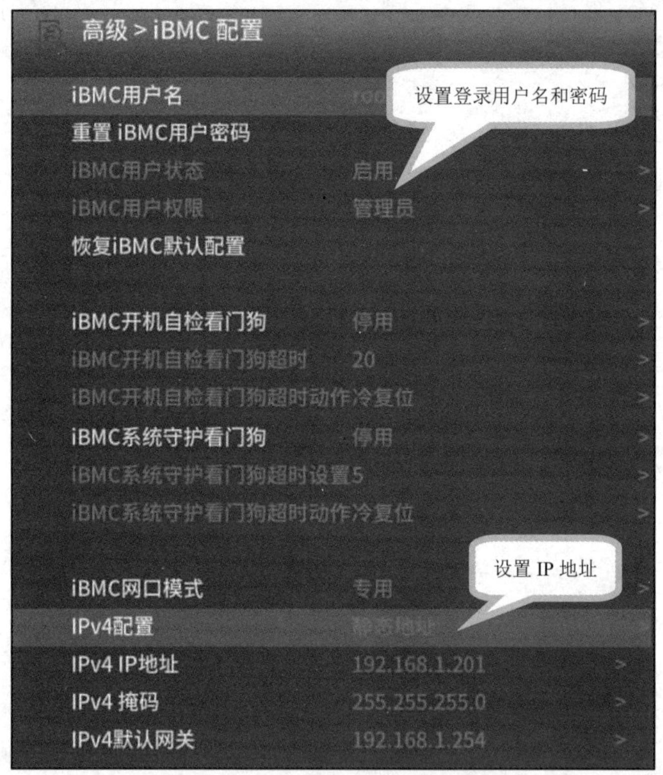

图 1-7　配置 BMC 的 IPv4 地址

（5）登录 BMC

在管理员计算机上配置一个 VLAN 1 网段的 IP 地址（例如，192.168.1.2/24，网关为 192.168.1.254），可以从管理员计算机上 ping 通服务器 1（192.168.1.201）和服务器 2（192.168.1.202）进行测试。安装新版火狐浏览器，在地址栏输入 http://192.168.1.201 就能打开 BMC 登录界面（忽略证书不安全报警，将此站点添加为“例外”），如图 1-8 所示，分别输入前面的步骤中配置的 BMC 的用户名 root 和密码 IE$cloud8!，单击“登录”按钮。

（6）查看磁盘状态

因为服务器支持带外管理，所以在服务器的 BMC 界面就可配置 RAID。如图 1-9 所示，单击“信息”→“系统信息”→“存储”，能看到磁盘信息——存储状态（服务器必须在上电状态且完成服务器的开机自检），图 1-9 中的 5 块磁盘已被组成一个逻辑磁盘（之前实验的遗留）。

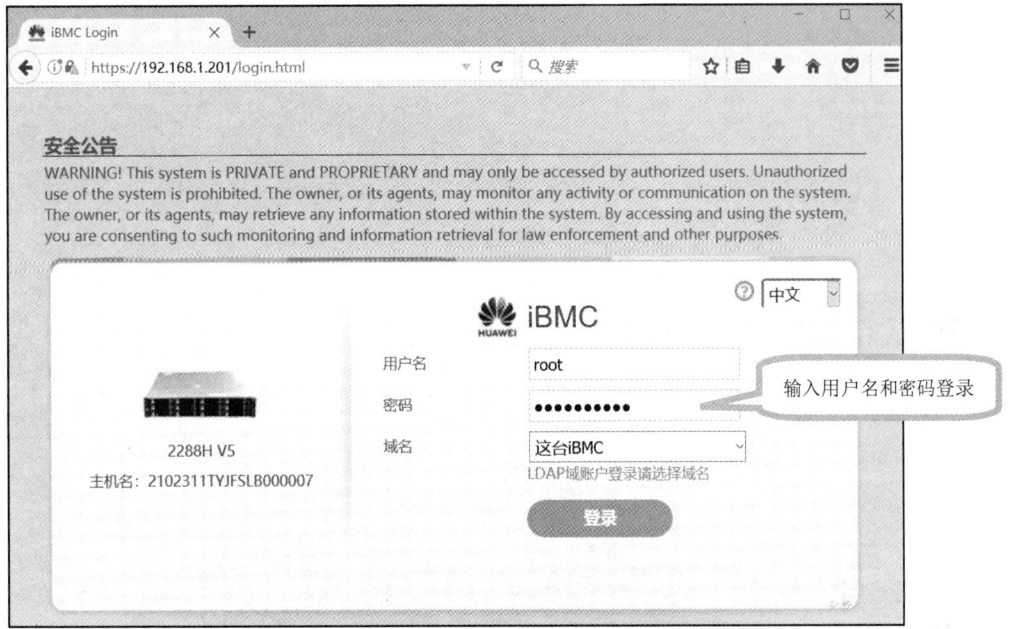

图 1-8　BMC 登录界面

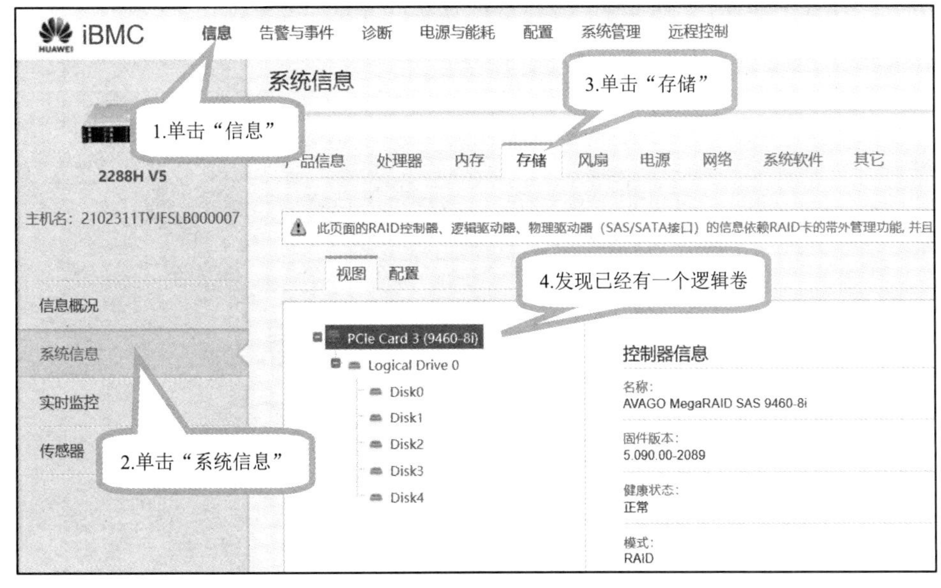

图 1-9　存储状态

（7）清除原有逻辑盘

如图 1-10 所示，单击“配置”，在“逻辑盘”项选择“删除”，勾选现有的逻辑磁盘（RAID 0），然后单击“保存”按钮，将清除之前实验完成的 RAID 配置。

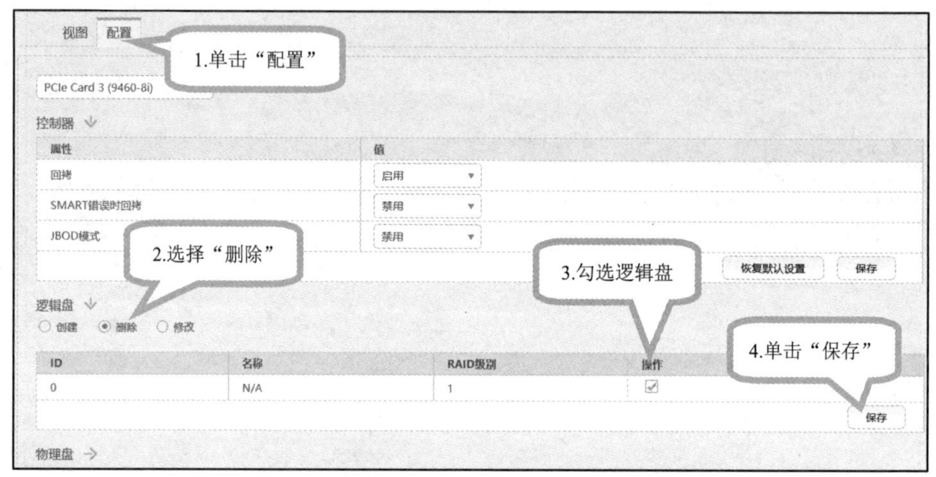

图 1-10　清除之前实验完成的 RAID 配置

（8）配置 RAID

清除之前的逻辑磁盘后，需要等待约一分钟，然后选择“创建”项，将 5 块硬盘组成 RAID 5，如图 1-11 所示，将名称设置为“system”，级别选择“5”，勾选 Disk0、Disk1、Disk2、Disk3、Disk4，其余参数保持默认，单击“保存”按钮。（正常工作场景下可以只给服务器配置 2 块硬盘，组成 RAID 1，用于安装主机操作系统，以提高可靠性。本服务器有 5 块磁盘，可以组成 RAID 0 或者 RAID 5。）

图 1-11　配置 RAID 5

（9）打开远程控制台

在 BMC 界面的“远程控制”界面中，如图 1-12 所示，选择以 Java 或者 HTML5 的方式来打开集成远程控制台。这里因为要安装 CNA，所以推荐使用 Java 方式，不过需要安装

jre 包，如 jre-8u221-Windows-i586（注释：早期的华为、IBM 等的老服务器只能使用 jre7，但新服务器只支持新版的 jre8）。因为 Java 方式在挂载 ISO 镜像安装系统时，上传数据会比较快，而采用 HTML5 方式上传数据偏慢，但其优点是不用安装任何插件，如果只是为了操控服务器，可以选它。（两种远程控制方式都分为独占方式和共享方式。一般推荐采用独占模式，避免多人同时操作造成干扰。）

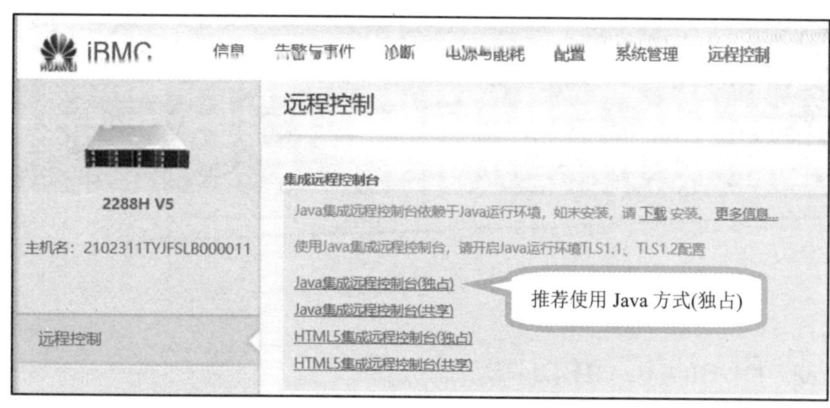

图 1-12　集成远程控制台

（10）运行 Java 程序

单击“Java 集成远程控制台(独占)”会加载 Java 的环境，如图 1-13 所示，选中“我接受风险并希望运行此应用程序”，单击“运行”按钮。如图 1-14 所示，在服务器远程控制台界面，管理员可以像亲临服务器现场一样配置服务器。在后续的实验中，将多次使用远程控制台，例如，安装 FusionCompute 的 CNA，以及对 FusionCompute 的 CNA 进行命令行操作等。

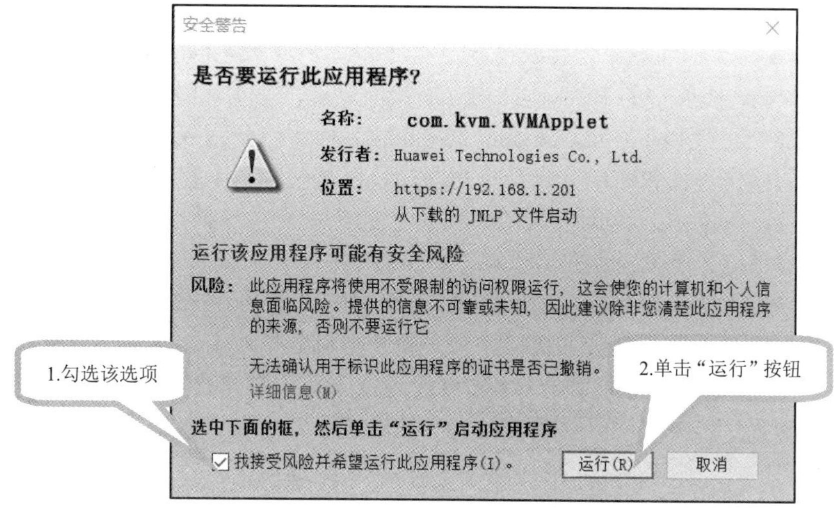

图 1-13　接受风险运行 Java 程序

图 1-14　服务器远程控制台界面

1.2　安装 FusionCompute

1.2.1　安装主机

长久以来，以 Intel 和 AMD 为首的 X86 架构 CPU 几乎垄断了通用型服务器和 PC 市场。但如今，它迎来了最强挑战者——ARM。ARM 架构属于精简指令集，在提供同样功能的情况下，ARM 具有占用芯片面积小、功耗低、集成度更高的优点。ARM 的授权方式友好，使得很多厂商可以购买授权定制自己的 CPU。因此 ARM 架构的 CPU 慢慢已经可以和 X86 的 CPU 抢服务器市场了，特别是在公有云领域，亚马孙、华为等均推出了基于 ARM 的云服务器。在国内，鲲鹏、飞腾等的 CPU 性能均有不错的表现，特别是鲲鹏。华为自主研发的 CPU，也在大力推广。所以 FusionCompute 在 8.0 版本后，也分为 X86 和 ARM 两个分支。两个版本之间的操作界面和使用方式几乎相同，只在某些细节上存在差异，鉴于 X86 服务器目前比较普及，所以本书实验均在 X86 版本上完成。

安装主机（计算节点）有以下两种方式。

① 通过 PXE 方式批量安装主机。在本地 PC 部署 DHCP 服务和 FTP 服务，通过 PXE 方式为所有待安装主机自动安装操作系统。该方式用于主机数量较多的场景（见 9.2 节）。

② 通过挂载 ISO 安装镜像方式手动安装。直接为待安装主机挂载安装镜像，手动完成主机的安装和参数配置。该方式用于主机数量较少的场景，本节采用该方式。

【实验内容】

通过挂载 ISO 安装镜像方式在两台 RH2288H V5 服务器上手动安装 FusionCompute，

软件版本为 FusionCompute 6.5.1。目前华为官网上最新版本为 8.0，所有新部署业务均采用 FusionCompute 8.0 以上版本。但此版本有一个问题，就是做 FusionAccess 实验在发放链接克隆虚拟机时，会一直卡在“写入安全密钥”处。鉴于 FusionCompute 6.5.1 版本从操作界面到兼容性等均与 FusionCompute 8.0 相同，无太大差别，故本书使用 6.5.1 版本。

【实验步骤】

（1）更改启动方式为光驱启动

如图 1-15 所示，打开“配置”选项卡，单击“系统启动项”，在“引导介质有效期”选项选择“单次有效”，在“引导介质”选项选择“光驱”，单击“保存”按钮，选择服务器开机的引导方式。

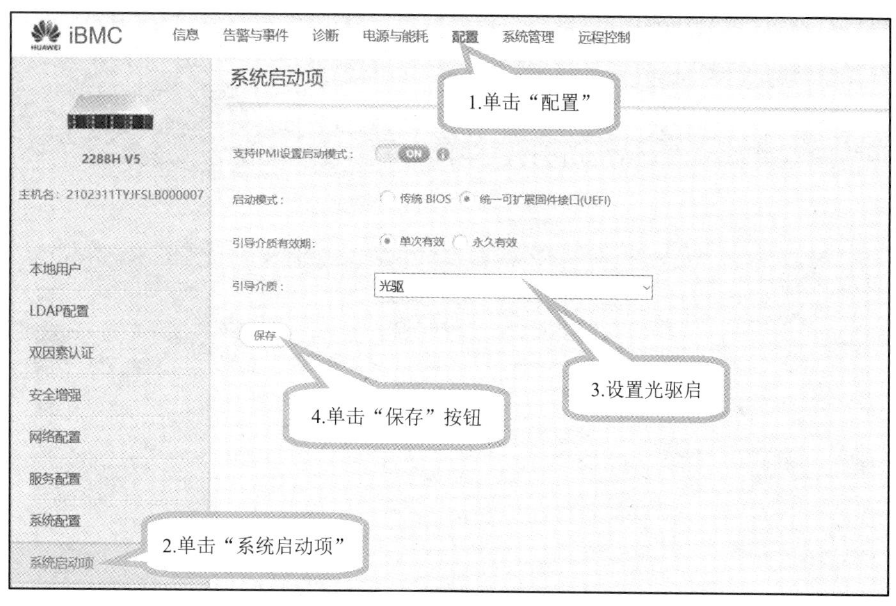

图 1-15　选择服务器开机的引导方式

（2）挂载 ISO

在如图 1-16 所示的服务器远程控制台主界面，单击光盘图标，选择“镜像文件”，然后单击该行后面的“浏览”按钮，在弹出的对话框中，从管理员的计算机上选择 FusionCompute 6.5.1_CNA.iso，选择完成后，单击“连接”按钮，连接成功后，按钮文本变为“断开”，这样的效果相当于在服务器光驱上插入 FusionCompute 的安装光盘。再次单击带有闪电的三角形“电源”图标，选择“重启”。

（3）安装 FusionCompute

重启服务器后，会加载挂载的 ISO 镜像，稍等片刻，会看到如图 1-17 所示界面；此时选择“Installation”，安装 FusionCompute，然后等待约一分钟，服务器会从光盘上加载数据，加载完成后自动进入 CNA 的安装配置界面，主安装窗口如图 1-18 所示。

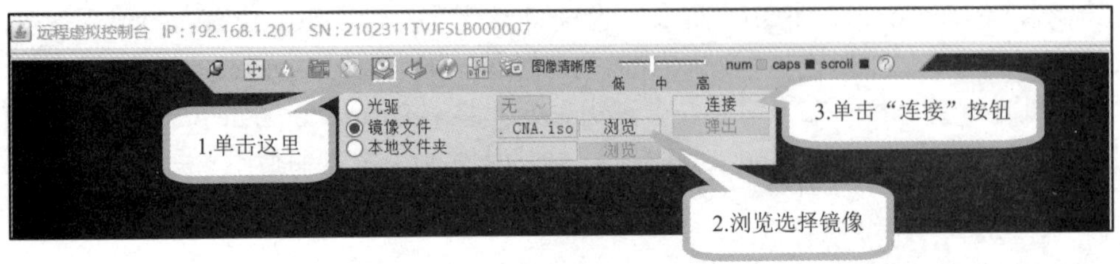

图 1-16 服务器远程控制台主界面

图 1-17　选择“Installation”

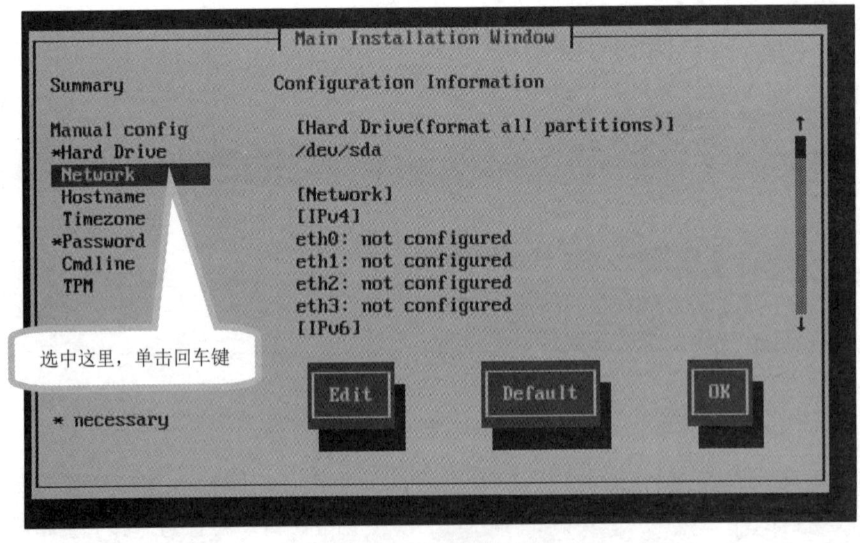

图 1-18　主安装窗口

（4）配置 IP 地址

在图 1-18 中，用箭头键移动光标，选中“Network”菜单，按回车键，选择“IPv4”，按下回车键。如图 1-19 所示，按照表 1-2 的规划，配置网络参数，使用“Tab”键或者向下箭头键可将光标移动到下一个选择项。只需要配置第一张网卡 eth0（也就是服务器的 E0 物理接口，该接口被规划为管理平面上的接口）的参数为“Manual address Configuration”，IP 地址为 192.168.1.101/255.255. 255.0。将光标移动到“OK”按钮，按回车键。此时界面回到上级窗口，如图 1-20 所示。按“Tab”键将光标移动到“Default Gateway”，配置网关为 192.168.1.254；再按“Tab”键，将光标移动到“OK”按钮，按回车键。接着又回到选择 IPv4 界面，此时按“Tab”键将光标移动到“OK”按钮，按回车键，完成网络配置。

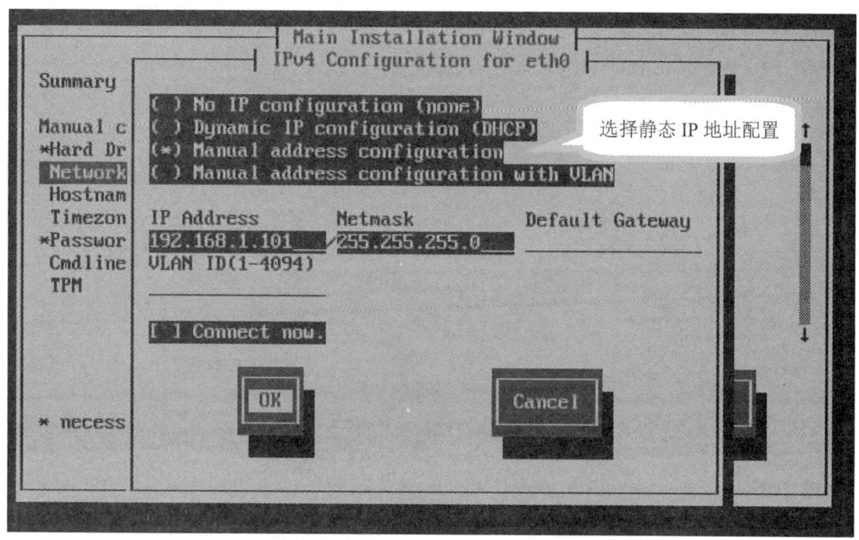

图 1-19　配置网络参数

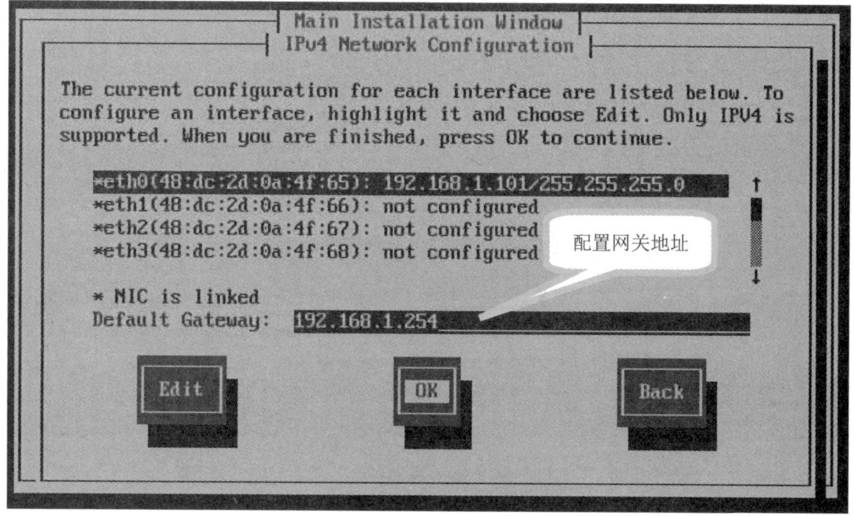

图 1-20　配置网关

（5）设置主机名

如图 1-21 所示选择“Hostname”，按回车键，设置主机名为 CNA1，接着用“Tab”键移动光标到“OK”按钮，按回车键。

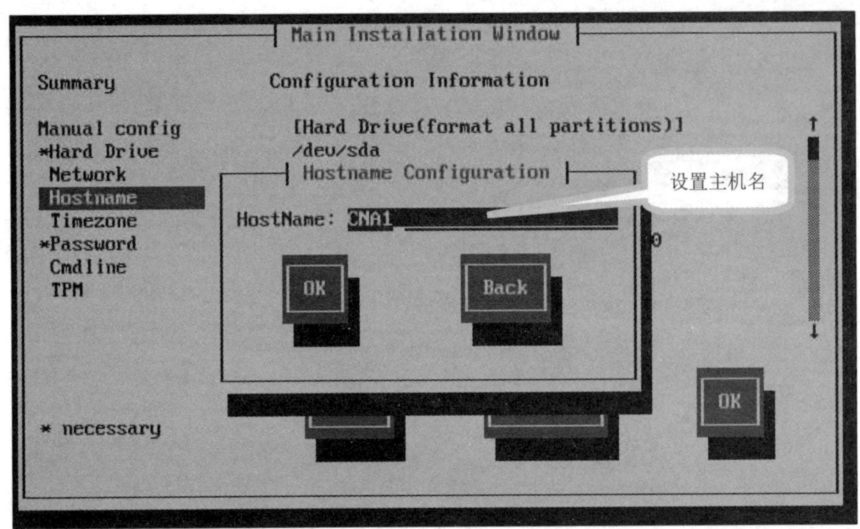

图 1-21　配置主机名

（6）设置时区

如图 1-22 所示选择“Timezone”，设置时区为 Asia/Beijing，并将时间调整为正确时间。设置完成后，用“Tab”键移动光标到“OK”按钮，按回车键。

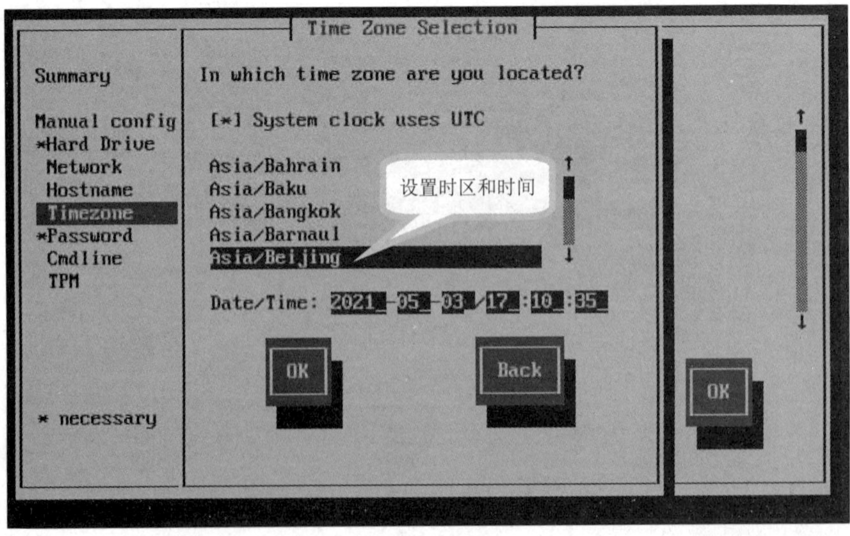

图 1-22　设置时区

（7）设置 root 密码

如图 1-23 所示选择“Password”，设置 root 用户的密码为 IE$cloud8!，接着用“Tab”键移动光标到“OK”按钮，按回车键。（曾经常用的 Huawei@123 和 Huawei12#$等密码，在 FusionCompute 新版本里被归类为弱密码，已经无法使用。）

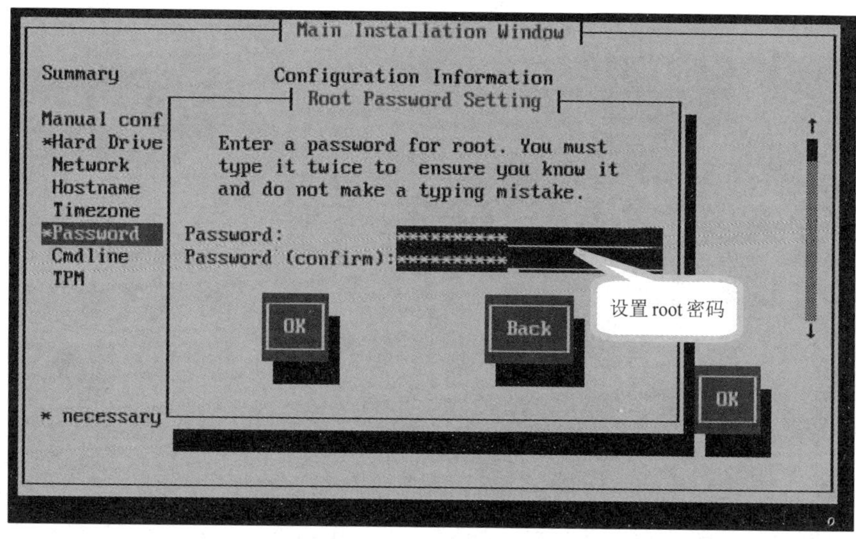

图 1-23　设置密码

（8）安装 FusionCompute

回到主界面，将光标移动到“OK”按钮，在随后的对话中均选择单击“OK”或者“Yes”按钮，如图 1-24 所示，安装 FusionCompute。等待几分钟至十几分钟时间，安装完成后，界面如图 1-25 所示。在 Java 窗口上单击“断开”或者“弹出”按钮，停止远程挂载 ISO 文件。安装程序会自动重启服务器，需要几分钟时间启动 CNA 系统。FusionCompute 的 CNA 底层是 Linux 系统，因此很多 Liunx 操作系统的知识能派上用场。

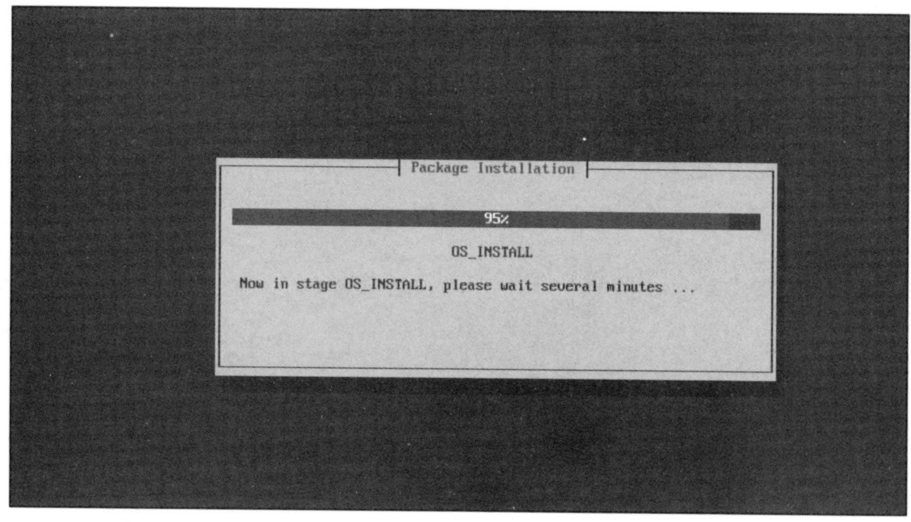

图 1-24　安装 FusionCompute

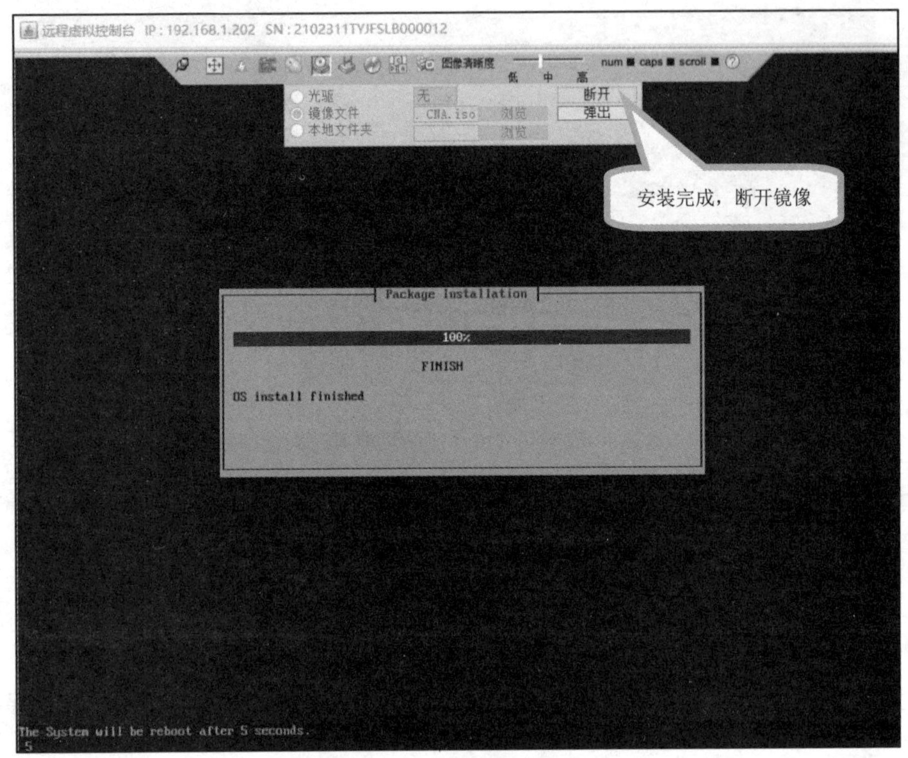

图 1-25　安装完成

（9）登录 CNA

等待服务器重启并通过硬盘启动、加载好系统后，如图 1-26 所示，可以使用 root 账户登录 CNA，密码为安装时设定的密码 IE$cloud8!。

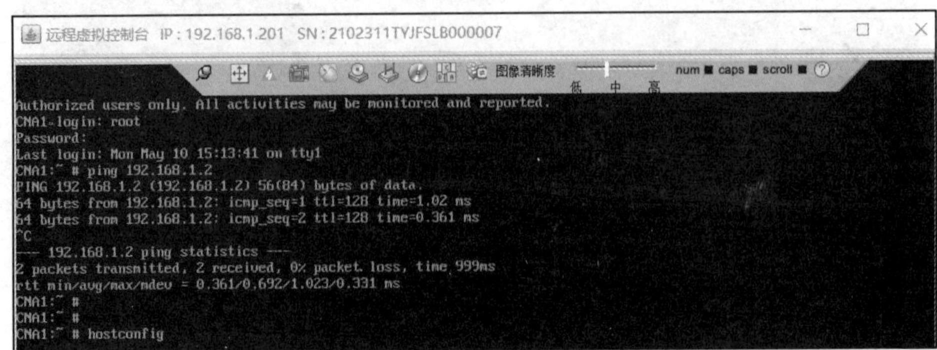

图 1-26　使用 root 账户登录 CNA

（10）验证 CNA

从管理员的计算机上 ping 192.168.1.101（CNA1 的地址），简单验证服务器是否正常。也可以在 CNA1 上，使用 ping 命令测试能否和互联网（校园网）通信。请务必测试网络工作正常，网络是云计算的重要基础设施。如果在安装时 IP 地址配置出错，可以 root 账户登录 CNA 后，输入 hostconfig，在弹出的 hostconfig 指令界面中，按提示更改 IP 地址和主机名，如图 1-27 所示。

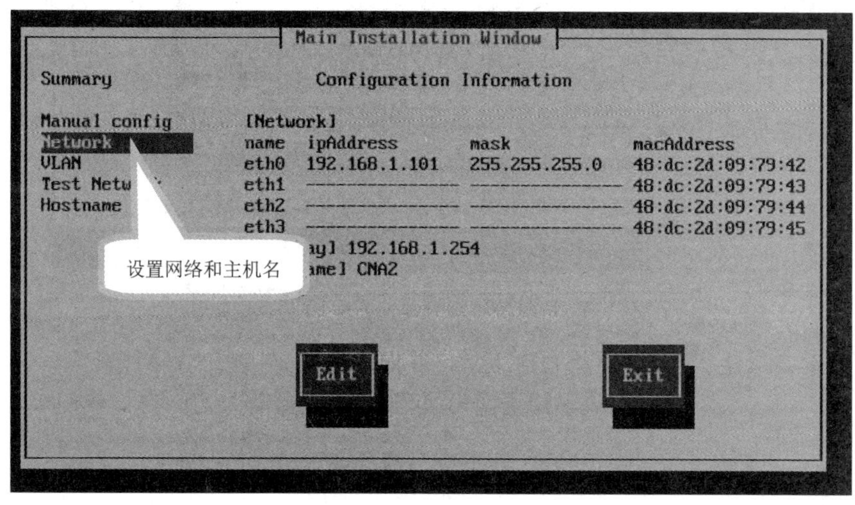

图 1-27　hostconfig 指令界面

（11）安装 CNA2

按照步骤（1）～（8），在服务器 2 上安装 CNA。服务器 2 的参数：IP 地址为 192.168.1.102/255.255.255.0，网关为 192.168.1.254，主机名为 CNA2，时区为 Asia/Beijing，root 用户的密码为 IE$cloud8!。

1.2.2　安装 VRM

【背景知识】

VRM 负责对计算节点进行管理，它主要提供以下功能：管理集群内的块存储资源；管理集群内的计算节点；将物理的计算资源映射成虚拟计算资源；管理集群内的网络资源；管理集群内虚拟机的生命周期以及虚拟机在计算节点上的分布和迁移；管理集群内资源的动态调整；通过对虚拟资源、用户数据的统一管理，对外提供弹性计算、存储、IP 等服务；通过提供统一的操作维护管理接口，操作维护人员可通过 WebUI 远程访问 FusionCompute；对整个系统进行操作维护，包含资源管理、资源监控和资源报表等。

VRM 可部署在虚拟机或物理服务器上：

① 在虚拟机上部署 VRM，可使用 FusionCompute 安装向导完成部署。推荐采用虚拟机形式部署 VRM。本节采用该方式。

② 在物理服务器上安装 VRM，需要手动挂载 VRM 的 ISO 安装镜像文件并完成安装

和配置，此过程类似通过挂载 ISO 镜像方式安装主机。

【实验内容】

使用虚拟机方式安装 VRM，采用单节点安装模式。

【实验步骤】

（1）确认管理员计算机关闭防火墙和杀毒软件

（2）确认管理员计算机可以和两台 FusionCompute 主机正常进行通信

（3）在管理员计算机上解压安装工具 “FusionCompute 6.5.1_Installer.zip”

（4）安装 FusionCompute 安装工具

在解压出来的文件夹中运行“FusionComputeInstaller.exe”，在弹出的如图 1-28 所示的“FusionCompute 安装工具”对话框中，语言选择“中文”，FusionCompute 组件只勾选“VRM”，单击“下一步”按钮。

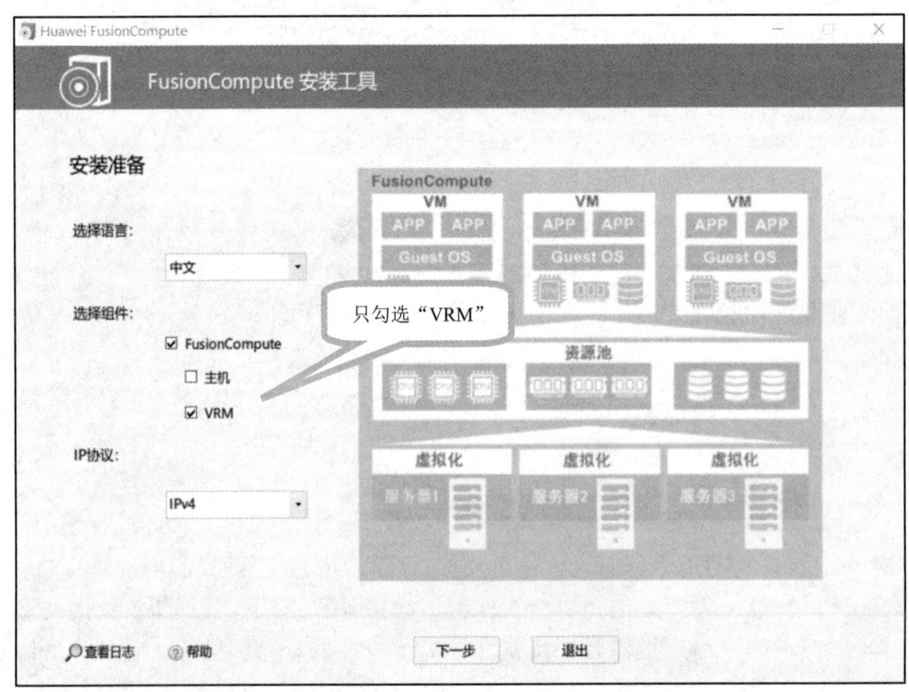

图 1-28　“FusionCompute 安装工具”对话框

（5）选择安装模式

如图 1-29 所示，选择安装模式。选择安装模式为“自定义安装”，单击“下一步”按钮。如图 1-30 所示，选择安装包路径并检测。单击“浏览”按钮选择镜像路径［FusionCompute 6.5.1_VRM.zip 所在目录（路径不能有中文）］，然后单击“开始检测”按钮，当解压完成后，单击“下一步”按钮。

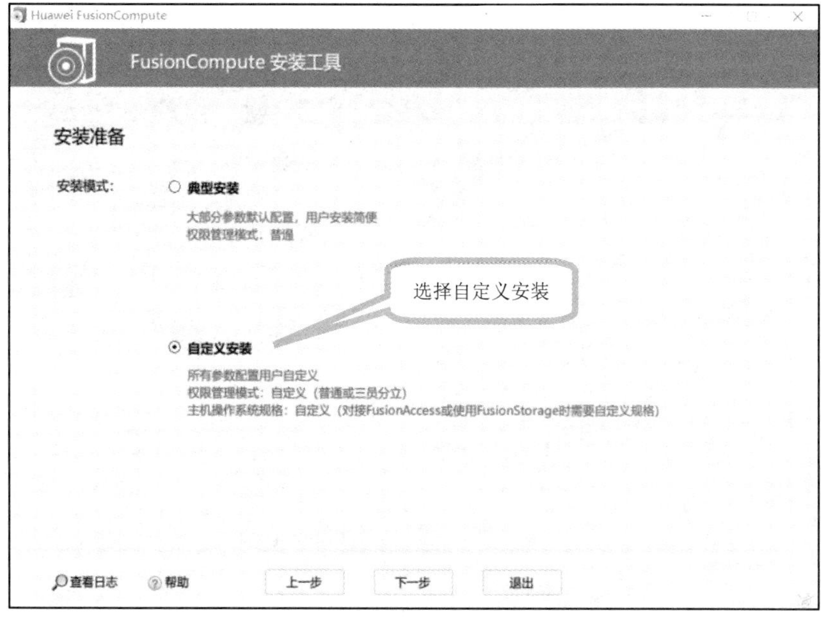

图 1-29　选择安装模式

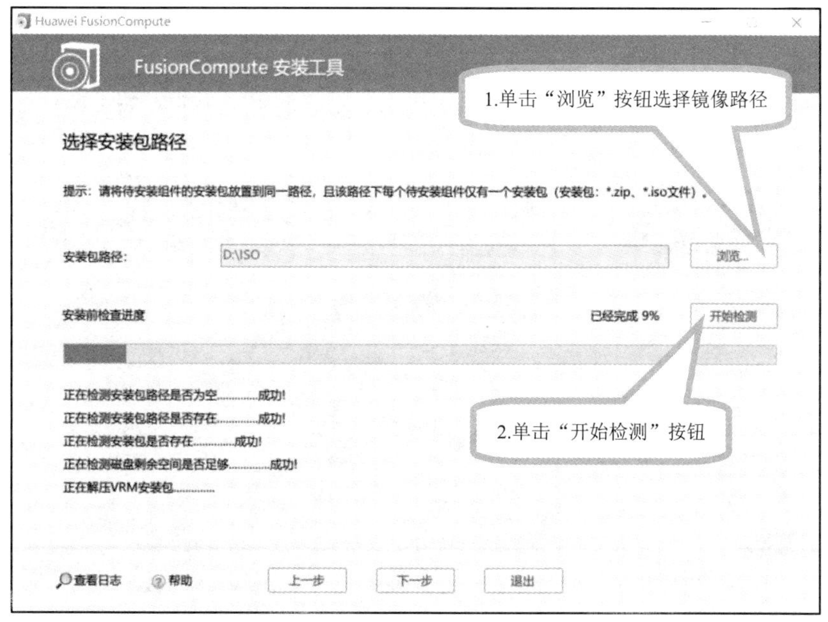

图 1-30　选择安装包路径并检测

（6）填写 VRM 信息

如图 1-31 所示，按照表 1-2 的规划，配置 VRM 虚拟机 IP 地址信息。这里采用单节点安装，配置 VRM 虚拟机的 IP 地址及网关。其中，IP 地址为 192.168.1.100/24，网关为

192.168.1.254。完成后单击“下一步”按钮。

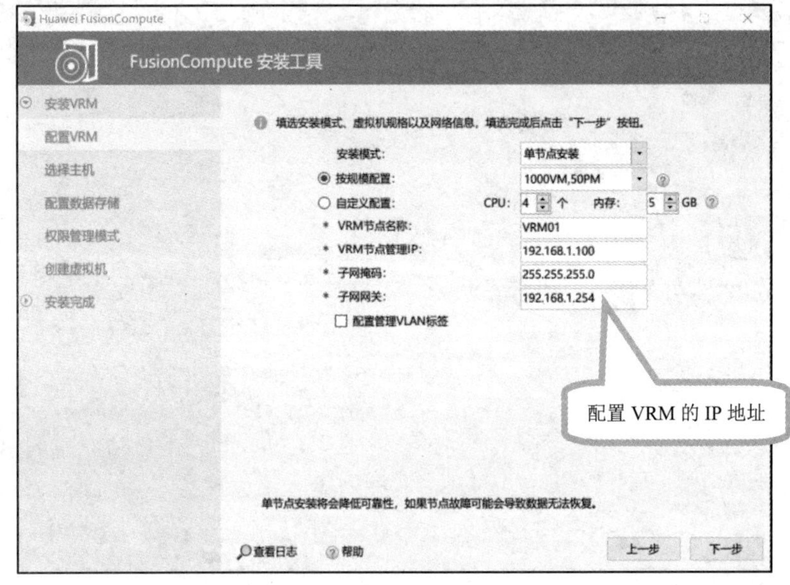

图 1-31　配置 VRM 虚拟机 IP 地址信息

（7）填写 CNA1 的信息

如图 1-32 所示，填写承载 VRM 虚拟机的主机 IP 地址和 root 密码。管理 IP 地址为 CNA1 主机的 IP 地址，VRM 虚拟机将在 CNA1 主机上创建；root 密码为安装 CNA 时设定的密码 IE$cloud8!。单击“开始配置主机”按钮，等待配置。配置主机成功后，单击“下一步”按钮。

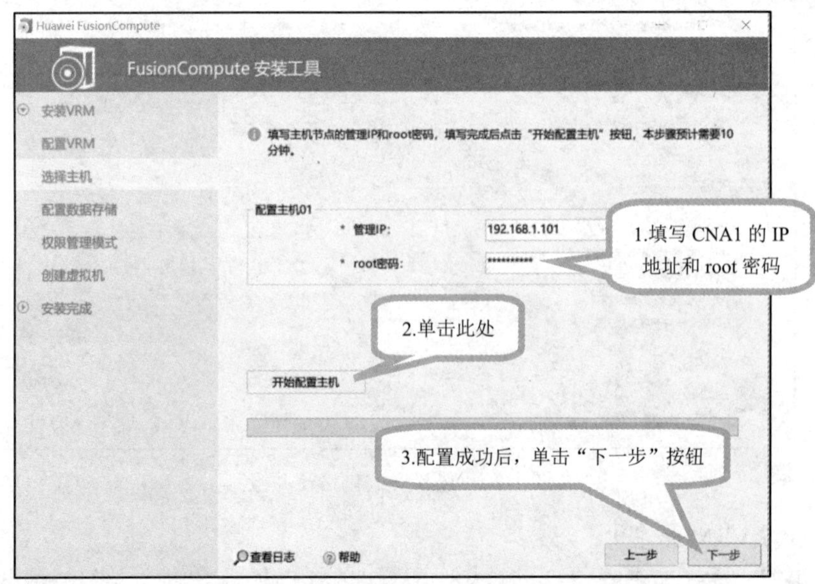

图 1-32　填写承载 VRM 虚拟机的主机 IP 地址和 root 密码

（8）配置数据存储设备

如图 1-33 所示，选择安装 VRM 的存储设备，接下来，程序会扫描出 CNA 主机上的存储设备，这里选择之前在服务器的 BMC 上配置的逻辑磁盘，然后单击“下一步”按钮。

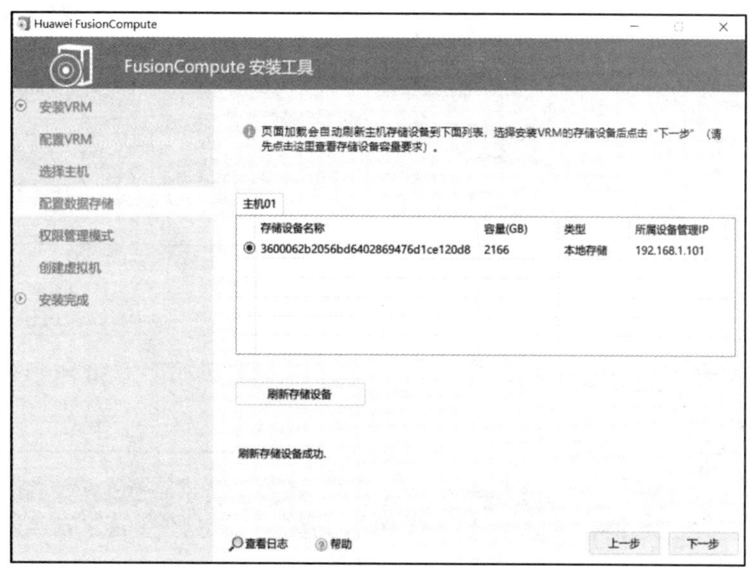

图 1-33　选择安装 VRM 的存储设备

（9）选择权限管理模式

如图 1-34 所示，选择权限管理模式，图中已经对管理模式做了详细说明。对管理的安全无特殊需求，选择“普通模式（推荐）”，然后单击“下一步”按钮。在图 1-35 中，单击“开始安装 VRM”按钮，此时软件会自动在 CNA1 上创建第一台 VRM 虚拟机。VRM 需要连接并管理所有的 CNA 主机。管理员通过 VRM 提供的 Web 界面，对 FusionCompute 进行管理。安装 VRM 虚拟机所需时间约为半小时，请耐心等候。

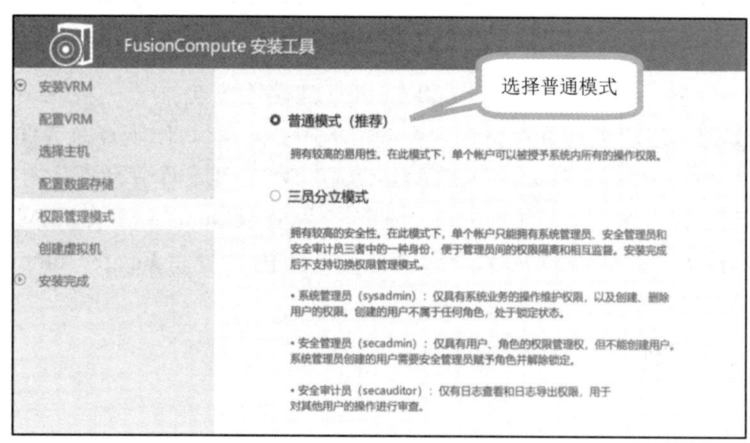

图 1-34　选择权限管理模式

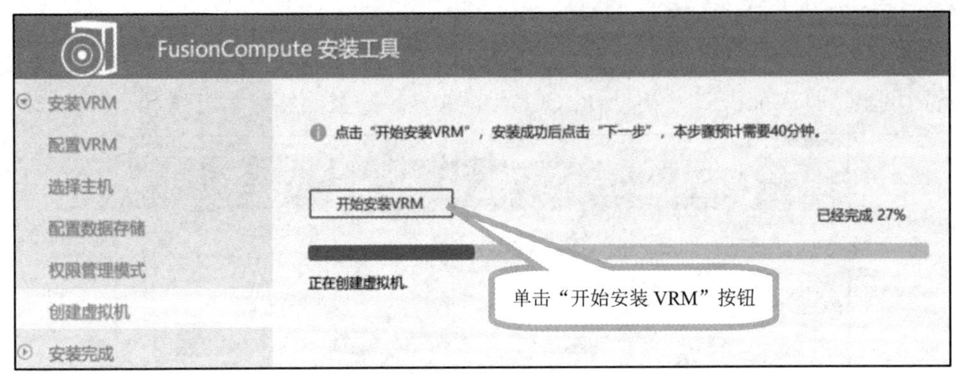

图 1-35　正在创建管理节点虚拟机

（10）成功安装 VRM

成功安装 VRM 后，VRM 登录地址、用户名和初始密码如图 1-36 所示，单击"完成"按钮结束安装。

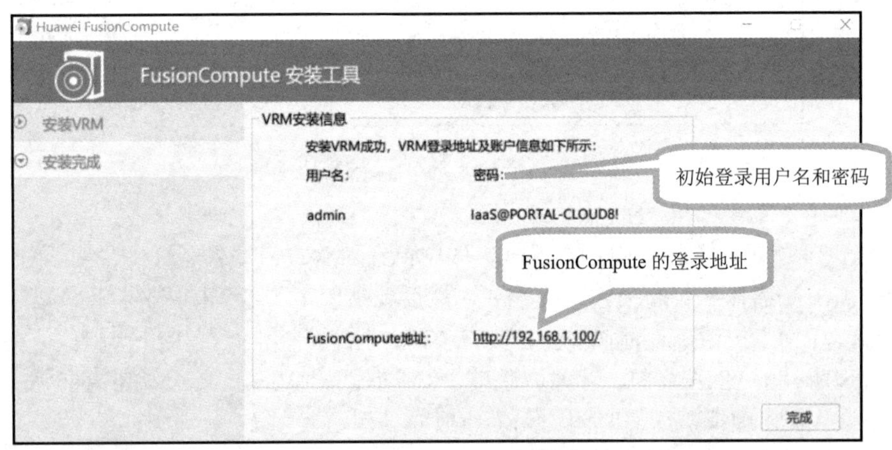

图 1-36　成功安装 VRM

打开火狐浏览器，输入 http://192.168.1.100（忽略不安全报警，将此站点添加到"例外"），此时会弹出"用户最终许可协议"声明，单击"同意"，出现登录界面，使用图 1-36 中展示的用户名和初始密码（IaaS@PORTAL-CLOUD8!，第一个字母是 i 的大写）登录。

首次登录需要修改密码，请将 admin 的密码改为 IE$cloud8!。登录 VRM 后的首页——FusionCompute 首页，如图 1-37 所示。在后面的章节中，"登录 FusionCompute"将表示通过浏览器登录 VRM。

至此，FusionCompute 成功安装。

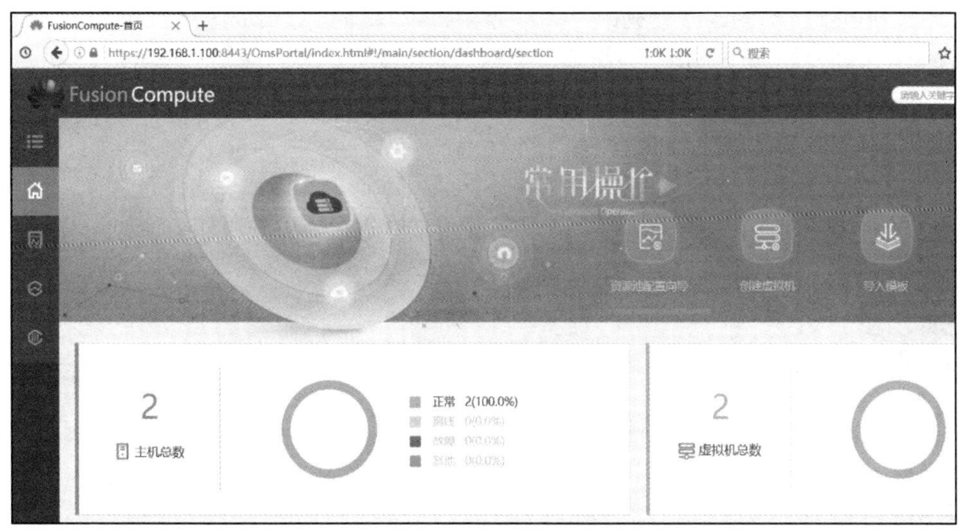

图 1-37　FusionCompute 首页

1.3　初始配置

1.3.1　系统管理

【背景知识】

安装 VRM 系统后，需要对系统进行基本配置，便于以后进一步管理。VRM 系统管理提供了用户管理、License 管理等功能，本节只介绍一些基本配置，后面的章节将陆续介绍其他系统配置。

【实验内容】

① 完成 VRM 系统基本配置，包括添加新角色、添加新用户和设置用户密码策略。
② 加载 License。
③ 将两台主机加入管理集群。

【实验步骤】

（1）配置会话超时时间

打开火狐浏览器，输入 http://192.168.1.100，该地址为 VRM 的 IP 地址。如图 1-38 所

示登录 VRM，单击左侧的“导航树”（最左侧第一个图标），FusionCompute 的全部功能就能通过“导航树”展现。单击“系统管理”→“系统配置”→“时间管理”，在打开的对话框中设置超时时间，单击“确定”按钮，完成设置。当 FusionCompute 会话空闲时间达到所设置的超时时间后，浏览器会自动注销当前登录用户，以增强系统安全性。在实际运行环境中，该值不宜设置得太大，实验阶段该值可以适当设置得大一点。

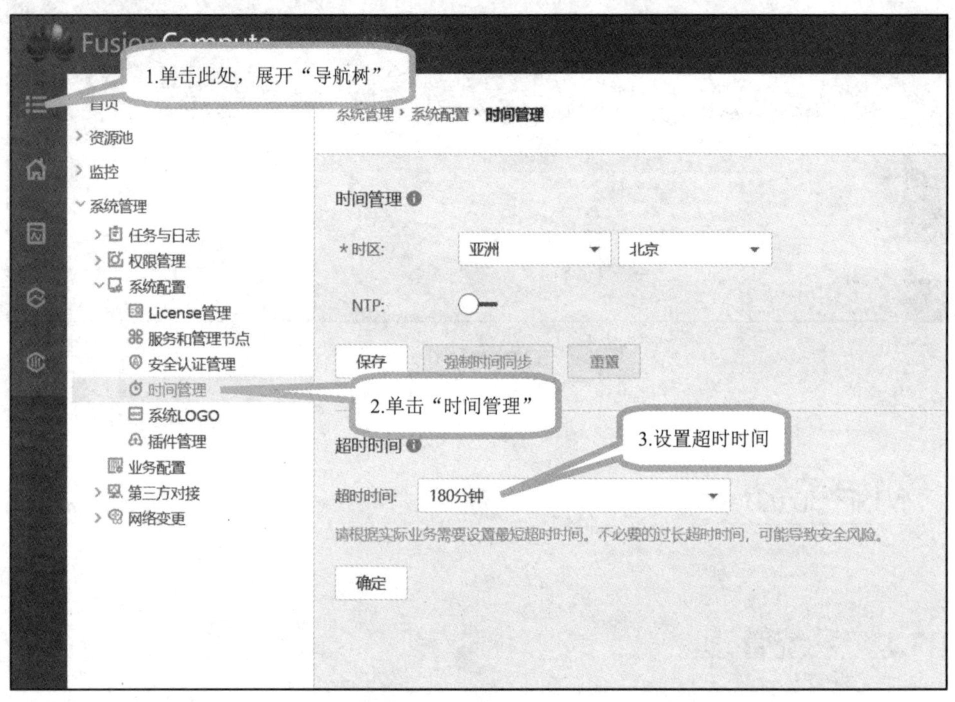

图 1-38　设置超时时间

（2）进行用户管理

在 FusionCompute 界面中，单击“导航树”图标，展开“导航树”，单击“系统管理”→“权限管理”→“用户管理”，可以看到系统中已有的用户。用户类型有域用户、本地用户和接口对接用户。域用户是 Windows 域的用户，使用域用户名创建，用户可通过域用户名和域密码登录系统；本地用户信息存放在 VRM 上的数据库中，本地用户使用本地用户名和密码登录系统；接口对接用户为内部账户，用于 FusionCompute 与其他部件（例如 FusionAccess）之间对接。如图 1-39 所示，单击“添加用户”按钮，可以添加新用户。该图中默认角色有 administrator（管理员）、auditor（审计员）等，不同角色具有不同的权限，如果已有角色不能满足权限控制的需求，可以单击“添加角色”创建自定义角色，在图 1-39 中，添加一个 StorageAuditor 用户。

如图 1-40 所示，单击右侧各用户对应的“更多”，可删除用户、重置密码、设置角色及锁定和解锁用户。

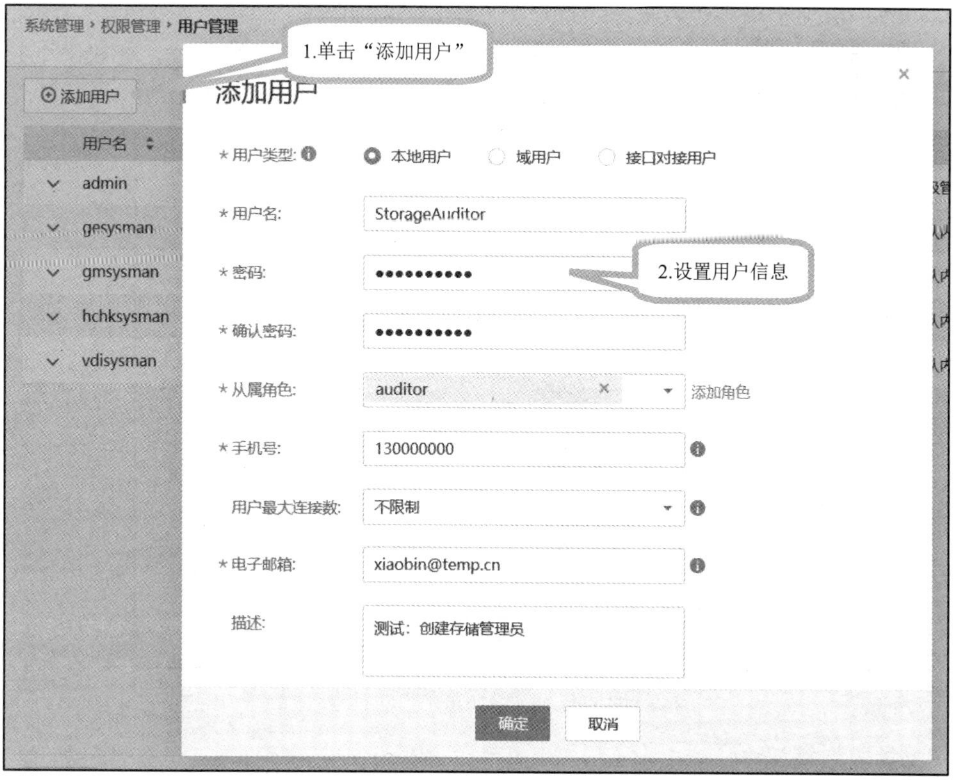

图 1-39　添加用户

图 1-40　删除用户、重置密码、设置角色及锁定和解锁用户

(3) 添加角色

选择"系统管理"→"权限管理"→"角色管理"，可以看到系统已有的角色，除了 administrator 和 auditor，其余角色的权限可以修改。单击各角色，在弹出的界面最右侧权限列表中，单击"编辑"即可进行修改。

这里我们添加一个角色，在用户管理界面单击“添加角色”，弹出如图 1-41 所示的“添加角色”对话框，在该对话框中设置角色名称（需要使用英文）和描述，在权限下拉列表中，可以按需求勾选角色所具有的权限，然后单击“确定”按钮完成角色添加。

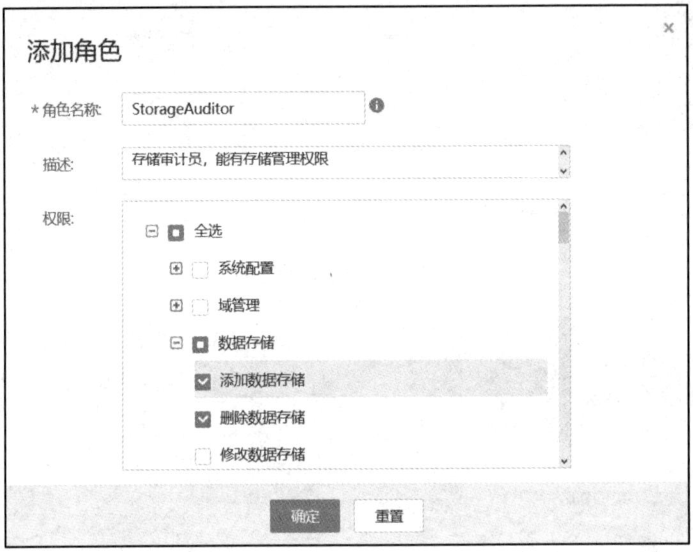

添加角色

*角色名称: StorageAuditor

描述: 存储审计员，能有存储管理权限

权限:
- 全选
  - 系统配置
  - 域管理
  - 数据存储
    - 添加数据存储
    - 删除数据存储
    - 修改数据存储

确定　重置

图 1-41　“添加角色”对话框

（4）设置密码策略

在“导航树”中选择“系统管理”→“权限管理”→“密码策略”→“修改”，如图 1-42 所示，设置密码策略，以增加用户的安全性。“允许密码字符长度”可以限制密码的最小和最大长度，“密码有效期(天)”控制用户多少天需要修改密码，其余各选项参见对应的备注。修改完毕后，单击“保存”按钮。

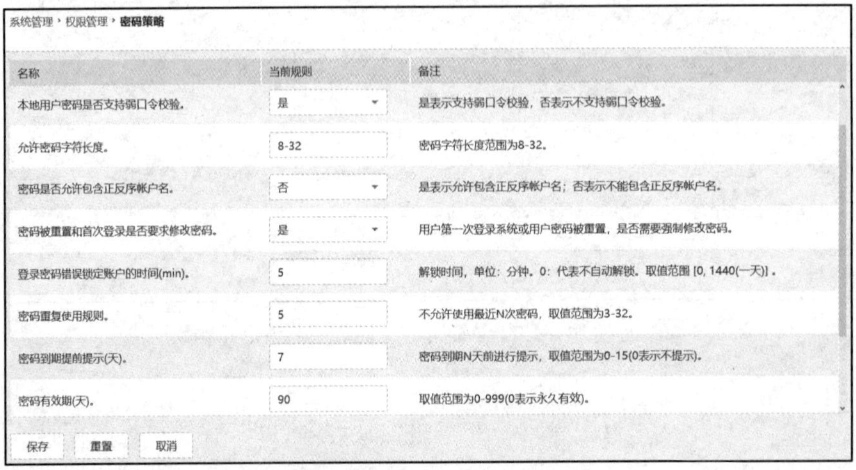

系统管理 › 权限管理 › **密码策略**

名称	当前规则	备注
本地用户密码是否支持弱口令校验。	是	是表示支持弱口令校验，否表示不支持弱口令校验。
允许密码字符长度。	8-32	密码字符长度范围为8-32。
密码是否允许包含正反序帐户名。	否	是表示允许包含正反序帐户名；否表示不能包含正反序帐户名。
密码被重置和首次登录是否要求修改密码。	是	用户第一次登录系统或用户密码被重置，是否需要强制修改密码。
登录密码错误锁定账户的时间(min)。	5	解锁时间，单位：分钟。0：代表不自动解锁。取值范围 [0, 1440(一天)]。
密码重复使用规则。	5	不允许使用最近N次密码，取值范围为3-32。
密码到期提前提示(天)。	7	密码到期N天前进行提示，取值范围为0-15(0表示不提示)。
密码有效期(天)。	90	取值范围为0-999(0表示永久有效)。

保存　重置　取消

图 1-42　设置密码策略

（5）License 管理

如图 1-43 所示，选择“系统管理”→“系统配置”→“License 管理”，默认时未加载商用 License，使用的是 FusionCompute 基础版许可，该许可规定每个 CPU 支持 6 个授权，并且没有期限限制。

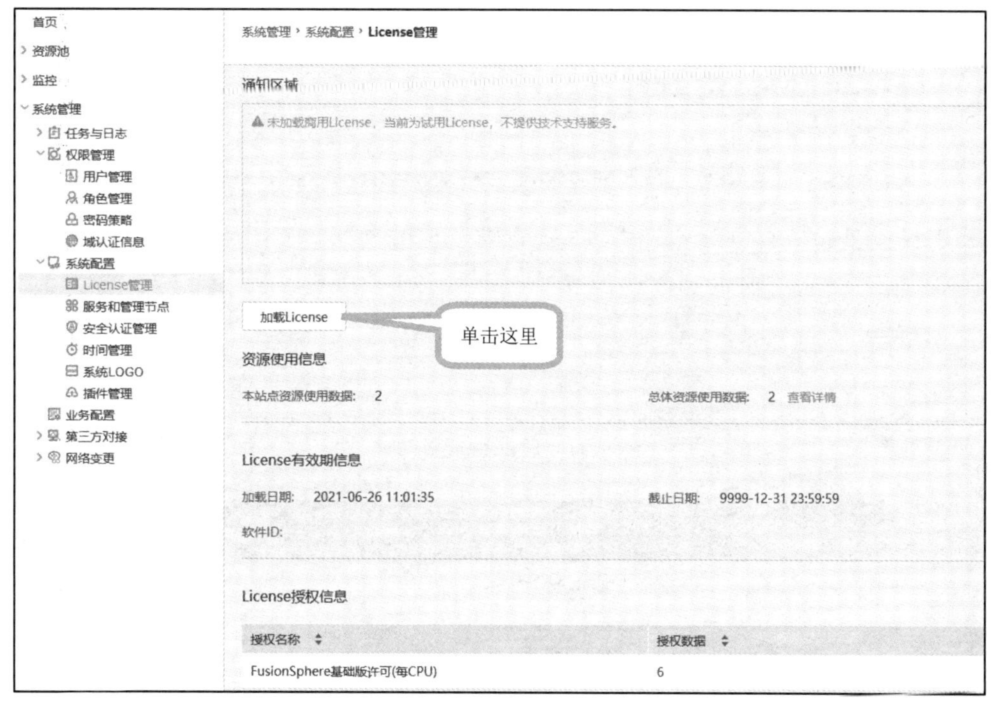

图 1-43　License 管理

如果 FusionCompute 用于实验，可以不加载商用 License；但是如果 FusionCompute 用于实际运行环境，通常需要加载商用 License，当然商用 License 是需要付费的。在图 1-43 中单击“加载 License”按钮，在弹出的如图 1-44 所示的对话框中，单击“获取 ESN 号码”按钮，记录显示的 ESN 号码，使用记录的 ESN 号码，到 http://app.huawei.com/isdp 网站申请 License 文件。成功申请 License 文件后，在弹出的对话框中单击“浏览”按钮，选择申请到的 License 文件，单击“确定”按钮，在弹出的提示框中，单击“确定”，加载 License 文件。

（6）为集群添加主机

安装完 VRM 后，安装程序会自动创建一个集群 ManagementCluster，并且把 VRM 所在的主机 CNA1 加入该集群，但是另外的主机需要手工加入集群。由于本书的实验拓扑中只有两台主机，因此直接把另一主机加入 ManagementCluster 集群。在 FusionCompute 界面，单击“导航树”图标，展开“导航树”，单击“资源池”→“ManagementCluster”，如图 1-45 所示，单击“添加主机”按钮，在弹出的对话框中，填写 CNA2 信息，如图 1-46 所示。然后单击“确定”按钮。添加主机成功加入后，ManagementCluster 集群下将有两台主机。

加载License

独立License　License服务器

按照如下步骤激活和加载License:

步骤1：查找并记录合同号或激活密码。

步骤2：获取并记录ESN

获取ESN号码　ESN号: 1EA64B932B9B6BCEF766281AB4FC35C955B32062

步骤3：登录http://app.huawei.com/isdp网站，使用合同号(或激活密码)和ESN号激活License文件。

步骤4：导入License文件

上传路径:　选择

License号:

图 1-44　加载 License 文件

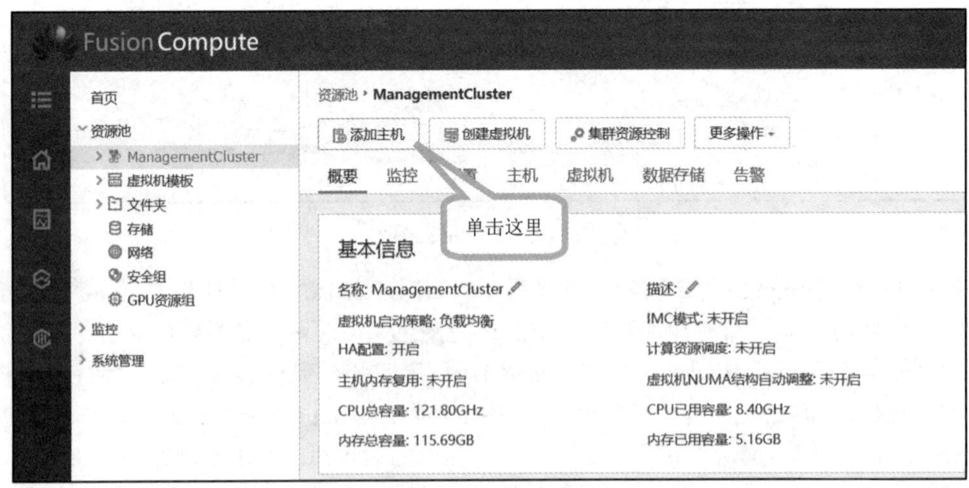

图 1-45　添加主机

（7）配置 BMC

第一台主机 CNA1 还未配置 BMC。在 FusionCompute 界面，单击“导航树”图标，展开“导航树”，单击“资源池”→“ManagementCluster”→“CNA1”，如图 1-47 所示，单击“配置”→“系统配置”→“主机配置”→“BMC 配置”，在打开的如图 1-48 所示的对话框中，输入服务器 1 的 BMC 的 IP 地址（192.168.1.201）、用户名（root）、密码（IE$cloud8!），单击“确定”按钮，完成 CNA1 的 BMC 配置。VRM 可以通过 BMC 控制主机的开关机，这对于电源自动管理是必不可少的。

添加主机

1 主机配置
2 确认信息

选择站点或者集群添加主机

* 选择位置: ManagementCluster 选择

名称: CNA2

* IP地址: 192 . 168 . 1 . 102

描述:

BMC

单击 BMC，设置 BMC 信息

BMC IP地址: 192 . 168 . 1 . 202

BMC用户名: root

BMC密码: ●●●●●●●●●●●

应用站点时间同步配置

如果勾选，表示添加主机成功后，系统会自动将站点的时间同步信息应用到该主机，并重启主机管理业务进程，该过程管理服务会中断3~5分钟。如果不勾选，在添加主机成功后，需要手工为该主机配置时间同步信息。

图 1-46　填写 CNA2 信息

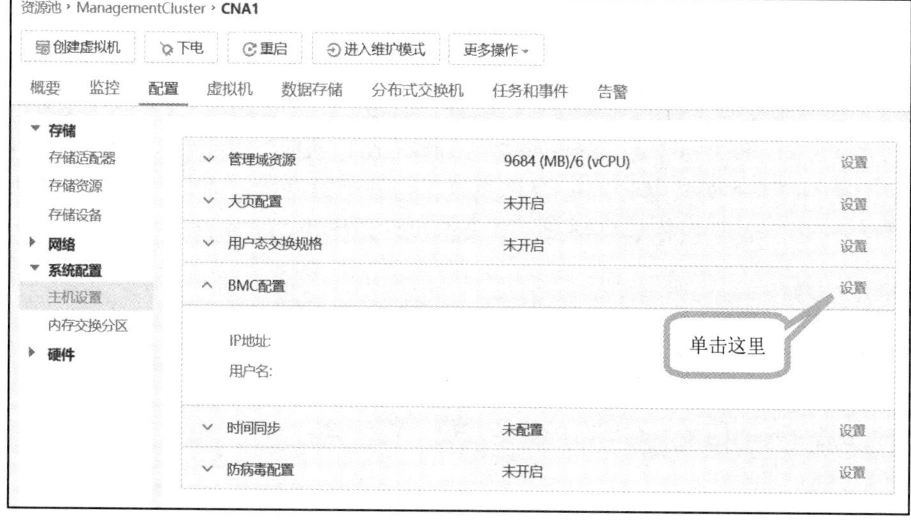

图 1-47　主机的 BMC 配置

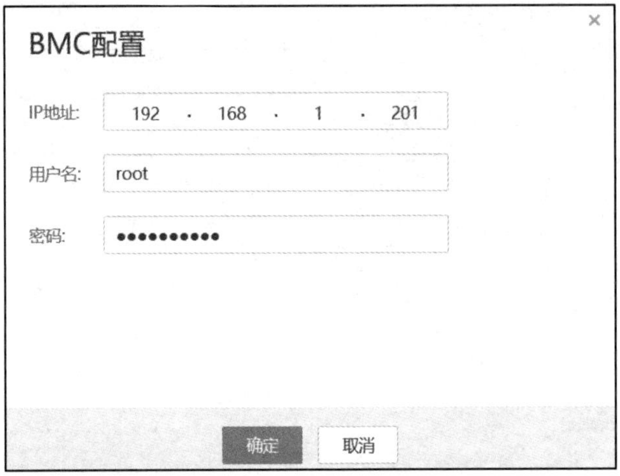

BMC配置

IP地址: 192 . 168 . 1 . 201

用户名: root

密码: ●●●●●●●●●●●

确定　取消

图 1-48　CNA1 的 BMC 配置

1.3.2　时间管理

【背景知识】

各主机、VRM、各虚拟机都有时间，保持这些计算机时间同步和正确是很重要的事情，时间错误会造成依赖时间的各种应用程序读取错误的时间，例如，商品交易时间错误，同时也会造成 VRM 频繁告警。可以设置外部时钟源，使各主机和 VRM 与外部时钟源进行时间同步。外部时钟源可以是 w32time 类型的 NTP 服务器，也可以是 Linux 类型的 NTP 服务器，NTP 服务是专用于时间同步的一种服务。Linux 类型的 NTP 服务器就是安装 Linux 操作系统的服务器，FusionCompute 底层就是 Linux 操作系统，因此也可以作为时间服务器使用。本实验不打算另外安装 Linux 操作系统作为外部时钟源，而是采用内部时钟源，也就是把其中一台 CNA 主机作为时钟源，其余主机、虚拟机与它进行时间同步。

【实验内容】

① 将 CNA1 设置为内部时钟源。

② 将 VRM、主机 CNA2 的时钟源指向 CNA1（192.168.1.101）。

③ 手工进行时间同步，测试时间同步功能是否正常。

【实验步骤】

（1）设置 NTP

在 FusionCompute 界面单击“导航树”图标，展开“导航树”，单击“系统管理”→“系统配置”→“时间管理”。如图 1-49 所示，打开“NTP”开关，由于每个 CNA 主机本身就能成为时钟源，本实验以 CNA1 为 NTP 服务器，填写 CNA1 的 IP 地址，单击“保存”按钮，在弹出的对话框中单击“确定”按钮。更改 NTP 配置会引起服务暂时中断，设置后需要等待大约 3 分钟并需要重新登录。

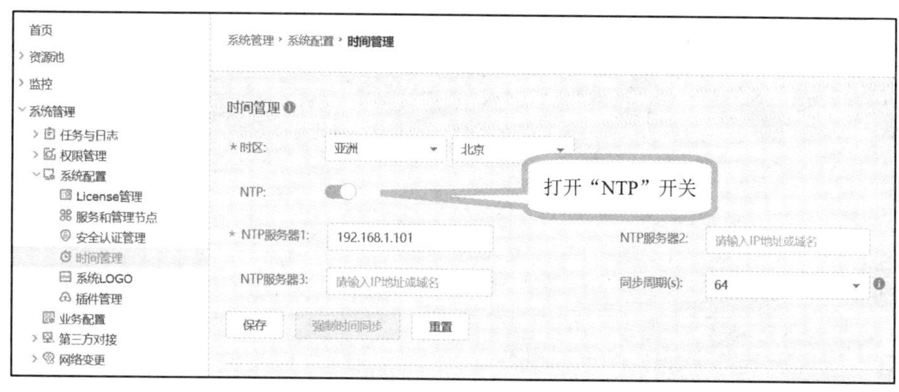

图 1-49　设置 NTP

（2）强制时间同步

设置 NTP 服务器成功后，重新登录 FusionCompute，进入“时间管理”界面，发现“强制时间同步”按钮不再是灰色。单击“强制时间同步”按钮可以将所有主机（如 CNA2，192.168.1.102）和 NTP 服务器（也就是 CNA1，192.168.1.101）进行时间同步。

同步成功后，重新登录 FusionCompute，单击 FusionCompute 界面左下角的“近期任务”，如图 1-50 所示，可以看到设置时间同步任务已经完成，时间同步成功。

图 1-50　时间同步成功

（3）消除告警

细心的读者可能发现了 FusionCompute 界面右上角的数字，如图 1-51 所示。这些数字依次是紧急告警、重要告警、次要告警和提示告警的数量，这些告警的存在给管理员带来严重不安。通过以上步骤配置了时间同步后，由于时间同步问题引起的反复出现的重要告警不见了。

图 1-51　右上角的告警数量

（4）选择告警类型

本步骤将清除告警。在 FusionCompute 界面展开“导航树”，单击“监控”→“告警”→“告警列表”，选择“实时告警”选项卡，然后单击告警类型列表，选择所有类型，如图 1-52 所示，可以看到当前的全部告警，列表中的告警有“未加载 License”和“主机管理接口未配置网络冗余”等。

告警ID	告警级别	告警名称	告警对象	对象类型	产生时间	清除时...	清除...	操作
15.1006001	重要	网口自协商速率没...	CNA2	主机	2021-06-26 11:55...	-	-	清除
15.1006008	提示	主机管理接口未配...	CNA1	主机	2021-06-26 11:05...	-	-	清除
15.1001005	紧急	未加载license	site-license	站点	2021-06-26 11:04...	-	-	清除
15.1006001	重要	网口自协商速率没...	CNA1	主机	2021-06-26 10:58...	-	-	清除
15.1007018	重要	主机未配置NTP时...	CNA2	主机	2021-06-26 11:55...	2021-...	正常清除	清除
15.1007019	重要	VRM未配置NTP...	VRM01	VRM节...	2021-06-26 11:05...	2021-...	正常清除	清除
15.1007018	重要	主机未配置NTP时...	CNA1	主机	2021-06-26 10:55...	2021-...	正常清除	清除

图 1-52　全部告警

由于我们只打算使用基础版许可 License，因此“未加载 License”类告警实际并不造成严重后果。此外，在本书采用的实验拓扑（见图 1-1）中，两台主机网卡数量各自仅有 4 块，主机管理接口为 eth0，也不打算配置网络冗余，故“主机管理接口未配置网络冗余”类告警也是我们允许的。因此可以把告警清除，并且屏蔽。如图 1-53 所示，单击右侧的“更多”，在弹出的菜单中选择“屏蔽所有对象告警”，则不再出现同一告警 ID 的告警，然后单击“手动清除”则可以将当前告警记录删除。告警记录被删除后，右上角的告警数量将清零，如图 1-54 所示。以后管理员需要时刻注意告警数量，当出现告警后要及时处理，以保证 FusionCompute 正常运行。

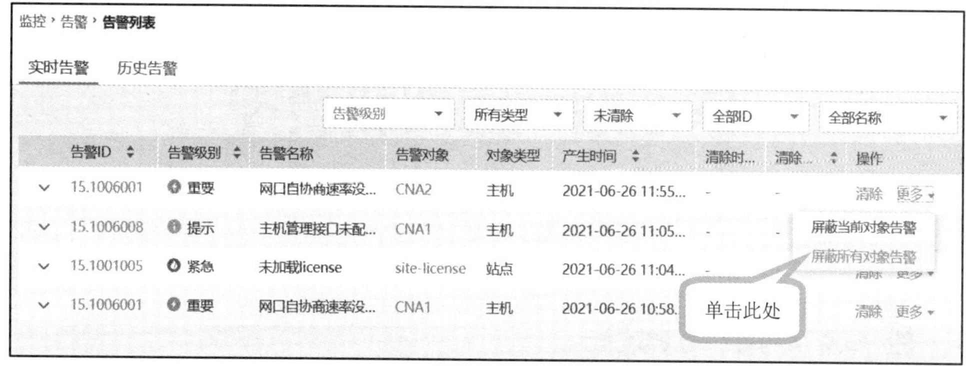

图 1-53　屏蔽告警

图 1-54　清除告警完成

第 2 章　虚拟机管理

2.1　虚拟机创建与调整

2.1.1　创建虚拟机，安装 Windows 操作系统

【背景知识】

虚拟机与物理计算机一样，用于运行操作系统和应用程序。虚拟机运行在某个主机上，并从主机上获取所需的 CPU、内存等计算资源，以及图形处理器、USB 设备、网络连接和存储访问等能力。多台虚拟机可以同时运行在一台主机上。

空虚拟机就像一台没有安装操作系统的空白物理计算机。创建空虚拟机时，可选择创建在主机上或集群上，并可自定义 CPU、内存、磁盘、网卡等的规格。空虚拟机创建完成后，需要再为其安装操作系统。安装操作系统的方法与在物理机上安装操作系统的方法相同。

Tools 是虚拟机的驱动程序。空虚拟机创建并安装操作系统后，需在虚拟机上安装华为提供的 Tools，以便提高虚拟机的 I/O 处理性能、实现对虚拟机的硬件监控和其他高级功能。当前操作系统有 Windows 和 Linux 两大类，因此 Tools 也区分 Windows 和 Linux 上的 Tools。

【实验内容】

① 创建一台空虚拟机。

② 在虚拟机上安装 Windows 10 操作系统。

③ 为安装 Windows 10 操作系统的虚拟机安装 Tools。

【实验步骤】

如图 2-1 所示，在集群上创建虚拟机，具体步骤如下所述。

（1）在集群上创建虚拟机

登录 FusionCompute，单击左侧第一个“导航树”图标，展开“导航树”，单击“资源池”→“ManagementCluster”，在“ManagementCluster”窗格中单击“创建虚拟机”按钮，

在弹出的如图 2-2 所示的“创建虚拟机”对话框中，选择创建虚拟机的方式为“创建新虚拟机”，然后单击“下一步”按钮。

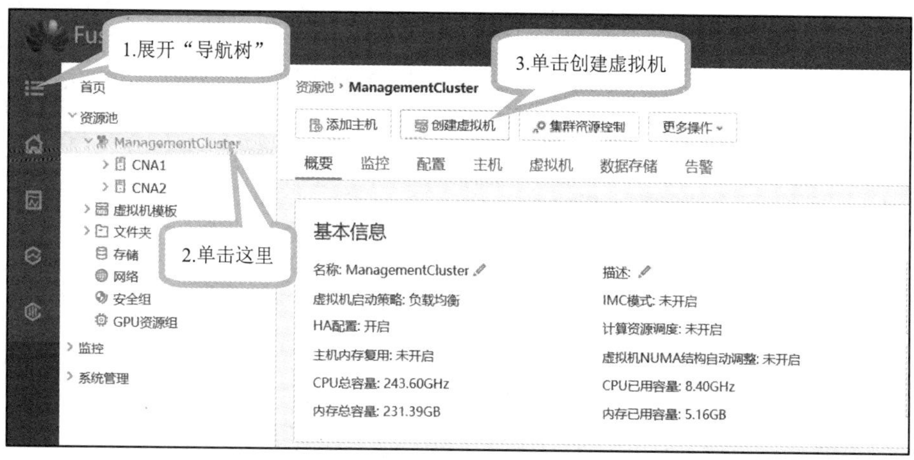

图 2-1 在集群上创建虚拟机

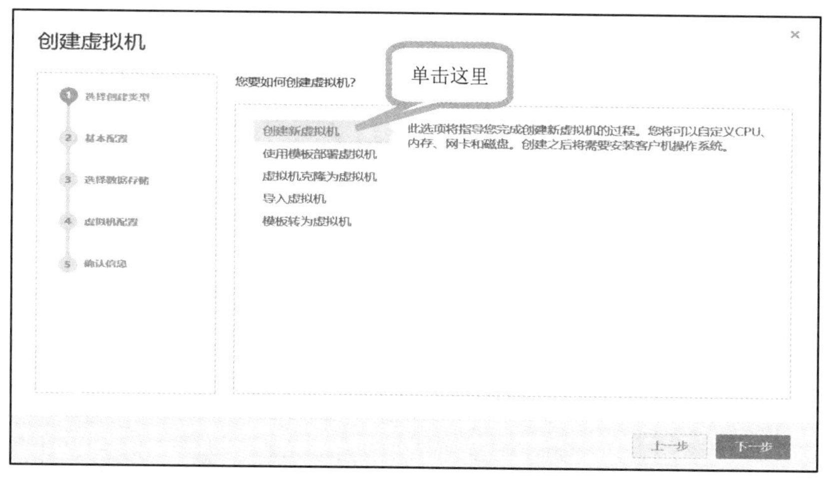

图 2-2 “创建虚拟机”对话框

（2）完成虚拟机的基本配置

如图 2-3 所示，完成虚拟机的基本配置。在虚拟机“名称”文本框中输入“Windows 10”，虚拟机位置和计算资源采用默认值，操作系统类型选择“Windows”，操作系统版本号选择“Windows 10 Professional 64bit”。（因为 FusionCompute 采用开源的 KVM 方案进行虚拟化，该方案的 I/O 虚拟化使用 virtio 方式，而 Windows 没有集成该驱动程序，导致安装 Windows 操作系统时找不到磁盘。华为的解决方法是，给所有的 Windows 虚拟机额外添加一个 A 盘，在 A 盘里放置 virtio 的磁盘驱动程序，所以操作系统的版本不能选错。）设置完成后单击“下一步”按钮。

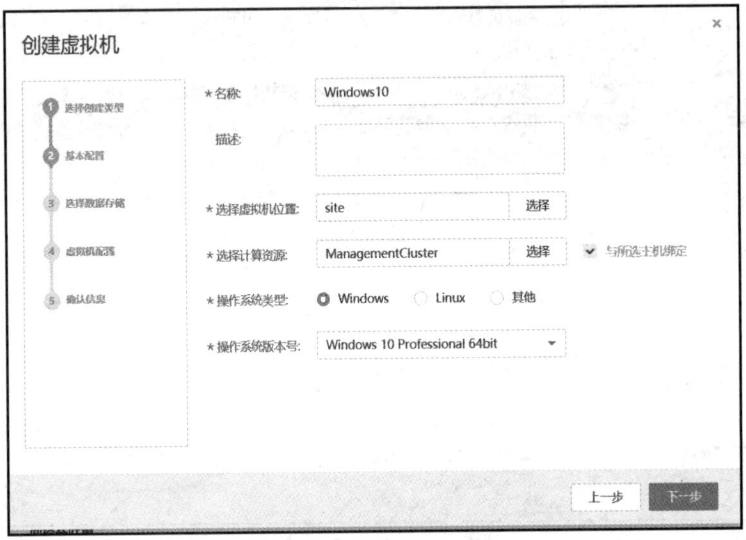

图 2-3　完成虚拟机的基本配置

如图 2-4 所示，选择数据存储。目前只有 CNA1 的本地磁盘，可直接单击“下一步”按钮。

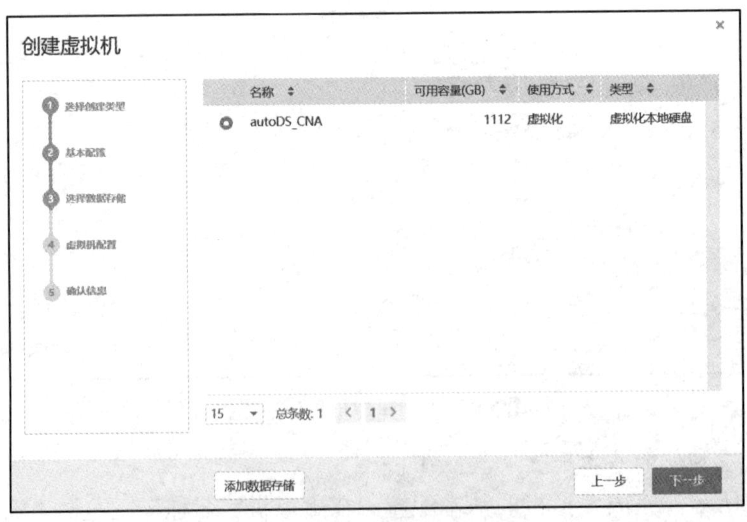

图 2-4　选择数据存储

如图 2-5 所示，配置虚拟机硬件参数。打开“硬件”选项卡，可以设置虚拟机的 CPU 个数、内存大小、硬盘个数、网卡个数，完成显卡和软驱设置，本次实验均保持默认值。

单击“CPU”前的三角符号可展开“CPU”选项，CPU 的详细设置如图 2-6 所示。在该图中，可以设置 CPU 绑定、每个插槽的内核数，以及与 QoS 相关的份额、预留和限制。

QoS：Quality of Service，服务质量。在系统资源比较紧张的情况下，只能保证优先级高的虚拟机可以优先申请和使用资源。

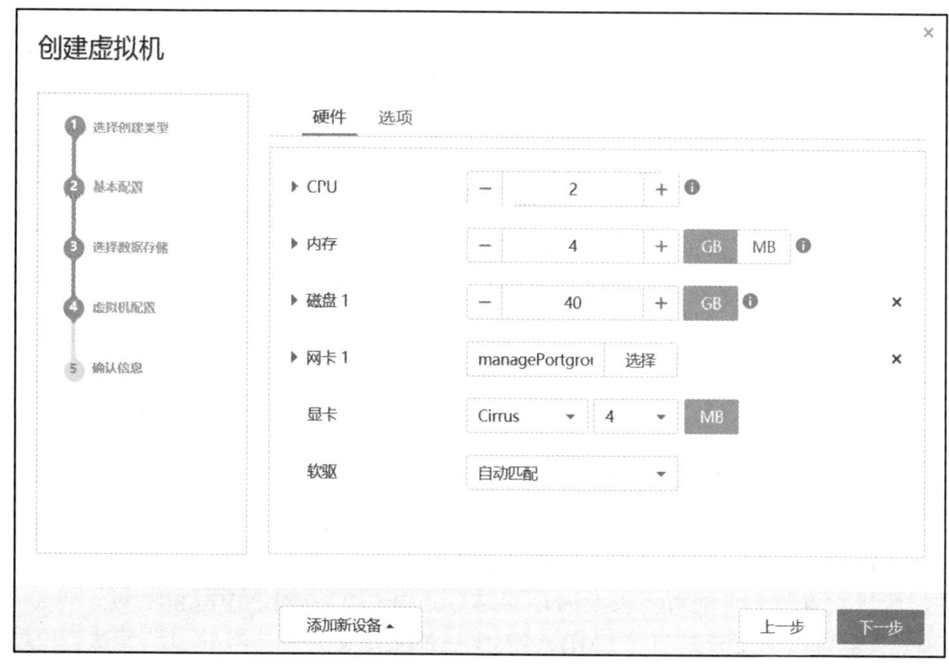

图 2-5　配置虚拟机硬件参数

- CPU 绑定：开启后 CPU 绑定功能自动将虚拟机 CPU 与主机的内核（或超线程）进行一对一绑定，其余虚拟机无法绑定已被占用的内核（或超线程）。
- CPU 线程绑定策略：prefer。如果主机有超线程，绑定虚拟机 CPU 的超线程将位于同一个内核上。
- 每个插槽的内核数：虚拟机 CPU 插槽是指安装 vCPU 的插口，用于呈现 vCPU 的拓扑结构。设置虚拟机的 CPU 可平均分为多组，每组的一个或多个 CPU 内核由一个物理 CPU 的一个或多个内核来提供。每组的 CPU 数量即为每个插槽的内核数。虚拟机 CPU 插槽的数量必须能整除虚拟机的 CPU 个数。例如，一台 8 个 CPU 的虚拟机设置的 CPU 插槽数量为 4，此时虚拟机的 8 个 CPU 平均地由主机上的 4 个物理 CPU 提供，每个物理 CPU 提供 2 个内核。
- 份额：份额是多台虚拟机在竞争物理资源时按比例分配的计算资源（2.3.2 节有详细解释）。
- 预留：预留是在多台虚拟机竞争物理资源时最低分配的计算资源（2.3.2 节有详细解释）。
- 限制：限制代表虚拟机实际的 CPU 使用上限（如服务器单个 CPU 频率为 2.6 GHz。2 vCPU 的限制为 5.2 GHz。如果把限制设定为 2.6 GHz，那么实际上，该虚拟机只分配到了单个 vCPU 的计算能力）。

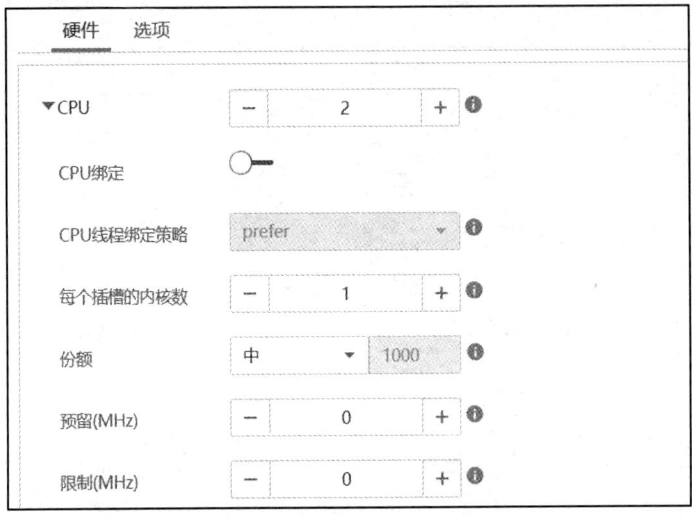

图 2-6　CPU 的详细设置

单击“内存”前的三角符号可展开“内存”选项，内存的详细设置如图 2-7 所示。在该图中，可以设置“大页配置”以及内存的与 QoS 相关的份额、预留和限制。

① 大页配置：支持未开启、2 MB、1 GB 三种配置。大页规格的大小具体可根据业务场景进行选择。

② 份额：份额定义多台虚拟机竞争内存资源时按比例分配的内存资源（2.3.2 节有详细解释）。

③ 预留(MB)：预留定义多台虚拟机竞争内存资源时分配的内存下限，能够确保虚拟机实际可使用的内存资源（2.3.2 节有详细解释）。

④ 限制(MB)：FusionCompute 6.5.1 及之前版本不能修改，默认为 0。FusionCompute 8.0 后能修改。

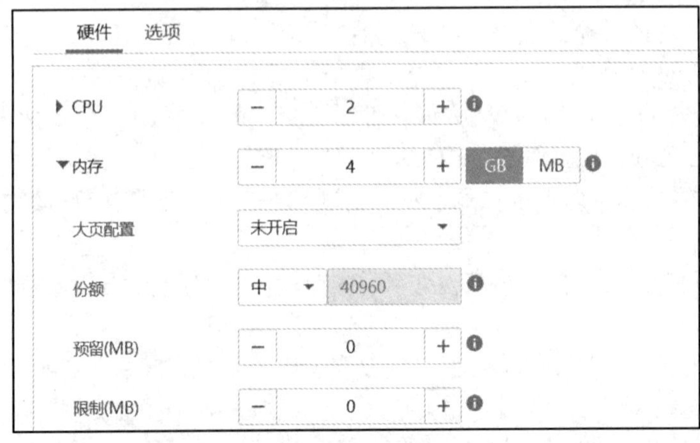

图 2-7　内存的详细设置

单击“磁盘 1”前的三角符号可展开“磁盘 1”选项，磁盘的详细设置如图 2-8 所示。在该图中，可以选择磁盘在哪个数据存储上，选择配置模式、磁盘模式和总线类型。

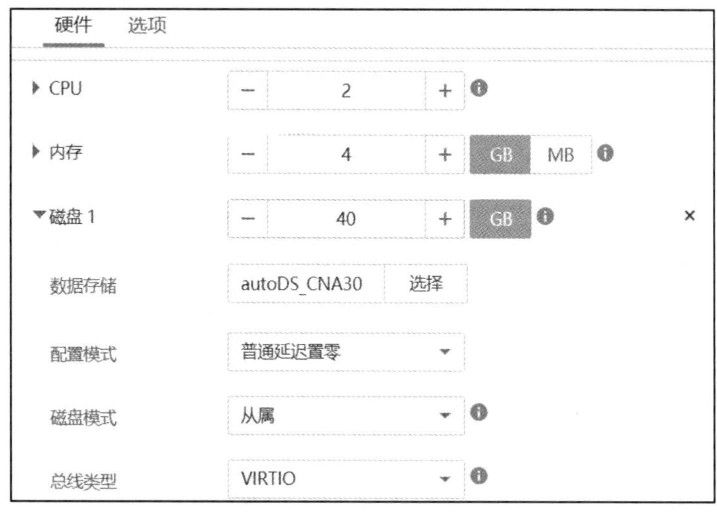

图 2-8　磁盘的详细设置

配置模式：有普通、精简、普通延迟置零 3 种模式。

① 普通模式：根据磁盘容量为磁盘分配空间，在创建过程中会将物理设备上保留的数据置零。这种格式的磁盘性能较好，但创建这种格式的磁盘所需的时间可能会比创建其他类型的磁盘长。对性能有要求的场景，建议选择该模式。

② 精简模式：在该模式下，系统首次仅分配磁盘容量配置值的部分容量，后续根据使用情况，逐步进行分配，直到分配总量达到磁盘容量配置值为止。这样分配给各台虚拟机的磁盘总容量可以超过磁盘的实际容量。该模式能最大限度地提高磁盘使用率，但性能差。

③ 普通延迟置零模式：根据磁盘容量为磁盘分配空间，在创建时不会擦除物理设备上保留的任何数据，但后续在虚拟机首次执行写操作时会按需要将其置零。创建速度比普通模式快；IO 性能介于普通模式和精简模式之间。

磁盘模式：有从属、独立-持久、独立-非持久 3 种模式。

① 从属模式：快照中包含该磁盘，更改将立即并永久写入磁盘。

② 独立-持久模式：快照中不包含该磁盘，更改将立即并永久写入磁盘。

③ 独立-非持久模式：当关闭虚拟机电源或恢复快照时，会放弃对此磁盘的更改，对磁盘所做的操作会失效。

总线类型有 VIRTIO/IDE/SCSI。当创建虚拟机时，数据存储上创建的磁盘可以挂载在 VIRTIO、IDE、SCSI 总线上。没有特殊需求，该选项一般默认选择 VIRTIO 即可。

① VIRTIO 性能较好。

② IDE 性能较差，仅用于虚拟机镜像制作及虚拟机光驱。

③ SCSI 可以选择指令透传或者不透传。

- 透传：虚拟机下发的 SCSI 命令直接透传给物理 SCSI 设备。
- 不透传：大部分 SCSI 命令由虚拟化层模拟，但是无法支持需要操作物理硬件的 SCSI 指令。

单击“网卡 1”前的三角符号可展开“网卡 1”选项，网卡设置如图 2-9 所示。在该图中，可以选择网卡在哪个端口组，选择网卡类型、IO 环大小、队列数，以及是否开启安全组。

① 网卡类型：virtio，高网络吞吐量和降低网络延迟的网卡类型。

② IO 环大小：通过适当地调大 IO 环，可以缓解前端驱动的丢包现象，提高性能。

③ 队列数：队列数取值不能超过虚拟机当前的 vCPU 数量。

④ 开启安全组：如果设置了安全组规则，可以选择开启。

图 2-9　网卡设置

显卡设置。显卡有 Cirrus 与 VGA 两种，Cirrus 显卡仅支持配置 4 MB 显存大小。VGA 显卡有约束限制——使用 VGA 显卡需要 GuestOS 的支持。VGA 显卡仅支持配置 4 MB、8 MB、16 MB、32 MB、64 MB、128 MB 和 256 MB 显存，建议使用 16 MB 的推荐配置。UEFI 的 Windows 虚拟机仅支持配置 VGA 显卡，并且不支持通过 VNC 登录 Windows 修改分辨率。

软驱设置。Windows 虚拟机才会添加软驱，一般保持默认的“自动匹配”即可。FusionCompute 会根据虚拟机的操作系统，自动适配相应的驱动程序。

（3）选项设置

打开图 2-5 中“选项”选项卡，如图 2-10 所示，可以进行虚拟机的其他设置，具体说明如下。

① 时钟策略：如果勾选“主机时间同步”选项，则虚拟机的时间会受主机时间调整的

影响。如果用户不希望应用虚拟机的时间受 FusionCompute 系统时间的影响，或用户能提供可靠的时钟源，则建议使用自由时钟策略。

② 系统引导固件：有 BIOS 和 UEFI 两种。UEFI 为统一可扩展固件接口，是传统 BIOS 的继任者，兼容 GPT 分区格式，支持 2 TB 以上磁盘。此处选择 BIOS。

③ 延迟时间(ms)：选择 0。

④ 启动方式：有硬盘启动、光驱启动、网络启动，该图中选择硬盘启动。

⑤ EVS 亲和：当虚拟机 EVS 亲和开关开启、大页规格为 1 GB 且运行主机已配置用户态 EVS 时，EVS 亲和性策略才生效，EVS 亲和虚拟机 CPU 和内存与 EVS 转发核在同一物理 NUMA 节点分配。此功能需要特殊网卡才能开启。

⑥ VNC 键盘配置：配置 VNC 的键盘类型，如英语、法语等。

⑦ 安全虚拟机：设置虚拟化防病毒功能开启或关闭，开启后可选择虚拟机类型如下。

- 安全服务虚拟机：为安全用户虚拟机提供病毒查杀、病毒实时监控服务的虚拟机，由防病毒厂商提供该虚拟机模板。
- 安全用户虚拟机：使用虚拟机防病毒功能的最终用户虚拟机。

⑧ NUMA 结构自动调整：系统会根据虚拟机配置、NUMA 高级参数以及物理主机 NUMA 配置自动计算虚拟机 NUMA 拓扑结构并设置虚拟机 NUMA 与物理 NUMA 亲和性，使虚拟机内存访问性能达到最优。

图 2-10　虚拟机的其他设置

单击“下一步”按钮，进入“确认信息”界面，核对创建任务信息。单击“完成”，开始创建虚拟机。

（4）查看任务进度

单击 FusionCompute 界面左下角“近期任务”会弹出正在执行的任务和执行进度，也可以通过选择“系统管理”→“任务与日志”→“任务中心”，查看任务进度，如图 2-11 所示。后续各个实验中的许多操作，都可以采取相同方法查看任务进度。

首页 / 资源池 / 监控 / 系统管理 / 任务与日志 / 任务中心 / 操作日志 / 权限管理 / 系统配置 / 业务配置

系统管理 › 任务与日志 › 任务中心

全部名称　全部状态　产生时段:

任务名称	对象名称	状态	开始时间	结束时间	描述
创建虚拟机	Windows 10	成功	2021-06-26 12:58:29	2021-06-26 12:58:57	
修改主机	CNA1	成功	2021-06-26 11:55:17	2021-06-26 11:55:17	
扫描存储适配器	CNA2	成功	2021-06-26 11:52:17	2021-06-26 11:52:18	

图 2-11　查看任务进度

（5）虚拟机列表

在 FusionCompute 界面展开“导航树”，选择“资源池”→“ManagementCluster”，在如图 2-12 所示的界面中单击“虚拟机”选项卡，便可以看到虚拟机列表。新创建的虚拟机是一台没有安装操作系统的空虚拟机，需要进一步安装操作系统。单击刚创建的“Windows 10”虚拟机，进入虚拟机 Windows 10 界面，如图 2-13 所示。

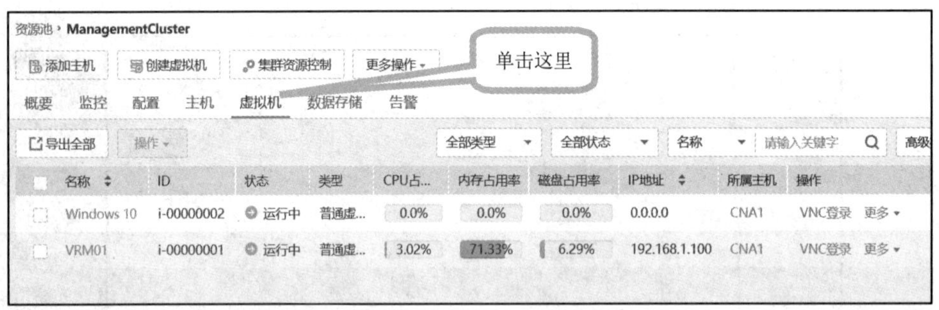

图 2-12　虚拟机列表

（6）登录虚拟机

在图 2-13 中，如果虚拟机未开机，则先单击“打开电源”按钮，然后单击“VNC 登录”按钮，弹出 VNC 登录界面（浏览器上要允许该弹窗），如图 2-14 所示。该界面就是虚拟机的显示画面，此时虚拟机没有操作系统，需要挂载 ISO 镜像并重启后进行安装，可以先将该界面关掉。

（7）挂载光驱

在图 2-13 中单击“配置”→“光驱”，如图 2-15 所示，选择本地方式安装。FusionCompute 支持 3 种方式挂载 ISO 镜像，本次采用第一种——本地方式（后续实验会依次采用其他方式挂载 ISO）。单击“确定”按钮，弹出图 2-16，提示我们的计算机上没有安装 FusionCompute 插件，所以无法使用该功能。按图 2-16 中提示，单击蓝色的“链接”，下载名为

FusionCompute-ClientIntegrationPlugin.exe 的插件包并安装，然后重新进行上面的操作，则可以调用刚安装的插件。选择 ISO 文件对虚拟机进行光驱挂载。

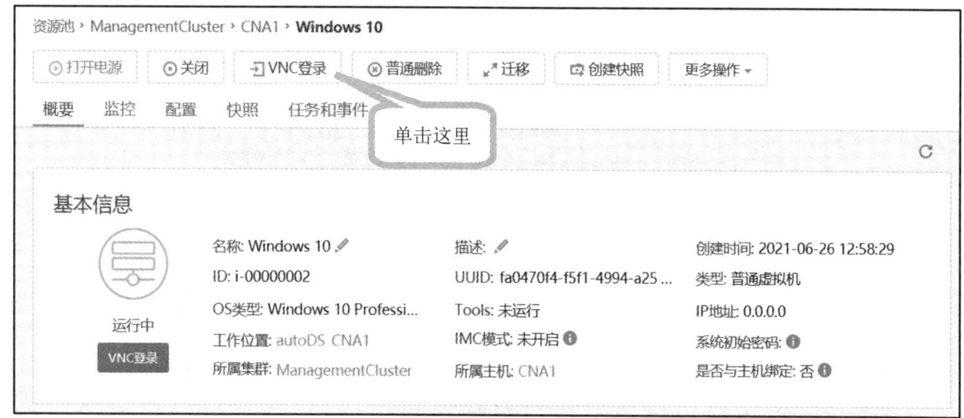

图 2-13　虚拟机 Windows 10 界面

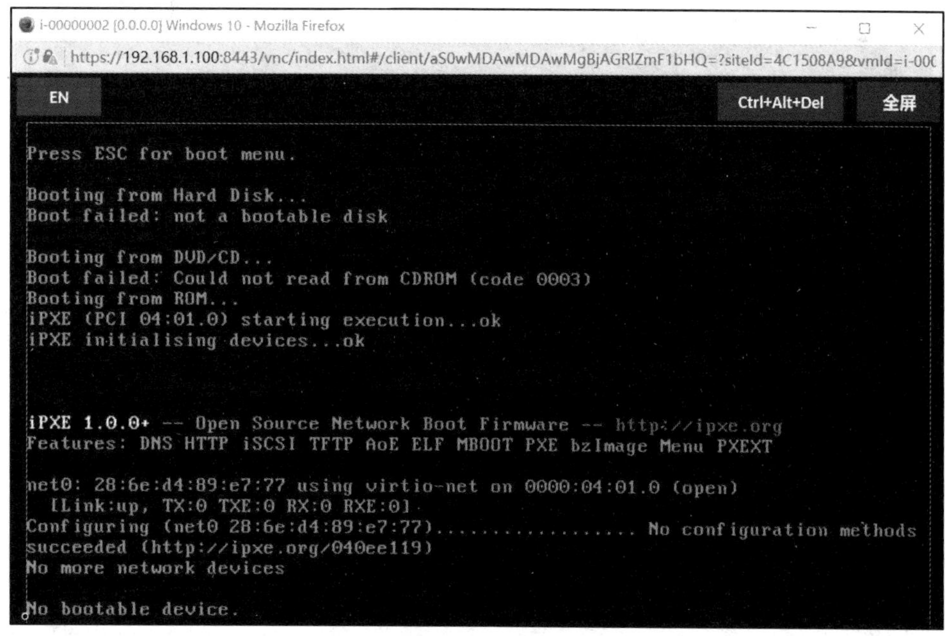

图 2-14　VNC 登录界面

如图 2-17 所示，单击“文件（*.iso）”然后单击“浏览”选择自己本地的 ISO 镜像（本实验采用 cn_windows_10_business_editions_version_1809_x64_dvd.iso），并勾选“立刻重启虚拟机，安装操作系统”，然后单击“确定”按钮。注意，在系统还未安装完成的时候，此挂载镜像的窗口最好不要关闭。

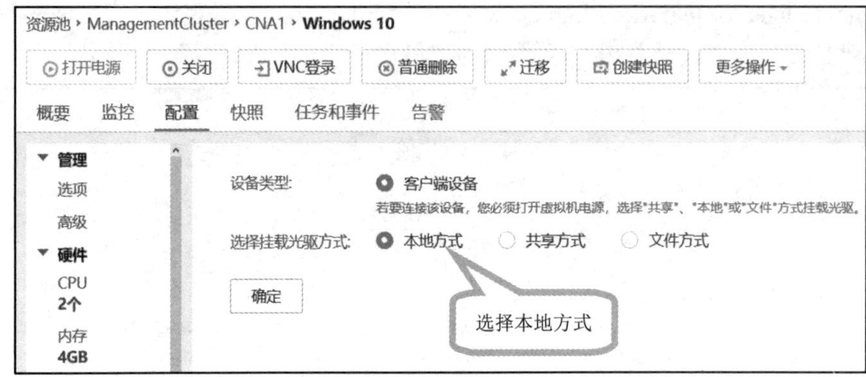

图 2-15　选择本地方式安装

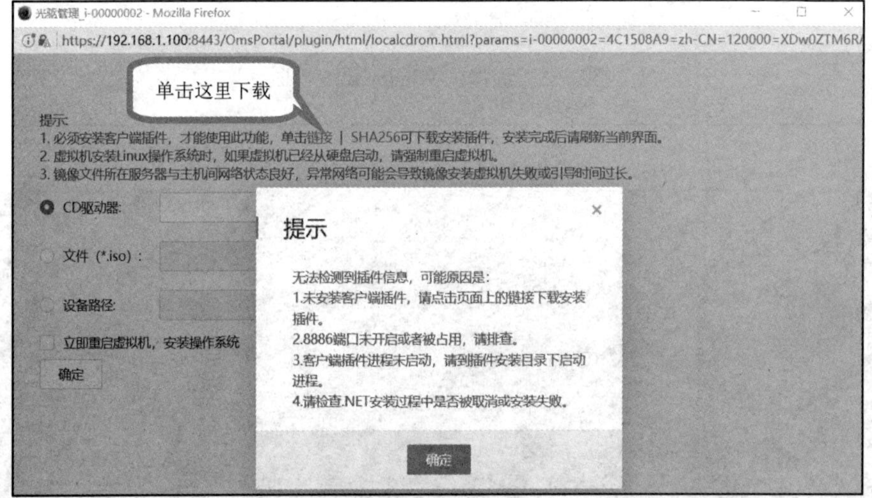

图 2-16　提示没安装插件

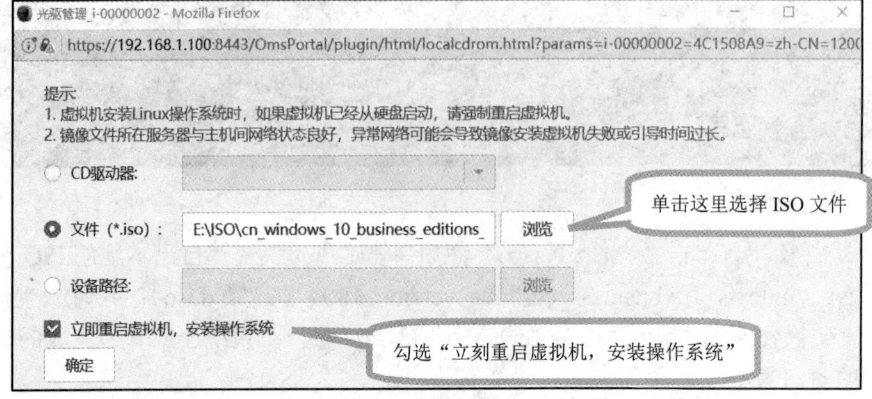

图 2-17　插件正常运行，挂载 ISO

（8）安装操作系统

在图 2-13 所示的虚拟机 Windows 10 界面单击“VNC 登录”按钮，弹出 VNC 登录界面，如图 2-18 所示，按照提示安装 Windows 10。保持默认设置，单击“下一步”按钮。在弹出界面中单击“现在安装”按钮，在下一个界面选择安装“Windows10 专业版”，然后单击 “下一步”按钮。

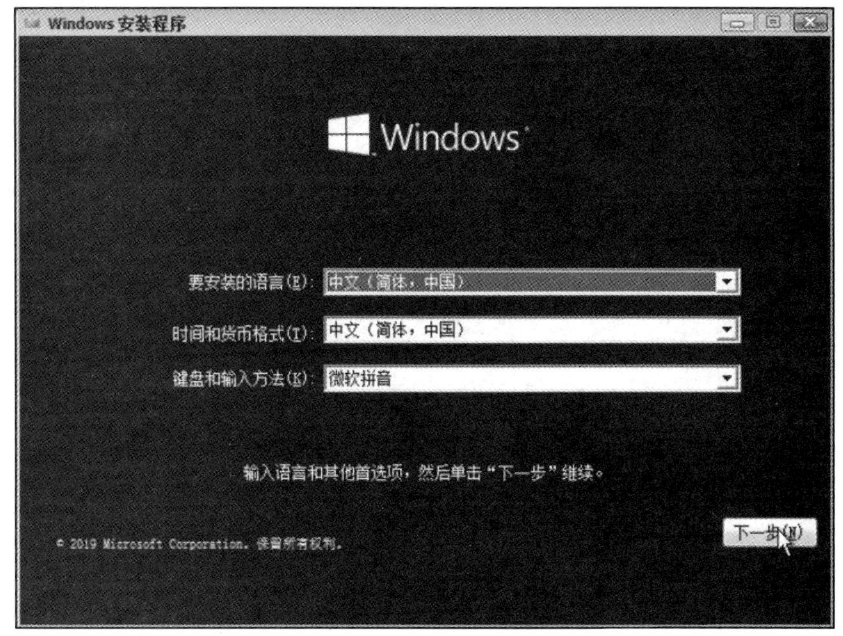

图 2-18　安装 Windows 10

在接下来弹出的界面中，选中“我接受许可条款”，单击“下一步”按钮，并在弹出界面选择“自定义，仅安装 Windows（高级）”，选择磁盘安装 Windows，但会发现系统找不到磁盘。

如图 2-19 所示，单击“加载驱动程序(L)”，在弹出的对话框中直接选择“确定”按钮，系统会自动在 A 盘找到对应的 virtio SCSI 驱动（如果无法自动发现，可先在 FusionCompute 的 Window 10 虚拟机的配置界面中确认该虚拟机的软驱里挂载的是否为 vmtools-windows-10.vfd），选择该驱动程序，单击“下一步”按钮，出现图 2-20，此时系统已找到磁盘。虚拟机只有一个磁盘，因此默认时 Windows 就安装在该磁盘上，即选择磁盘安装 Windows。直接单击“下一步”按钮，开始安装 Windows。

（9）安装的 Windows 10

安装完后，安装程序自动重新启动。首次开机可以按提示设置区域为“中国”、键盘布局为“拼音”，第二种键盘布局选择“跳过”，网络设置选择“我没有 internet 连接”和“继续执行有限设置”，使用账户名字可随意设置，如 jack，密码为 IE$cloud8!（也可以不设置），直接单击“下一步”按钮。后续的设置可以选择默认的“是”和“接受”，然后系统进行初始化，等待几分钟后就会自动登录系统了。新安装的 Windows 10 如图 2-21 所示。

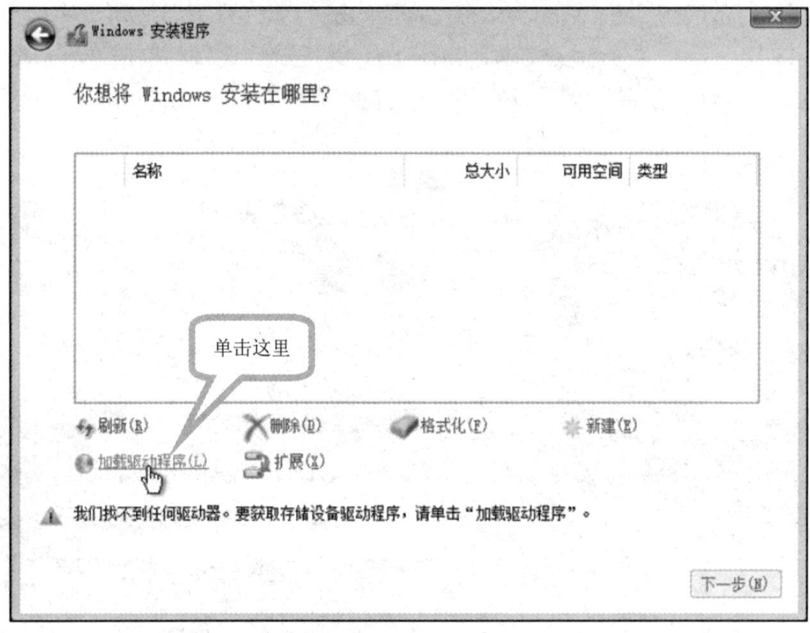

图 2-19 加载驱动程序

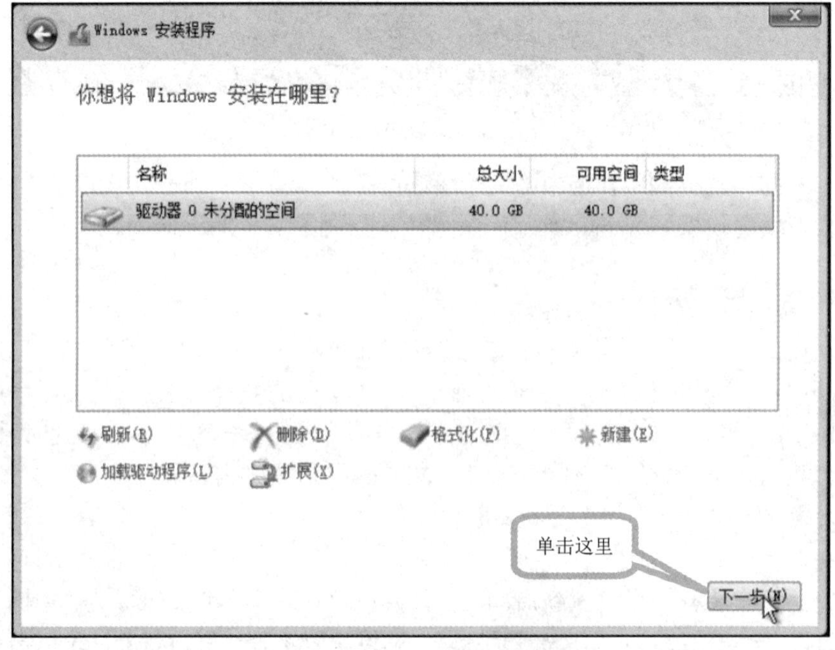

图 2-20 选择磁盘安装 Windows 10

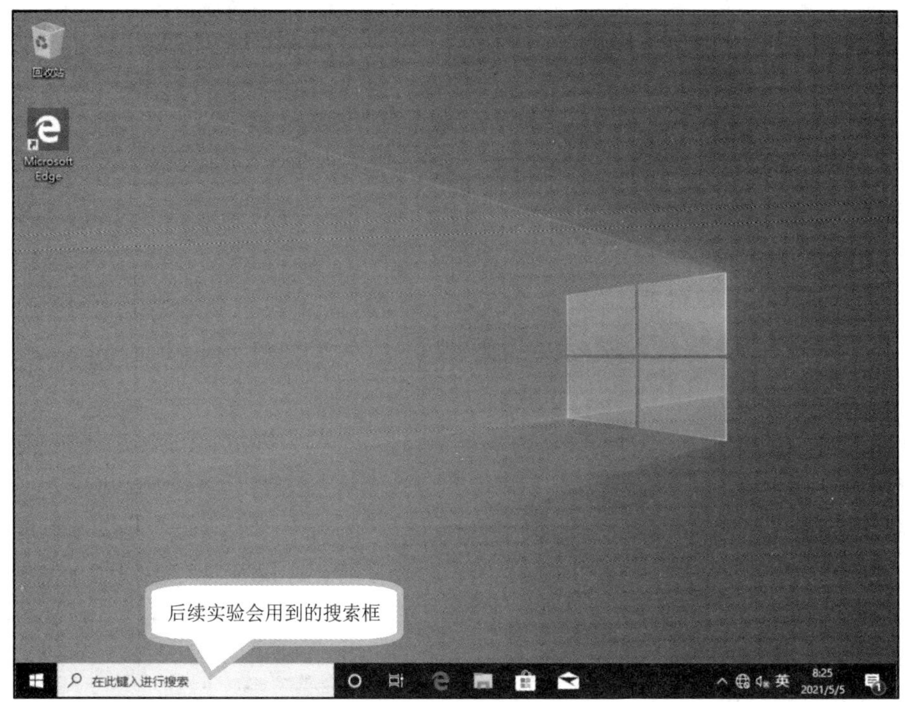

图 2-21　新安装的 Windows 10

（10）安装 Tools

操作该虚拟机，发现其没有网卡，因为还没安装 virtio 的网卡驱动程序。还需要在 Windows 10 里安装 Tools。回到 FusionCompute 界面，在如图 2-22 所示的 Windows 10 虚拟界面单击“更多操作”，在弹出的菜单中选择“Tools”→“挂载 Tools”，然后在弹出的界面中单击“确定”按钮，系统就把 Tools 以光碟形式挂载到虚拟机的光驱上。

图 2-22　挂载 Tools

回到 Windows 10 界面，如图 2-21 所示，单击下方任务栏的“文件资源管理器”，然后单击 CD 驱动器（D 盘），如图 2-23 所示，虚拟机的光盘上已经挂载了 Tools 安装程序，双击“setup”即可。

图 2-23　光驱里的 Tools 安装包

在如图 2-24 所示 Tools 软件的安装界面中勾选“I agree to the license terms and conditions”选项，单击“Install”按钮，开始安装 Tools，安装完成后，单击“Restart”按钮，重新启动虚拟机。

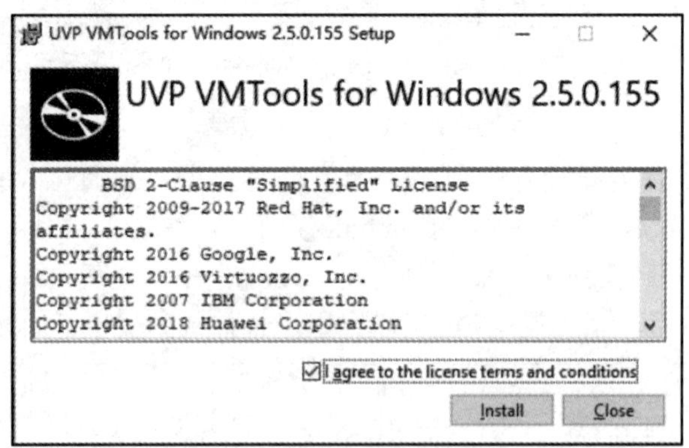

图 2-24　Tools 软件的安装界面

（11）设置 IP 地址

安装好 Tools 后，在 Windows 左下角的搜索框内，输入“ncpa.cpl”然后回车，弹出网络连接界面。双击“以太网”，在弹出的窗口中，选择“属性”→“Internet 协议版本 4（TCP/IPv4）”，如图 2-25 所示，设置 IP 地址，选择“使用下面的 IP 地址(S)”将 IP 地址设置为 192.168.1.0 网段任意不冲突 IP 地址，如 192.168.1.20。设置完成后，单击“确定”回到“以太网”界面，然后单击“确定”使得 IP 地址设置生效，弹出“以太网状态”对话框，单击“关闭”，关掉网卡设置界面。

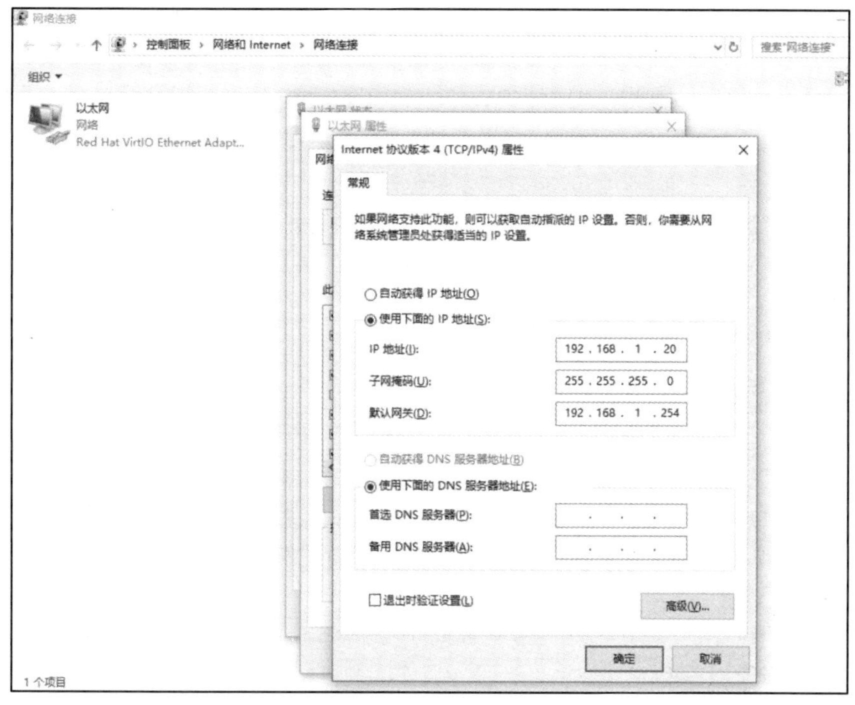

图 2-25　设置 IP 地址

在图 2-13 所示的虚拟机 Windows 10 界面单击“概要”选项卡，如图 2-26 所示，查看虚拟机的详细信息。从该图中可以看到，有关虚拟机的 IP 地址、CPU、内存使用率、网卡的发送 / 接收字节数、磁盘的使用率等信息。

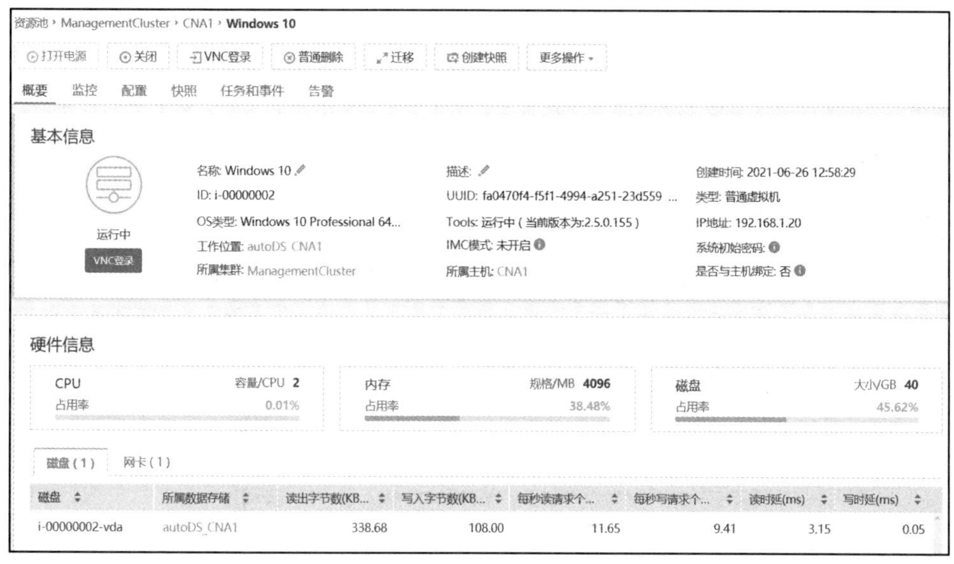

磁盘	所属数据存储	读出字节数(KB...	写入字节数(KB...	每秒读请求个...	每秒写请求个...	读时延(ms)	写时延(ms)
i-00000002-vda	autoDS_CNA1	338.68	108.00	11.65	9.41	3.15	0.05

图 2-26　查看虚拟机的详细信息

（12）交付虚拟机

虚拟机安装完成后，需要交给用户使用。由于普通用户没有权限登录到 FusionCompute 使用 VNC 登录虚拟机，因此，可以把 Windows 10 的远程桌面功能打开，用户即可远程连接虚拟机。

2.1.2　在虚拟机上安装 Linux 操作系统

【背景知识】

Linux 操作系统是除了 Windows 操作系统，正在被广泛使用的另外一类操作系统，特别是许多服务器安装的都是 Linux 操作系统。在虚拟机上安装 Linux 操作系统和在物理计算机上安装 Linux 操作系统没有太大区别，差别在于在虚拟机上安装 Linux 操作系统后，还需要安装一个 Tools 程序。和在 Windows 虚拟机上安装 Tools 类似，在 Linux 虚拟机上安装 Tools 也是为了提高虚拟机的 I/O 处理性能，实现对虚拟机的硬件监控和其他高级功能。

【实验内容】

① 创建一台空虚拟机。
② 在虚拟机上安装 CentOS 7.6。
③ 在 Linux 虚拟机上安装 Tools。

【实验步骤】

（1）创建一台空虚拟机

按照 2.1.1 节中介绍的实验步骤（1）～（3）创建一台空虚拟机，虚拟机的配置信息如图 2-27 所示。这台虚拟机的名称为“CentOS 7.6”，虚拟机的操作系统选择“Linux”，操作系统版本号选择“CentOS 7.6 64bit”。从图 2-27 可知，虚拟机的硬件配置为 2vCPU、4 GB 内存、40 GB 硬盘，有网卡一张，在端口组“managePortgroup”上，其他选项保持默认值。

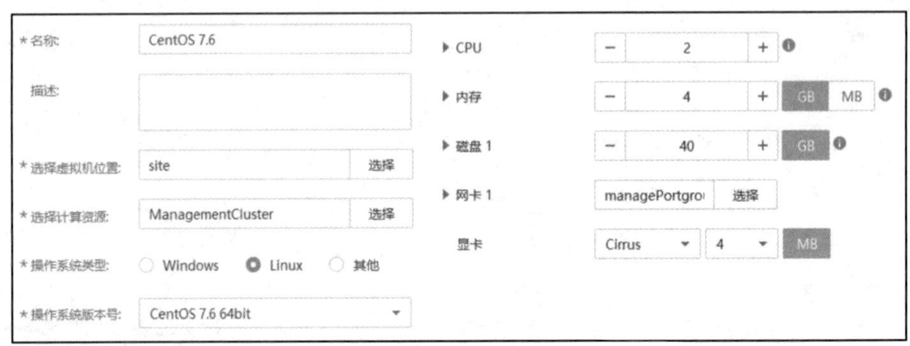

图 2-27　虚拟机的配置信息

（2）给虚拟机挂载 ISO 镜像并安装操作系统

新创建的空虚拟机启动后，就可以给虚拟机挂载 ISO 镜像并安装操作系统，本次将采用第二种挂载 ISO 的方法——共享方式。

先在管理员计算机上将存放镜像的目录共享，右键单击待共享目录，在弹出的菜单中选择“属性”，然后单击“共享”选项卡，单击“共享(S)”按钮，如图 2-28 所示，设置共享目录，可直接共享给内置的账户（账户必须有密码）。

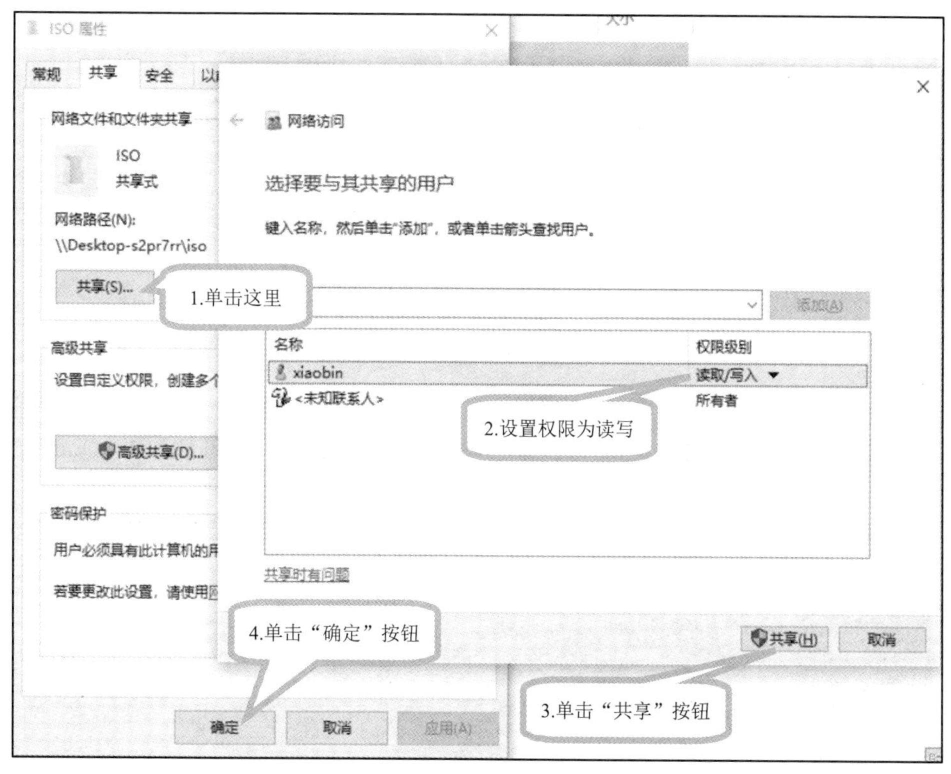

图 2-28　设置共享目录

回到 FusionCompute 页面，展开“导航树”，选择“资源池”→“ManagementCluster”→“虚拟机”，单击“CentOS 7.6”，在出现的界面中单击“配置”→“光驱”选择共享方式，如图 2-29 所示，填写共享文件的路径。共享路径填写格式为\\共享服务器的 IP 地址\共享文件夹名称\系统镜像名（后缀必须为 iso），如“\\192.168.1.2\iso\CentOS-7.6-x86_64-DVD-1810.iso”。然后，填写有共享权限的用户名和密码，勾选“立即重启虚拟机，安装操作系统”，单击“确定”按钮。

（3）安装 Linux 操作系统

在虚拟机管理界面单击“VNC 登录”按钮，在 60 秒倒计时内选择“Install CentOS 7”，等待约 10 秒后会出现语言选择界面，可以选择英文或者中文，单击“Continue”按钮。

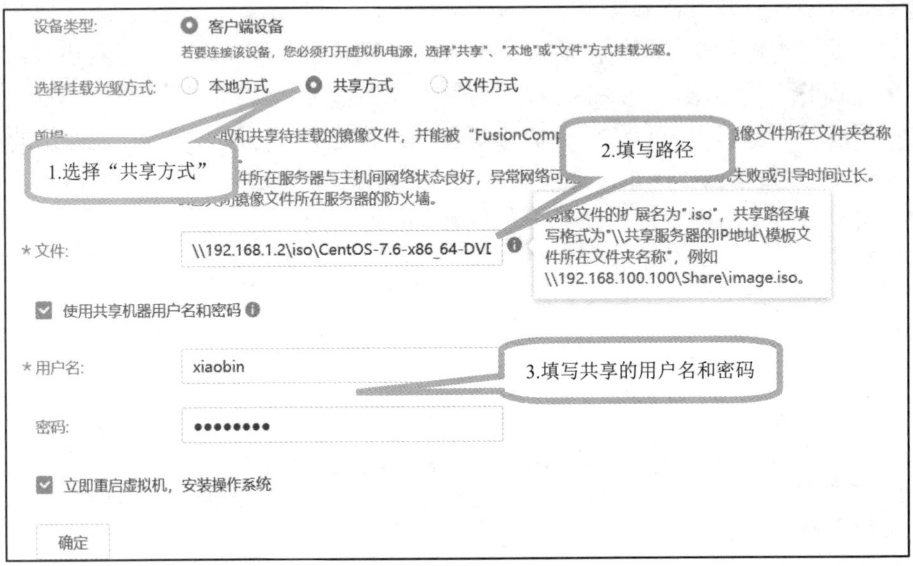

设备类型:　客户端设备

若要连接该设备，您必须打开虚拟机电源，选择"共享"、"本地"或"文件"方式挂载光驱。

选择挂载光驱方式:　本地方式　共享方式　文件方式

1.选择“共享方式”

2.填写路径

镜像文件的扩展名为".iso"，共享路径填写格式为"\\共享服务器的IP地址\模板文件所在文件夹名称"，例如\\192.168.100.100\Share\image.iso。

* 文件:　\\192.168.1.2\iso\CentOS-7.6-x86_64-DVD

使用共享机器用户名和密码

* 用户名:　xiaobin

3.填写共享的用户名和密码

密码:　●●●●●●●●●

立即重启虚拟机，安装操作系统

确定

图 2-29　选择共享方式挂载 ISO

CentOS 安装配置界面如图 2-30 所示，可以在这里完成 CentOS 的全部设置。单击“INSTALLATION DESTINATION”进入配置磁盘界面，直接单击左上角的“Done”，磁盘就会自动设置分区，并返回图 2-30 所示界面。

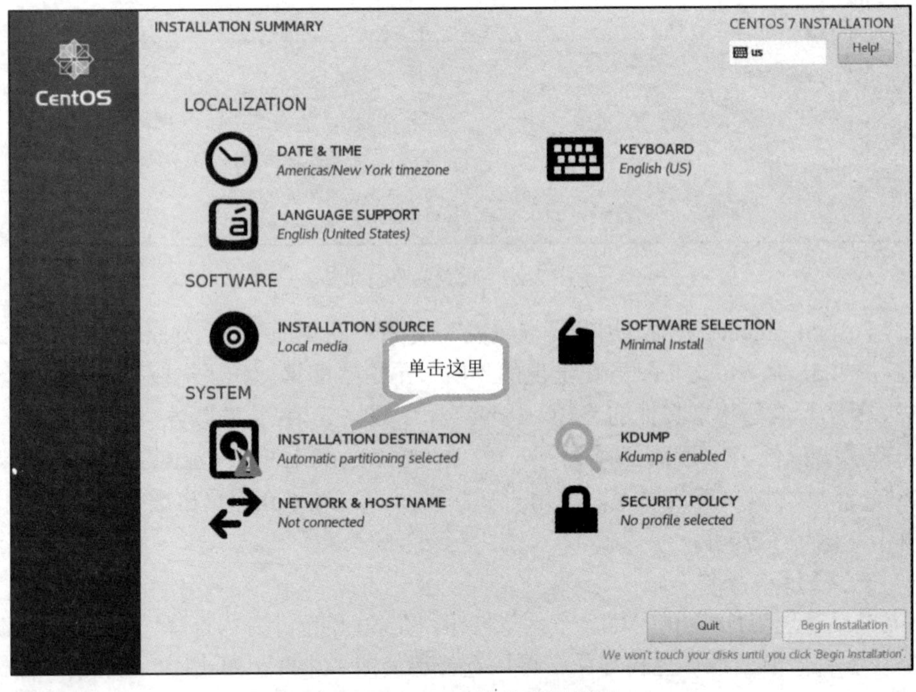

图 2-30　CentOS 安装配置界面

单击“SOFTWARE SELECTION”可选择所要安装的软件，如图 2-31 所示，选择“Compute Node”，选择计算节点，然后单击左上角的“Done”按钮，返回图 2-30 所示界面。

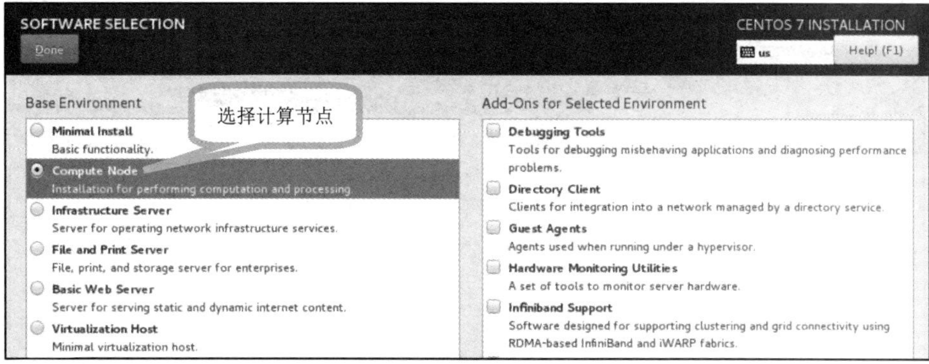

图 2-31　选择计算节点

单击“NETWORK & HOST NAME”，配置主机名和网络，然后单击右下角的“Configure”按钮，在弹出的对话框中配置网络，如图 2-32 所示。打开“IPv4 Settings”选项卡，将 Method 设置为“Manual”；单击“Add”按钮，接着填写一个没被使用的 IP 地址，如 192.168.1.30/24，并将网关设置为 192.168.1.254，然后单击“Save”按钮。

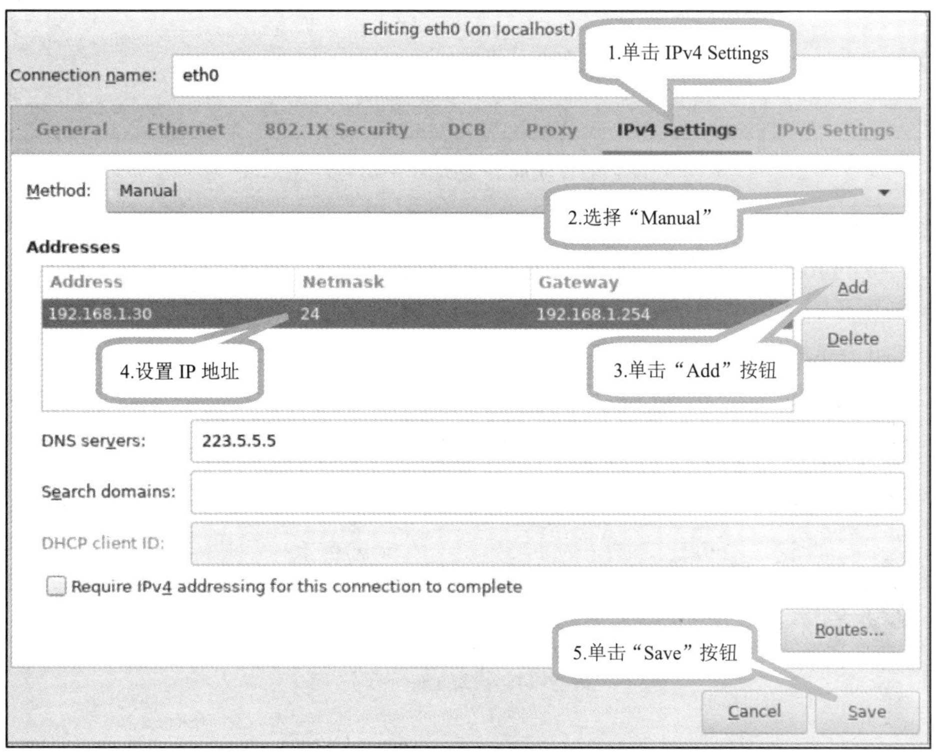

图 2-32　配置网络

在弹出的如图 2-33 所示的对话框中，保持 eth0 的状态为“ON”，在“Host name”文本框中输入主机名“CentOS”，单击“Apply”按钮使其生效，最后单击“Done”按钮完成 IP 地址和主机名设置，返回图 2-30 所示界面。

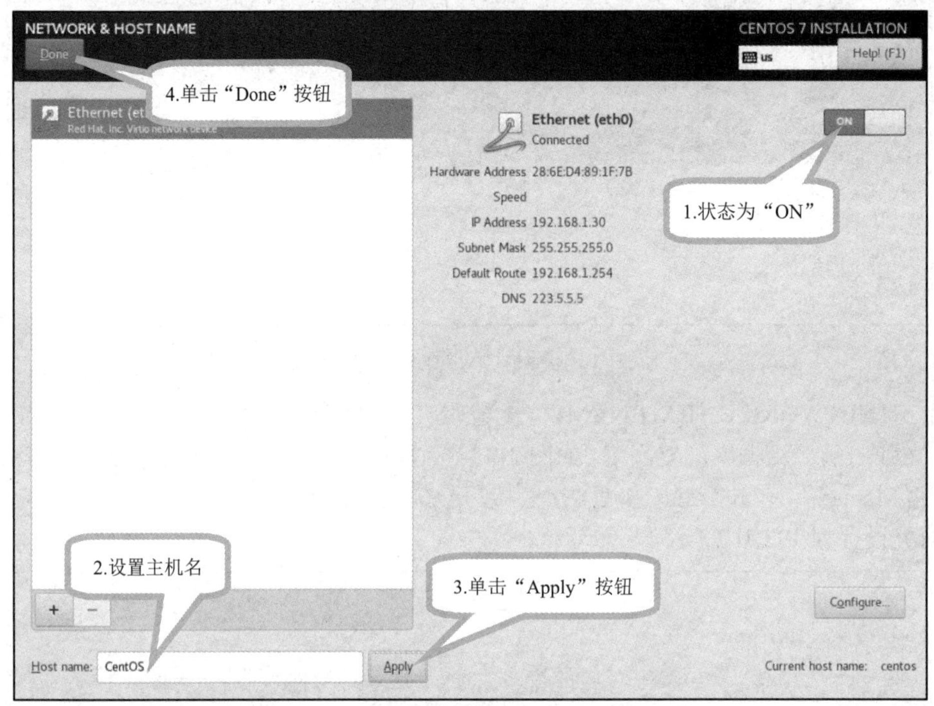

图 2-33　完成 IP 地址和主机名设置

此时主要设置已经完成，其他设置，例如，语言、时区等可以保持默认设置，单击右下角的“Begin Installation”按钮开始安装操作系统。在安装期间必须设置 root 账户的密码，如图 2-34 所示。当安装完成后，单击“Reboot”按钮重启，将出现 Linux 的经典命令行登录界面。可尝试用 root 账户和刚设置的 root 密码登录，成功登录 Linux 如图 2-35 所示。

图 2-34　设置 root 密码

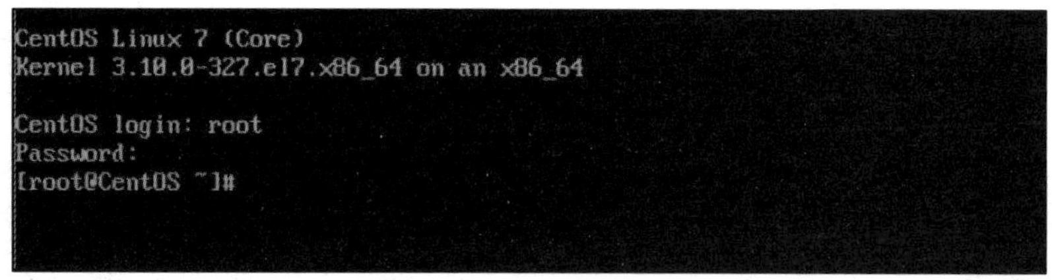

图 2-35　成功登录 Linux

（4）挂载 Tools

回到 FusionCompute 主窗口，展开“导航树”，选择“资源池”→“ManagementCluster”→“虚拟机”，单击“CentOS 7.6”虚拟机，如图 2-36 所示，单击“更多操作”，在弹出的菜单中选择“Tools”→“挂载 Tools”。此刻，提示会断开已经挂载的光驱，将 Tools 挂载到虚拟机的光驱上。

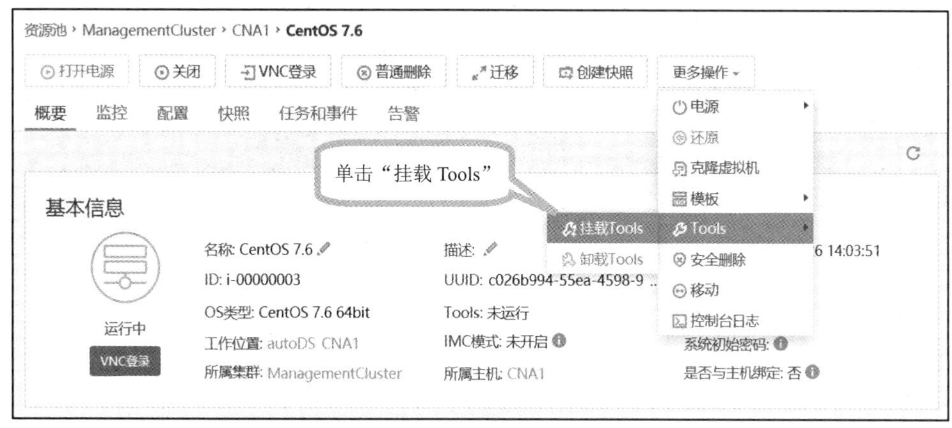

图 2-36　挂载 Tools

（5）安装 Tools

在图 2-36 中单击“VNC 登录”按钮，用 root 账户登录，如图 2-37 所示，安装 Tools，然后执行图中命令。

图 2-37 中部分指令详解如下：

mount /dev/sr0 /mnt　　//把光驱挂载到根目录下的 mnt 上（dev/sr0 为 CentOS 的光驱文件）

ls　　//显示当前目录下所有文件

cd /mnt　　//切换至根目录下的 mnt 目录内

cp vmtools-2.5.0.155.tar.bz2 /opt　　//将 vmtools-2.5.0.155.tar.bz2（Tools 软件的压缩包）复制到根目录下的 opt 目录

tar -xjf vmtools-2.5.0.155.tar.bz2　　//将 Tools 工具包解压至当前目录

./install　　//运行当前目录下的 install 脚本

reboot　　//重启系统

```
CentOS Linux 7 (Core)
Kernel 3.10.0-327.el7.x86_64 on an x86_64

CentOS login: root
Password:
[root@CentOS ~]# mount /dev/sr0 /mnt/
mount: /dev/sr0 is write-protected, mounting read-only
[root@CentOS ~]# cd /mnt/
[root@CentOS mnt]# ls
check_vmtools_integrity.list  get_uvp_kernel_modules  vmtools-2.5.0.155.tar.bz2
cpfile.sh                     UpgradeInfo.ini         vmtools-2.5.0.155.tar.bz2.sha256
[root@CentOS mnt]# cp vmtools-2.5.0.155.tar.bz2 /opt
[root@CentOS mnt]# cd /opt
[root@CentOS opt]# ls
rh  vmtools-2.5.0.155.tar.bz2
[root@CentOS opt]# tar -xjf vmtools-2.5.0.155.tar.bz2
[root@CentOS opt]# ls
rh  vmtools  vmtools-2.5.0.155.tar.bz2
[root@CentOS opt]# cd vmtools/
[root@CentOS vmtools]# ls
bin  etc  install  lib  usr
[root@CentOS vmtools]# ./install
Start Installation :
  Install kernel modules.
  Install UVP VMTools agent service.
  Change system configurations.
Update kernel initrd image.
The UVP VMTools is installed successfully.
Reboot the system for the installation to take effect.
[root@CentOS vmtools]#
[root@CentOS vmtools]# reboot
```

图 2-37　安装 Tools

（6）检查 Tools 是否安装成功

虚拟机重启后，单击图 2-36 中的“概要”选项卡，检查 Tools 是否安装成功，如图 2-38 所示。从图 2-38 中可知，Tools 的状态为运行中，表明安装成功。

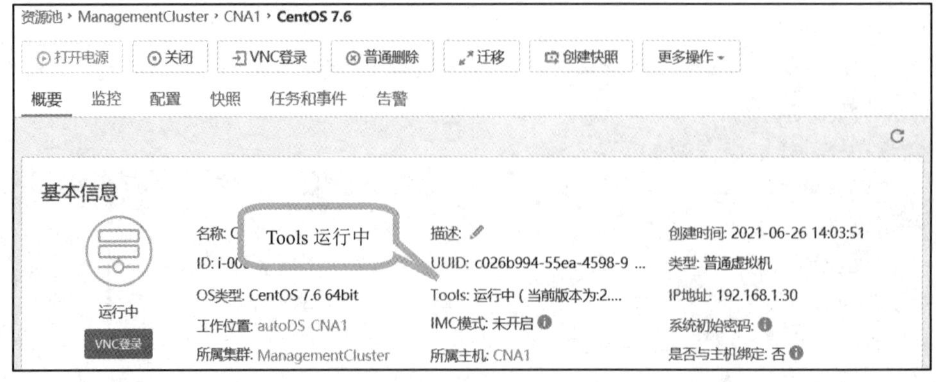

图 2-38　检查 Tools 是否安装成功

2.1.3　虚拟机的基本操作

【背景知识】

创建虚拟机之后，可以开、关虚拟机，可删除虚拟机，可复制、导出虚拟机，也可迁移虚拟机等。本节介绍部分操作，其余操作在其他章节陆续介绍。

【实验内容】

对虚拟机进行打开电源等基本操作。

【实验步骤】

（1）启动虚拟机

在 FusionCompute 界面展开“导航树”，选择“资源池”→“ManagementCluster”→“虚拟机”，单击虚拟机“Windows 10”，在如图 2-39 所示的虚拟机界面中，单击“打开电源”按钮，在弹出的对话框中单击“确定”按钮，在随后弹出的提示框中单击“确定”按钮。当虚拟机的状态变为“运行中”时，表示启动虚拟机成功。

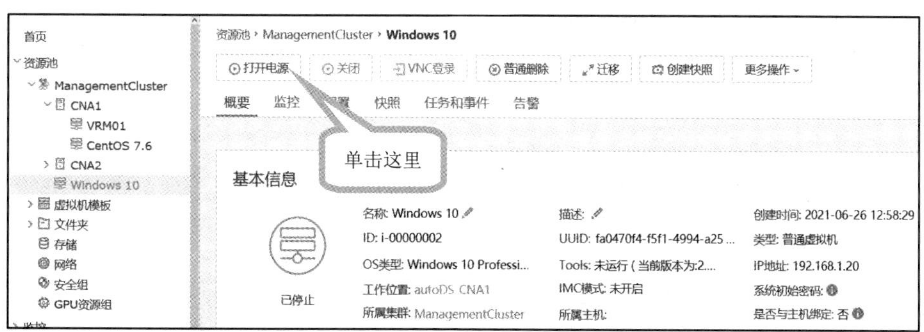

图 2-39　打开电源

（2）休眠虚拟机

在图 2-40 中单击“更多操作”→“电源”→“休眠”，在弹出的对话框中单击“确定”按钮，在弹出的提示框中继续单击“确定”按钮，休眠虚拟机。

（3）关闭虚拟机

在图 2-40 中单击“关闭”或者“更多操作”→“电源”→“强制关闭”便可关闭虚拟机。

① 关闭：采用操作系统自带的关闭方式，会自动保存数据，安全性高，但关闭时间较长。正常状态下建议使用该方式。虚拟机需要安装 Tools 才支持该方式。

② 强制关闭：直接关闭虚拟机，可能导致虚拟机磁盘数据受损，虚拟机操作系统异常，

虚拟机未安装 Tools 或者无法正常关闭时，才可使用强制关闭方式。

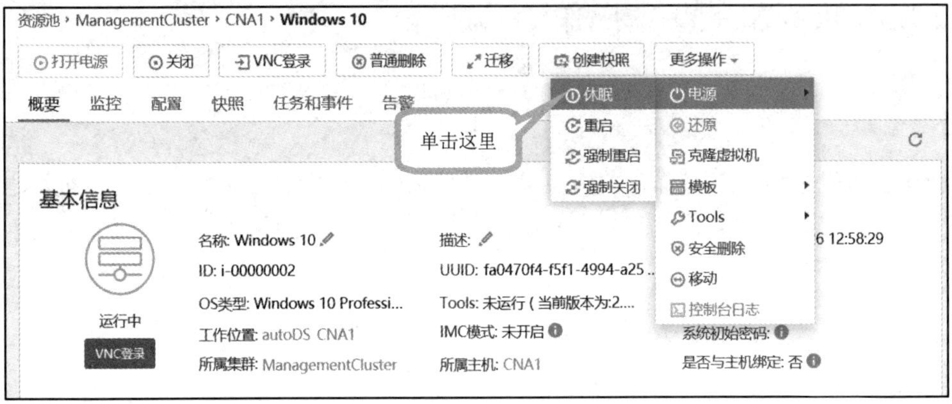

图 2-40　休眠

（4）重启虚拟机

在图 2-40 中单击“更多操作”→“电源”→“重启”或者“强制重启”便可重启虚拟机。

① 重启：采用操作系统自带的重启方式，会自动保存数据，安全性高，但关闭时间较长。正常状态下建议使用该方式。虚拟机需要安装 Tools 才支持该方式。

② 强制重启：直接重启虚拟机，虚拟机未安装 Tools 或者操作系统出现故障时建议使用该方式。

（5）删除虚拟机

可以删除不再使用的虚拟机，使系统可以回收该虚拟机占用的资源。虚拟机被删除后，系统会自动将该虚拟机的所有虚拟机快照删除。删除虚拟机的方式有安全删除和普通删除两种。

① 安全删除：通过覆盖性擦写对磁盘空间进行删除，避免数据被恢复，安全性高，但删除速度较慢，且在删除时会占用系统资源。

② 普通删除：通过破坏磁盘文件系统对磁盘空间进行删除，删除速度快，但存在通过残余信息恢复数据的可能性，安全性差。

在图 2-40 中单击“普通删除”或者“更多操作”→“安全删除”，在弹出对话框中选择“立即删除”或“推后删除”。

① 立即删除：立刻执行删除操作。

② 推后删除：需要设置推后删除的时间，在该时间段内，虚拟机资源不释放，虚拟机状态为“回收中”，可以手动恢复。如果选择“推后删除”，需要输入时间，取值范围为 1～168，单位为秒。

在实际工作中，为避免发生误删，建议选择“推后删除”，当发现删错虚拟机后，还可以及时挽回。

2.1.4　虚拟机调整——CPU 和内存

【背景知识】

创建虚拟机之后，虚拟机的 CPU、内存、磁盘和网卡等仍然可以调整，如同一台物理的计算机一样，可以增加内存、磁盘和网卡。

【实验内容】

调整已有虚拟机的 CPU 和内存。

【实验步骤】

（1）调整虚拟机的 CPU 属性

展开“导航树”，选择“资源池”→“ManagementCluster”→“虚拟机”，单击“Windows 10”虚拟机，在弹出的界面中单击“配置”选项卡，选择“硬件”→“CPU”，如图 2-41 所示，调整虚拟机的 CPU 属性。

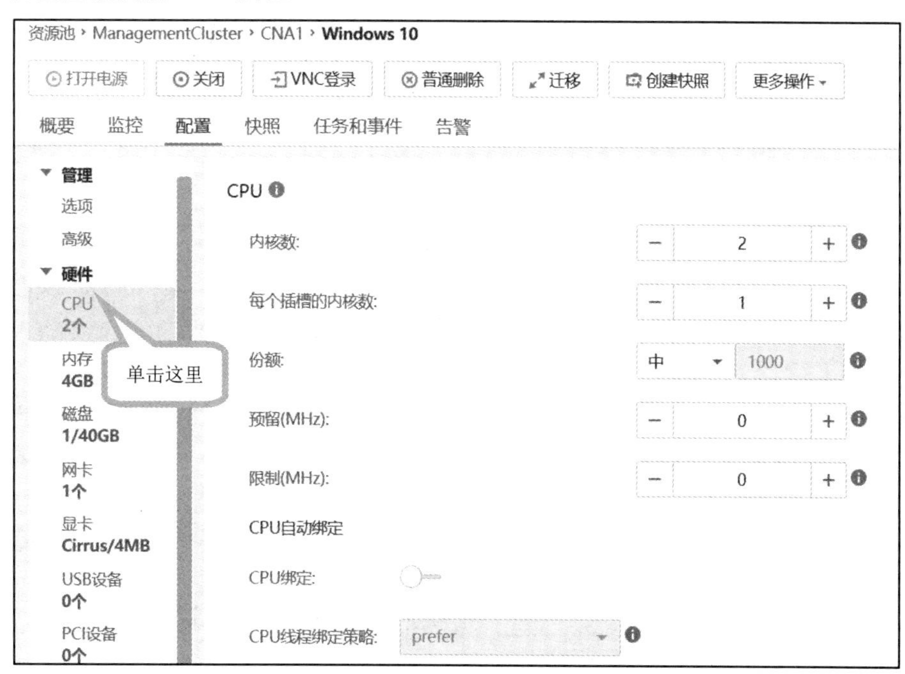

图 2-41　调整虚拟机的 CPU 属性

内核数：虚拟机内核数。为保证虚拟机的计算性能，建议虚拟机的内核数不要超过主机的物理 CPU 核数。

每个插槽的内核数：设置虚拟机的 CPU 可平均分为多组，每组的一个或多个 CPU 内核由一个物理 CPU 的一个或多个内核来提供。每组的 CPU 数量即为每个插槽的内核数。

份额：CPU 资源份额，表示在资源处于竞争的情况下，虚拟机获得 CPU 资源的权重。份额定义了虚拟机的相对优先级或重要性。例如，如果某一台虚拟机的资源份额是另一台虚拟机的两倍，这台虚拟机将优先消耗两倍的资源。

预留(MHz)：CPU 资源预留，表示虚拟机获得的最低计算能力。例如，当服务器 CPU 为 2.4 GHz，CPU 个数配置为 2 时，预留量范围为 0～4800 MHz，如果预留量配置为 2000，则虚拟机可获得的计算能力不低于 2000 MHz。

限制(MHz)：CPU 资源限制，表示虚拟机获得的最大计算能力，等于最多可获得内核数×每核 CPU 频率。例如，当服务器 CPU 为 2.4 GHz，CPU 个数配置为 2 时，预留量范围为 480～4800 MHz，如果限制为 2000，则虚拟机可获得的最大计算能力为 2000 MHz。

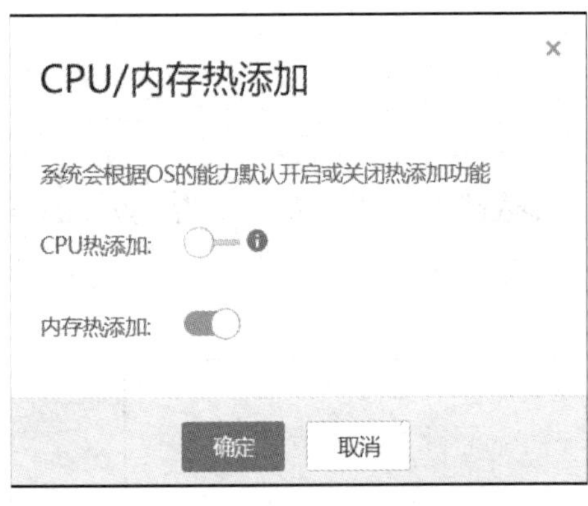

图 2-42　热添加开关

热添加是一种虚拟机在不关机的状态下增加 CPU（减少 CPU 必须重启）的功能。在虚拟机不关机状态下，单击“高级”→“CPU/内存热添加”→“设置”，如图 2-42 所示，打开 CPU 热添加开关。不同的操作系统对 CPU 和内存的热添加功能支持度不一样，如果热添加开关无法打开，则表示该操作系统不支持热添加功能。

（2）调整虚拟机的内存

展开“导航树”，选择“资源池”→“ManagementCluster”→“虚拟机”，单击“Windows 10”虚拟机，在弹出的界面中单击“配置”选项卡，选择“硬件”→“内存”，如图 2-43 所示，通过输入虚拟机内存大小或者设置虚拟机内存资源来控内存，以达到调整虚拟机的内存的目的。

份额：表示在资源处于竞争的情况下，虚拟机获得内存资源的权重。份额定义了虚拟机的相对优先级或重要性。例如，如果某一台虚拟机的资源份额是另一台虚拟机的两倍，这台虚拟机将优先消耗两倍的资源。

预留(MB)：虚拟机预留的最低物理内存资源，表示系统保证虚拟机可使用的最少必要内存资源量。

限制(MB)：FusionCompute 6.5.1 及之前版本不能修改，默认值为 0。FusionCompute 8.0 后版本能修改。

大页配置：即大页规格，支持未开启、2 MB、1 GB 三种配置。大页配置的大小具体可根据业务场景进行选择。

与 CPU 的热添加一样，某些系统的虚拟机也能实现内存的热添加，同样需要在虚拟机关机状态下将其打开。

图 2-43　调整虚拟机的内存

2.1.5　虚拟机调整——磁盘

【背景知识】

创建虚拟机之后，虚拟机的 CPU、内存、磁盘、网卡等仍然可以调整，如同一台物理计算机一样，可以增加内存、磁盘和网卡。

【实验内容】

① 调整已有虚拟机的磁盘，并在 Windows 虚拟机上将磁盘（C 盘）扩容。
② 给 Windows 虚拟机增加一块新磁盘。
③ 给 Linux 虚拟机增加一块新磁盘。

【实验步骤】

（1）增加磁盘容量

展开“导航树”，选择“资源池”→“ManagementCluster”→“虚拟机”，单击“Windows 10”虚拟机，在弹出的界面中单击“配置”选项卡，选择“硬件”→“磁盘”，出现图 2-44，由图 2-44 可知，该虚拟机有一块 40 GB 的磁盘。单击“调整容量”（一般信息会显示不完全，可以将页面下方的滚动条向右滑动），在弹出的对话框中输入调整后的容量 60，单击“保存”按钮，在弹出的对话框中单击“确定”按钮，调整虚拟机的磁盘容量，完成增加磁盘容量的操作（磁盘容量只能增加，不能减少），接着单击所在界面左下角的“近期任务”

可查看任务进度。大部分系统在安装 Tools 后，都支持在线增加磁盘容量，少数系统需要重启虚拟机，才能使磁盘增加的容量生效。

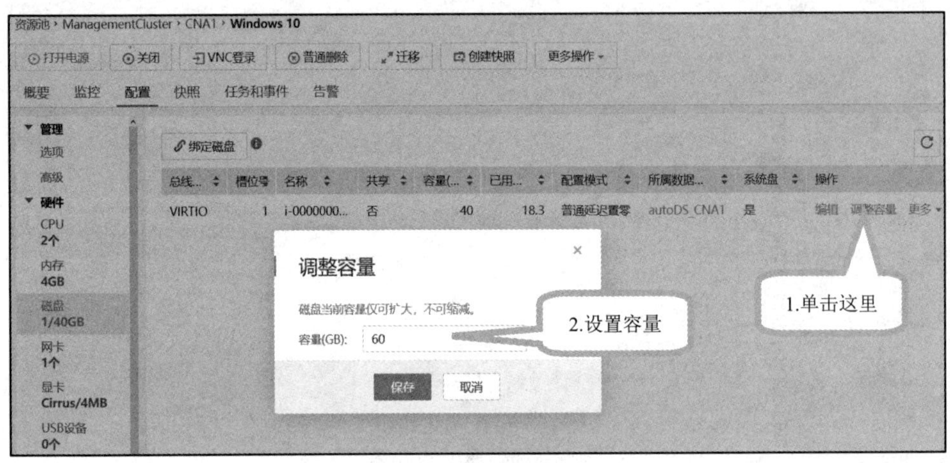

图 2-44　调整虚拟机的磁盘容量

（2）扩展磁盘容量

单击“VNC 登录”按钮登录虚拟机，在 Windows 10 虚拟机左下角的搜索栏里输入“compmgmt.msc”并按回车键，会弹出“计算机管理”窗口，选择“存储”→“磁盘管理”，发现在磁盘 0 上出现了 20 GB 未分配的空间。如图 2-45 所示，右键单击 C 盘位置，在弹出的菜单中选择“扩展卷”，按提示一直单击“下一步”按钮，将 C 盘容量扩展为 60 GB，如图 2-46 所示。

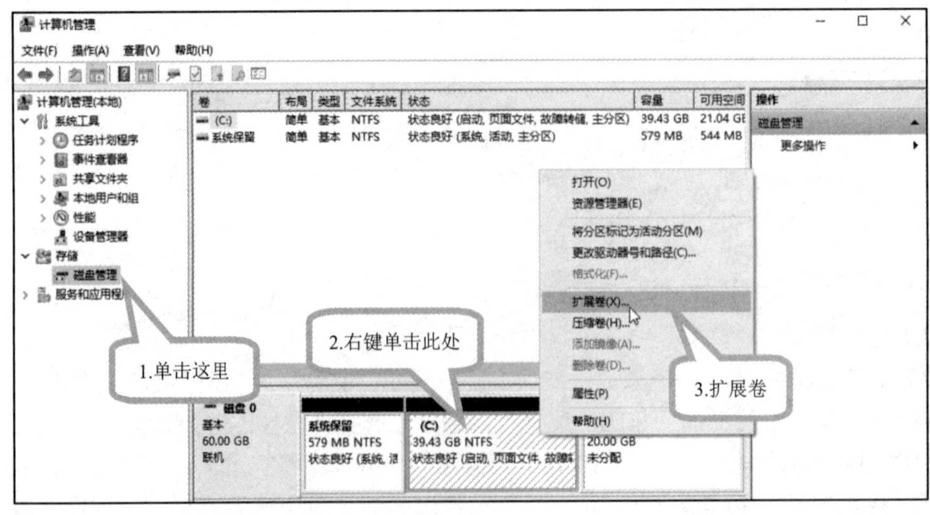

图 2-45　扩展卷

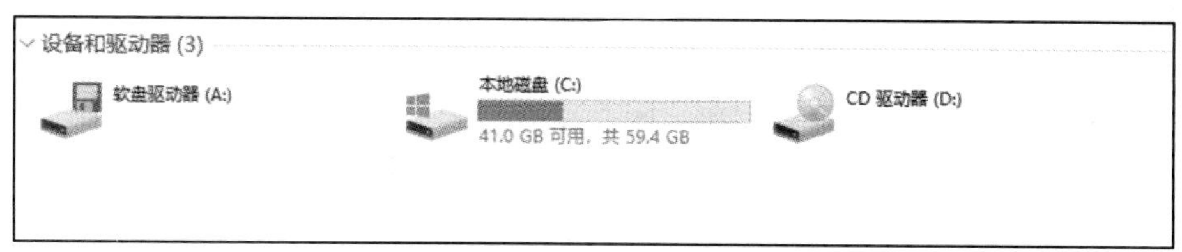

图 2-46　磁盘被成功扩容

（3）绑定磁盘

① 在图 2-44 中，单击“绑定磁盘”按钮，弹出“绑定磁盘”对话框，如图 2-47 所示，因为没有未绑定的磁盘，所以无法直接选择磁盘，选择“创建并绑定磁盘”。

图 2-47　选择“创建并绑定磁盘”

② 在弹出的如图 2-48 所示的对话框中，设置新磁盘的属性。在该图中选择新磁盘在哪个数据存储上创建，设置名称、容量、类型、配置模式、磁盘模式，绑定虚拟机使用的总线类型、磁盘 IO 模式和槽位号等。

将配置模式改为“精简”，其他保持默认，单击“确定”按钮，此时 FusionCompute 会在数据存储上创建一个 10 GB 的磁盘给虚拟机绑定。

磁盘的 IO 模式介绍如下。

- threads：通过起线程方式实现异步 IO，可靠性高；
- native：实现本地异步 IO，性能更好；
- dataplane：开启单独的 IO 线程，提升虚拟机多磁盘性能，但是对宿主的资源占用会增加。

槽位号：指定待绑定磁盘所属的总线的槽位号，不能与当前虚拟机磁盘已占用的同种总线的槽位号冲突。如不设置，将默认按顺序递增。

其他参数之前已介绍过，这里不再赘述。

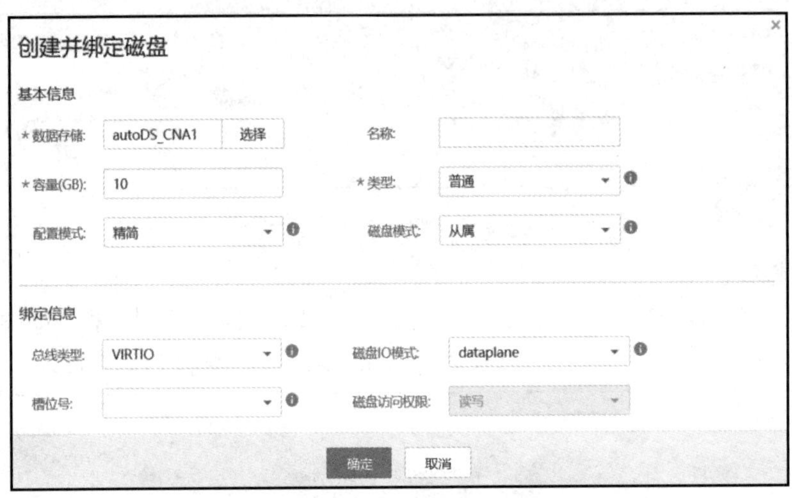

图 2-48　设置新磁盘的属性

（4）完成磁盘初始化

① 单击“VNC 登录”按钮登录虚拟机，在虚拟机界面左下角的搜索栏里输入“compmgmt.msc”并按回车键，在弹出的“计算机管理”对话框中单击“磁盘管理”，弹出“初始化磁盘”对话框，直接单击“确定”按钮，如图 2-49 所示，完成 Windows 内的磁盘初始化。

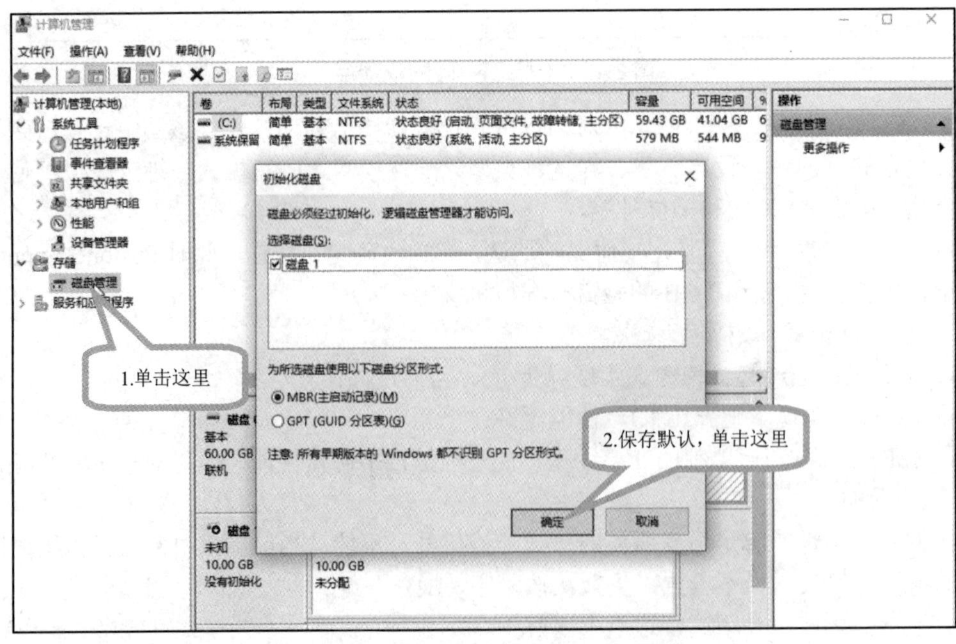

图 2-49　Windows 内的磁盘初始化

② 右键单击新出现的“磁盘 1”，在弹出的菜单中选择“新建简单卷”，如图 2-50 所示。然后按照提示给新磁盘分一个盘符“E”，选择“格式化”。完成上述操作后，就可以在虚拟机里看到新增加了一个 10 GB 的 E 盘。

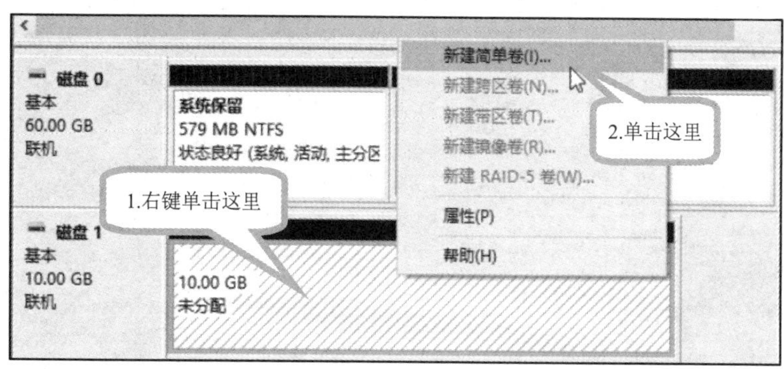

图 2-50　新建简单卷

（5）给 Linux 虚拟机添加磁盘

① 按照步骤（3），同样给 Linux 虚拟机绑定一块 10 GB 的磁盘。单击“VNC 登录”按钮登录虚拟机 CentOS 7.6，如图 2-51 所示，查看磁盘信息。

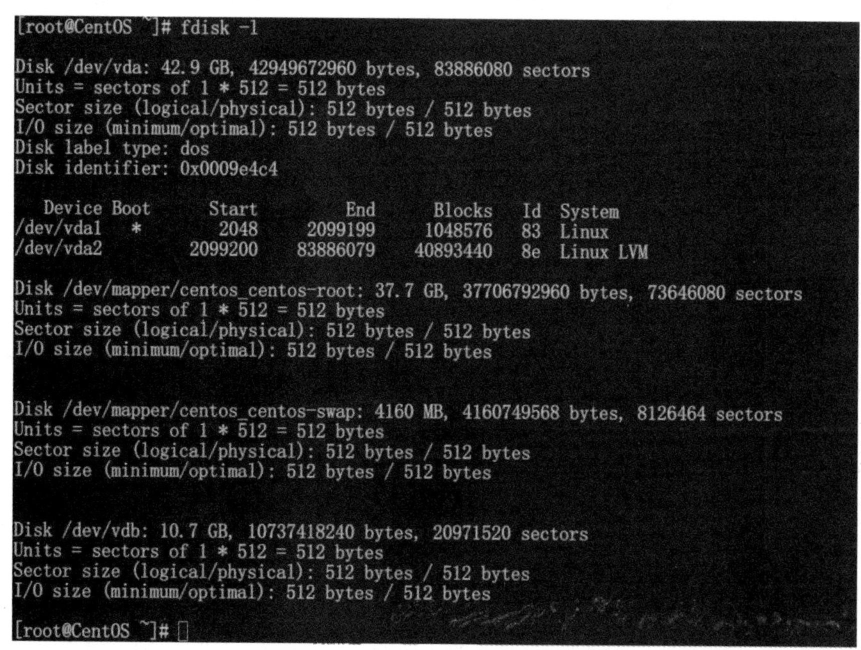

图 2-51　查看磁盘信息

② 当使用 root 账户登录并输入指令“fdisk -l”后，发现增加了一个 10.7 GB 的空间，路径为/dev/vdb。接着输入“fdisk /dev/vdb”，如图 2-52 所示，对新磁盘进行初始化。

输入 n 新建分区，可以按四次回车键，选用默认设置。第一次用于选择 primary 与

extended，第二次用于设定主分区编号，第三、四次用于设定起始和结束扇区，即设定空间大小（一般没特殊需求直接按回车键选择默认值即可），最后输入 w 保存设置。

```
[root@CentOS ~]# fdisk /dev/vdb
Welcome to fdisk (util-linux 2.23.2).

Changes will remain in memory only, until you decide to write them.
Be careful before using the write command.

Device does not contain a recognized partition table
Building a new DOS disklabel with disk identifier 0x220dbf83.

Command (m for help): n
Partition type:
   p   primary (0 primary, 0 extended, 4 free)
   e   extended
Select (default p):
Using default response p
Partition number (1-4, default 1):
First sector (2048-20971519, default 2048):
Using default value 2048
Last sector, +sectors or +size{K,M,G} (2048-20971519, default 20971519):
Using default value 20971519
Partition 1 of type Linux and of size 10 GiB is set

Command (m for help): w
The partition table has been altered!

Calling ioctl() to re-read partition table.
Syncing disks.
[root@CentOS ~]# 
```

图 2-52　对新磁盘进行初始化

（6）格式化磁盘

磁盘初始化好后，必须格式化为某种文件系统后才能使用，如图 2-53 所示，输入“mkfs.ext4 /dev/vdb”，将磁盘格式化为 ext4 格式。

```
[root@CentOS ~]# mkfs.ext4 /dev/vdb
mke2fs 1.42.9 (28-Dec-2013)
Filesystem label=
OS type: Linux
Block size=4096 (log=2)
Fragment size=4096 (log=2)
Stride=0 blocks, Stripe width=0 blocks
655360 inodes, 2621440 blocks
131072 blocks (5.00%) reserved for the super user
First data block=0
Maximum filesystem blocks=2151677952
80 block groups
32768 blocks per group, 32768 fragments per group
8192 inodes per group
Superblock backups stored on blocks:
        32768, 98304, 163840, 229376, 294912, 819200, 884736, 1605632

Allocating group tables: done
Writing inode tables: done
Creating journal (32768 blocks): done
Writing superblocks and filesystem accounting information: done

[root@CentOS ~]# 
```

图 2-53　格式化磁盘

（7）挂载磁盘

Linux 使用磁盘的方式和 Windows 的方式不一样，磁盘要挂载在某个路径下才可以使用。本例是在根目录下创建一个 data 目录，接着把新磁盘挂载在该路径下。可如图 2-54 所示，查看磁盘挂载情况。

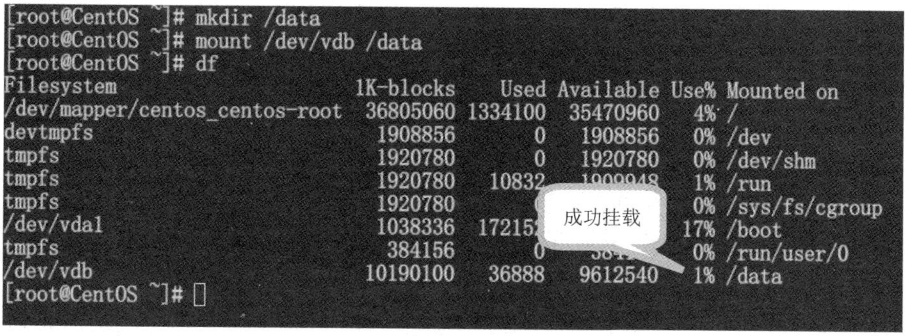

```
[root@CentOS ~]# mkdir /data
[root@CentOS ~]# mount /dev/vdb /data
[root@CentOS ~]# df
Filesystem                      1K-blocks    Used Available Use% Mounted on
/dev/mapper/centos_centos-root   36805060 1334100  35470960   4% /
devtmpfs                          1908856       0   1908856   0% /dev
tmpfs                             1920780       0   1920780   0% /dev/shm
tmpfs                             1920780   10832   1909948   1% /run
tmpfs                             1920780                     0% /sys/fs/cgroup
/dev/vda1                         1038336  172152            17% /boot
tmpfs                              384156       0             0% /run/user/0
/dev/vdb                         10190100   36888   9612540   1% /data
[root@CentOS ~]# 
```

成功挂载

图 2-54　查看磁盘挂载情况

（8）测试

如图 2-55 所示，通过 dd 指令在/deta 目录下创建一个 164 MB 的空文件。创建完成后，通过 df 指令查看使用率，可以判定写入 data 目录的数据就是存放在新磁盘里的。由图 2-55 可知，磁盘使用率提高了。

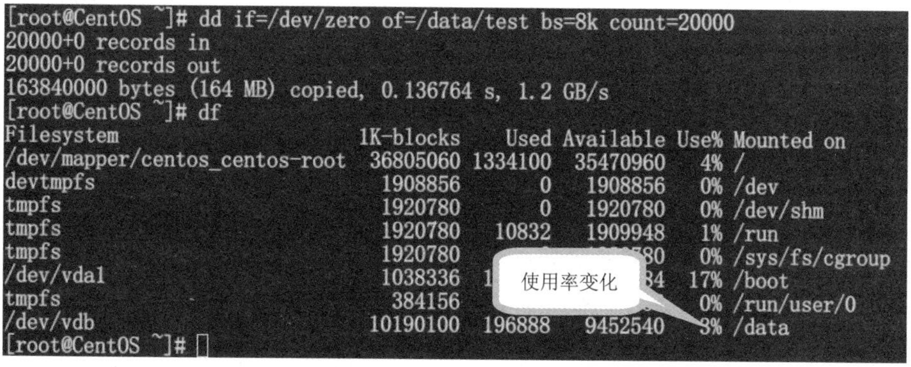

```
[root@CentOS ~]# dd if=/dev/zero of=/data/test bs=8k count=20000
20000+0 records in
20000+0 records out
163840000 bytes (164 MB) copied, 0.136764 s, 1.2 GB/s
[root@CentOS ~]# df
Filesystem                      1K-blocks    Used Available Use% Mounted on
/dev/mapper/centos_centos-root   36805060 1334100  35470960   4% /
devtmpfs                          1908856       0   1908856   0% /dev
tmpfs                             1920780       0   1920780   0% /dev/shm
tmpfs                             1920780   10832   1909948   1% /run
tmpfs                             1920780                     0% /sys/fs/cgroup
/dev/vda1                         1038336                    17% /boot
tmpfs                              384156                     0% /run/user/0
/dev/vdb                         10190100  196888   9452540   3% /data
[root@CentOS ~]# 
```

使用率变化

图 2-55　磁盘使用率提高了

2.1.6　虚拟机调整——网卡

【背景知识】

创建虚拟机之后，虚拟机的 CPU、内存、磁盘和网卡等仍然可以调整，如同一台物理计算机一样，可以增加内存、磁盘和网卡。因为给 Windows 虚拟机添加新网卡再设置 IP 地址比较简单，所以本实验只使用 Linux 虚拟机。

【实验内容】

① 添加虚拟机的网卡。
② 在 Linux 操作系统下给新网卡配置 IP 地址。

【实验步骤】

（1）添加网卡

① 展开“导航树”，选择“资源池”→“ManagementCluster”→“虚拟机”，单击“CentOS 7.6”虚拟机，在弹出的界面中选择“配置”→“网卡”→“添加网卡”，弹出如图 2-56 所示的“添加网卡”对话框。在该对话框中选择网卡类型和端口组，然后单击“确定”按钮。

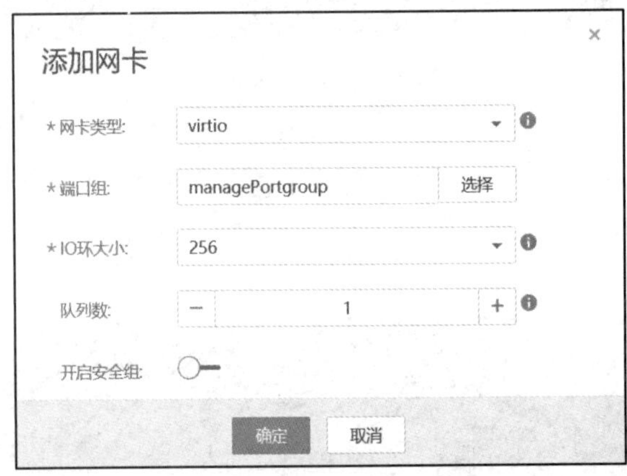

图 2-56　添加网卡

② 如图 2-57 所示，可以看到虚拟机上已经多出了一张新添加的网卡，但是没有 IP 地址，该图显示了网关的概况。

图 2-57　网关的概况

（2）配置 IP 地址

① 单击“VNC 登录”按钮登录虚拟机，如图 2-58 所示，输入“ip a”查看 IP 地址。

找到了新网卡 eth0。

```
CentOS Linux 7 (Core)
Kernel 3.10.0-957.el7.x86_64 on an x86_64

CentOS login: root
Password:
Last login: Sat Jun 26 02:35:32 on tty1
[root@CentOS ~]# ip a
1: lo: <LOOPBACK,UP,LOWER_UP> mtu 65536 qdisc noqueue state UNKNOWN group default qlen 1000
    link/loopback 00:00:00:00:00:00 brd 00:00:00:00:00:00
    inet 127.0.0.1/8 scope host lo
       valid_lft forever preferred_lft forever
    inet6 ::1/128 scope host
       valid_lft forever preferred_lft forever
2: eth0: <BROADCAST,MULTICAST,UP,LOWER_UP> mtu 1500 qdisc pfifo_fast state UP group default qlen 1000
    link/ether 28:6e:d4:89:1f:7b brd ff:ff:ff:ff:ff:ff
    inet 192.168.1.30/24 brd 192.168.1.255 scope global noprefixroute eth0
       valid_lft forever preferred_lft forever
    inet6 fe80::9f25:1f88:a187:a925/64 scope link noprefixroute
       valid_lft forever preferred_lft forever
3: eth1: <BROADCAST,MULTICAST,UP,LOWER_UP> mtu 1500 qdisc pfifo_fast state UP group default qlen 1000
    link/ether 28:6e:d4:8a:0d:cb brd ff:ff:ff:ff:ff:ff
[root@CentOS ~]# _
```

图 2-58 查看 IP 地址

② 复制网卡文件。新增加网卡要有一个对应的配置文件，如图 2-59 所示，进入存放网卡文件的目录（cd /etc/sysconfig/network-scripts），用 cp 指令将 eth0 的网卡文件（ifcfg-eth0）复制一份并改名字为 ifcfg-eth1。

```
[root@CentOS ~]# cd /etc/sysconfig/network-scripts/
[root@CentOS network-scripts]# ls
ifcfg-eth0   ifdown-ipv6    ifdown-Team      ifup-eth     ifup-post       ifup-tunnel
ifcfg-lo     ifdown-isdn    ifdown-TeamPort  ifup-ippp    ifup-ppp        ifup-wireless
ifdown       ifdown-post    ifdown-tunnel    ifup-ipv6    ifup-routes     init.ipv6-global
ifdown-bnep  ifdown-ppp     ifup             ifup-isdn    ifup-sit        network-functions
ifdown-eth   ifdown-routes  ifup-aliases     ifup-plip    ifup-Team       network-functions-ipv6
ifdown-ippp  ifdown-sit     ifup-bnep        ifup-plusb   ifup-TeamPort
[root@CentOS network-scripts]# cp ifcfg-eth0 ifcfg-eth1
[root@CentOS network-scripts]# vi ifcfg-eth1
```

图 2-59 复制网卡文件

③ 输入“vi ifcfg-eth1”用 vi 编辑器修改 IP 地址，如图 2-60 所示。输入“i”进入编辑模式，将“NAME”和“DEVICE”为 eth0 改为 eth1，在“IPADDR=”处更改 IP 为 192.168.2.30。将网关和 DNS 删除，其他参数可以保持默认，然后按“Esc”键退出编辑模式，然后输入“:wq”（记着输入冒号）。

```
TYPE=Ethernet
PROXY_METHOD=none
BROWSER_ONLY=no
BOOTPROTO=none
DEFROUTE=yes
IPV4_FAILURE_FATAL=no
IPV6INIT=yes
IPV6_AUTOCONF=yes
IPV6_DEFROUTE=yes
IPV6_FAILURE_FATAL=no
IPV6_ADDR_GEN_MODE=stable-privacy
NAME=eth1
UUID=777ba874-f84e-4149-96ac-963a0333ed5b
DEVICE=eth1
ONBOOT=yes
IPADDR=192.168.2.30
PREFIX=24
GATEWAY=192.168.2.254
IPV6_PRIVACY=no
```

图 2-60 修改 IP 地址

④ 配置完成后重启网络服务。配置完网卡文件后还需要让网络服务重启，输入“systemctl restart network”，重新加载该文件。如图 2-61 所示，重启后网卡开始使用新 IP 地址。

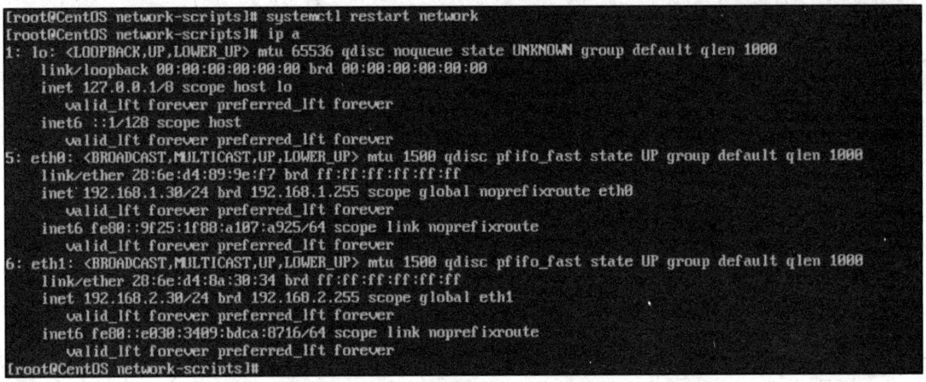

```
[root@CentOS network-scripts]# systemctl restart network
[root@CentOS network-scripts]# ip a
1: lo: <LOOPBACK,UP,LOWER_UP> mtu 65536 qdisc noqueue state UNKNOWN group default qlen 1000
    link/loopback 00:00:00:00:00:00 brd 00:00:00:00:00:00
    inet 127.0.0.1/8 scope host lo
       valid_lft forever preferred_lft forever
    inet6 ::1/128 scope host
       valid_lft forever preferred_lft forever
5: eth0: <BROADCAST,MULTICAST,UP,LOWER_UP> mtu 1500 qdisc pfifo_fast state UP group default qlen 1000
    link/ether 28:6e:d4:89:9e:f7 brd ff:ff:ff:ff:ff:ff
    inet 192.168.1.30/24 brd 192.168.1.255 scope global noprefixroute eth0
       valid_lft forever preferred_lft forever
    inet6 fe80::9f25:1f88:a107:a925/64 scope link noprefixroute
       valid_lft forever preferred_lft forever
6: eth1: <BROADCAST,MULTICAST,UP,LOWER_UP> mtu 1500 qdisc pfifo_fast state UP group default qlen 1000
    link/ether 28:6e:d4:8a:30:34 brd ff:ff:ff:ff:ff:ff
    inet 192.168.2.30/24 brd 192.168.2.255 scope global eth1
       valid_lft forever preferred_lft forever
    inet6 fe80::e030:3409:bdca:8716/64 scope link noprefixroute
       valid_lft forever preferred_lft forever
[root@CentOS network-scripts]#
```

图 2-61　重启后网卡开始使用新 IP 地址

⑤ 稍等片刻后，输入“ip a”，IP 地址显示正常。

2.1.7　虚拟机调整——其他

【背景知识】

虚拟机除了硬件资源能调整，还能设置它的其他属性，比如更改虚拟机的启动方式、设置虚拟机不能被删除等。

【实验内容】

调整已有虚拟机的其他属性。

【实验步骤】

（1）修改虚拟机的选项

展开“导航树”，选择“资源池”→“ManagementCluster”→“虚拟机”，单击待修改的虚拟机，如图 2-62 所示选择“选项”，可以修改虚拟机的选项。以修改启动方式为例，单击右侧窗格中“启动方式”，在“启动方式”下拉菜单中，选择从硬盘，或者从网络，或者从光盘启动，然后单击“确定”按钮。

虚拟机选项及其含义如表 2-1 所示。

（2）设置

除了“选项”中的配置，虚拟机的其他配置在“高级”中设置，如图 2-63 所示。

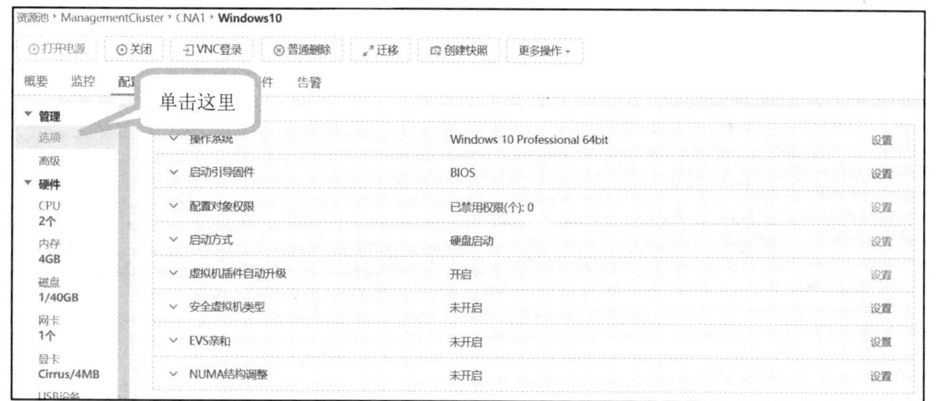

图 2-62　修改虚拟机的选项

表 2-1　虚拟机选项及其含义

选　　项	选项含义
操作系统	虚拟机的操作系统，决定了后续挂载 Tools 版本
启动引导固件	包括 BIOS 和 UEFI 两种。UEFI 为统一可扩展固件接口，是传统 BIOS 的继任者，兼容 GPT 分区格式，支持 2 TB 以上磁盘
配置对象权限	对具体的权限进行设置，例如，禁止删除虚拟机、快照、关机等操作
启动方式	设置虚拟机启动方式：网络启动、光驱启动、硬盘启动
虚拟机插件自动升级	① 开启虚拟机插件自动升级：当系统推送虚拟化软件升级包时，虚拟机将自动安装升级 Tools。 ② 关闭虚拟机插件自动升级：当系统推送虚拟化软件升级包时，虚拟机不会自动安装升级 Tools
安全虚拟机类型	① SVM：安全服务虚拟机。当安全类型为“防病毒”时，为安全用户虚拟机提供病毒查杀、病毒实时监控服务，由防病毒厂商提供该虚拟机模板；当安全类型为“DPI”时，为安全用户虚拟机提供网络入侵检测、网络漏洞扫描、防火墙服务，由第三方安全厂商提供该虚拟机模板。 ② GVM：安全用户虚拟机。使用虚拟机防病毒或 DPI 功能的最终用户虚拟机。当使用虚拟化 DPI 时，安全用户虚拟机性能会有所下降
EVS 亲和	具有 EVS 亲和性的虚拟机，其 vhost-user 类型网卡的速率能够达到最优。已完成主机的大页配置，且大页规格为 1 GB。虚拟机所在主机已开启并完成用户态 EVS 配置（注意：主机网口所在的网卡型号为 Intel 82599ES、Intel XL710 或 Mellanox MT27712A0）
NUMA 结构调整	① 勾选“自动调整”：系统会根据虚拟机配置、NUMA 高级参数以及物理主机 NUMA 配置自动计算虚拟机 NUMA 拓扑结构并设置虚拟机 NUMA 与物理 NUMA 的亲和性，使虚拟机内存访问性能达到最优。 ② 勾选“手工调整”：选择待绑定的物理 NUMA 节点，完成虚拟机 NUMA 结构手动设置。当进行手工调整时虚拟机只能在指定节点调度，虚拟机 CPU 和内存要能够在已绑定节点上均匀分配

图 2-63　虚拟机的“高级”设置

虚拟机高级选项及其含义如表 2-2 所示。

表 2-2　虚拟机高级选项及其含义

高级选项	高级选项含义
时钟策略	包含如下两种： ① 勾选“与主机时间同步”——以虚拟机所在主机为时钟源，虚拟机定期自动与主机进行同步。 ② 取消勾选“与主机时间同步”——用户可自行设置虚拟机的时间
内存/CPU 热添加	CPU 热添加策略： ① 不启用——当调整 CPU 资源控制策略时，在线生效；当增加 CPU 数量或减少 CPU 数量时，重启虚拟机后生效。 ② 启用 CPU 热添加——当增加 CPU 数量、调整 CPU 资源控制策略时，在线生效；当减少 CPU 数量时，重启虚拟机后生效。 内存热添加策略： ① 不启用——当调整内存资源控制策略时，在线生效；当调整内存大小时，重启虚拟机后生效。 ② 启用内存热添加——当增加内存值时，在线生效；当减少内存值时，重启虚拟机后生效
与主机绑定	在以下情况下，可将虚拟机绑定到特定的主机上： ① 为了便于维护，需要将虚拟机运行在特定的主机上。例如，VRM 虚拟机。 ② 当虚拟机使用物理主机上的 USB 设备时，由于虚拟机 HA 后 USB 设备无法正常使用，可将该虚拟机绑定到对应的主机上。 在绑定主机后，该虚拟机只能在该主机启动，以下功能将受到影响： ① 该虚拟机只能在该主机启动，不具备虚拟机 HA 功能。 ② 集群资源调度策略对该虚拟机无效。 ③ 虚拟机所在的主机无法自动迁移所有虚拟机，导致该主机 DPM 功能失效。 在绑定主机时，如果选择“始终为虚拟机预留资源”，则虚拟机在停止或者休眠后，仍然占用主机的计算资源，保证其启动或者唤醒成功
VNC 键盘配置	配置 VNC 的键盘类型，如英语、法语等

2.1.8　安全组设置

【背景知识】

安全组可以实现数据包过滤功能。FusionCompute 使位于同一个安全组的所有虚拟机网卡都使用该安全组规则进行网络通信，一块虚拟机网卡只能加入一个安全组。FusionCompute 的安全组采用白名单模式，可以添加规则放行指定的协议类型、网段、端口数据包。

【实验内容】

设置安全组，设置两条规则：只允许 192.168.1.2～192.168.1.50 网段通过 3389 端口访问虚拟机；只允许 192.168.1.0/24 网段进行 ping 操作。

【实验步骤】

（1）设置安全组

FusionCompute 上的安全组只能设置白名单。登录 FusionCompute，展开“导航树”，单击“资源池”→“安全组”，在弹出的“安全组”对话框中单击“添加安全组”，在弹出的“添加安全组”对话框中设置安全组的名字为“Security group”，然后单击“添加规则”，如图 2-64 所示。这里添加两条规则：一条规则只允许 192.168.1.2～192.168.1.50 网段使用远程桌面（3389 端口），另一条规则只允许 192.168.1.0/24 网段进行 ping 操作。

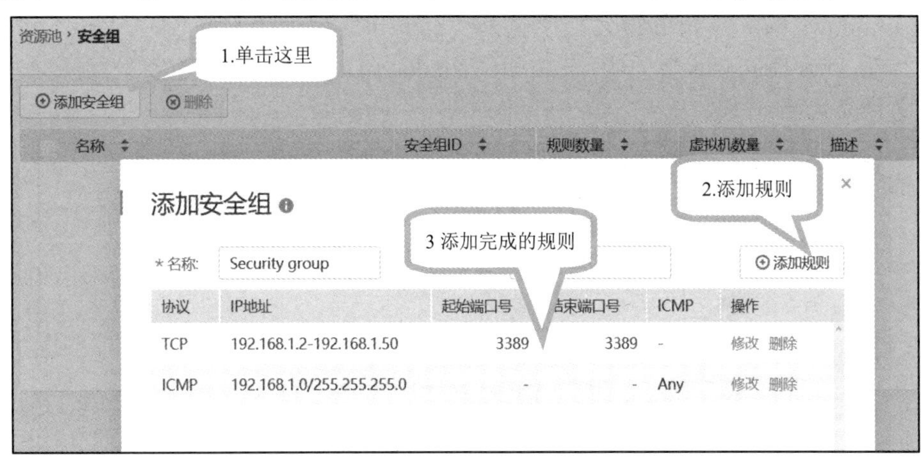

图 2-64　添加规则

（2）选择安全组

安全组设置需要在虚拟机创建之初进行，只有在配置网卡时才能开启安全组并绑定安全组规则。但由于之前创建虚拟机时并没有开启安全组功能，所以无法使用。可先将原网卡删除，然后给虚拟机新添加一张网卡，如图 2-65 所示，给网卡配置安全组，开启并绑定安全组（Security group）。

图 2-65　给网卡配置安全组

这里使用的 Windows 10 虚拟机，新网卡没有 IP 地址，单击“VNC 登录”按钮登录虚拟机，给虚拟机重新设置 IP 地址 192.168.1.20。

（3）关闭防火墙

在 Windows 的左下角的搜索栏中输入“control”进入控制面板，单击“系统和安全”→“Windows Defender 防火墙”→“关闭 Windows Defender 防火墙(不推荐)”，如图 2-66 所示，关闭防火墙。

图 2-66　关闭防火墙

（4）开启远程桌面

在 Windows 10 的左下角的搜索栏中输入“sysdm.cpl”，会出现“系统属性”。单击“远程”按钮，勾选“允许远程连接到此计算机”，单击“确定”按钮，即可开启远程桌面功能。

（5）测试效果

在主机（自己操作的计算机）上（IP 地址为 192.168.1.2）ping Windows 虚拟机，发现可以 ping 通，使用 telnet 192.168.1.20 3389 命令，发现是 3389 端口是通的。如果将主机的 IP 地址更换为 192.168.1.150，再进行测试，发现能 ping 通 Windows 虚拟机，但使用 telnet 192.168.1.20 3389 命令，测试发现 3389 端口不通，如图 2-67 所示。

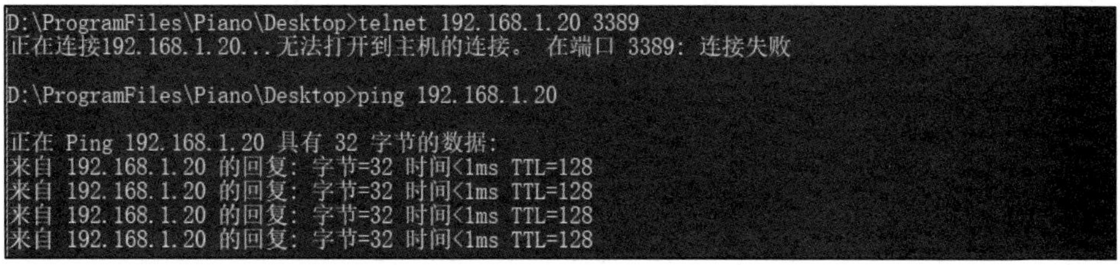

```
D:\ProgramFiles\Piano\Desktop>telnet 192.168.1.20 3389
正在连接192.168.1.20...无法打开到主机的连接。 在端口 3389: 连接失败

D:\ProgramFiles\Piano\Desktop>ping 192.168.1.20

正在 Ping 192.168.1.20 具有 32 字节的数据:
来自 192.168.1.20 的回复: 字节=32 时间<1ms TTL=128
来自 192.168.1.20 的回复: 字节=32 时间<1ms TTL=128
来自 192.168.1.20 的回复: 字节=32 时间<1ms TTL=128
来自 192.168.1.20 的回复: 字节=32 时间<1ms TTL=128
```

图 2-67　测试发现 3389 端口不通

2.2　模板与规格管理

2.2.1　克隆虚拟机

【背景知识】

克隆虚拟机可以创建一个与被克隆虚拟机一样的虚拟机，这样可以减少创建虚拟机的工作量。需要注意的是，克隆后的虚拟机与被克隆的虚拟机在克隆时间点有同样的配置和数据，因此需要在克隆后做进一步的处理。

【实验内容】

① 克隆一台 Windows 虚拟机。

② 在 Windows 虚拟机上执行 sysprep 命令。

【实验步骤】

（1）克隆一台 Windows 虚拟机

① 登录 FusionCompute，展开“导航树”，选择“资源池”→“ManagementCluster”，

虚拟机创建位置如图 2-68 所示（本实验以 2.1.1 节创建的 Windows 10 为例），单击“更多操作”，在弹出的菜单中选择“克隆虚拟机”，进入“创建虚拟机”对话框，如图 2-69 所示。

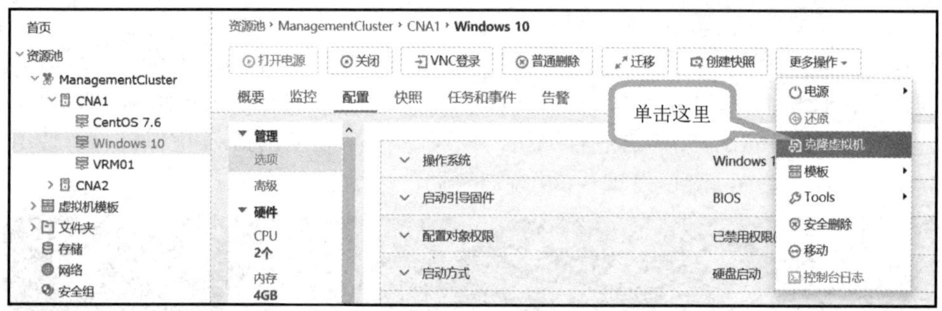

图 2-68　虚拟机创建位置

② 和创建新虚拟机的过程类似，在图 2-69 中设定虚拟机的名称为“Windows10-copy”并选择虚拟机位置。

说明：此时虚拟机位置只能选择 CNA1，本实验此时还没有把 CNA2 的磁盘与网络设置好，选择 CNA2 会显示无数据存储，在完成第 3、4 章的实验后，才能选择 CNA2。

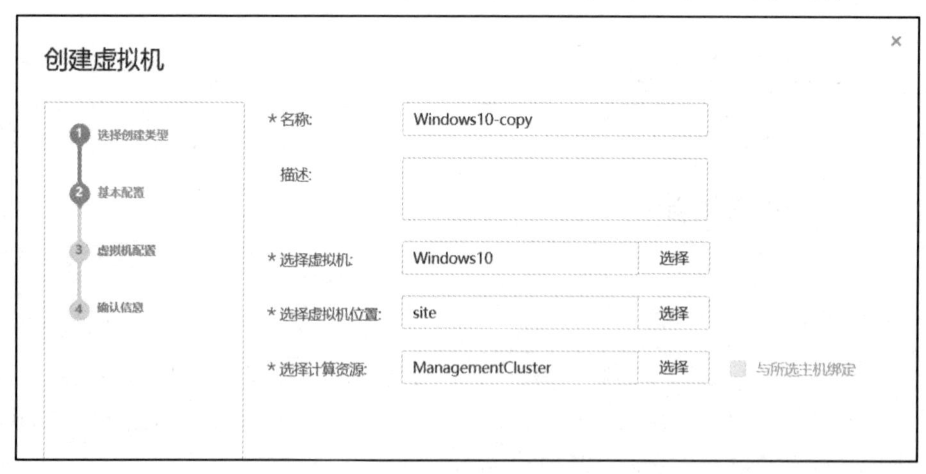

图 2-69　“创建虚拟机”对话框

③ 在图 2-69 中选择左侧的“虚拟机配置”选项，如图 2-70 所示设置虚拟机。同样，默认时新虚拟机和被克隆的虚拟机设置也是一样的，也能设置其 CPU 和内存的参数（磁盘大小无法设置）。单击“下一步”按钮，在弹出的“确认信息”界面中单击“完成”按钮，开始克隆虚拟机。在 FusionCompute 管理窗口中，选择“系统管理”→“任务与日志”→“任务中心”，可以查看创建进度。通常需要几分钟的时间。

④ 克隆产生的虚拟机与被克隆的虚拟机在克隆时间点有同样的配置和数据（但是网卡的 MAC 地址是不一样的）。如果对虚拟机的名称不满意，可以修改虚拟机名称，如图 2-71

所示，单击“概要”选项卡，会看到在名称后有一个蓝色的笔图标，单击该图标，便可在弹出的对话框中修改虚拟机名称。

图 2-70　设置虚拟机

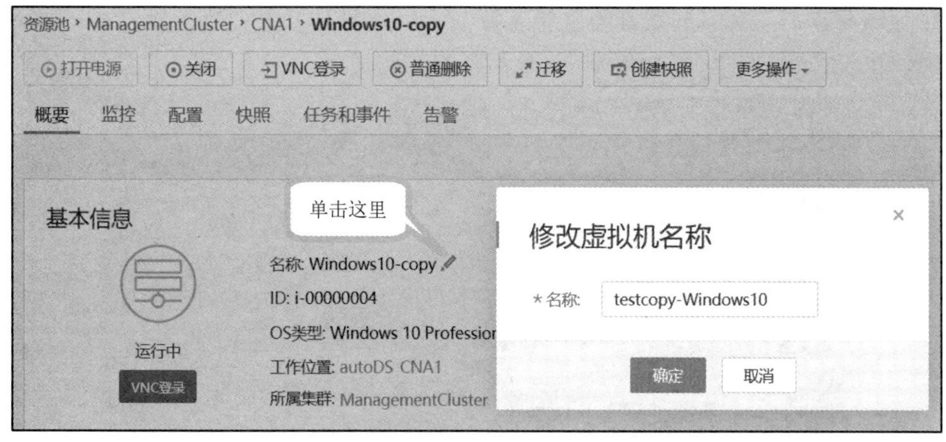

图 2-71　修改虚拟机名称

（2）在 Windows 虚拟机上执行 sysprep 命令

① 如果是 Windows 虚拟机，则克隆产生的虚拟机与被克隆的虚拟机的 Windows 计算机名称、网卡 IP 地址都是一样的，更重要的是 SID（计算机安全标识符）也是一样的，这样会造成计算机 SID 冲突或者无法加入域，可以使用 sysprep 工具来解决这个问题。sysprep 工具是 Windows 操作系统的准备工具，使用该工具，可以从已安装的 Windows 操作系统中删除所有系统特定的信息，包括 SID。

② 开启克隆产生的虚拟机的电源，单击“VNC 登录”按钮登录该虚拟机，执行 c:\windows\system32\sysprep 目录下的 sysprep 命令，如图 2-72 所示，使用系统准备工具，设置各选项，然后单击“确定”按钮，使用 sysprep 工具完成相关处理后系统会重启。

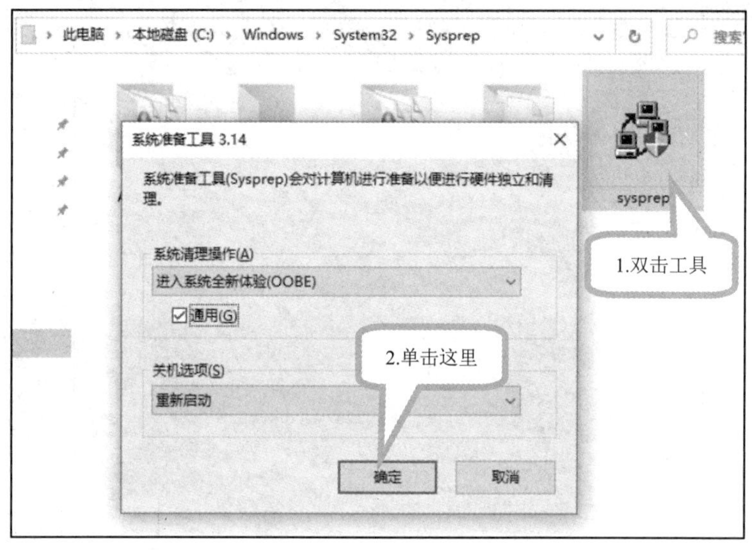

图 2-72　系统准备工具

③ 系统重启后，sysprep 工具会重新准备 Windows 操作系统并重新设置 Windows 操作系统和管理员密码，如图 2-73 所示。其余步骤不在此赘述。

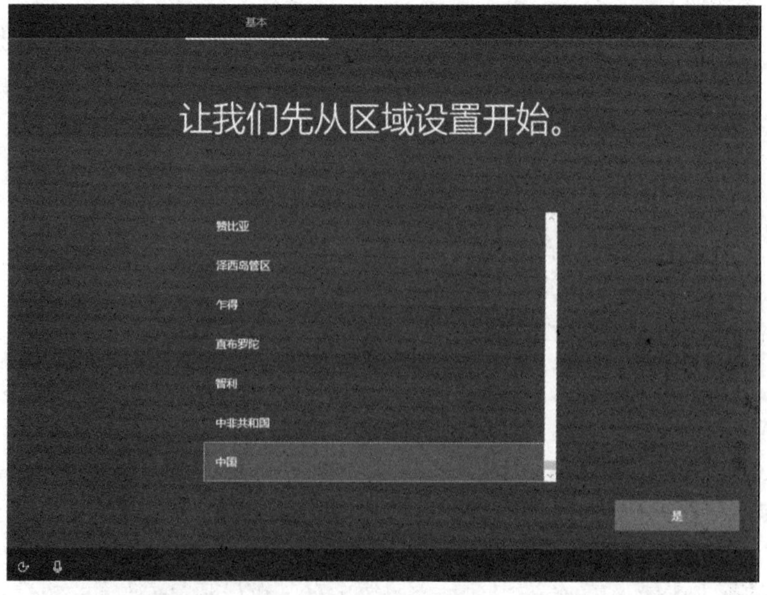

图 2-73　设置 Windows 操作系统和管理员密码

2.2.2　使用模板创建虚拟机

【背景知识】

在2.2.1节中利用虚拟机克隆出的虚拟机还需要后期处理，不是很方便。如果需要批量部署相似的虚拟机，可以利用模板实现。模板通常是在安装好虚拟机并对其做一定的配置后制作而成的。

虚拟机需要做一定的配置才能转为模板，在利用模板部署虚拟机时，可以对虚拟机属性进行设置，使得我们部署虚拟机时可以指定虚拟机的计算机名、管理员密码、网卡IP地址等。本节以制作Windows 10模板为例进行介绍。

【实验内容】

① 用2.2.1节克隆出的Windows 10虚拟机制作虚拟机模板。

② 利用模板创建虚拟机。

【实验步骤】

（1）用虚拟机制作虚拟机模板

① 按照2.1.1节的步骤安装一台中文简体Windows 10版本的虚拟机，或者按照2.2.1节的步骤从已有的Windows 10虚拟机克隆出一台新的虚拟机。注意：虚拟机必须安装Tools工具。

② 执行c:\windows\system32\sysprep目录下的sysprep程序，关机选项选择“关机”。注意：不得重启虚拟机，如果重新启动了虚拟机，则需重新执行sysprep程序，保证该虚拟机已经没有了SID。

③ 将虚拟机名称改为“Win10-Template”以便于区分。在图2-74中选择“更多操作”→“模板”→“转为模板”，在弹出的对话框中单击“确定”按钮，在随后弹出的提示框中继续单击“确定”按钮。到此，模板制作完成。转为模板后，无法开启电源，但可以反向将模板转为虚拟机。

（2）利用模板创建虚拟机

① 在FusionCompute界面展开“导航树”，打开“资源池”→“虚拟机模板”，单击刚转换好的模板，在弹出的对话框中单击“按模板部署虚拟机”，弹出图2-75。按模板部署虚拟机的步骤与2.2.1节中克隆虚拟机的步骤很类似，在图2-75中，可以为虚拟机改名字，设置发放资源的位置、设置发放虚拟机的数量等，虚拟机设置完成后，单击“下一步”按钮。

图 2-74　转为模板

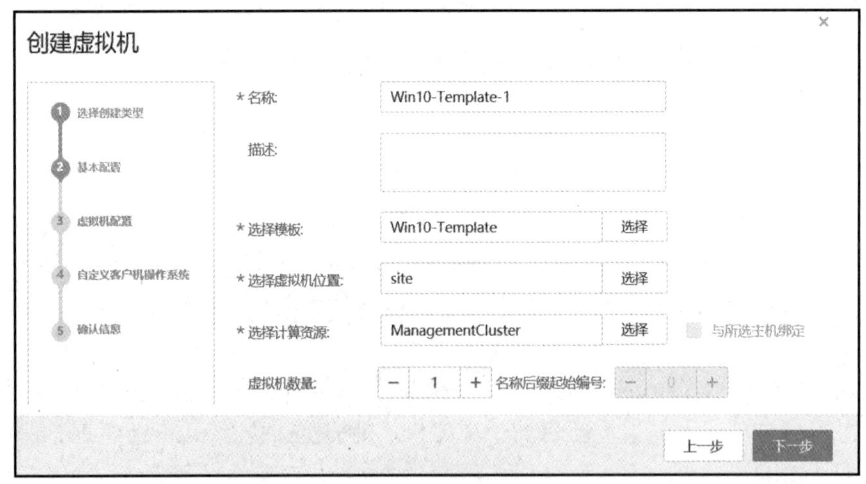

图 2-75　虚拟机设置

② 接着设置虚拟机的硬件大小，和克隆虚拟机一样，可以设置 CPU、内存、网卡等参数。磁盘只能设置使用哪个数据存储、配置模式和磁盘模式，磁盘大小和总线类型无法设置，设置完成后单击“下一步”按钮，弹出图 2-76。

③ 如图 2-76 所示，选择虚拟机规格，勾选“生成系统初始密码”，单击“下一步”按钮，在弹出的“确认信息”界面中，勾选“创建完成后直接启动虚拟机”，然后单击“确定”按钮。

注释：华为早期版本的 FusionCompute 提供 Customization.iso 工具，使用该工具在 Windows 模板上完成相关配置后，就能让部署好的虚拟机拥有“系统初始密码”功能。但 6.3 版本后暂时不提供此工具。由于 Windows 虚拟机作为模板大多都会清除 SID，而且一旦清除，开机后在重新配置时会要求创建新账户，初始密码也相对无意义。所以，目前只有 Linux 能够通过对虚拟机的设置实现该功能。

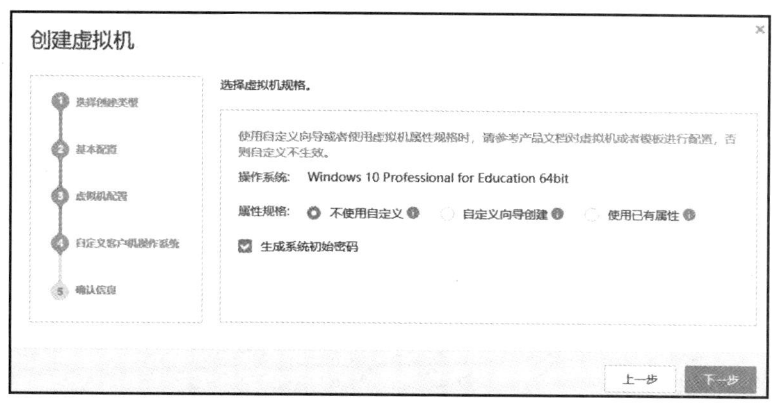

图 2-76　选择虚拟机规格

④ 等待若干分钟后，虚拟机部署完成并自动上电。单击“VNC 登录”按钮登录该虚拟机，查看虚拟机，系统会重新进行初始配置，创建新账户。

2.2.3　虚拟机属性规格

【背景知识】

虚拟机属性规格：将虚拟机的计算机属性提前设置好，并定义为一个规格，以便在利用模板部署虚拟机时快速设置该虚拟机的计算机属性。利用模板和规格可以快速部署大量虚拟机。计算机属性主要包括主机名、密码、IP 地址和默认网关。

【实验内容】

① 创建虚拟机的属性规格。
② 使用虚拟机的属性规格，按模板部署虚拟机。

【实验步骤】

（1）创建虚拟机的属性规格

① 在 FusionCompute 界面，展开“导航树”，选择“资源池”→“配置”→“虚拟机属性规格”→“创建”，在弹出的“创建虚拟机属性规格”对话框中选择“基本信息”，如图 2-77 所示，设置虚拟机属性规格的基本信息，在“目标虚拟机操作系统类型”“虚拟机属性规格名称”“描述”文本框中输入相应内容，然后单击“下一步”按钮。

② 打开“自定义属性”选项卡，如图 2-78 所示，设置虚拟机属性规格的自定义属性。在图 2-78 中相应文本框中输入计算机名称和密码（FusionCompute 的 8.0 版本暂未提供设置 Windows 虚拟机密码工具，所以该功能暂不可用）。如果选择工作组，需要输入工作组名称；如果选择 Windows 域服务器，需要输入域名、域用户名和域密码，可选择是否生成

新的 SID。

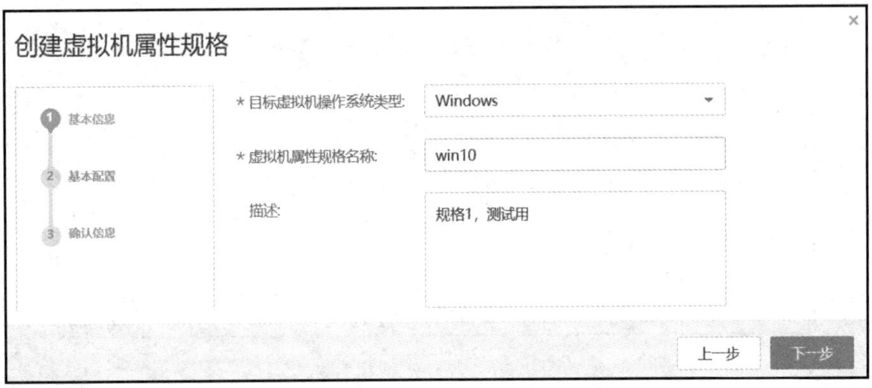

创建虚拟机属性规格
1 基本信息
2 基本配置
3 确认信息
* 目标虚拟机操作系统类型: Windows
* 虚拟机属性规格名称: win10
描述: 规格1，测试用
上一步
下一步

图 2-77　虚拟机属性规格的基本信息

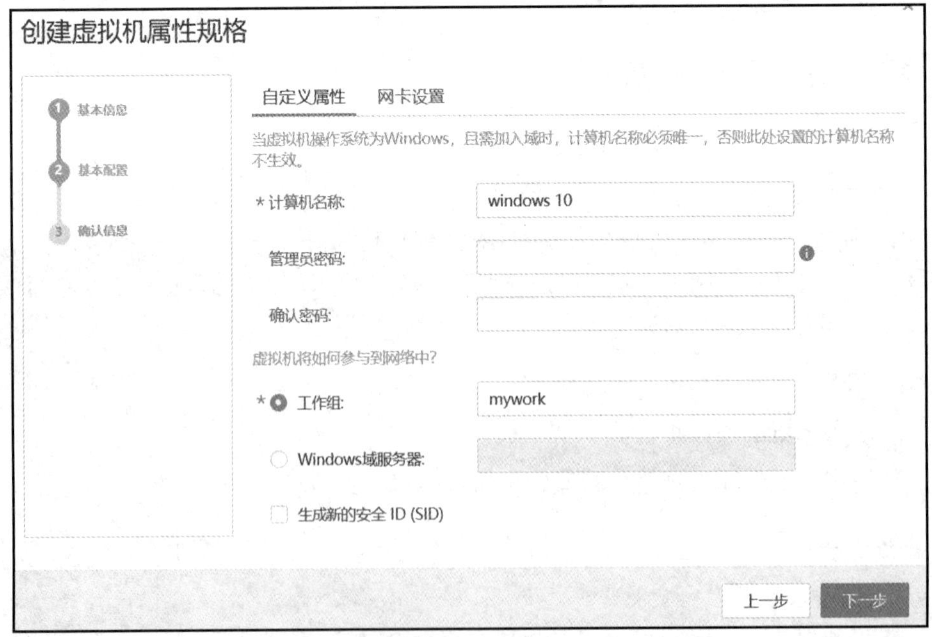

图 2-78　虚拟机属性规格的自定义属性

③ 打开“网卡设置”选项卡，如图 2-79 所示，完成虚拟机属性规格的网卡设置。在图 2-79 中，单击“IPv4”选项设置 IPv4 的属性。这里采用默认的自动获取方式，单击“下一步”按钮。

④ 继续单击“下一步”按钮进入“确认信息”界面，确认信息无误后单击“完成”按钮，在弹出的提示对话框中单击“确定”按钮，完成创建虚拟机属性规格。

图 2-79　虚拟机属性规格的网卡设置

（2）使用虚拟机的属性规格按模板部署虚拟机

按模板部署虚拟机的步骤参见 2.2.2 节，这里仅介绍与虚拟机属性规格相关的步骤。根据 2.2.2 节步骤按模板部署虚拟机，在虚拟机设置步骤中，指定虚拟机属性规格部署虚拟机，如图 2-80 所示，选中“使用已有属性”选项，选择已有属性规格。如果还需要调整属性规格，则勾选“调整此属性规格”，将出现规格的参数可供调整，单击“下一步”按钮，就可选择该规格创建虚拟机。

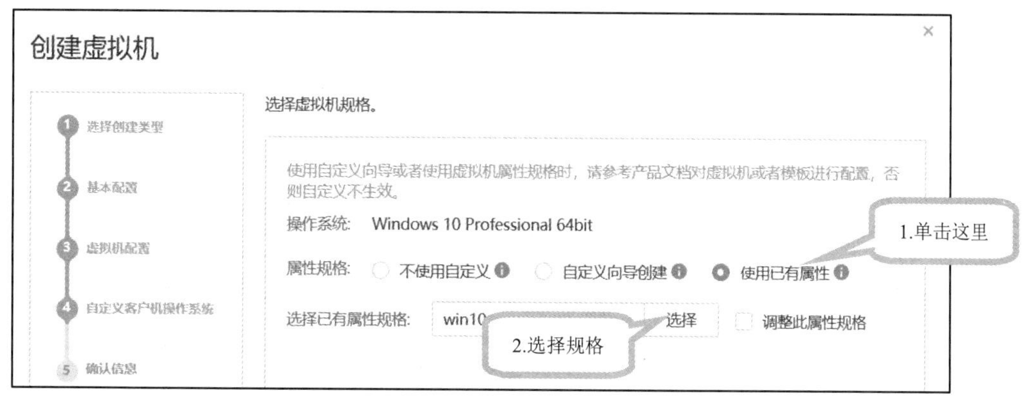

图 2-80　指定虚拟机属性规格部署虚拟机

2.2.4　模板 / 虚拟机的导出与导入

【背景知识】

模板可以导出，也可以导入，以方便交流。类似地，虚拟机也可以导出和导入，因此可以利用导出、导入功能将一些难以安装的软件在 Windows 或者 Linux 操作系统里安装好后，直接导出模板或者虚拟机来发布软件。模板和虚拟机的导出 / 导入步骤是一样的，本节以导出 / 导入模板为例。

虚拟机模板格式分为 ova 和 ovf 两种：

① ova 格式的模板只有一个 ova 文件。

② ovf 格式的模板由一个 ovf 文件和多个 vhd 文件组成。ovf 文件是虚拟机的描述文件，文件名为导出模板时设置的文件名，如 template01.ovf；vhd 文件是虚拟机的磁盘文件，每块磁盘生成一个 vhd 文件，文件名为"模板名称-磁盘槽位号.vhd"，如 template01-1.vhd。

【实验内容】

① 导出虚拟机模板。

② 导入虚拟机模板。

【实验步骤】

（1）选择导出为模板

在 FusionCompute 界面中展开"导航树"，选择"资源池"→"ManagementCluster"→"虚拟机"→"Windows 10"，如图 2-81 所示，单击"更多操作"，在弹出的菜单中选择"模板"→"导出为模板"。在弹出的"导出模板"对话框中选择导出的目的端为"导出到共享目录"。

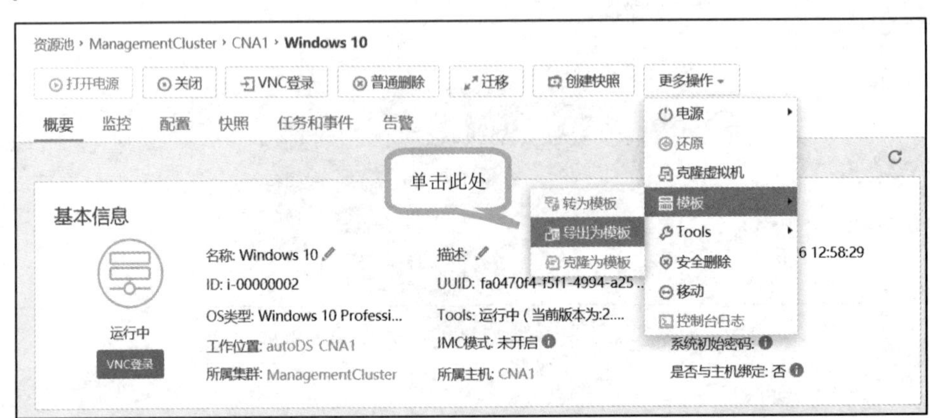

图 2-81　选择导出为模板

（2）导出到共享目录

导出到共享目录是指通过协议 CIFS 或 NFS 将虚拟机模板导出到本地 PC 或远程服务器上。本地 PC 或远程服务器上应有一个已在网络中共享的目录供主机访问。导出到本地是指直接将虚拟机模板保存到本地 PC 上，无须进行目录共享。

如图 2-82 所示，导出模板到共享目录。首先，选择导出模板 / 虚拟机使用的协议。CIFS：导出到本地 PC 或远程服务器时使用。NFS：导出到 NFS 服务器时使用。

① 协议：CIFS（Windows 使用）和 NFS（类 Unix 操作系统，如 Linux 使用）。

② 名称：导出的名称，此处为 windows 10。

③ 目录：填写格式为“\\共享服务器的 IP 地址\本地文件夹的名称”。

④ 格式：选择导出模板的格式为 ova 模板或 ovf 模板。

⑤ 用户名和密码：当本地 PC 或远程服务器需要使用密码登录时，需要填写登录的用户名和密码。如果多个域中包含同一个用户，则在输入用户名时需要添加域名。例如，输入用户名为“Domain\user01”。

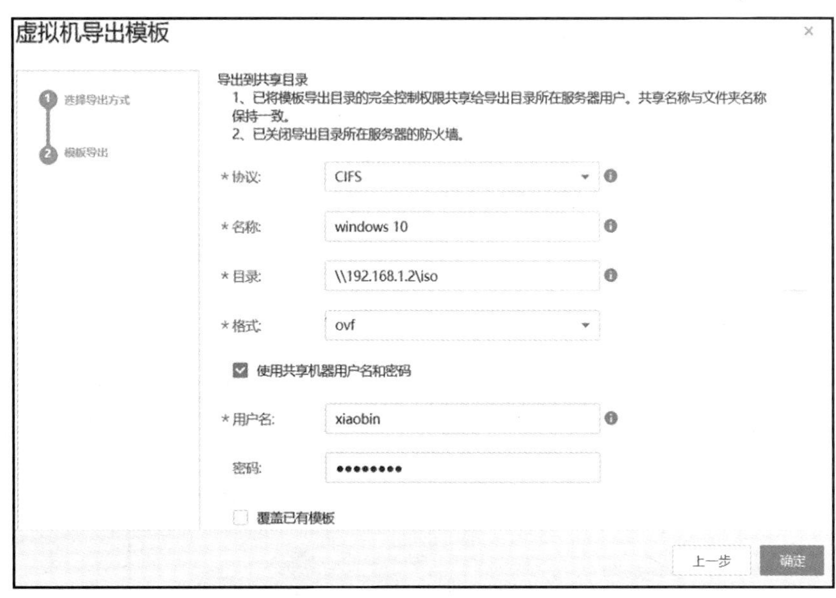

图 2-82　导出模板到共享目录

单击“确定”按钮，在弹出对话框中单击“单击这里”，然后单击左下角的“近期任务”可查看任务进度。图 2-83 所示为模板成功导出后的文件。

名称	修改日期	类型	大小
Window 10	2021/6/26 16:54	Open Virtualization...	9 KB
Window 10-vda	2021/6/26 16:53	Virtual Hard Disk	5,646,648 KB
Window 10-vdb	2021/6/26 16:54	Virtual Hard Disk	1,536 KB

图 2-83　模板导出后的文件

（3）导出模板到本地

在 FusionCompute 界面中展开“导航树”，单击“资源池”→“ManagementCluster”→“虚拟机”→“CentOS 7.6”，在出现的窗格中单击“更多操作”，在弹出的菜单中选择“模板”→“导出为模板”。在弹出的“导出模板”对话框中选择导出的目的端为“导出到本地”。在打开“导出到本地”对话框之前，需要加载之前安装的 FusionCompute- ClientIntegrationPlugin 插件。

如图 2-84 所示，导出模板到本地。在该图中输入导出模板的相关信息，说明如下。

① 名称：自己定义的名称。

② 目录：单击“浏览”，在弹出的对话框中选择本地的文件夹，用于导出模板。

③ 格式：选择导出模板的格式为 ova 模板或 ovf 模板。

如服务器已有该模板且希望直接覆盖该模板，则可勾选“覆盖已有模板”，将新模板更新至镜像服务器上，然后单击“确定”按钮，在弹出的提示框中单击“确定”按钮，完成导出模板，单击左下角的“近期任务”可查看任务进度。

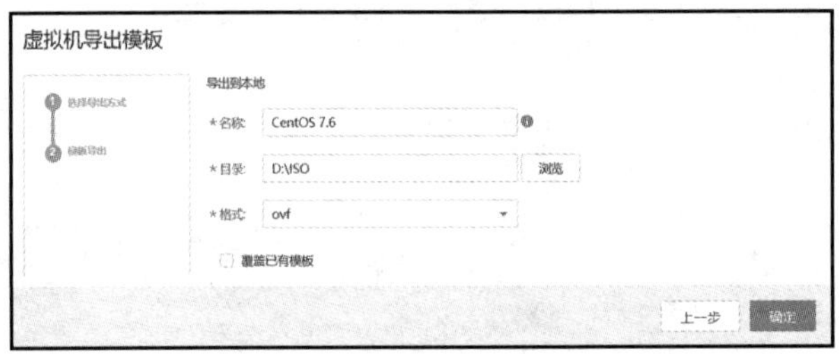

图 2-84　导出模板到本地

（4）导入虚拟机

在 FusionCompute 页面上，展开“导航树”，单击“资源池”→“ManagementCluster”，在“ManagementCluster”窗格中单击“创建虚拟机”选项卡，如图 2-85 所示，选择“导入虚拟机”，单击“下一步”按钮，选择导入源。

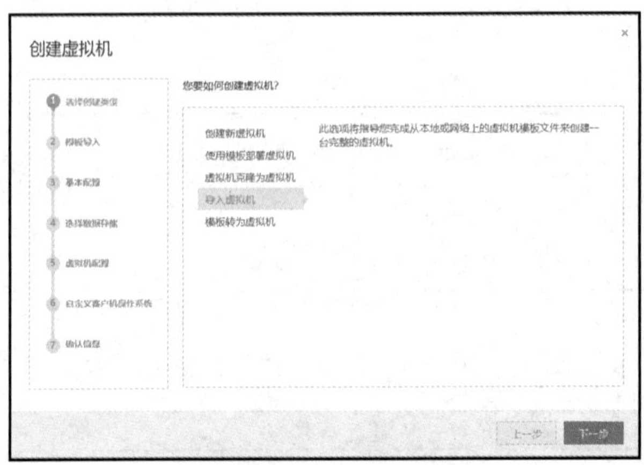

图 2-85　选择导入源

如图 2-86 所示，选择模板导入方式为“从共享目录导入”，同时在相应文本框中设置模板导入信息，具体说明如下。

① 协议：可以选择 NFS 或者 CISF。

② 模板路径：如果使用 CIFS，可直接单击该行右端的“选择”在本计算机上选择模板；如果使用 NFS，需要手动填写文件所在的路径。

③ 用户名和密码：当本地 PC 或远程服务器需要使用密码登录时，需要填写登录的用户名和密码。

本次是从本计算机上将刚导出的镜像上传，所以选择 CIFS 方式，按图 2-86 填写好参数后，单击“下一步”按钮，其余步骤与按模板部署虚拟机非常类似，不再赘述。导入成功后，选择“资源池”→“ManagementCluster”→“虚拟机”，能看到导入的虚拟机。

图 2-86　从共享目录导入模板

（5）从本地导入模板

在图 2-87 中，选择“本地导入”选项，从本地目录导入模板。此时，需要运行“FusionCompute-ClientIntegrationPluginKvm”插件（参照 2.1.1 节相关内容），单击“选择”按钮，在弹出的对话框中选择模板所在文件夹中的 ovf 或 ova 文件，然后单击“下一步”按钮，其余步骤和按模板部署虚拟机非常类似，不再赘述。

（6）导入模板

在 FusionCompute 界面展开“导航树”，选择“资源池”→“虚拟机模板”，在弹出的对话框中单击“导入模板”。之后步骤和前面导入虚拟机的方法类似，不再赘述。

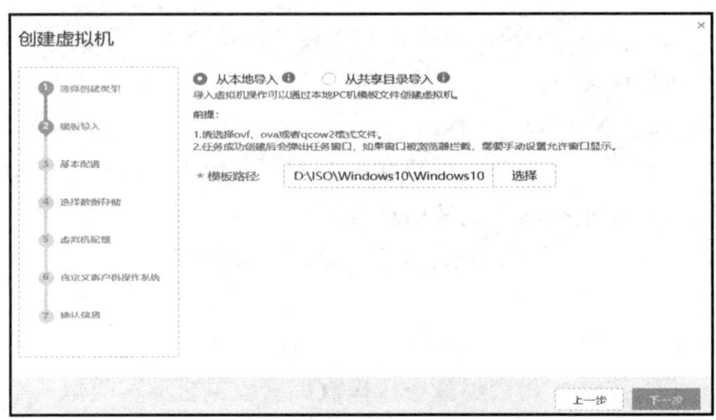

图 2-87　从本地目录导入模板

2.3　快照管理与虚拟机 QoS

2.3.1　快照管理

【背景知识】

快照是虚拟机在某个时间点状态的复本，可以是磁盘快照、内存快照或者是磁盘和内存两者的快照。在虚拟机发生故障或需要还原数据时，使用虚拟机已有的快照，可以将虚拟机的数据恢复至该快照创建时刻的状态。快照是虚拟化很重要的一个功能，可以在升级系统（虚拟机）前创建快照，如果升级失败，可利用快照回退到升级前的状态。在创建快照时，当前磁盘被置为只读，系统自动在磁盘所在数据存储中创建增量磁盘，后续对该磁盘数据的编辑将保存在增量磁盘中，即增量磁盘表示磁盘当前状况和上次执行快照时的状况之间的差异。当对该磁盘再次创建快照时，原磁盘和当前增量磁盘均被置为只读状态，系统会在数据存储中再创建一个增量磁盘。

【实验内容】

① 为虚拟机创建快照。

② 使用快照还原虚拟机。

【实验步骤】

（1）创建快照

在 FusionCompute 界面展开“导航树”，选择“资源池”→“ManagementCluster”→“虚

拟机”→“CnetOS 7.6”，在弹出的界面中单击“创建快照”，弹出“创建虚拟机快照”对话框，如图 2-88 所示。

创建虚拟机快照
* 快照名: Snapshop1
描述:
内存快照
一致性快照
确定　取消

图 2-88　创建虚拟机快照

在虚拟机处于运行中状态时，如果勾选“内存快照”，则在快照创建时会保存虚拟机当前内存中的数据；如果勾选“一致性快照”，则在快照创建时会将虚拟机当前未保存的缓存数据先保存，再创建快照。

勾选“一致性快照”后，无法选择“内存快照”。“一致性快照”一般只有 Windows 操作系统的虚拟机才支持。

如图 2-88 所示，“一致性快照”和“内存快照”都不勾选，单击“确定”按钮，在接着弹出的提示框中单击“确定”按钮，完成创建快照。

快照创建完成后，如图 2-89 所示，单击“快照”选项卡，可查看虚拟机的内存快照信息。

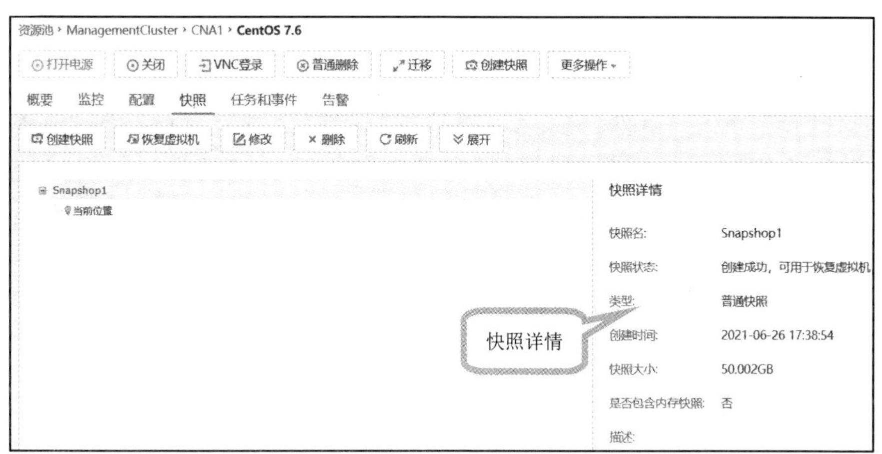

图 2-89　查看虚拟机的内存快照信息

（2）让虚拟机自毁文件

快照完成后，单击“VNC 登录”按钮登录 Linux 虚拟机，用 root 权限登录，接着输入指令“rm –rf /*”，然后回车，如图 2-90 所示，让虚拟机自毁全部文件。文件被删除后，虚拟机将无法使用。

```
CentOS Linux 7 (Core)
Kernel 3.10.0-957.el7.x86_64 on an x86_64

CentOS login: root
Password:
Last login: Sat Jun 26 03:52:57 on tty1
[root@CentOS ~]# rm -rf /*
```

图 2-90　让虚拟机自毁全部文件

（3）恢复虚拟机

如图 2-91 所示，单击“快照”选项卡，接着单击快照“Snapshot 1”→“恢复虚拟机”，在弹出对话框中单击“确定”按钮，恢复虚拟机。此时，可单击界面左下角的“近期任务”查看任务进度。

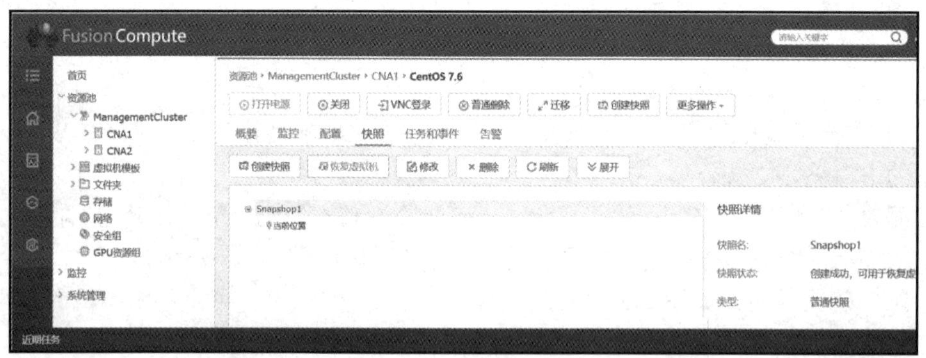

图 2-91　恢复虚拟机

（4）删除快照

在图 2-91 中，单击“快照”选项卡，接着单击快照“Snapshot 1”→“删除”，在弹出对话框中删除速率保持默认，单击“确定”按钮，接着在弹出提示框中单击“确定”按钮，删除快照。此时，可单击界面左下角的“近期任务”查看任务进度。

（5）打开虚拟机的计算器

在 FusionCompute 界面展开“导航树”，选择“资源池”→“ManagementCluster”→“虚拟机”→“Windows 10”，单击“VNC 登录”按钮登录 Windows 10 虚拟机，如图 2-92 所示，打开虚拟机的计算器，随便输入一些数值。

（6）创建内存快照

在 FusionCompute 的虚拟机界面单击“创建快照”按钮，弹出如图 2-93 所示的“创建虚拟机快照”对话框，在该话框中输入快照名称（Snapshot-2）和描述信息并勾选“内存快照”，然后单击“确定”按钮。

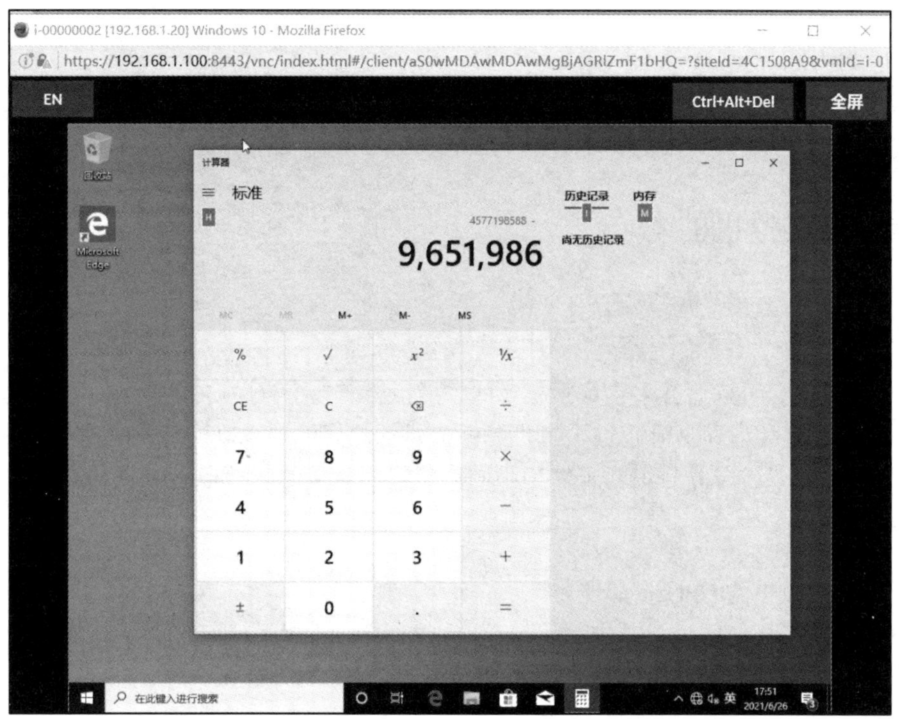

图 2-92　打开虚拟机的计算器

创建虚拟机快照

* 快照名: Snapshot-2

描述: 保持计算器程序的状态，注意数字

内存快照

一致性快照

确定　取消

图 2-93　“创建虚拟机快照”对话框

（7）将虚拟机关机

在 Windows 10 虚拟机界面单击“关闭”按钮，将虚拟机关机。

（8）恢复虚拟机

在 Windows 10 虚拟机界面单击“快照”选项卡，然后选择快照“Snapshot-2”→“恢复虚拟机”，在弹出对话框中单击“确定”按钮，恢复虚拟机。

（9）登录虚拟机查看状态

待虚拟机恢复快照完成后，单击“VNC 登录”按钮登录虚拟机，虚拟机此时的状态恢复到关机前用计算器的状态，显示的数字与图 2-92 中的一样。

2.3.2　虚拟机的 QoS

【背景知识】

在一台主机上可以运行多台虚拟机，这些虚拟机需要 CPU 和内存资源。如果这些虚拟机所需要的 CPU 和内存资源超过了主机能够提供的总资源，虚拟机将发生竞争。可以通过设置虚拟机的 QoS（服务质量）来控制不同虚拟机在竞争时将获取多少资源。

【实验内容】

① 设置虚拟机的 CPU 资源控制。

② 设置虚拟机的内存资源控制。

③ 设置虚拟机的磁盘资源控制。

【实验步骤】

（1）查看主机、集群的 CPU 和内存资源情况

① 在 FusionCompute 界面展开“导航树”，选择“资源池”→“ManagementCluster”→“CNA1”，在弹出的界面中单击“配置”选项卡，选择“硬件”→“处理器和 BIOS”，如图 2-94 所示，可以看到主机的 CPU 资源。从图 2-94 中可知，该主机有 2 个 CPU，每个 CPU 为 16 核、32 线程，主频为 2.1 GHz，理论上总的 CPU 容量为 2×32×2.1 GHz=134.4 GHz。

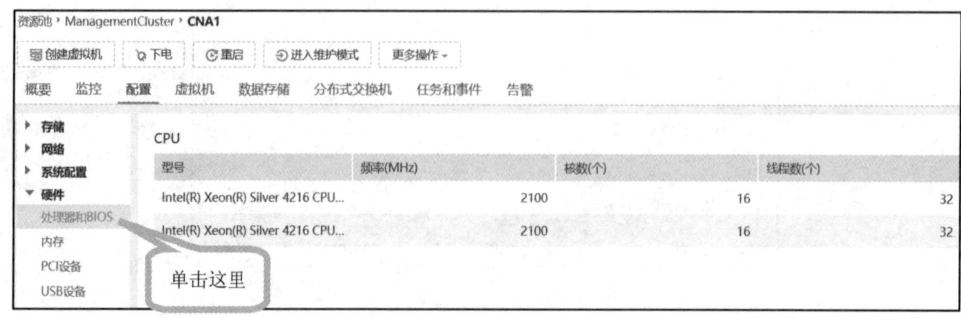

图 2-94　主机的 CPU 资源

② 打开“配置”选项卡，单击“内存”可以查看主机的内存情况。本主机为 4 条 32 GB

内存，共 128 GB。

③ 选择“资源池”→“ManagementCluster”→“CNA1”，打开“概要”选项卡，在弹出的窗格中，可以查看主机 CNA1 的可用 CPU 资源和内存资源，如图 2-95 所示。主机在安装 FusionCompute 时，FusionCompute 本身会占用 CPU 和内存资源，主机的 CPU 和内存资源减去 FusionCompute 占用的资源，剩余的就是总容量。从图 2-95 中可知，CPU 总容量为 121.8 GHz、内存总容量为 115.69 GB，因此可以计算出 FusionCompute 占用了 134.4–121.8 =12.6 GHz 的 CPU 资源和 128-115.69=12.31 GB 的内存资源。

图 2-95　主机 CNA1 的可用 CPU 资源和内存资源

主机 CNA2 的可用 CPU 资源和内存资源如图 2-96 所示，从图 2-96 中可知，CPU、内存的可用容量是主机（CNA2）还未分配出去的资源。主机 CNA1 上正在运行 VRM、Windows 10 虚拟机，所以资源被分配出去了一部分。主机 CNA2 上没有虚拟机在运行，所以资源未分被配出去，已用容量等于 0。

④ 如果查看的是整个集群（ManagementCluster）的概要，而不是单台主机，则集群的资源是集群中各主机资源的总和。

（2）设置虚拟机的 CPU QoS

在 FusionCompute 界面展开“导航树”，选择“资源池”→“ManagementCluster”→“虚拟机”→“Windows 10”，如图 2-97 所示，选择“硬件”→“CPU”，设置虚拟机的 CPU QoS，从该图中可以看到虚拟机 CPU 的详细信息，包含 QoS 选项。

在内核数下拉列表中，可以选择虚拟机的 CPU 核数，由于主机（物理服务器）的主频为 2.1 GHz（2100 MHz），则虚拟机 CPU 资源为 2×2.1 GHz=4200 MHz。实际上，并不是如此简单，虚拟机最终获得多少 CPU 资源与 CPU 资源控制选项的配置有关，也与虚拟机所在主机当前的资源紧张程度有关，该 4200 MHz 值只是该虚拟机能够获取的最大值。

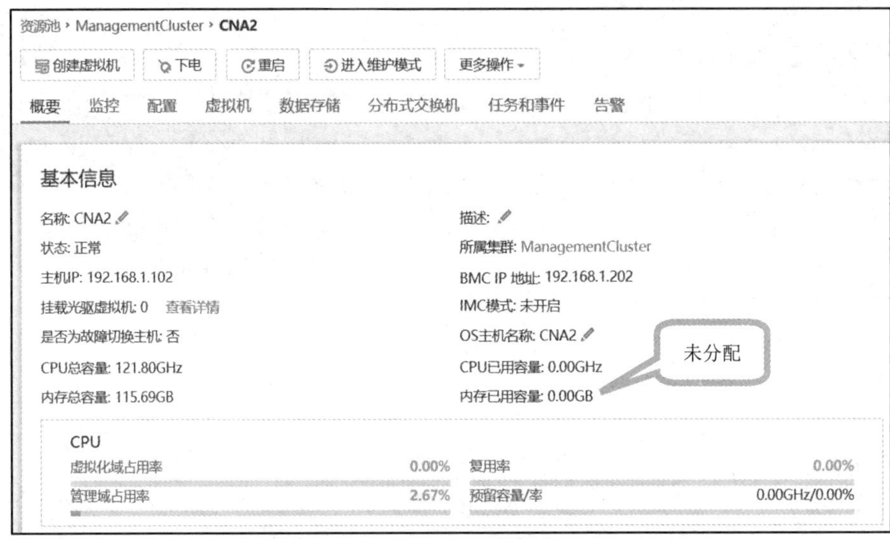

图 2-96　主机 CNA2 的可用 CPU 资源和内存资源

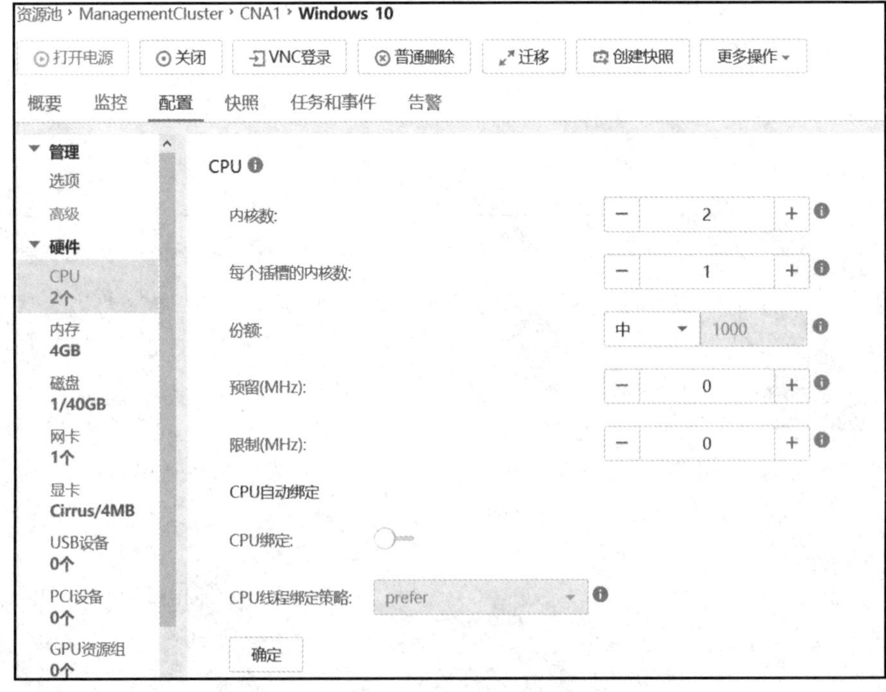

图 2-97　设置虚拟机的 CPU QoS

CPU“预留(MHz)”项的值可以调整，假如调整为 100 MHz。当虚拟机开机时，主机会先为它预留 100 MHz，就是说保证该虚拟机有 100 MHz 的 CPU 资源，防止主机无法分配到足够的资源，导致虚拟机异常。当“限制(MHz)”选项被设置为 0 时，并不是指虚拟机可以无限制使用 CPU 资源，实际上，虚拟机的 CPU 核数限制了虚拟机能够获取的最多的 CPU 资源，也就是 2 个 vCPU 最多有 4200 MHz。如果将“限制(MHz)”选项设置为 1000，该值也会限制虚拟机能够获取的最多的 CPU 资源为 1000 MHz。简言之，预留值是最低的资源数量，而限制值是最高的资源数量。

如果主机的资源很充足，虚拟机不需要竞争，则虚拟机将按照限制值获得资源数量。一旦主机的资源不足，例如，主机 CPU 资源总量为 42 GHz，但是有 30 个虚拟机正在运行，每个虚拟机有 4 个 vCPU，而且都将“限制(MHz)”选项设置为 0（即选择不限），则虚拟机就要竞争资源了。虚拟机的份额值将决定它能获得的资源数量，份额值是相对值。

例子 1：主机总 CPU 资源为 42000 MHz（已经去除了 FuisonCompute 占用的资源），每线程为 2.1 GHz，共有 30 台虚拟机正在运行。其中 10 台虚拟机有 4 个 vCPU，预留值为 100 MHz，份额为中（2000），选择不限；另外 20 台虚拟机有 2 个 vCPU，预留值为 200 MHz，份额为高（4000），选择不限，则 10 台虚拟机先获得预留值 100 MHz，20 台虚拟机先获得预留值 200 MHz。剩余资源为 42000−10×100−20×200=37000 MHz。虚拟机总份额为 10×2000+20×4000=100000，每 1000 份额将获得的资源为 37000×1000/100000=370 MHz，则：

10 台虚拟机获得的资源=100+2×370=840 MHz

20 台虚拟机获得的资源=200+4×370=1680 MHz

例子 2：主机总 CPU 资源为 42000 MHz（已经去除了 FuisonCompute 占用的资源），每线程为 2.1 GHz，共有 10 台虚拟机正在运行。其中 5 台虚拟机有 2 个 vCPU，预留值为 100 MHz，份额为中（2000），限制值为 2000 MHz；另 5 台虚拟机有 2 个 vCPU，预留值为 200 MHz，份额为高（4000），选择不限。因为主机总资源 42000 MHz，大于 5×2000+5×4200=31000 MHz，虚拟机不需要竞争资源，前 5 台虚拟机各获得 2000 MHZ，后 5 台虚拟机各获得 4200 MHZ。

（3）设置虚拟机的内存 QoS

在图 2-98 中，选择“硬件”→“内存”，可以设置虚拟机的内存 QoS。虚拟机的内存 QoS 和 CPU QoS 非常类似，有两点稍微不同。第一点是 6.5.1 版本的 FusionCompute 内存的“限制(MB)”选项不能自由设置数值（FusionCompute 8.0 之后版本才能设置）；第二点是内存的“预留(MB)”选项值要生效，需要先开启集群的内存复用功能。

在 FusionCompute 界面展开“导航树”，选择“资源池”→“ManagementCluster”，在弹出的界面中单击“集群资源控制”按钮，如图 2-99 所示选中主机内存复用的“开启”选项，开启集群的内存复用功能。通过采用内存复用技术，可将物理内存虚拟出更多的内存供虚拟机使用，使虚拟机内存规格总和可以大于主机物理内存，最终提高主机的虚拟机密度。

（4）设置磁盘 QoS

在图 2-100 中单击“磁盘”，然后单击右侧的“更多”，在弹出的菜单中选择“设置磁盘 IO 上限”，可以设置该磁盘的最大读出字节、最大写入字节、最大读写字节、最大每秒读请求个数、最大每秒写请求个数、最大每秒读写请求个数，换言之，设置的是磁盘的 QoS。

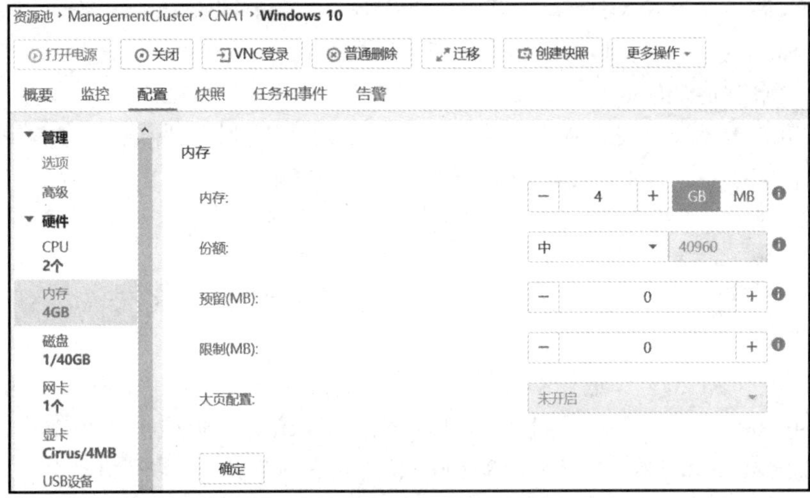

图 2-98　设置虚拟机的内存 QoS

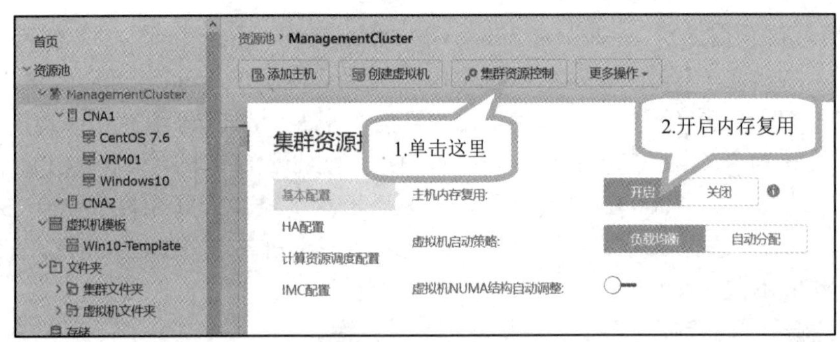

图 2-99　开启集群的内存复用功能

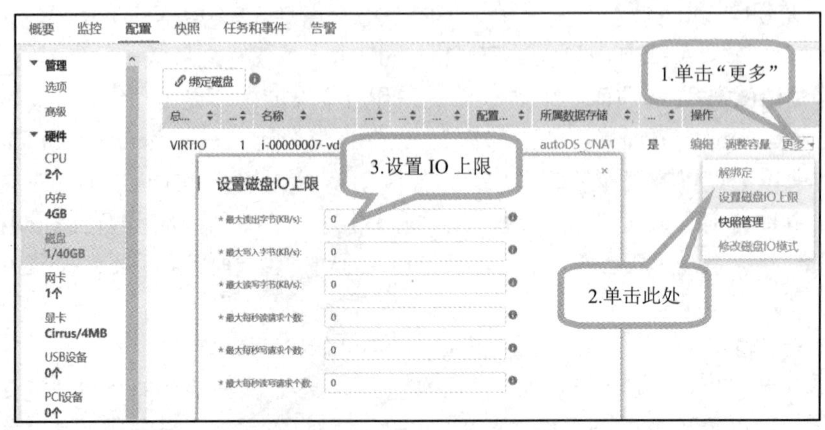

图 2-100　设置磁盘的 QoS

第 3 章　存储管理

数据存储是 FusionCompute 对存储资源上的存储单元进行的统一封装。存储资源被封装成数据存储并与主机关联后，就能够进一步创建出若干虚拟磁盘，供虚拟机使用。从虚拟机操作系统使用的角度观察，在不同存储资源上创建的虚拟磁盘之间不存在差异，使用方式均与物理 PC 的磁盘相同。能够被封装为数据存储的存储单元包括主机的本地硬盘、SAN 存储（包括 iSCSI 或光纤通道的 SAN 存储）上划分的 LUN、NAS 存储上划分的文件系统、FusionStorage 上的存储池、主机的本地内存盘。本书只介绍前面的两种。图 3-1 为数据存储关联模型。

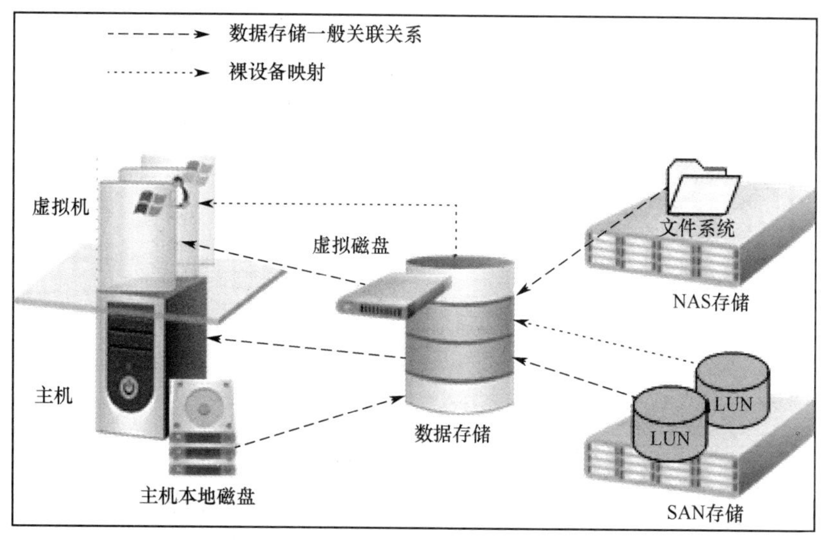

图 3-1　数据存储关联模型

3.1　本地存储

【背景知识】

本地存储是指由主机的本地磁盘提供的存储资源，简单讲就是主机上的硬盘。本地存储的创建过程包括扫描存储设备、添加数据存储、创建磁盘。本书的实验拓扑中有两台主机 CNA1 和 CNA2，在第 1 章中安装 VRM 时，已经在 CNA1 上创建了本地存储，因此本节将在 CNA2 主机上创建本地存储。

【实验内容】

将 CNA2 主机上没有使用的本地磁盘添加为数据存储。

【实验步骤】

（1）扫描存储设备

在 FusionCompute 界面展开“导航树”，选择“资源池”→“ManagementCluster”→“CNA2”，弹出如图 3-2 所示界面，选择“配置”→“存储设备”，单击“扫描”按钮，在弹出的提示框中单击“确定”按钮扫描存储设备，接着单击左下角的“近期任务”可查看任务进度。扫描完成后，通过选择“配置”→“存储设备”，能够显示可用的存储设备。

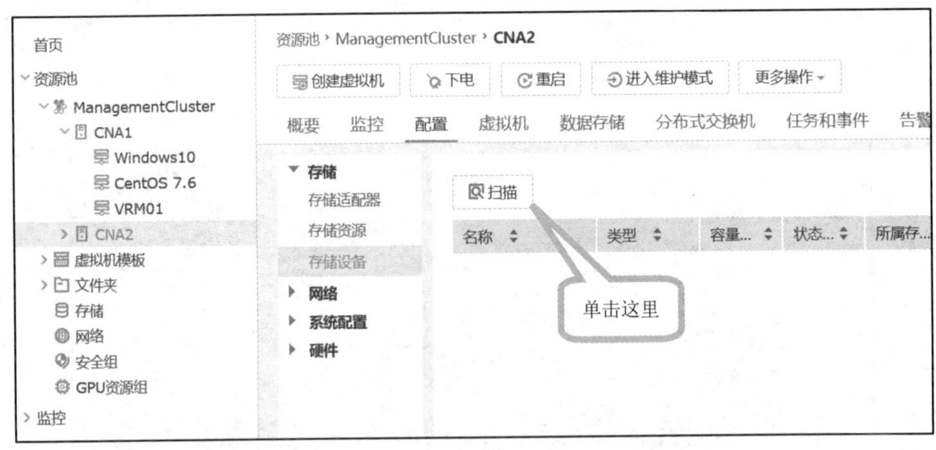

图 3-2　扫描存储设备

（2）添加数据存储

在图 3-2 中，打开 “数据存储”选项卡，单击“添加数据存储”，弹出如图 3-3 所示的“添加数据存储”对话框。单击左侧的“添加存储设备”，选择刚扫描出来的磁盘，单击“下一步”按钮，接着在弹出的界面中设置数据存储参数——名称、描述、使用方式（FusionCompute 6.3 之后版本，对本地磁盘或者 SAN 存储只支持虚拟化方式，除非是华为的分布式存储 FusionStorage），然后单击“下一步”按钮，在弹出的对话框里单击“确定”按钮。

添加成功的数据存储如图 3-4 所示。数据存储创建成功后，在主机 CNA2 上创建新的虚拟机时，就可以使用新的数据存储了。

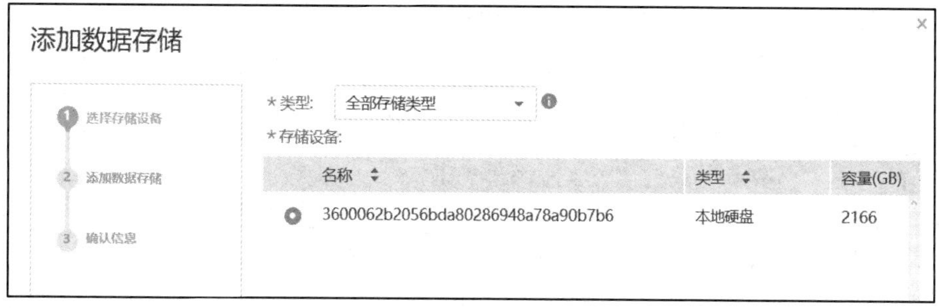

图 3-3　“添加数据存储”对话框

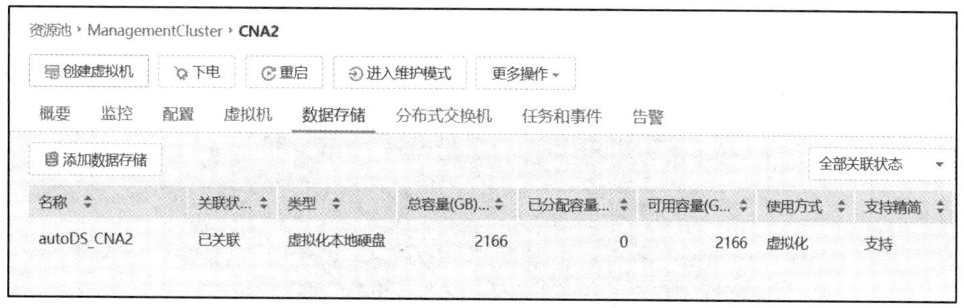

图 3-4　添加成功的数据存储

3.2　IP SAN 存储

3.2.1　存储设备初始化

【背景知识】

使用本地存储，只有同一主机上的虚拟机才能访问存储，虚拟机无法迁移到别的主机上。而且本地存储不能共享，利用率低。本地存储的扩展性也受到主机物理空间的限制，扩展性差。在云计算中，通常使用专用的共享网络存储设备。首先可以将多台主机连接到同一存储设备上，即使虚拟机在不同主机之间漂移，虚拟机仍然可以访问同一存储，这样便实现了计算和数据的分离。其次，网络存储设备的性能、扩展性会比本地存储好得多。

主机和存储之间可以使用高速的万兆位以太网或者专用的存储光纤网络进行连接。如果通过以太网连接，则通常称为 IP SAN（IP 存储区域网络），也就是在以太网上使用 iSCSI 协议。如果通过专用的存储光纤网络连接，则通常称为 FC SAN（光纤存储区域网络）。本节介绍 FusionCompute 通过 IP SAN 连接主机与存储。

【实验拓扑】

本节所采用的 IP SAN 实验拓扑如图 3-5 所示，该拓扑实际是 1.1.1 节实验拓扑的一部分，为了突出重点，本节只关注 IP SAN 部分。IP SAN 实验设备 IP 地址规划如表 3-1 所示。在图 3-5 中，两台主机（物理服务器 1 和服务器 2）与交换机之间的链路为 Trunk 链路，存储设备 S2600T 的 A 控制器和 B 控制器的管理口与管理平面（VLAN 1，192.168.1.0/24 网段）相连，S2600T 的 A 控制器和 B 控制器的 H0 和 H1 接口与交换机的存储平面（VLAN 2，192.168.2.0/24 网段）相连，有关交换机的配置参见 1.1.2 节。

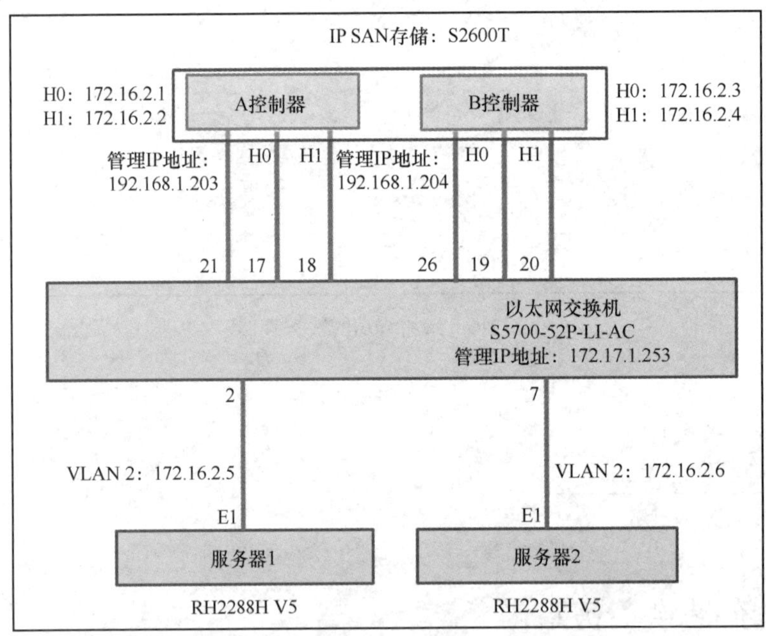

图 3-5　IP SAN 实验拓扑

表 3-1　IP SAN 实验设备 IP 地址规划

序号	设备名	IP 地址	管理链接	用户名和密码	备注
1	存储设备 A 控制器	192.168.1.203	https://192.168.1.203:8088	admin:Admin@storage	默认用户名为 admin:Admin@storage
2	存储设备 B 控制器	192.168.1.204	https://192.168.1.204:8088	admin:Admin@storage	默认用户名为 admin:Admin@storage
3	服务器 1 IP SAN 存储平面	172.16.2.5			IP SAN 网络

（续表）

序 号	设 备 名	IP 地址	管理链接	用户名和密码	备 注
4	服务器 2 IP SAN 存储平面	172.16.2.6			IP SAN 网络
5	存储设备 A 控制器 H0 接口	172.16.2.1			IP SAN 网络
6	存储设备 A 控制器 H1 接口	172.16.2.2			IP SAN 网络
7	存储设备 B 控制器 H0 接口	172.16.2.3			IP SAN 网络
8	存储设备 B 控制器 H1 接口	172.16.2.4			IP SAN 网络

【实验内容】

对存储设备进行初始化，便于后续实验。

【实验步骤】

（1）完成华为 S2600T 存储设备背板接线

华为 S2600T 存储设备背板如图 3-6 所示，请按照图 3-6 进行接线。

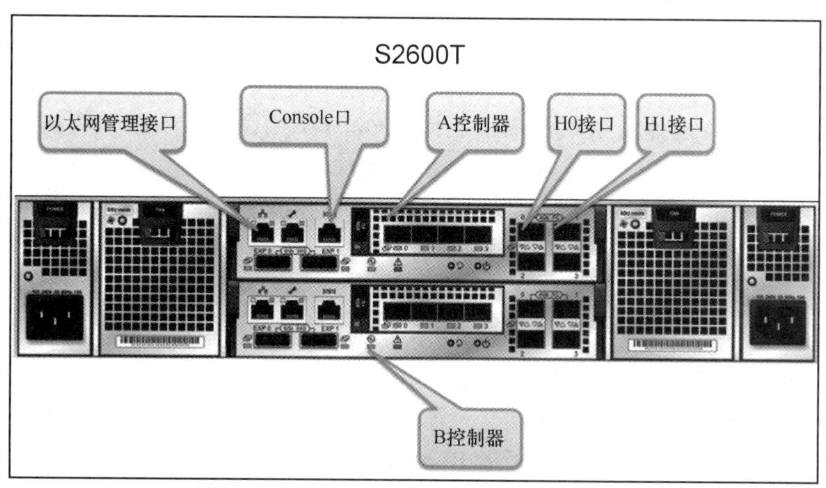

图 3-6 华为 S2600T 存储设备背板

（2）将计算机的 COM 口与 S2600T 的 Console 口相连

S2600T 出厂时有默认的管理 IP 地址和管理密码，如果丢失这些信息，可通过 Console 口初始化设备，首先使用 Console 线将计算机的 COM 口与 S2600T 的 Console 口相连。

（3）设置通信参数

使用终端程序，例如，PuTTY、SecureCRT 等，登录到存储设备，在 PuTTY 中设置合适的通信参数，如图 3-7 所示。注意：波特率为 115200 baud，无数据校验位。

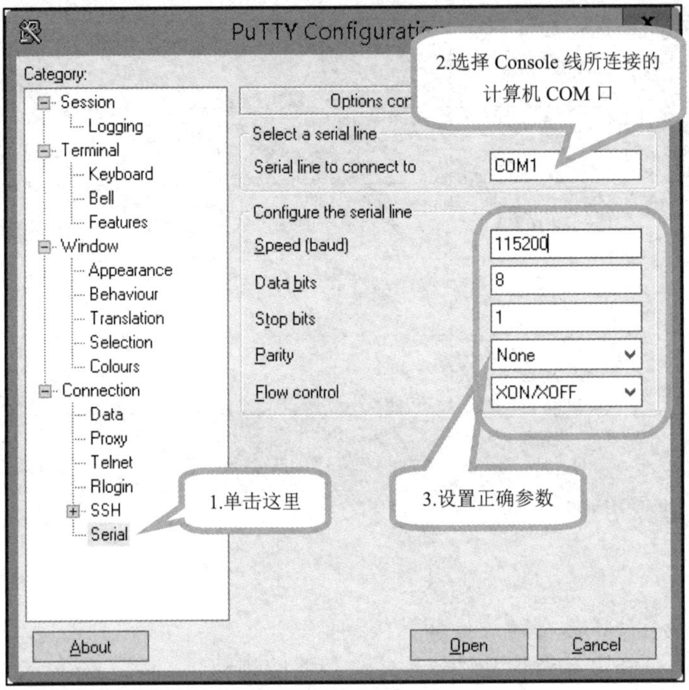

图 3-7　在 PuTTY 中设置合适的通信参数

（4）登录 S2600T 设备

如图 3-8 所示，选择使用串行接口连接 S2600T；如图 3-9 所示，成功登录 S2600T 设备。

（5）设置用户密码

使用以下命令重新设置 admin 用户密码：

- 先用_super_admin 用户名（密码是 Admin@revive）登录；
- 执行命令 initpasswd 重新设置 admin 用户的密码为 Huawei@123；
- 使用 exit 退出；
- 使用 admin 用户名登录，首次登录需要修改密码，改为 Admin@storage。

（6）配置 A 控制器和 B 控制器网管 IP 地址

使用命令配置 A 控制器和 B 控制器的网管 IP 地址，需要两次回答“y”：

```
change controller ipv4_address controller=0A management_ip=192.168.1.203 mask=255.255.255.0 gateway=192.168.1.254

change controller ipv4_address controller=0B management_ip=192.168.1.204 mask=255.255.255.0 gateway=192.168.1.254
```

图 3-8　使用串行接口连接 S2600T

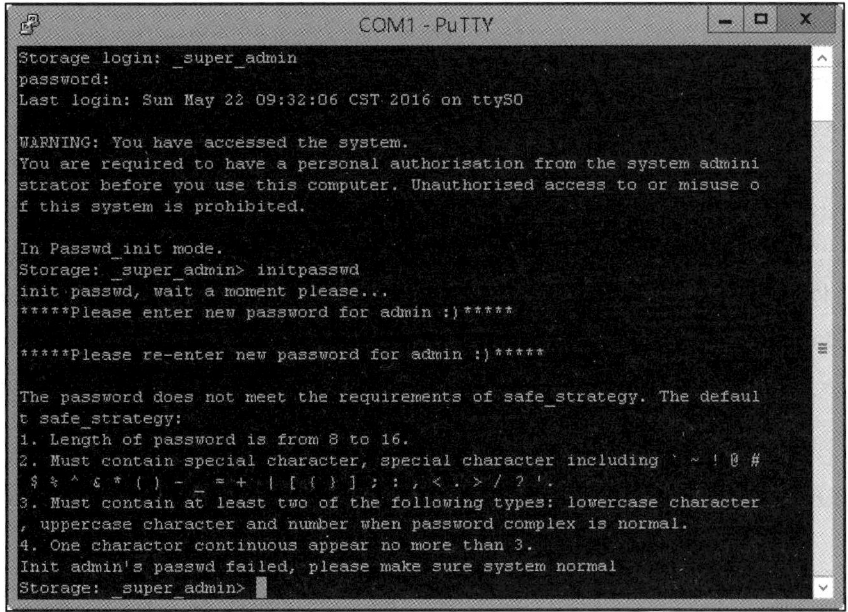

图 3-9　成功登录 S2600T 设备

（7）通过浏览器登录 S2600T

在火狐浏览器中输入 https://192.168.1.203:8088 登录，输入管理员用户名 admin，密码 Admin@storge，如图 3-10 所示，成功登录 S2600T。

图 3-10　成功登录 S2600T

至此，初始化结束。

3.2.2　主机系统接口准备

【背景知识】

IP SAN 是基于以太网工作的，因此需要在 FusionCompute 主机上添加存储接口，同时在存储设备上也需要进行配置，以保证主机与存储设备之间的通信。为了提高性能和安全性，存储的流量最好能在独立的平面，甚至是独立的交换机上，本书实验拓扑中只有一台交换机，因此规划 VLAN 2 作为存储平面。虚拟机在主机之间迁移时会产生网络流量，并且主机之间需要互相传递心跳信息，以保证某台主机发生故障时与之相关联的虚拟化 SAN 存储能及时进行数据保护，因此也需要配置一个网络平面。

【实验内容】

① 在主机上添加存储接口。

② 在主机上添加业务管理接口。

③ 在存储设备的 A 控制器和 B 控制器上配置 H0 和 H1 接口的 IP 地址。

【实验步骤】

（1）在主机上添加存储接口

在主机上绑定网卡，以 CNA1 为例。展开“导航树”，选择“资源池”→“Management-

Cluster”→“CNA1”，打开“配置”选项卡，选择“网络”→“逻辑接口”，如图 3-11 所示，单击“添加存储接口”，弹出图 3-12。

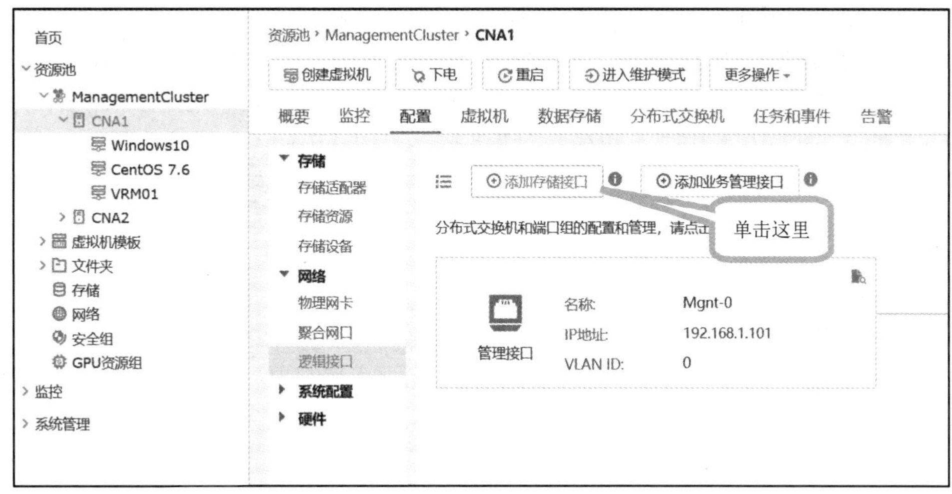

图 3-11　添加存储接口

（2）在主机上添加业务管理接口

① 如图 3-12 所示，选择 eth1 作为存储接口。

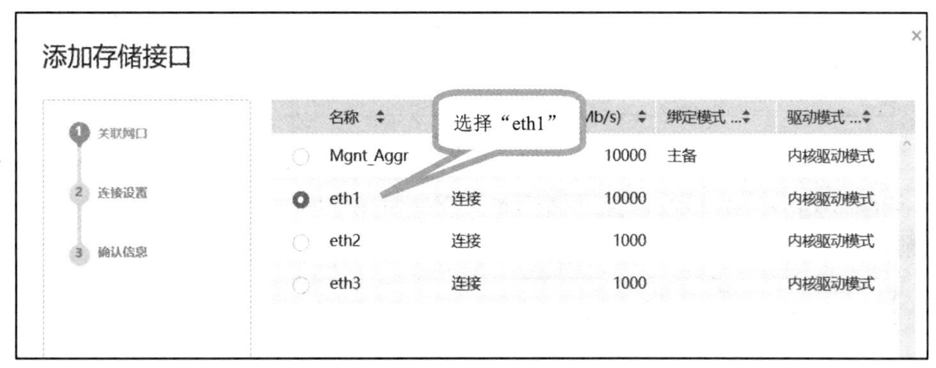

图 3-12　选择存储接口

② 在图 3-13 中配置好以下参数后，单击“下一步”按钮；在弹出的“确认信息”界面中单击“完成”按钮，添加存储平面。图 3-13 中相关参数说明如下。

- 名称：给该平面设置一个名称（storage）。
- VLAN ID：规划的存储平面 VLAN ID，已规划 VLAN 2 为存储平面。
- 交换模式：使用 OVS 转发模式，该存储接口使用的 VLAN 可以与管理平面、业务平面共同使用；使用 Linux 子接口交换模式可以减少存储平面与管理平面和业务平面在主机内部的相互影响。存储接口所关联网口的 VLAN 被该存储接口独自占有且其 VLAN ID 不能为 0；该网口上的管理平面、业务平面或其他存储接口将无法使用该 VLAN。

- IPv4 地址：给主机存储设置的 IP 地址，参见表 3-1。
- 子网掩码：规划的存储平面子网掩码。
- IPv4 路由信息：当本主机的业务管理接口与集群下其他主机的业务管理接口在不同网段且同时开启了业务管理接口的相关功能时，需要配置对端主机的路由信息。由于在本书实验拓扑中主机和存储设备在同一平面，因此不配置路由信息。

图 3-13　添加存储平面

③ 如图 3-14 所示，成功添加存储平面。在存储接口所在窗格的右上角有 3 个图标，单击“删除”图标可以删除存储接口。

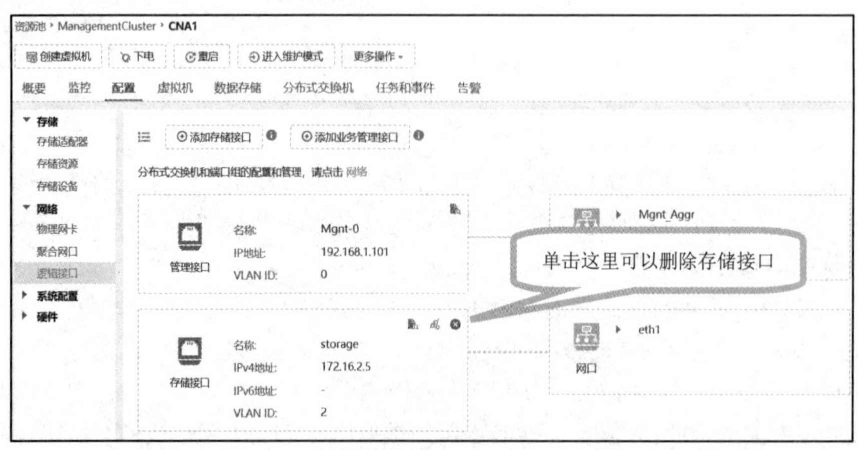

图 3-14　成功添加存储平面

④ 重复步骤②～③，在主机 CNA2 上添加存储接口和业务管理接口，IP 地址参见表 3-1。

（3）在存储设备的 A 控制器和 B 控制器上配置 H0 和 H1 接口的 IP 地址

① 配置存储设备上的 IP 地址。在火狐浏览器的地址栏中输入 https://192.168.2.203:8088，使用用户名 admin、密码 Admin@storage 登录存储设备。如图 3-15所示，单击“设备图”，查看设备图。

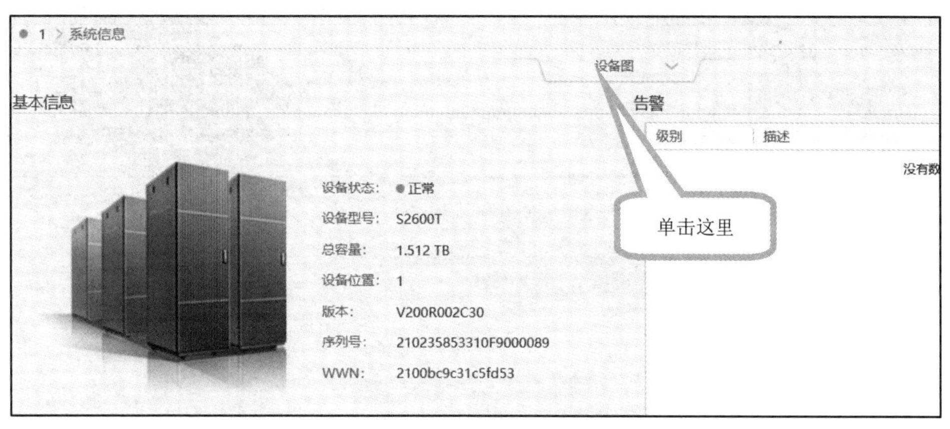

图 3-15　查看设备图

② S2600T 设备前面板如图 3-16 所示，单击右上角的“旋转”图标，则可切换为 S2600T 设备后面板，如图 3-17 所示。在图 3-17 中，上面的控制器为 A 控制器，下面的控制器为 B 控制器，两台控制器是一样的，本节需要用到的是 H0 和 H1 接口。

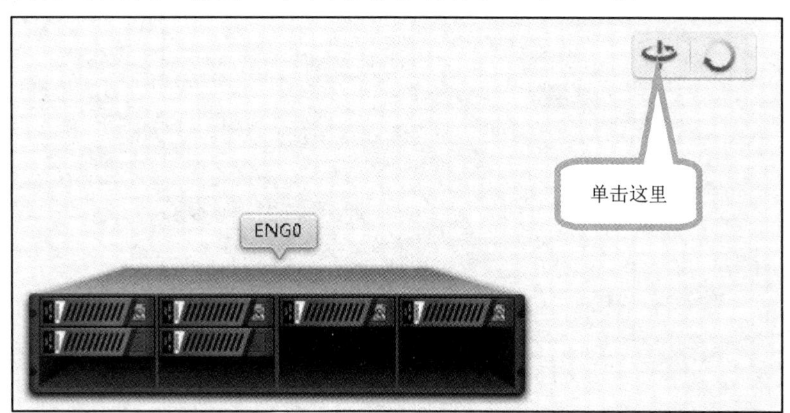

图 3-16　S2600T 设备前面板

③ 在图 3-17 中，单击 A 控制器的 H0 接口，在弹出的对话框中单击“修改”按钮，如图 3-18 所示，设置以太网口的 IP 地址（参见表 3-1）。单击“应用”按钮，采用相同方式，设置 A 控制器的 H1 接口、B 控制器的 H0 接口、B 控制器的 H1 接口。

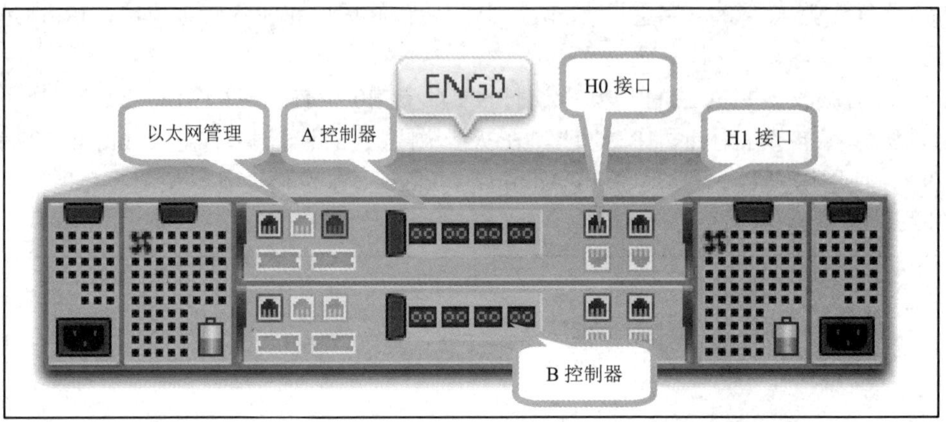

图 3-17　S2600T 设备后面板

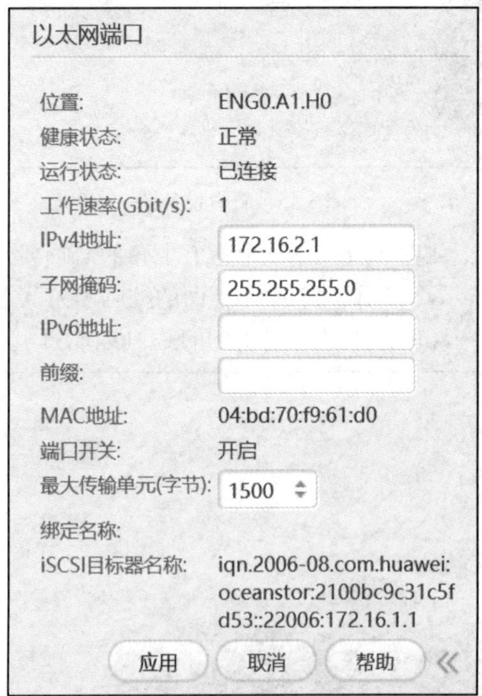

图 3-18　设置 A 控制器的 H0 接口

④ 如图 3-19 所示，测试存储平面和业务管理平面通信是否正常。在火狐浏览器的地址栏输入服务器 1 的 BMC 地址（http://192.168.1.201），登录主机并启用远程控制（图 3-19 中采用 html 5 方式进行远程控制），使用 root 账户、密码 IE$cloud8!登录 CNA1，使用 ping 命令测试与以下地址的通信：

- 172.16.2.6：CNA2 的存储接口地址；

- 172.16.2.1：存储设备 A 控制器的 H0 接口地址；
- 172.16.2.2：存储设备 A 控制器的 H1 接口地址；
- 172.16.2.3：存储设备 B 控制器的 H0 接口地址；
- 172.16.2.4：存储设备 B 控制器的 H1 接口地址。

图 3-19 展示的测试结果表明，全部通信正常。采用相同方法，测试 CNA2 的存储平面和业务管理平面通信是否正常。

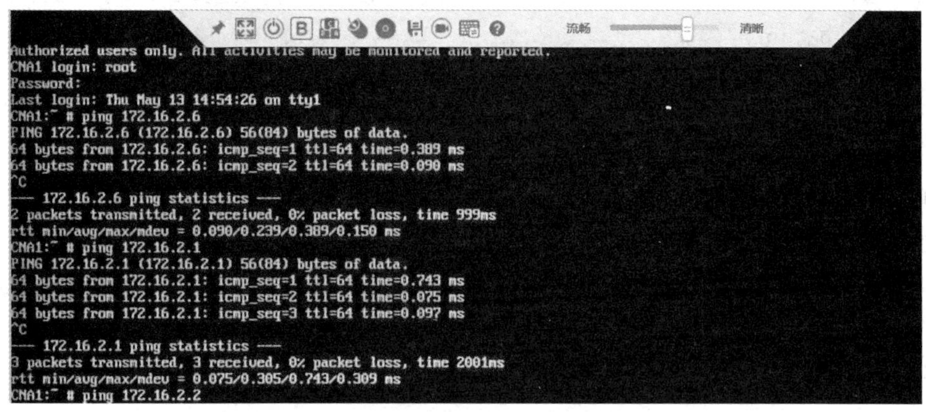

图 3-19　测试存储平面和业务管理平面通信是否正常

3.2.3　在存储设备上分配 IP SAN 资源

【背景知识】

必须在存储设备上进行配置，使得 FusionCompute 主机能够访问存储设备。图 3-20 是存储设备上资源分配流程。可以方便地对存储进行设置，了解其使用概况。

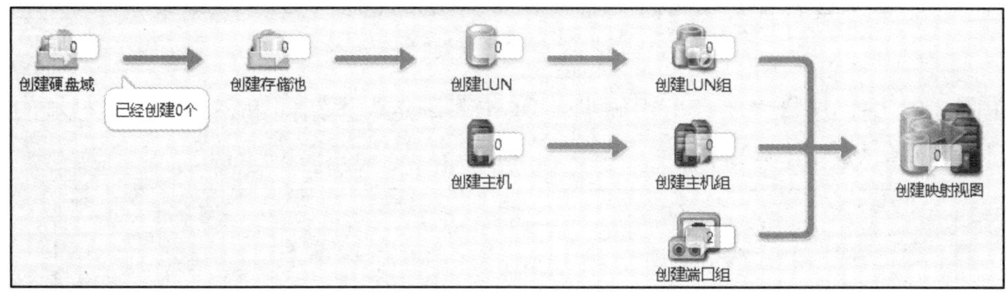

图 3-20　存储设备上资源分配流程

【实验内容】

在 S2600T 存储设备上，将存储资源分配给 FusionCompute 主机。

【实验步骤】

（1）创建硬盘域

在火狐浏览器的地址栏中输入存储设备的地址 https://192.168.1.203:8088，使用用户名 admin、密码 Admin@storage 登录，在弹出的窗口中单击“资源分配”图标（见图 3-10），在弹出的界面中选择“硬盘域”，打开“创建”选项卡，如图 3-21 所示，创建硬盘域。

硬盘域是指相同或不同类型硬盘的集合，利用相互隔离的硬盘域承载不同业务，可避免业务间的性能和故障影响。

① 名称：待创建硬盘域的名称。

② 描述：有关待创建硬盘域的用途、属性等信息，用于标识该硬盘域。

③ 硬盘类型：可以选择所有可用硬盘，或者选择指定的硬盘类型，或者手动指定硬盘。

④ 热备策略：存储系统可以通过设置热备策略，提供热备区，用于承载失效成员盘中的数据。系统支持以下 3 种策略。

高：存储层每 12 块硬盘使用一块硬盘的容量作为热备空间；

低：存储层每 24 块硬盘使用一块硬盘的容量作为热备空间；

无：系统不提供热备空间。

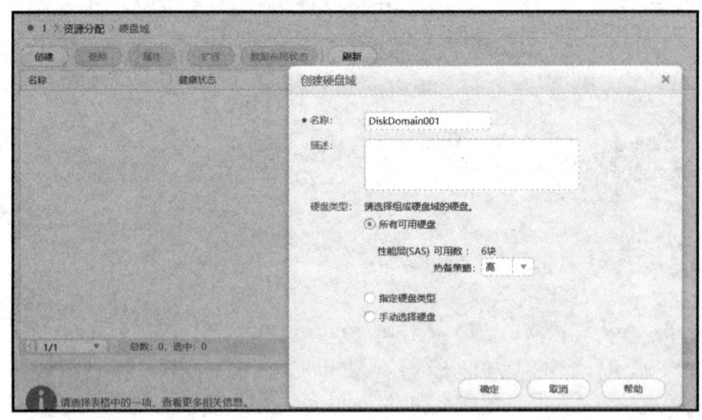

图 3-21　创建硬盘域

在图 3-21 中，选择“所有可用硬盘”，单击“确定”按钮即可完成创建硬盘域的工作。成功创建的硬盘域如图 3-22 所示。

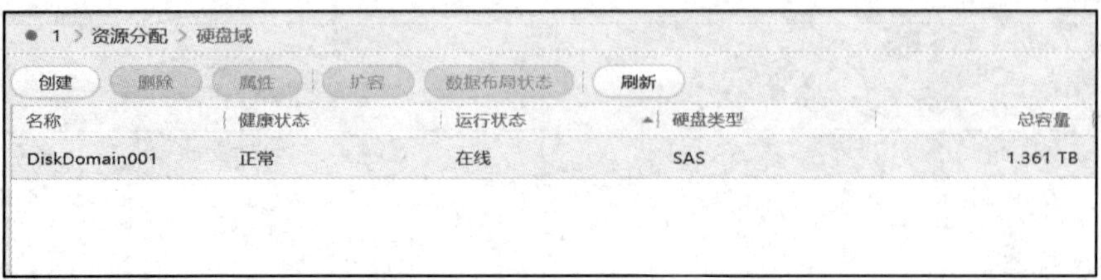

图 3-22　成功创建的硬盘域

（2）创建存储池

单击“资源分配”图标（见图 3-10），在弹出的界面中选择“存储池”，打开“创建”选项卡，如图 3-23 所示，创建存储池。在“名称”文本框中输入待创建存储池的名称；在“描述”文本框中输入待创建存储池的用途和属性等，用于标识该存储池；在“硬盘域”下拉列表中选择待加入存储池的硬盘域；在“存储介质”项选择存储池中的 RAID 策略，策略参数含义如下，系统会自动调整可用容量；在“容量”数值框内输入存储池的容量。单击两次“确定”按钮完成相关操作。

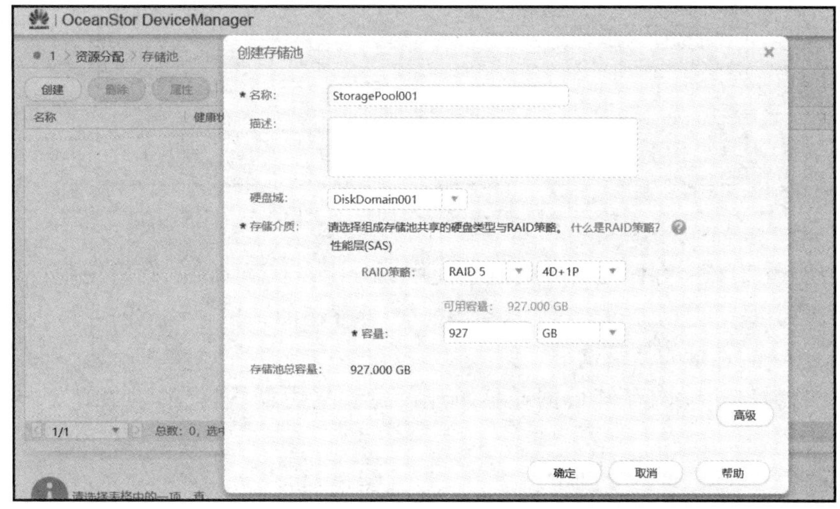

图 3-23　创建存储池

系统支持 6 种 RAID 级别：RAID 1，RAID 10，RAID 3，RAID 5，RAID 50 和 RAID 6。RAID 级别与数据安全性、性能、硬盘利用率有直接的关系，RAID 10、RAID 5 和 RAID6 比较如下所述。

① 数据安全性：RAID 6 >RAID 10 > RAID 5。

② 读性能：RAID 5 > RAID 10 > RAID 6。

③ 写性能：RAID 10 > RAID 5 > RAID 6。

④ 容量：在不考虑热备策略的情况下，

- RAID 1——硬盘利用率为 1/*n*（*n* 代表 RAID 1 成员盘的总数）；
- RAID 10——硬盘利用率为 50%；
- RAID 3——2D+1P 硬盘利用率为 66.67%，4D+1P 硬盘利用率为 80%，8D+1P 的硬盘利用率为 88.89%；
- RAID 5——2D+1P 硬盘利用率为 66.67%，4D+1P 硬盘利用率为 80%，8D+1P 的硬盘利用率为 88.89%；
- RAID 50——(2D+1P)×2 硬盘利用率为 66.67%，(4D+1P)×2 硬盘利用率为 80%，(8D+1P)×2 硬盘利用率为 88.89%；

- RAID 6——2D+2P 硬盘利用率为 50%，4D+2P 硬盘利用率为 66.67%，8D+2P 硬盘利用率为 80%。

如果需要设置存储池的高级属性，在图 3-23 中单击“高级”按钮，如图 3-24 所示，完成存储池的高级属性设置。

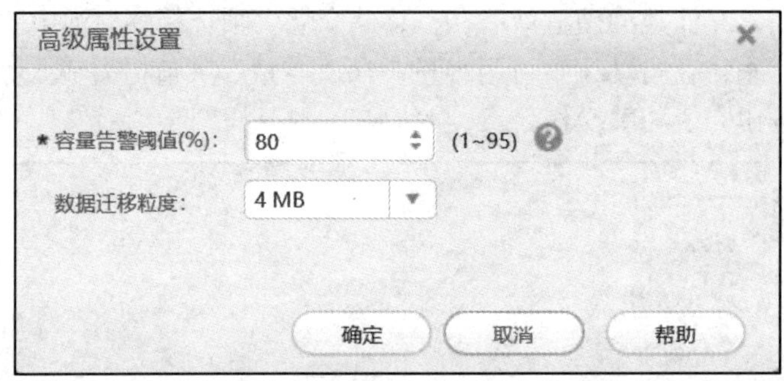

图 3-24　完成存储池的高级属性设置

容量告警阈值(%)：存储池告警的容量使用百分比。当存储池的容量使用百分比超过容量告警阈值时，系统自动上报告警，提示用户扩容存储池。设置合适的容量告警阈值将帮助用户监控存储池容量的使用情况。

数据迁移粒度：动态存储数据迁移单元。建议采用默认设置“4 MB”，设置后不可更改。

完成设置操作后，单击“确定”按钮，返回图 3-23。

成功创建的存储池如图 3-25 所示。

1 > 资源分配 > 存储池

创建　删除　属性　创建LUN　扩容　刷新

名称	健康状态	运行状态	所属硬盘域	存储介质	总容量	已分配容量
StoragePool001	正常	在线	DiskDomain001	SAS	927.000 GB	0.000 MB 0.00%

图 3-25　成功创建的存储池

（3）创建 LUN 和 LUN 组

单击“资源分配”图标（见图 3-10），在弹出的界面中选择“LUN”，打开“创建”选项卡，在弹出的对话框中输入名称、描述、容量，当批量创建 LUN 时，可以根据需要在“数量”文本框中输入创建 LUN 的数量，单击“确定”按钮，如图 3-26 所示，创建 LUN。本实验创建 2 个 LUN，一个是容量为 100 GB 的 IP-SAN-LUN001，另一个是容量为 200 GB 的 IP-SAN-LUN002。

在图 3-20 中单击“创建 LUN 组”图标，如图 3-27 所示，输入 LUN 组的名称，在“可选 LUN”列表中，选择已经创建的 LUN，单击“>”图标，将所选 LUN 加入 LUN 组，单击两次“确定”按钮。

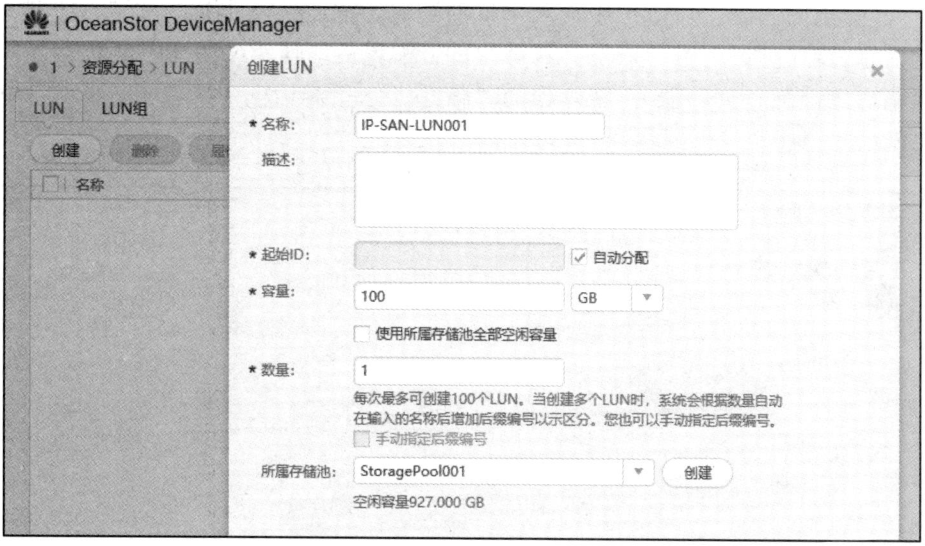

图 3-26　创建 LUN

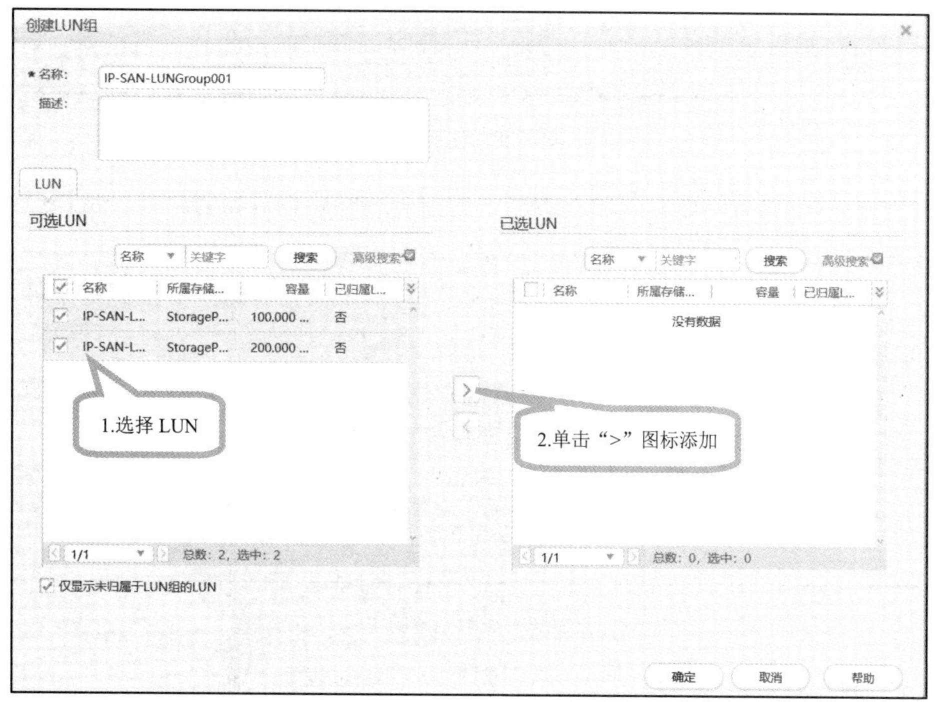

图 3-27　创建 LUN 组

（4）创建主机

单击“主机”图标（见图 3-10），在弹出的界面中选择“主机”→“创建”→“手动创建”，弹出图 3-28，在该图中输入主机的名称、描述、操作系统类型、IP 地址、设备位置信息，单击“下一步”按钮，在弹出的“配置启动器”对话框中，单击“下一步”按钮（稍后才能配置启动器），在弹出的“信息汇总”对话框中，单击“完成”按钮，创建主机。

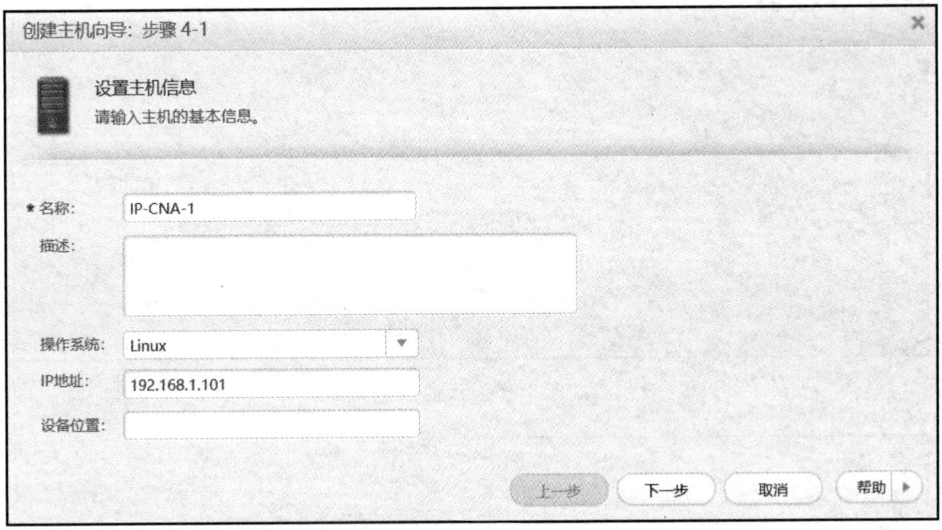

图 3-28　创建主机

以同样方式创建另一台主机 IP-CNA-2，如图 3-29 所示为成功创建的 2 台主机。

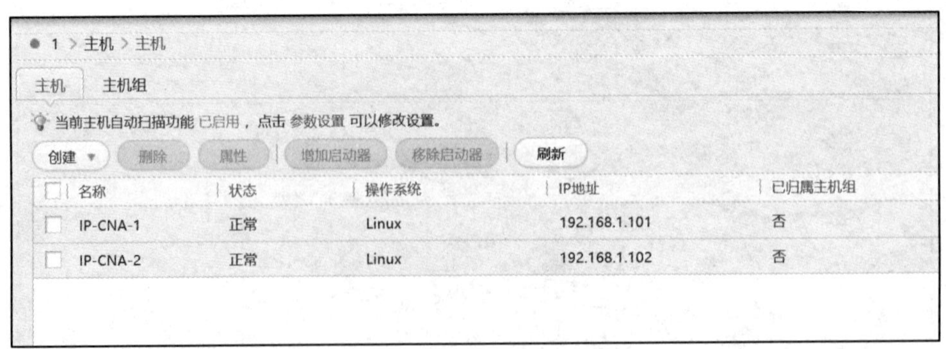

图 3-29　成功创建的主机

（5）创建主机组

创建主机后，在图 3-29 中，打开“主机组”选项卡，弹出如图 3-30 所示的“创建主机组”对话框，在“名称”文本框中输入主机组的名称，在“可选主机”列表中选择已经创建的 2 台主机，单击“>”图标，将所选主机加入主机组，单击两次“确定”按钮，创建主机组。成功创建的主机组如图 3-31 所示。

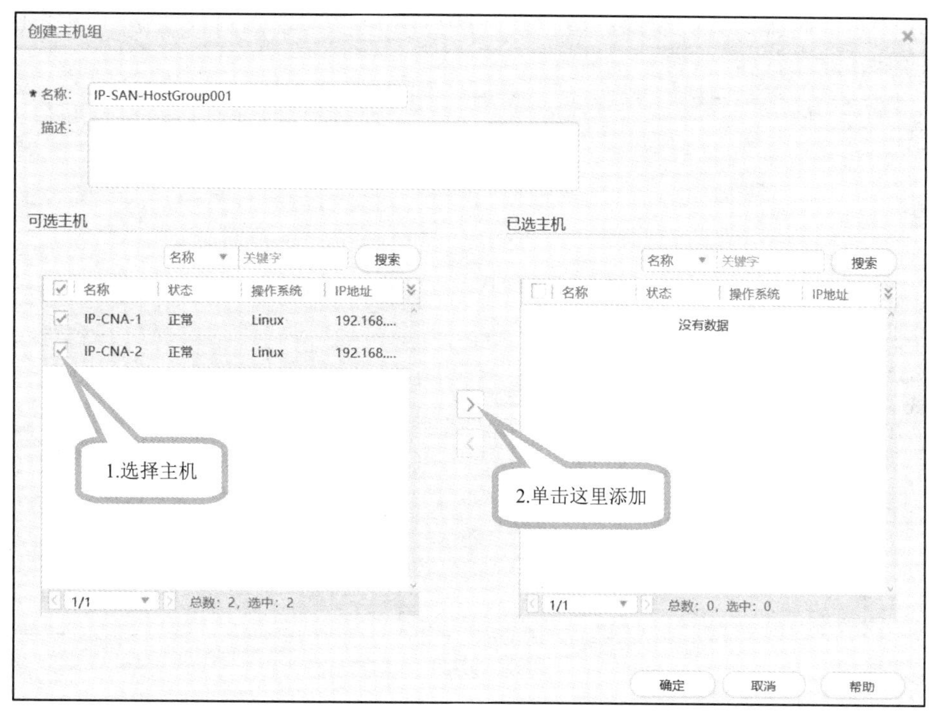

图 3-30 创建主机组

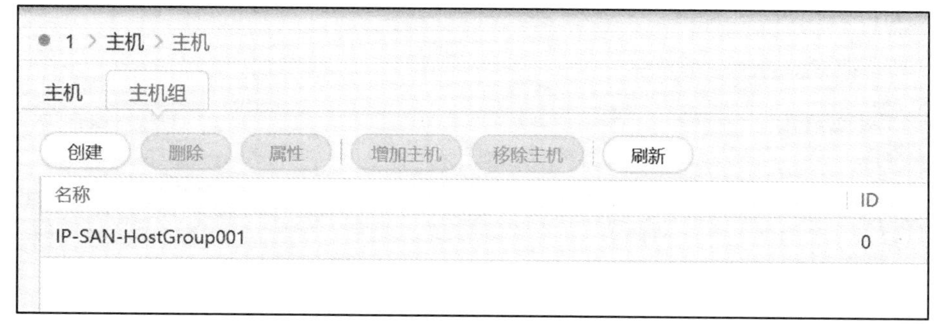

图 3-31 成功创建的主机组

（6）创建端口组

单击“主机”图标（见图 3-10），在弹出的界面中选择“主机”→“主机端口”，打开“端口”选项卡，如图 3-32 所示，可以看到存储设备上的全部端口（该图只显示了部分端口，参见图 3-33）。其中，“类型”列表示端口的类型，有以太网端口和 FC 端口两类。“位置”列中的 ENG0.B1.H1 代表引擎 0 的 B1 控制器（B1 控制器，也就是 B 控制器上的以太网控制器）的 H1 端口。

在图 3-32 中打开“端口组”选项卡，单击“创建”按钮，弹出“创建端口组”对话框，如图 3-33 所示。设置端口类型为以太网端口，选中“ENG0.A1.H0、ENG0.A1.H1、ENG0.B1.H0、

ENG0.B1.H1”（图 3-6 中的 A 控制器和 B 控制器的 H0 和 H1 接口），单击“>”图标，并单击两次“确定”按钮。

1 > 主机 > 主机端口

端口　端口组

属性　刷新

类型	位置	健康状态
FC端口	ENG0.A0.P0	正常
FC端口	ENG0.A0.P1	正常
FC端口	ENG0.A0.P2	正常
FC端口	ENG0.A0.P3	正常
FC端口	ENG0.B0.P0	正常
FC端口	ENG0.B0.P1	正常
FC端口	ENG0.B0.P2	正常
FC端口	ENG0.B0.P3	正常
以太网端口	ENG0.A1.H4	正常

图 3-32　存储设备上的全部端口

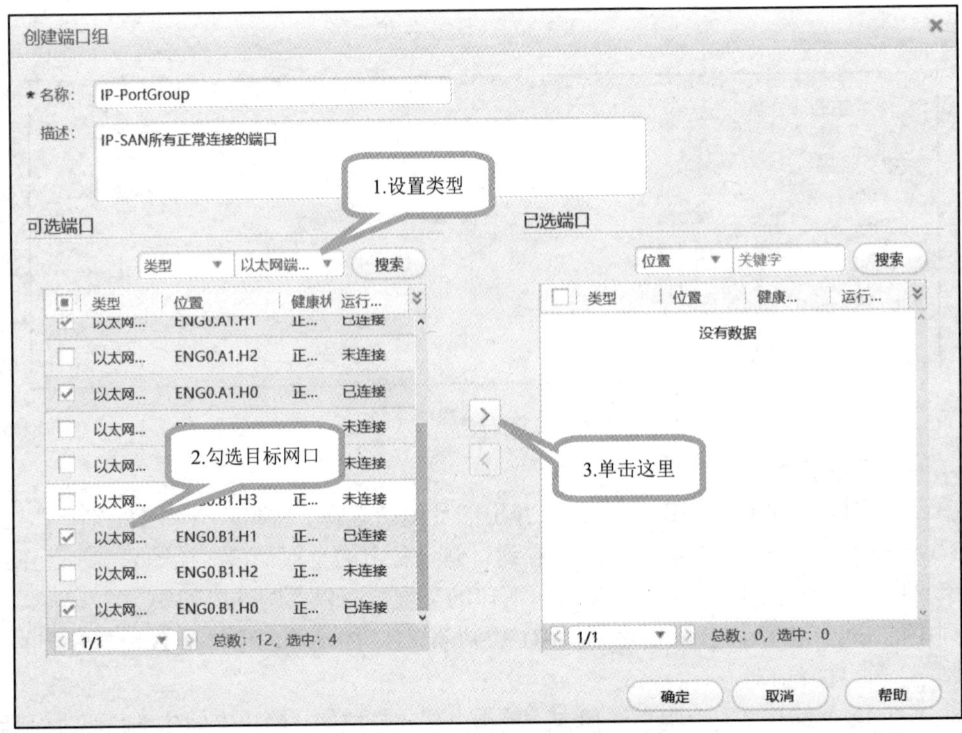

图 3-33　“创建端口组”对话框

成功创建的端口组如图 3-34 所示。单击该端口组，在弹出的端口列表中，应该能看到端口组中的端口的健康状态为“正常”。

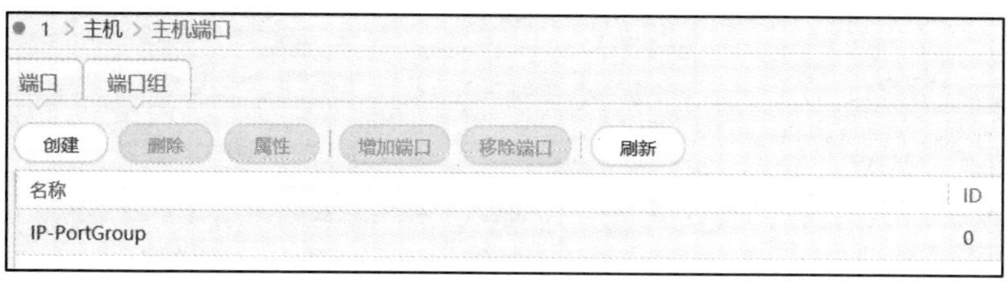

图 3-34　成功创建的端口组

（7）添加存储资源

回到 FusionCompute 界面，展开“导航树”，选择“资源池”→“存储”→“存储资源”→“添加存储资源”，弹出图 3-35，在该图中，“类型”选择“IPSAN”，依次在相应的文本框中填写名称、SAN 存储的管理地址和 4 个以太网端口的 IP 地址（也可以只连接两个端口，A 控制器和 B 控制器各填一个端口），勾选“关联主机”，单击“下一步”按钮后，如图 3-36 所示，在“关联主机”项勾选 CNA1 和 CNA2，然后单击“下一步”按钮，在弹出的对话框中单击“确定”按钮，完成添加 IP-SAN。

图 3-35　添加 IP-SAN

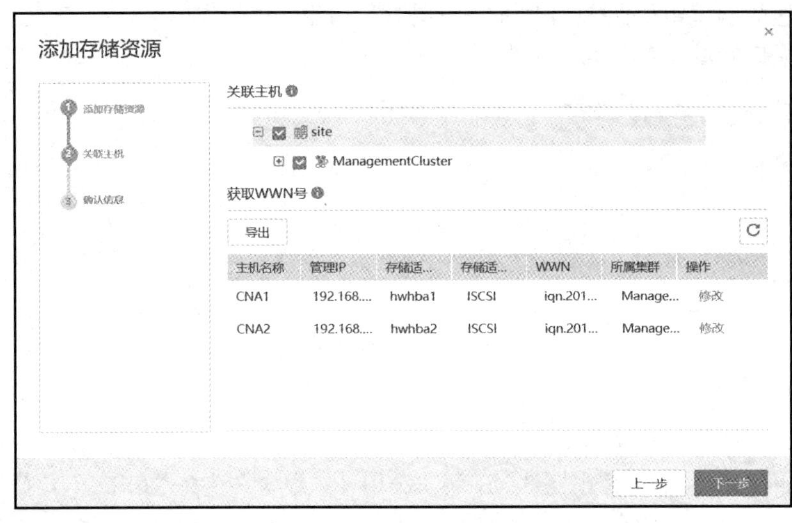

图 3-36　关联主机

（8）为主机增加启动器

单击“主机”图标（见图 3-10），在弹出的界面中选择“主机”，如图 3-37 所示，打开“主机”选项卡，单击“创建”→“自动扫描”[必须在完成步骤（7）后]，让存储设备自动扫描启动器。

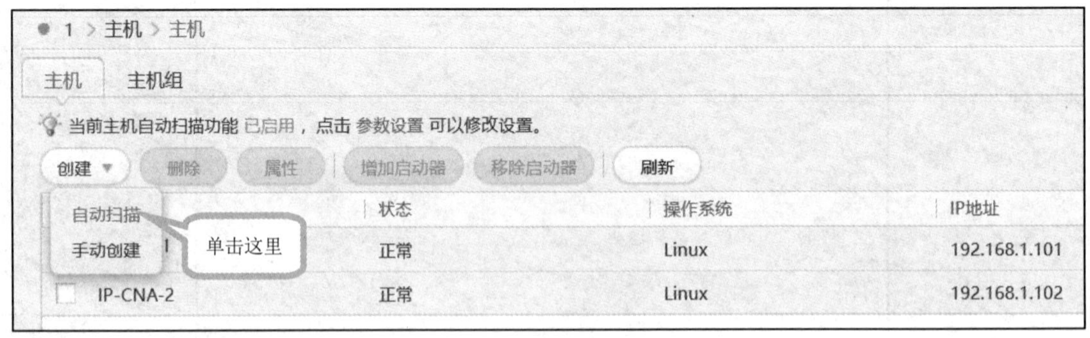

图 3-37　扫描启动器

如图 3-38 所示，选择 CNA1（IP-CNA-1），单击“增加启动器”按钮，弹出图 3-39，从该图中可以看出，启动器既有 FC 类型也有 iSCSI 类型，本次使用 IP-SAN，属于 iSCSI 类型，iSCSI 类型的启动器有 3 台，2 台在线，1 台离线。离线是因为每次安装 CNA 系统，其生成的启动器的编号都可能不一样，该离线的启动器是之前实验的残留，可以将其删除，在线的启动器是刚刚 FusionCompute 关联存储后才发现的启动器。

2 台启动器无法确定哪个是 CNA1 的，可以回到 FusionCompute 界面，展开“导航树”，选择“资源池”→“ManagementCluster”→“CNA1”→“配置”→“存储”→“存储适配器”，如图 3-40 所示，查看启动器的 WWN 号。从该图中可以发现，其 WWN 号为

iqn.2017-01.com.huawei:48:dc:2d:0a:4f:65-177。

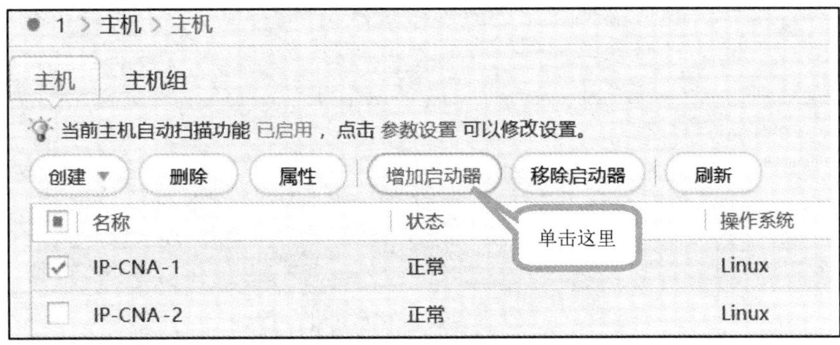

图 3-38　增加启动器

增加启动器：IP-CNA-1

请选择要增加给主机的启动器，您也可以创建、删除或修改启动器。

可选启动器

WWPN/IQN　关键字　搜索

类型	WWPN/IQN	状态
iSCSI	iqn.2017-01.com.huawei:48:dc:2d:09:79:42-232	在线
iSCSI	iqn.2017-01.com.huawei:48:dc:2d:0a:4f:65-177	在线

1/1　总数：2，选中：1

创建　删除　修改

已选启动器

WWPN/IQN　关键字　搜索

类型	WWPN/IQN	状态

没有数据

1/1　总数：0，选中：0

确定　取消　帮助

图 3-39　选择启动器

在图 3-39 中勾选以“177”结尾的启动器，单击两次“确定”按钮后便添加成功。

采用同样的方法添加 IP-CNA2 主机的启动器。

如果没有找到启动器，可以手动添加。单击图 3-39 中的“创建”按钮，弹出图 3-41，选择类型为“iSCSI”，将从 CNA 上复制的 WWN 号粘贴到 IQN 文本框中，单击“确定”按钮，完成手动创建启动器操作。然后选中该启动器，将其加入主机的启动器列表。

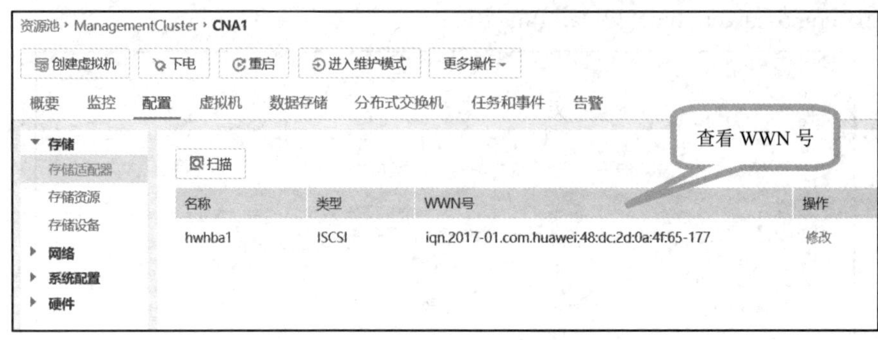

图 3-40　查看启动器的 WWN 号

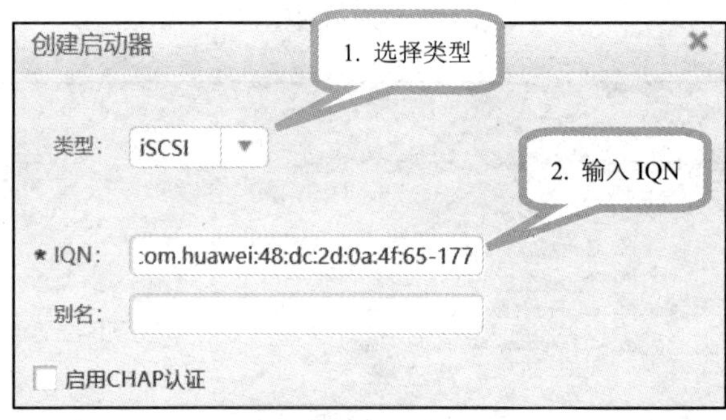

图 3-41　手工创建启动器

（9）创建映射视图

单击“主机”图标（见图 3-10），在弹出的界面中选择“映射视图”→“创建”，如图 3-42 所示，将已经创建的主机组通过已经创建的端口组映射到已经创建的 LUN 组，单击“确定”按钮，创建映射视图。

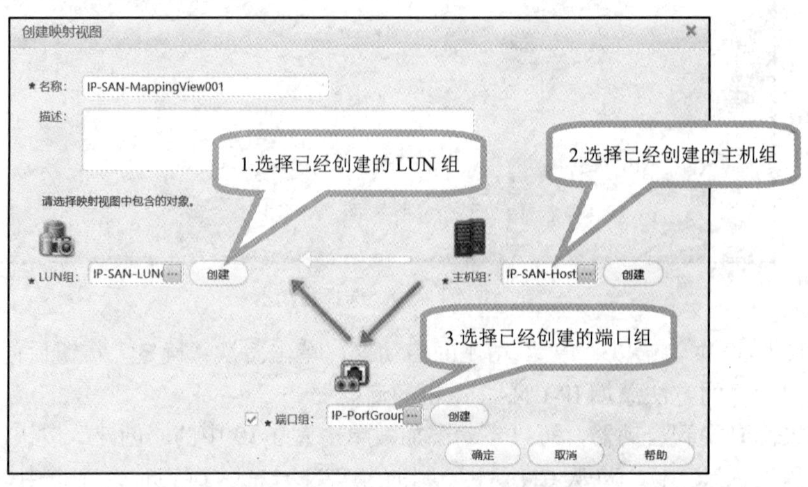

图 3-42　创建映射视图

至此，存储设备上 IP SAN 资源分配完成。

3.2.4　IP SAN 存储创建

【背景知识】

IP SAN 存储创建过程包括向站点添加存储资源、添加数据存储和创建磁盘。

【实验内容】

在 FusionCompute 上添加数据存储。

【实验步骤】

（1）添加存储资源

为了成功添加启动器，3.2.3 节步骤（7）已完成添加存储资源操作。

（2）在存储设备上扫描

在 FusionCompute 界面展开“导航树”，选择“资源池”→“存储”→“存储设备”，单击“扫描”按钮，在弹出的对话框中勾选“ManagementCluster”，然后单击“确定”按钮，等待约 2 分钟后，成功扫描到的存储设备，如图 3-43 所示。

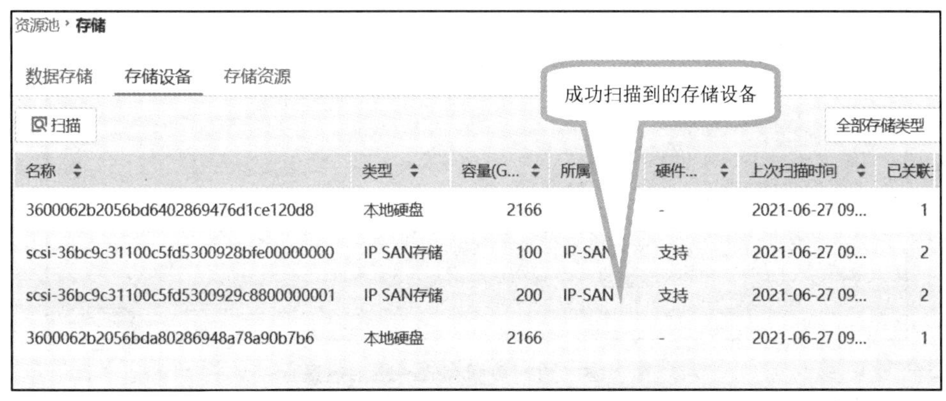

图 3-43　成功扫描到的存储设备

（3）添加数据存储

在图 3-43 中单击“数据存储”→“添加数据存储”，如图 3-44 所示，选择存储资源和设备（这里先选择 100 GB 的 LUN），单击“下一步”按钮。

如图 3-45 所示，填写数据存储的基本信息。

① 名称：数据存储名称，此处为 IP-SAN。

② 使用方式：有虚拟化、非虚拟化和裸设备映射 3 种方式。

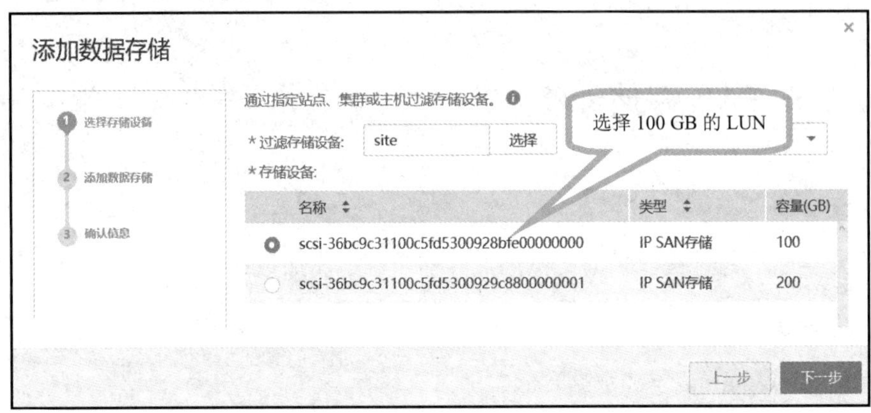

图 3-44　选择存储资源和设备

添加数据存储

选择存储设备

添加数据存储

确认信息

* 名称: IP-SAN

描述:

* 使用方式: 虚拟化

簇大小(KB): 1024

是否格式化: 是

关联主机

site

ManagementCluster

上一步　下一步

图 3-45　填写数据存储的基本信息

采用虚拟化方式的数据存储创建普通磁盘速度较慢，但可支持部分高级特性，如果创建精简磁盘，还能支持更多的高级特性，可提高存储的资源利用率。

非虚拟化方式的数据存储性能优于虚拟化存储，如精简、快照等功能由非虚拟化设备完成。目前只支持 FusionStorage（华为分布式存储）。

裸设备映射是将 SAN 存储的物理 LUN 直接作为磁盘绑定给业务虚拟机，使 SAN 存储具有更高的性能。该类型的数据存储只能整块当作裸设备映射的磁盘使用，不可分割，因此只能创建与数据存储同等容量的磁盘，且不支持虚拟化方式存储的高级功能。

③ 簇大小(KB)：当数据存储选择了虚拟化方式时，可设置虚拟化 SAN 存储的簇大小。

在使用虚拟化 SAN 存储时，文件将被保存在磁盘中不连续的多个簇中。因此，簇越小，存储的利用率越高，但是读取速率越慢。

④ 是否格式化：在将存储设备首次添加为数据存储时，请确认该存储设备上的数据已经备份或不再使用，并将“是否格式化”设置为“是”。格式化有可能损坏数据，仅当首次添加该数据存储时需要设置，后续为其他主机添加该数据存储时无须设置。

⑤ 关联主机：如图 3-45 所示，勾选相关选项。

填写好名称，选择使用方式并选择好关联的主机后，单击“下一步”按钮，在弹出的“确认信息”界面中完成信息核对后，单击“完成”按钮，在弹出的提示框中单击“确定”按钮。在 FusionCompute 管理窗口中，选择“系统管理”→“任务与日志”→“任务中心”，可以查看添加进度。成功添加的数据存储如图 3-46 所示。

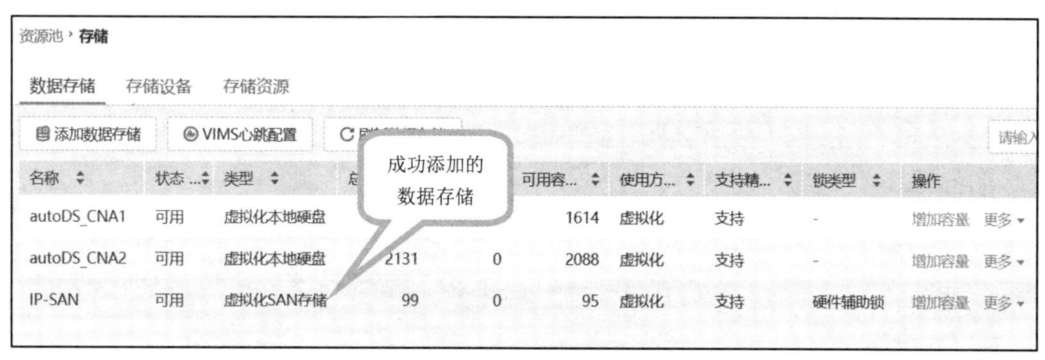

图 3-46　成功添加的数据存储

3.2.5　给数据存储扩容

【背景知识】

当添加的数据存储空间不足时，一般应该增加新的数据存储。但这样会打乱预先设计的存放 VM 数据的规划，数据存储多了也不方便管理。FusionCompute 在添加 SAN 存储为数据存储时，会将 LUN 格式化为 VIMS 文件系统，此文件系统除了支持各种虚拟化特性，也支持扩容。

【实验内容】

将已经添加的数据存储扩容。

【实验步骤】

（1）添加存储设备

在 FusionCompute 界面展开“导航树”，选择“资源池”→“存储”→“数据存储”，如图 3-47 所示，找到上个实验添加的数据存储 IP-SAN，单击它所在行的“增加容量”，在弹出的对话框中选择能添加的“存储设备”，单击“确定”按钮，如图 3-48 所示，添加存储设备。

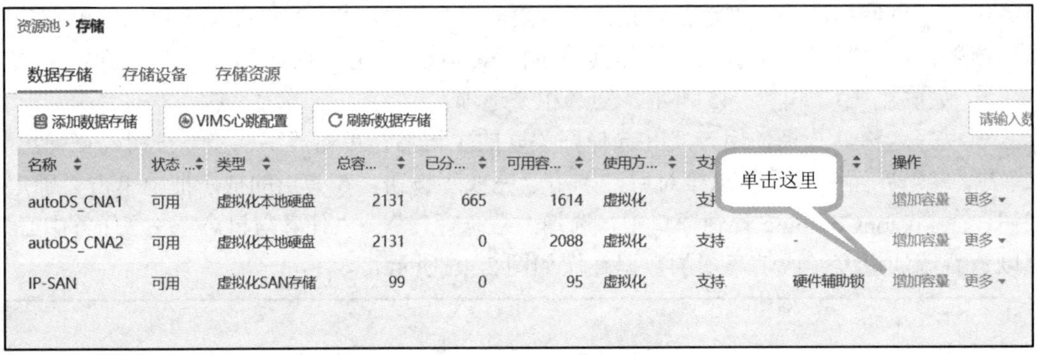

资源池 › 存储

数据存储　存储设备　存储资源

添加数据存储　VIMS心跳配置　刷新数据存储　请输入数

名称	状态 ...	类型	总容...	已分...	可用容...	使用方...	支		操作
autoDS_CNA1	可用	虚拟化本地硬盘	2131	665	1614	虚拟化	支		增加容量　更多
autoDS_CNA2	可用	虚拟化本地硬盘	2131	0	2088	虚拟化	支持	-	增加容量　更多
IP-SAN	可用	虚拟化SAN存储	99	0	95	虚拟化	支持	硬件辅助锁	增加容量　更多

单击这里

图 3-47　为 IP-SAN 增加容量

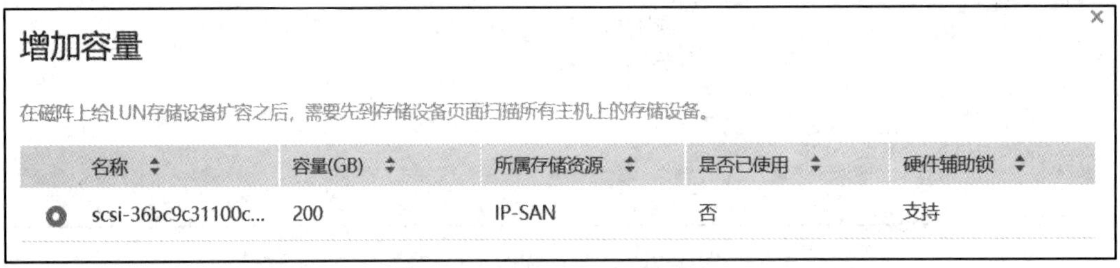

增加容量

在磁阵上给LUN存储设备扩容之后，需要先到存储设备页面扫描所有主机上的存储设备。

名称	容量(GB)	所属存储资源	是否已使用	硬件辅助锁
scsi-36bc9c31100c...	200	IP-SAN	否	支持

图 3-48　添加存储设备

（2）将已经添加的数据存储扩容

如图 3-49 所示，IP-SAN 的容量已经从 99 GB 变为了 299 GB，扩容成功。实际上，不管是 IP-SAN 还是 FC-SAN，都可以通过这种方式进行扩容。在后续实验中，如果有多出来的 FC-SAN 的 LUN，也能对 IP-SAN 的数据存储进行扩容。

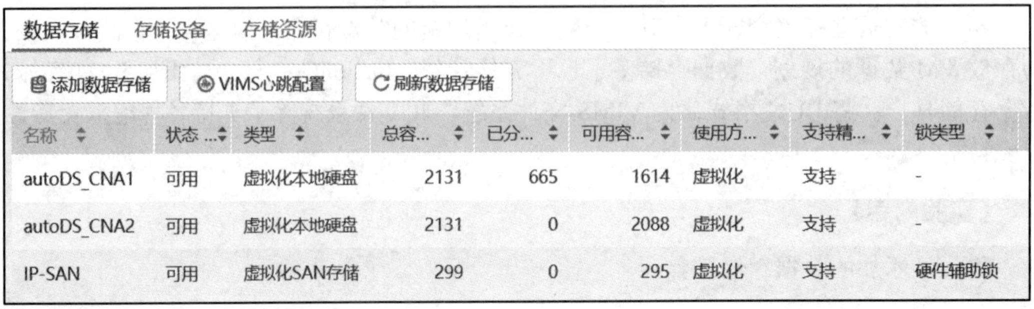

数据存储　存储设备　存储资源

添加数据存储　VIMS心跳配置　刷新数据存储

名称	状态 ...	类型	总容...	已分...	可用容...	使用方...	支持精...	锁类型
autoDS_CNA1	可用	虚拟化本地硬盘	2131	665	1614	虚拟化	支持	-
autoDS_CNA2	可用	虚拟化本地硬盘	2131	0	2088	虚拟化	支持	-
IP-SAN	可用	虚拟化SAN存储	299	0	295	虚拟化	支持	硬件辅助锁

图 3-49　扩容成功

3.3　FC SAN 存储

3.3.1　配置存储交换机

【背景知识】

3.2 节介绍了使用以太网的 IP SAN，虽然 IP SAN 很可能是存储网络发展的方向，但当前市场上还有另一种存储网络，而且目前它还是主流存储网络，这就是 FC SAN。FC SAN（光纤存储区域网络）通过专用的存储光纤网络来传输数据，因为是专网所以性能很好。光纤存储区域网络的一个重要设备是存储交换机，存储交换机和以太网交换机有些类似，需要在它上面创建 Zone（区域）。Zone 是可互通的端口或设备的名称的集合，类似以太网中的 VLAN，在一个 Zone 中的设备只能与同一个 Zone 中的其他设备通信，一台设备可以同时处于多个 Zone 中。Zone 示意图如图 3-50 所示，图中 Red Zone、Blue Zone、Green Zone 中的设备可以相互通信，但是一个设备可以处于多个 Zone（区域）中。

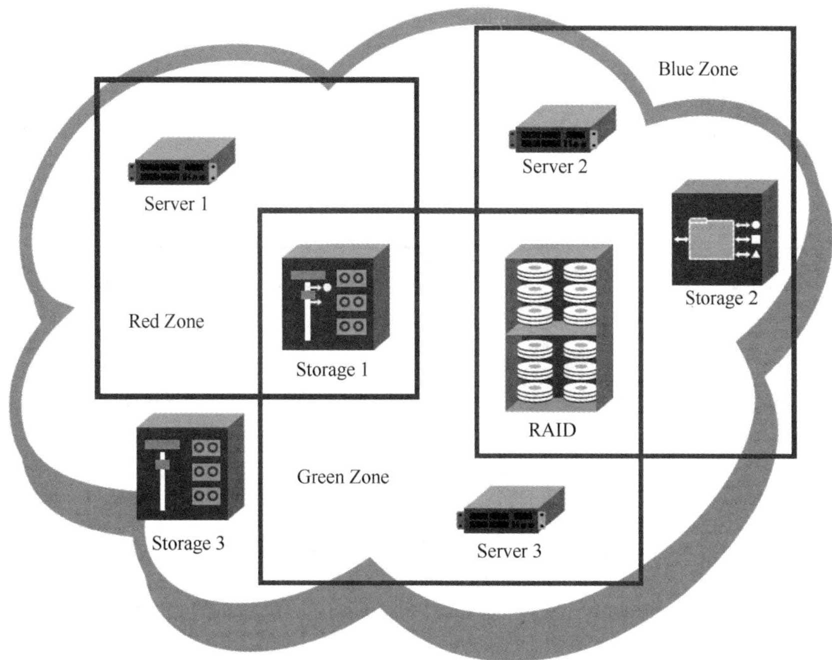

图 3-50　Zone 示意图

【实验拓扑】

FC SAN 实验拓扑如图 3-51 所示。在该图中，两台主机（物理服务器）上有一块 FC HBA 卡，卡上有两个接口，分别连接到两台专用存储交换机 SNS2124，SNS2124 又连接到存储设备 S2600T 的 A 控制器和 B 控制器上，这样可以现实存储的多路径。在 3.2.1 节已经对 S2600T 进行了初始配置并配置了管理 IP 地址，表 3-2 为 FC SAN 实验 IP 地址规划。

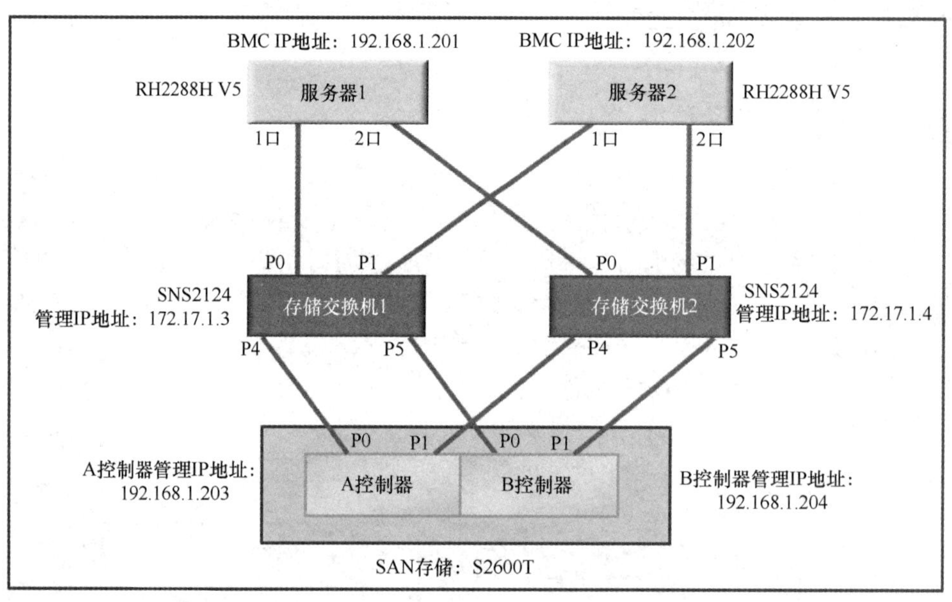

图 3-51　FC SAN 实验拓扑

表 3-2　FC SAN 实验 IP 地址规划

序号	设备名	IP 地址	管理链接	用户名和密码	备注
1	存储交换机 1	172.17.1.3	http:// 172.17.1.3	admin:Huawei12#$	默认用户名为 admin:Huawei12#$
2	存储交换机 2	172.17.1.4	http:// 172.17.1.4	admin:Huawei12#$	默认用户名为 admin:Huawei12#$
3	储存设备 A 控制器	192.168.1.203	https:// 192.168.1.203:8088	admin:Admin@storage	默认用户名为 admin:Admin@storage
4	储存设备 B 控制器	192.168.1.204	https:// 192.168.1.204:8088	admin:Admin@storage	默认用户名为 admin:Admin@storage

【实验内容】

① 对存储交换机进行初始化。
② 在存储交换机上创建 Zone。
③ 在存储交换机上创建配置文件并激活。

【实验步骤】

（1）初始化存储交换机

① 华为 SNS2124 存储交换机背板如图 3-52 所示，请按照图 3-51 进行接线。

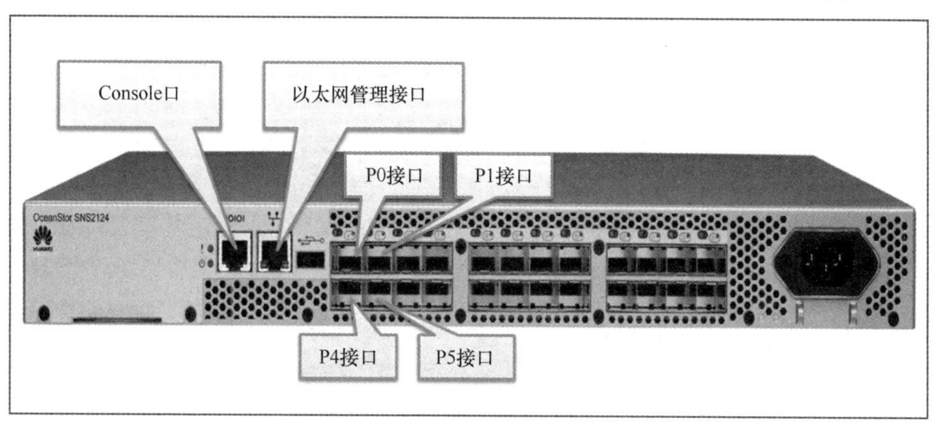

图 3-52　SNS2124 存储交换机背板

② SNS2124 存储交换机出厂时是有默认的管理 IP 地址和管理密码的，如果丢失这些信息，可通过 Console 口初始化设备。首先使用 Console 线将计算机的 COM 口与 SNS2124 存储交换机的 Console 口连接，使用终端程序，例如，PuTTY 和 SecureCRT 等，登录 SNS2124 存储交换机。注意：波特率为 9600 baud，无数据校验位。

③ 如果忘记 admin 密码，请使用 root 登录，原始密码为 Huawei12#$，重新设置 admin 的密码并设置管理 IP 地址，千万不要更改 root 的密码。具体如下：

```
SNS2124-1:root>passwd admin                          //更改 admin 用户密码
Changing password for admin
Enter new password:                                  //输入新的密码 Huawei12#$
Re-type new password:                                //再次输入新的密码 Huawei12#$
passwd: all authentication tokens updated successfully
Saving password to stable storage.
Password saved to stable storage successfully.

SNS2124-1:root>ipaddrshow                            //显示管理 IP 地址
SWITCH
Ethernet IP Address: 172.17.1.3
```

```
Ethernet Subnetmask: 255.255.255.0
Gateway IP Address: 172.17.1.254
DHCP: Off

SNS2124-1:root>ipaddrset                                     //设置管理 IP 地址
Ethernet IP Address [172.17.1.3]: 172.17.1.3                 //输入 IP 地址
Ethernet Subnetmask [255.255.255.0]:255.255.255.0            //输入掩码
Gateway IP Address [172.17.1.254]: 172.17.1.254              //输入网关
DHCP [Off]:

SNS2124-1:root>ping 172.17.1.254                             //测试网络连通性
PING 172.17.1.254 (172.17.1.254): 56 octets data
64 octets from 172.17.1.254: icmp_seq=0 ttl=255 time=4.5 ms
ctets from 172.17.1.254: icmp_seq=1 ttl=255 time=0.5 ms
```

④ 在火狐浏览器地址栏中输入 http://172.17.1.3，输入管理员用户名 admin、密码 Huawei12#$登录。需要允许运行 Java 应用程序。如图 3-53 所示，成功登录 SNS2124。

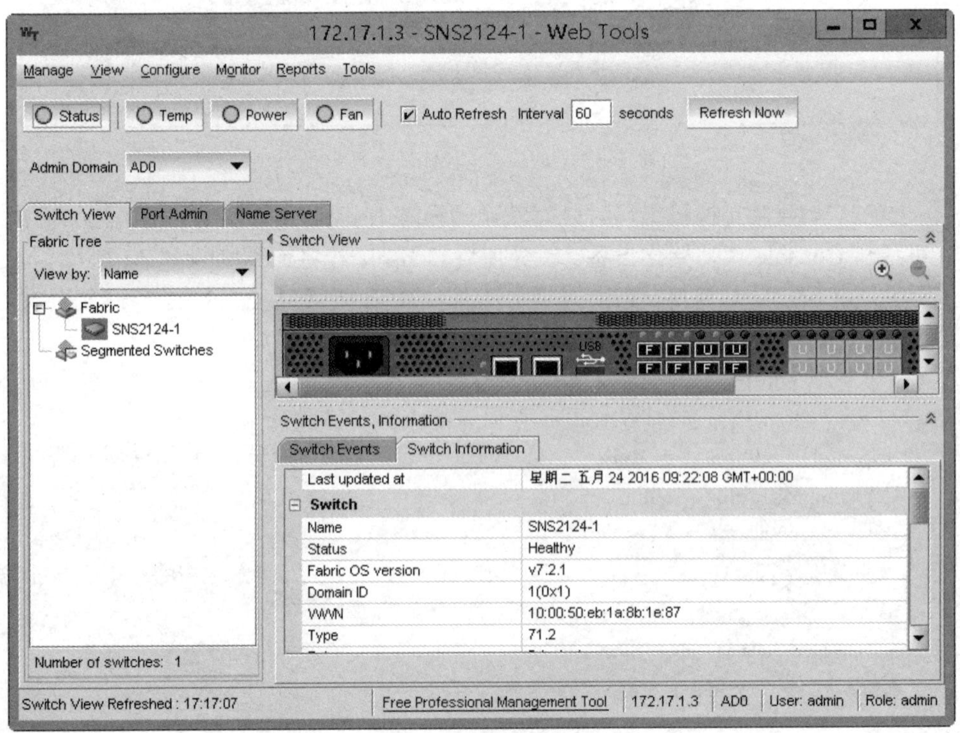

图 3-53　成功登录 SNS2124

（2）创建 Zone

① 在管理界面，选择“Configure”→“Zone Admin”，打开 Zone 管理界面，如图 3-54 所示，打开“Zone”选项卡，单击“New Zone”按钮，在弹出的“Creat New Zone”对话框中输入 Zone 的名称“zone1”，单击“OK”按钮，创建 Zone。

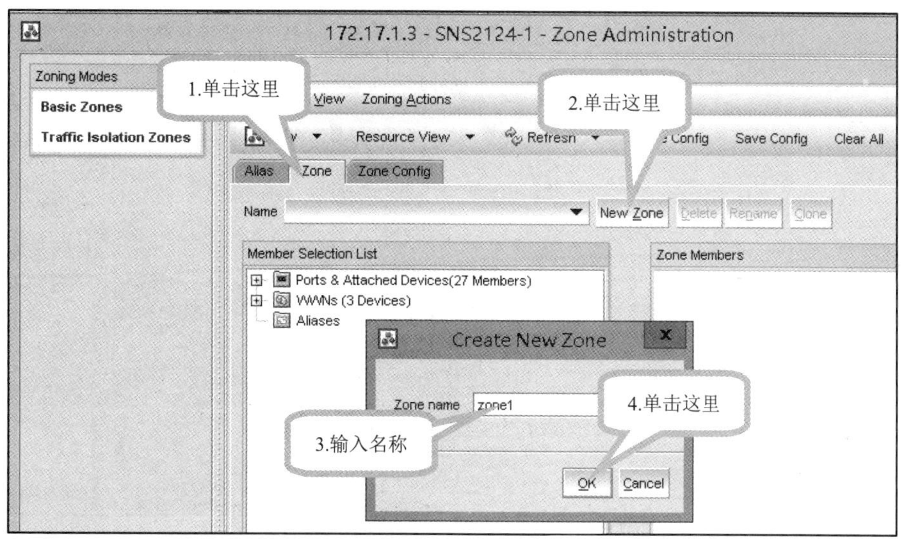

图 3-54　创建 Zone

② 如图 3-55 所示，在“Name”下拉列表中，选择上一步骤创建的 zone1，在“Member Selection List”选中欲加入创建的 Zone 的接口，如 port0，单击向右的箭头图标，则接口会出现在“Zone Members”列表中。采用相同方法，将 port1、port4 和 port5 接口添加到新创建的 Zone 中。

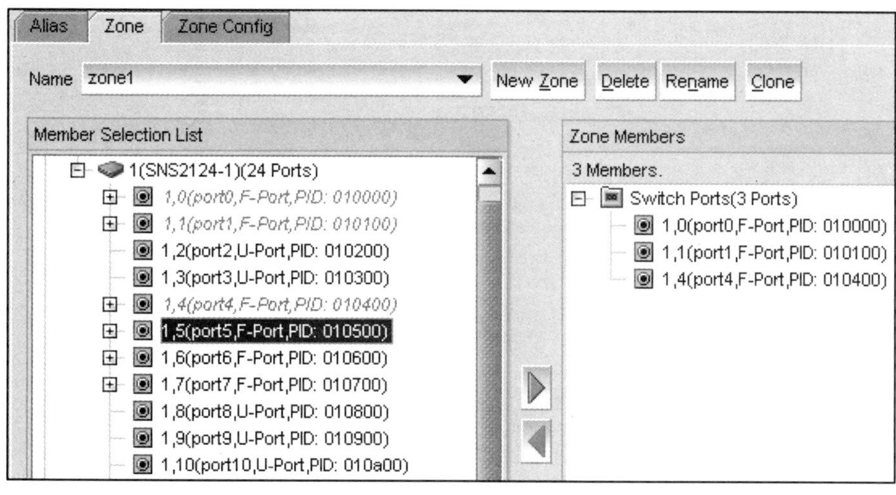

图 3-55　将接口添加到新创建的 Zone

（3）创建 Zone 配置文件

① 如图 3-56 所示，打开“Zone Config”选项卡，单击“New Zone Config”按钮，在弹出的“Creat New Config”对话框中输入 Zone 配置文件的名称“zone1cfg”，单击“OK”按钮，创建 Zone 配置文件。

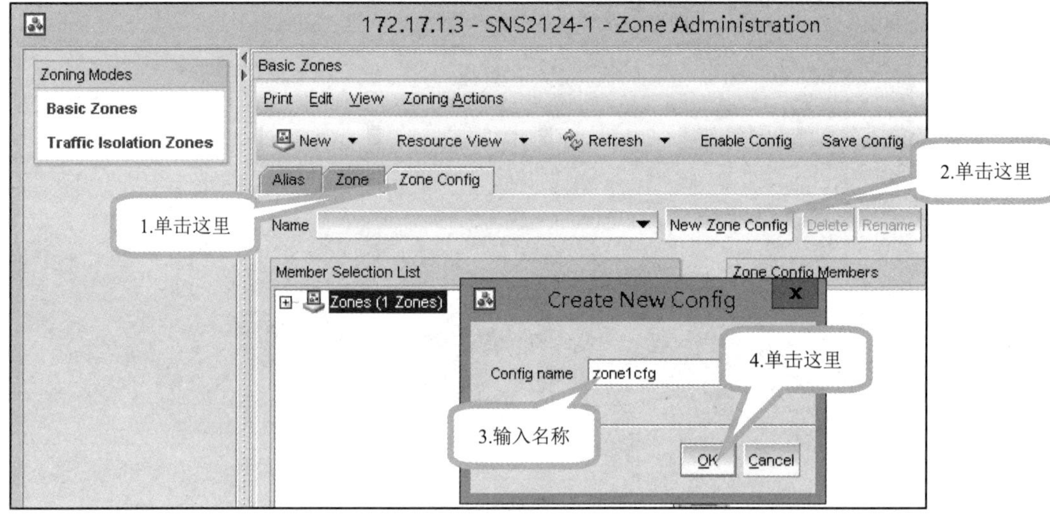

图 3-56　创建 Zone 配置文件

② 如图 3-57 所示，在“Name”下拉列表中选择上一步骤创建的 Zone 配置文件“zone1cfg”，在“Member Selection List”列表中展开选中欲加入该 Zone 配置文件的“zone1(3 Members)”，单击向右的箭头图标，则 zone1 将出现在“Zone Config Members”列表中，完成将 Zone 添加到新创建的 Zone 配置文件中的操作。

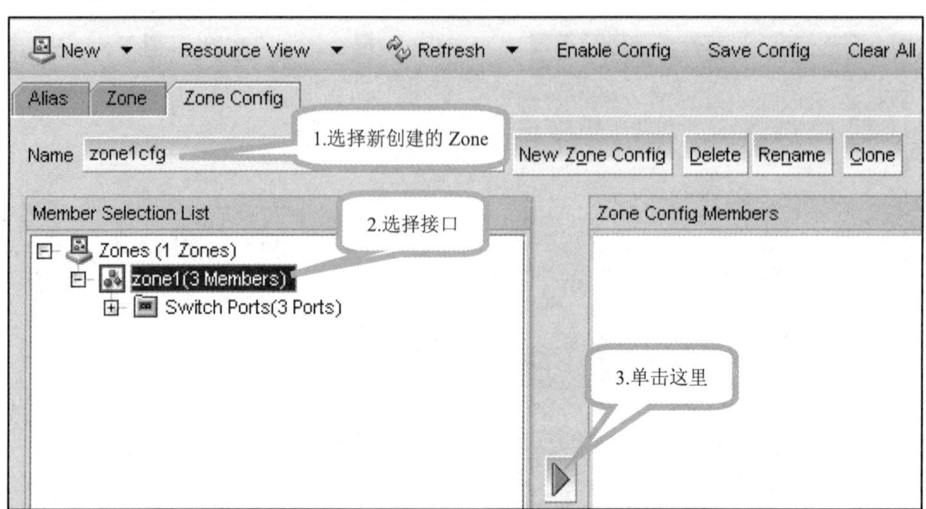

图 3-57　将 Zone 添加到新创建的 Zone 配置文件中

③ 如图 3-58 所示，打开"Enable Config"选项卡，在弹出的对话框中的下拉列表选择新创建的 Zone 配置文件"zone1cfg"，单击"OK"按钮，激活配置文件，然后单击"是"按钮保存配置。

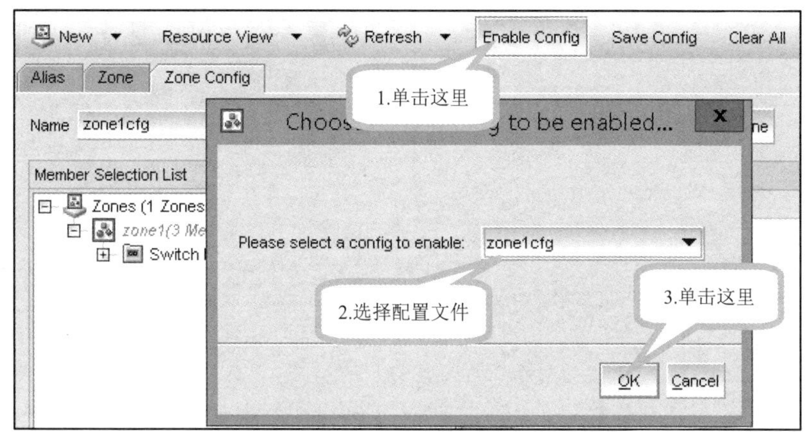

图 3-58　激活配置文件

④ 采用相同方法在存储交换机 2 上创建 Zone 和配置文件。

至此，存储交换机配置完成。

3.3.2　在存储设备上分配 FC SAN 资源

【背景知识】

在存储设备 S2600T 上分配 FC SAN 资源的步骤和分配 IP SAN 资源的步骤类似。创建硬盘域、存储池、主机和主机组的步骤在 3.2.3 节已经完成，本节为 FC SAN 创建单独的 LUN、LUN 组、端口组和映射视图。

【实验内容】

在 S2600T 存储设备上，将 FC SAN 存储资源分配给 FusionCompute 主机。

【实验步骤】

（1）给 CNA 安装 HBA 驱动程序

由于本实验环境中的 RH288H V5 服务器配置的 HBA 卡（服务器使用光纤的硬件），FusionCompute 无法识别，需要自己安装驱动程序。

（2）上传驱动程序

这里使用免费的 WinSCP 软件，当软件打开后会弹出登录菜单，输入 CNA1 的 IP 地址（192.168.1.101）、用户名（gandalf）和密码（IaaS@OS-CLOUD9!）（为了安全，系统不允许使用 root 账户直接登录），连接成功后，如图 3-59 所示，在自己的计算机上选择打开存放驱动程序 FC-IN300-CentOS7.5-hifc-2.8.0.10-1-x86_64.rpm 的路径，右键单击该驱动程序，在弹出的菜单中选择“上传”，将其上传到 CNA 系统。

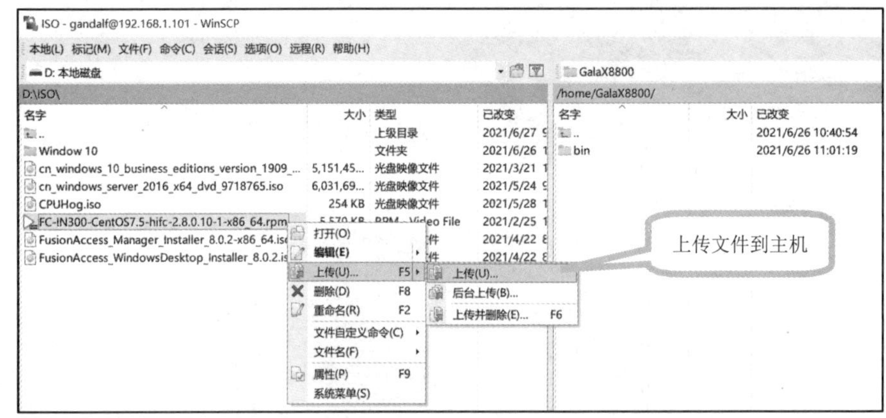

图 3-59　上传驱动程序

（3）安装驱动程序

如图 3-60 所示安装驱动程序。使用免费的 SSH 工具软件 PuTTY 登录 CNA（也可以通过服务器 BMC 的远程登录功能直接用账户 root 登录），使用账户 gandalf 登录，然后用 su 指令切换为账户 root。在当前目录（/home/GalaX8800）下上传驱动程序的目录。使用 rpm 指令安装驱动程序（rpm –Uvh FC-IN300-CentOS7.5-hifc-2.8.0.10-1-x86_64.rpm），安装完成后，输入 reboot 重启主机，让驱动程序生效。

```
192.168.1.101 - PuTTY
login as: gandalf

Authorized users only. All activities may be monitored and reported.
Using keyboard-interactive authentication.
Password:
Last login: Fri May 14 08:28:30 2021 from 192.168.1.2
[gandalf@CNA1 ~]$ su
Password:
CNA1:/home/GalaX8800 # ls
.bash_history  .bash_profile  bin                                          .ssh
.bash_logout   .bashrc        FC-IN300-CentOS7.5-hifc-2.8.0.10-1-x86_64.rpm
CNA1:/home/GalaX8800 # rpm -Uvh FC-IN300-CentOS7.5-hifc-2.8.0.10-1-x86_64.rpm
Preparing...                          ################################# [100%]
Updating / installing...
   1:kmod-hifc-2.8.0.10_3.10.0_862-1.e################################# [100%]
depmod: WARNING: /lib/modules/3.10.0-862.14.1.6_65.x86_64/kernel/drivers/gpu/drm/i915/gvt/kvmgt.ko needs
 unknown symbol kvm_slot_page_track_remove_page
depmod: WARNING: /lib/modules/3.10.0-862.14.1.6_65.x86_64/kernel/drivers/gpu/drm/i915/gvt/kvmgt.ko needs
 unknown symbol kvm_page_track_register_notifier
depmod: WARNING: /lib/modules/3.10.0-862.14.1.6_65.x86_64/kernel/drivers/gpu/drm/i915/gvt/kvmgt.ko needs
 unknown symbol kvm_page_track_unregister_notifier
depmod: WARNING: /lib/modules/3.10.0-862.14.1.6_65.x86_64/kernel/drivers/gpu/drm/i915/gvt/kvmgt.ko needs
 unknown symbol kvm_slot_page_track_add_page
depmod: WARNING: /opt/uvp/modules/sigma_serial/sigma_serial.ko needs unknown symbol memset_s
depmod: WARNING: /opt/uvp/modules/guest_kbox_ram/guest_kbox_ram.ko needs unknown symbol strncpy_s
depmod: WARNING: /opt/uvp/modules/guest_kbox_ram/guest_kbox_ram.ko needs unknown symbol snprintf_s
depmod: WARNING: /opt/uvp/modules/guest_kbox_ram/guest_kbox_ram.ko needs unknown symbol memset_s
depmod: WARNING: /opt/uvp/modules/IODevInfoCollection/IODevInfoCollection.ko needs unknown symbol snprin
tf_s
Failed to install module zero_migration
CNA1:/home/GalaX8800 #
CNA1:/home/GalaX8800 # reboot
```

图 3-60　安装驱动程序

上述操作的部分指令解释如下。

```
login as: gandalf                    //采用 SSH 方式登录账户
Password:                            //密码为 IaaS@OS-CLOUD9!
[gandalf@CNA1 ~]$ su                 //切换为 root 账户（只有账户 root 才有安装驱动程序权限）
Password:                            //账户 root 的密码为 IE$cloud8!
CNA1:/home/GalaX8800 # ls            //ls 表示显示当前目录下的文件
.bash_logout   .bashrc   FC-IN300-CentOS7.5-hifc-2.8.0.10-1-x86_64.rpm
.bash_profile  bin       .ssh

CNA1:/home/GalaX8800 # rpm -Uvh FC-IN300-CentOS7.5-hifc-2.8.0.10-1-x86_64.rpm
//用 rpm 指令安装驱动程序
CNA1:/home/GalaX8800 # reboot        //重启主机
```

采用同样方式为 CNA2 安装驱动程序并重启。

（4）证明驱动生效

等几分钟后，通过浏览器登录 FusionCompute，展开“导航树”，选择“资源池”→“ManagementCluster”→“CNA1”，打开“配置”选项卡，选择“存储”→“存储适配器”，但没发现 HBA 卡。单击“扫描”按钮，片刻后再单击右侧的“刷新”图标，如图 3-61 所示，适配器 hwhba3 出现，其类型为 FC，证明驱动程序生效。

对 CNA2 执行相同操作。

图 3-61　驱动生效

（5）创建 LUN 和 LUN 组

① 在火狐浏览器的地址栏中输入存储设备的地址https://192.168.1.203:8088，登录存储设备，单击“资源分配”图标（见图 3-10），在弹出的界面中打开“LUN”选项卡，单击“创建”按钮，弹出如图 3-62 所示的“创建 LUN”对话框，在“名称”文本框中输入“FC-SAN-LUN001”，在“容量”文本框中输入“400”，在“数量”文本框中输入“1”，单击“创建”按钮后完成创建。

创建LUN

* 名称: FC-SAN-LUN001

描述:

* 起始ID: 自动分配

* 容量: 400 GB

使用所属存储池全部空闲容量

* 数量: 1

每次最多可创建100个LUN。当创建多个LUN时，系统会根据数量自动在输入的名称后增加后缀编号以示区分。您也可以手动指定后缀编号。

手动指定后缀编号

所属存储池: StoragePool001 创建

空闲容量627.000 GB

图 3-62　“创建 LUN”对话框

② 在火狐浏览器的地址栏中输入存储设备的地址https://192.168.1.203:8088，登录存储设备，单击“资源分配”图标（见图 3-10），在弹出的界面中打开“LUN 组”选项卡，单击“创建”按钮，弹出如图 3-63 所示的“创建 LUN 组”对话框，在“名称”文本框中输入“FC-SAN-LUNGroup”，在“可选 LUN”列表中，选择新创建的 LUN，单击“>”图标，将新创建的 LUN 加入 LUN 组，单击“确定”按钮，在弹出的对话框中单击“关闭”按钮完成创建。

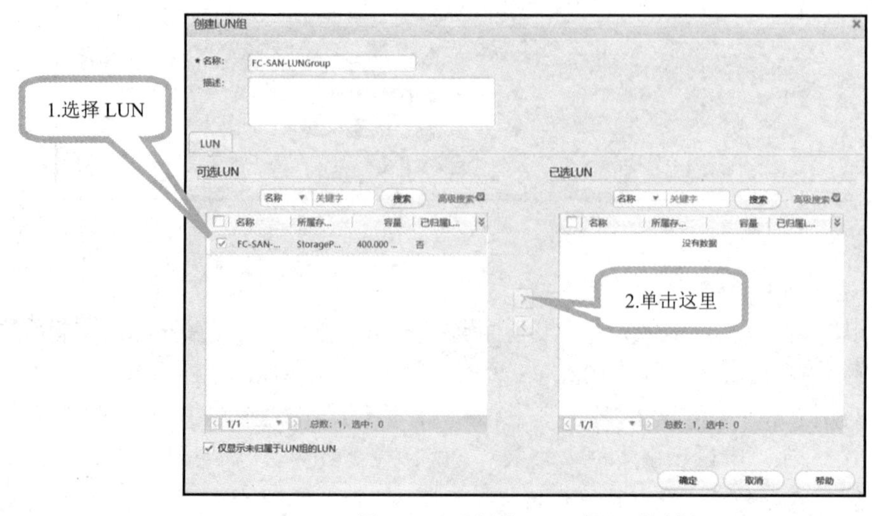

图 3-63　“创建 LUN 组”对话框

（6）创建端口组

单击“主机”图标（见图 3-10），在弹出的界面中选择“主机端口”，打开“端口”选项卡，可以看到存储设备上的全部端口；打开“端口组”选项卡，单击“创建”按钮，弹出“创建端口组”对话框，如图 3-64 所示。选择端口类型为“FC 端口”，选中“ENG0.A0.P0、ENG0.A0.P1、ENG0.B0.P0、ENG0.B0.P1”（图 3-52 中的 A 控制器和 B 控制器的 P0 和 P1 接口），单击“>”图标，单击“确定”按钮，然后关闭对话框。

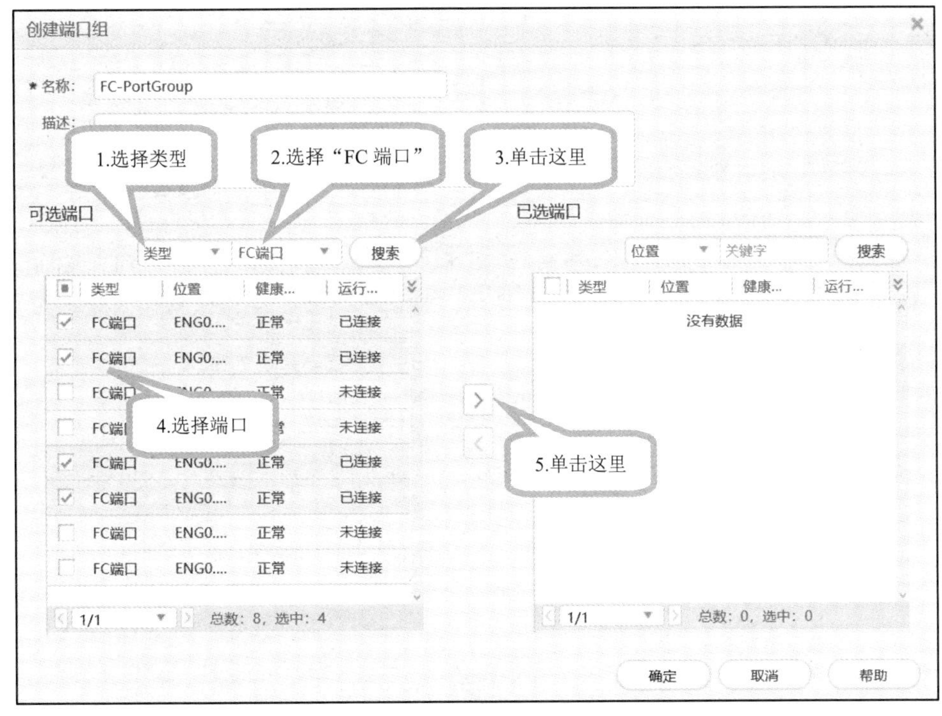

图 3-64　“创建端口组”对话框

（7）为主机增加启动器

① 主机和主机组已经在 3.2.3 节创建完毕，可以在已有的主机上添加启动器。为了更好地区分 IP SAN（3.2.3 节已介绍）和 FC SAN，本节新建使用光纤（FC）的主机和主机组。

② 通过浏览器登录 FusionCompute，展开“导航树”，选择“资源池”→“ManagementCluster”→“CNA1”，打开“配置”选项卡，选择“存储”→“存储适配器”，如图 3-61 所示，得到 CNA 的两个 FC 类型的 WWN 号 0x2100c4447d182af4 和 0x2101c4447d182af5。

③ 单击“主机”图标（见图 3-10），在弹出的界面中选择“主机”，打开“主机”选项卡，单击“创建”→“手动创建”，如图 3-65 所示，设置主机基本信息（输入名称、操作系统、IP 地址、设备位置信息），单击“下一步”按钮，创建光纤接口的主机，同时，弹出图 3-66。

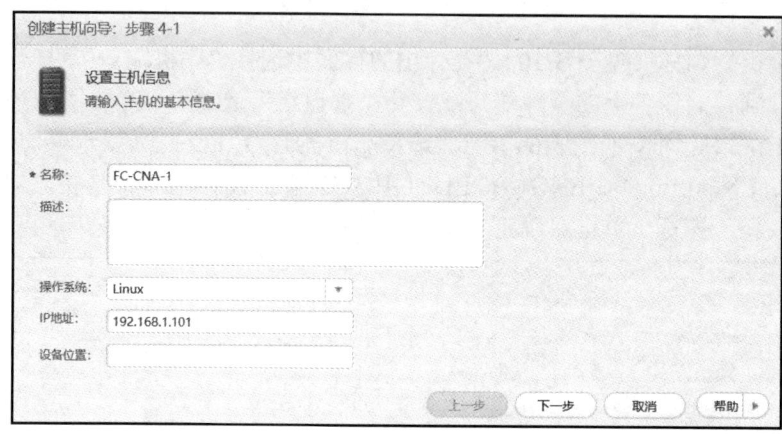

图 3-65　创建光纤接口的主机

④ 在如图 3-66 所示的“配置启动器”窗口中，选择“WWPN/IQN”值分别为 2100c4447d182af4 和 2101c4447d182af5，单击“∨”按钮，然后单击“下一步”按钮，接着单击“完成”按钮，完成对 CNA1 主机的配置。

以同样方式创建 CNA2 主机并添加启动器。

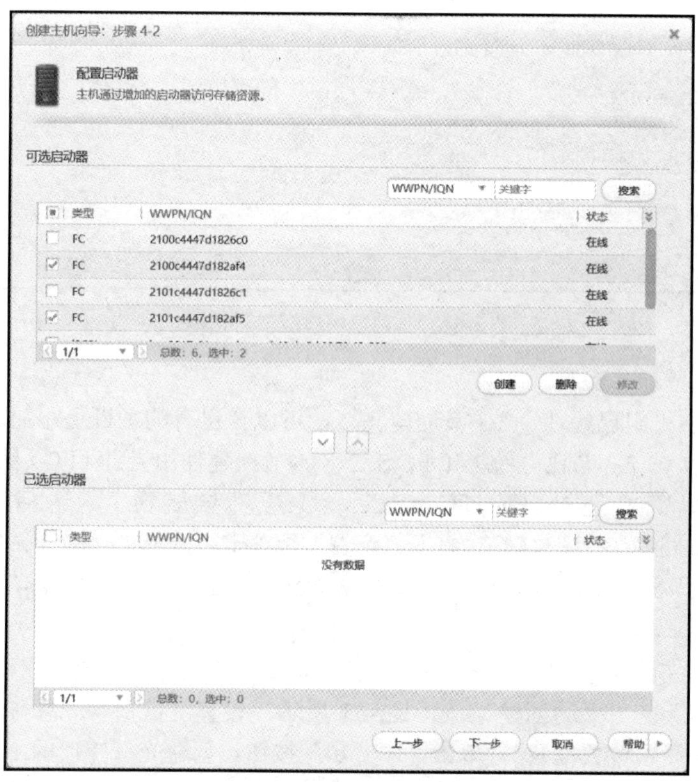

图 3-66　添加启动器

（8）创建主机组

单击“主机”图标（见图 3-10），在弹出的界面中选择“主机”，打开“主机组”选项卡，如图 3-67 所示，输入主机组的名称，在“可选主机”列表中选择已经创建的两台主机，单击“>”图标，将其加入主机组，然后单击两次“确定”按钮，完成创建主机组操作。

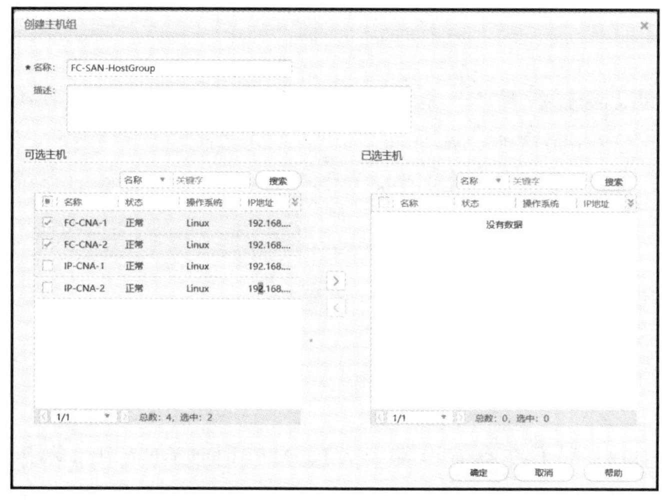

图 3-67　创建主机组

（9）创建映射视图

单击“主机”图标（见图 3-10），在弹出的界面中选择“映射视图”→“创建”，如图 3-68 所示，将已经创建的主机组通过已经创建的端口组映射到已经创建的 LUN 组，单击“确定”按钮，创建映射视图。

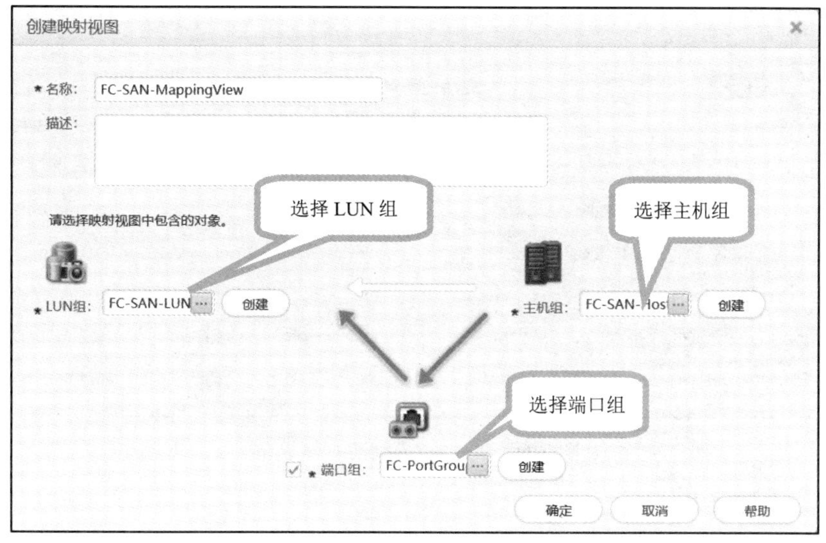

图 3-68　创建映射视图

至此，存储设备上 FC-SAN 资源分配完成。

3.3.3　FC SAN 存储创建

【背景知识】

和 IP SAN 存储创建过程基本一样，FC SAN 存储创建过程包括切换虚拟化 SAN 存储心跳平面、向站点添加存储资源、添加数据存储、创建磁盘。FC SAN 存储创建过程不包括存储接口的创建。切换虚拟化 SAN 存储心跳平面已经在前面章节介绍。

【实验内容】

向站点添加存储资源、添加数据存储、创建磁盘。

【实验步骤】

（1）扫描存储设备

因为使用 FC SAN，只要在存储设备上把 LUN 映射到 CNA 上，不用像 IP SAN 那样添加，就能直接使用。在 FusionCompute 界面，展开“导航树”，选择“资源池”→“存储”→“存储设备”，单击“扫描”按钮，弹出“扫描存储设备”对话框，选择需要扫描的主机。此外选择“全部类型”，将整个集群 ManagementCluster 一起选择，单击“确定”按钮。在 FusionCompute 管理窗口中，选择“系统管理”→“任务与日志”→“任务中心”，可以查看扫描进度，等待约一分钟。扫描完成后，“存储设备”选项卡中将显示可用的存储设备。成功扫描到的存储设备如图 3-69 所示。

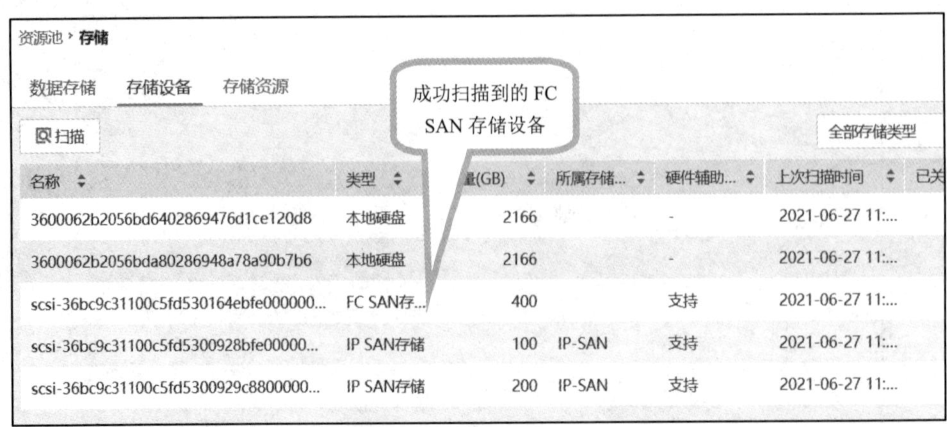

图 3-69　成功扫描到的存储设备

（2）添加数据存储

在 FusionCompute 界面，展开“导航树”，选择“资源池”→“存储”→“数据存储”→“添加数据存储”，如图 3-70 所示，选择存储设备和资源类型（FC SAN 存储），然后单击“下一步”按钮，弹出图 3-71。

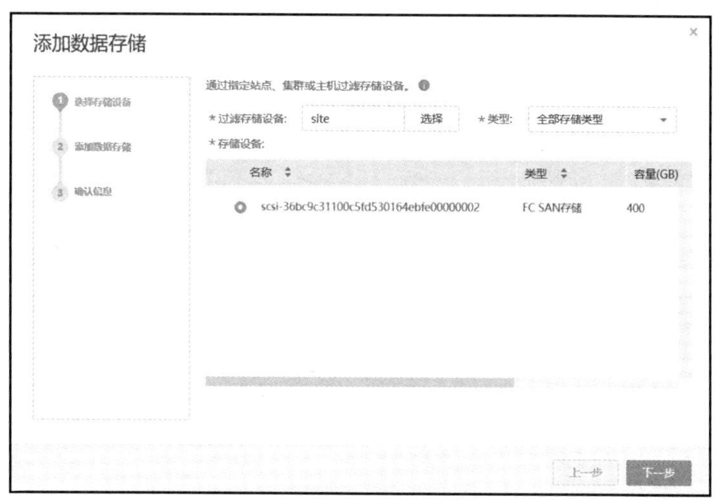

图 3-70　选择存储设备和资源类型

接下来，如图 3-71 所示，填写数据存储的基本信息。需要填写的数据存储的信息包括名称、描述、使用方式等。如果关联主机，要使用存储的两个主机，单击“下一步”按钮，弹出“确认信息”界面，核对信息，然后单击“完成”按钮。在 FusionCompute 管理窗口中，选择“系统管理”→“任务与日志”→“任务中心”，可以查看添加进度。

图 3-71　填写数据存储的基本信息

成功添加的数据存储如图 3-72 所示。

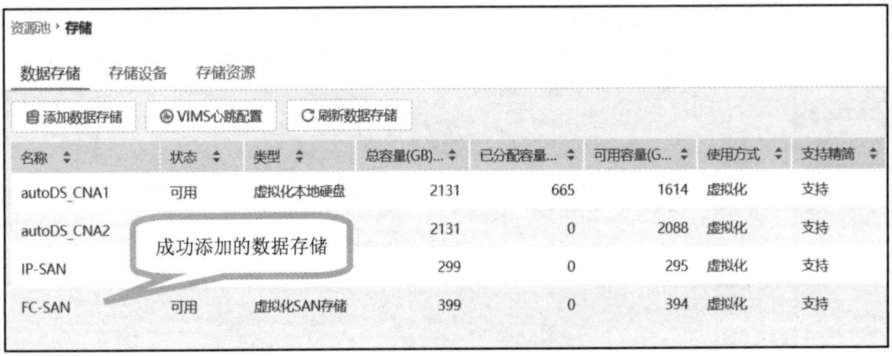

资源池 › **存储**

数据存储　存储设备　存储资源

添加数据存储　VIMS心跳配置　刷新数据存储

名称	状态	类型	总容量(GB)...	已分配容量...	可用容量(G...	使用方式	支持精简
autoDS_CNA1	可用	虚拟化本地硬盘	2131	665	1614	虚拟化	支持
autoDS_CNA2			2131	0	2088	虚拟化	支持
IP-SAN			299	0	295	虚拟化	支持
FC-SAN	可用	虚拟化SAN存储	399	0	394	虚拟化	支持

成功添加的数据存储

图 3-72　成功添加的数据存储

3.4　NAS 存储

【背景知识】

文件存储作为较为通用的存储，通常为同一局域网中的用户提供共享存储空间，使不同设备之间的文件共享，方便协同办公。在很多公司的办公环境中通常都会有 NAS 设备提供文件存储。本实验采用 Windows Server 的 NFS 功能提供文件夹共享服务。

【实验内容】

① 安装 Windows Server 2016 虚拟机。

② 在 Windows Server 2016 上添加 NFS 服务。

③ 在 Windows Server 2016 虚拟机上添加硬盘（采用裸设备映射方式），并将其设置为 NFS 共享。

④ 在 FusionCompute 上为数据存储添加共享目录。

⑤ 删除 NAS 数据存储。

【实验步骤】

（1）创建虚拟机

参见 2.1.1 节步骤（1）～（12），创建虚拟机。这台虚拟机的名称设置为“Win2016-NAS”，虚拟机的操作系统选择“Windows”→“Windows Server 2016 Standard 64bit”。磁盘存放位置为 IP-SAN，虚拟机的硬件配置为 2vCPU、4 GB 内存、40 GB 硬盘，网卡一张，在端口组“managePortgroup”上，创建虚拟机的硬件规格，如图 3-73 所示，其他保持默认。

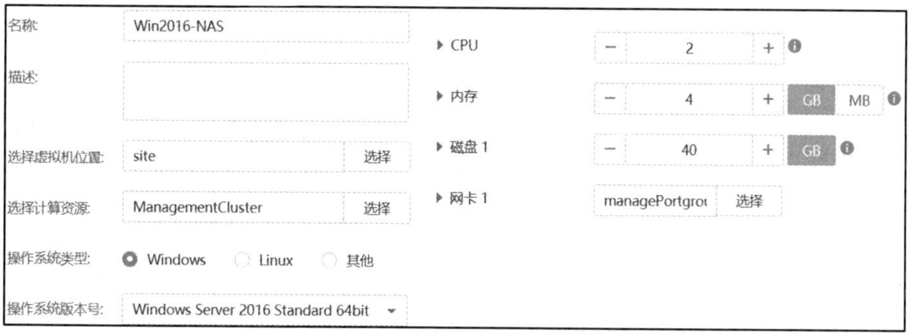

名称：Win2016-NAS
描述：
选择虚拟机位置：site　选择
选择计算资源：ManagementCluster　选择
操作系统类型：Windows　Linux　其他
操作系统版本号：Windows Server 2016 Standard 64bit
CPU：2
内存：4 GB MB
磁盘 1：40 GB
网卡 1：managePortgrou　选择

图 3-73　创建虚拟机的硬件规格

（2）挂载光驱

当虚拟机创建好后，在 Win2016-NAS 的界面，单击“配置”→“光驱”，用本地方式挂载 ISO 镜像（cn_windows_server_2016_x64_dvd.iso），勾选“立刻重启虚拟机，安装操作系统”。

（3）安装操作系统

安装 Windows Server 操作系统比安装普通的 Windows 操作系统简单，可以参见 2.1.1 节。唯一需要注意的是，在安装过程中，当要求输入序列号时选择“我没有秘钥”，操作系统选择“Windows Server 2016 Standard（桌面体验）”，如图 3-74 所示，选择带桌面的版本，然后单击“下一步”按钮，勾选同意协议，继续单击“下一步”按钮，选择“高级”，在选择安装分区的界面单击“加载驱动程序”，在弹出的界面单击“自动扫描”，系统会发现一个 RedHat 的 SCSI 驱动程序。单击“确定”按钮，回到之前界面，将发现安装磁盘已经出现，直接选择“下一步”按钮，让系统自动安装。系统安装完成后，在重启 Windows Server 操作系统时会要求设置 Administrator 的密码，如图 3-75 所示，设置密码，单击“完成”按钮。

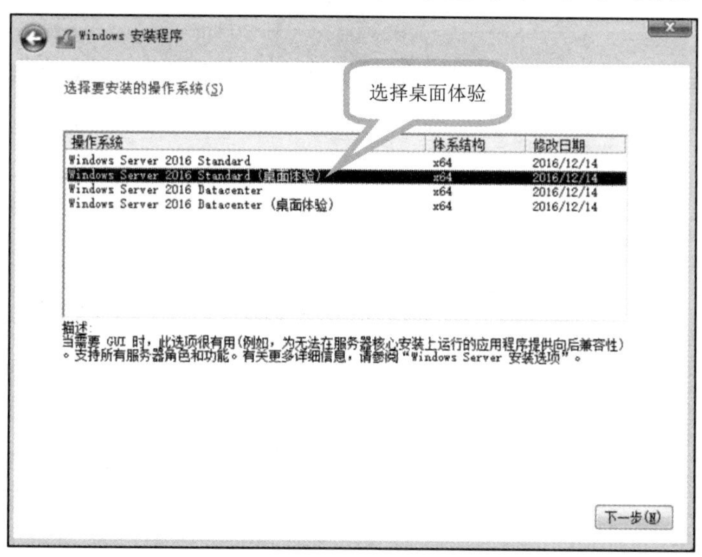

图 3-74　选择带桌面的版本

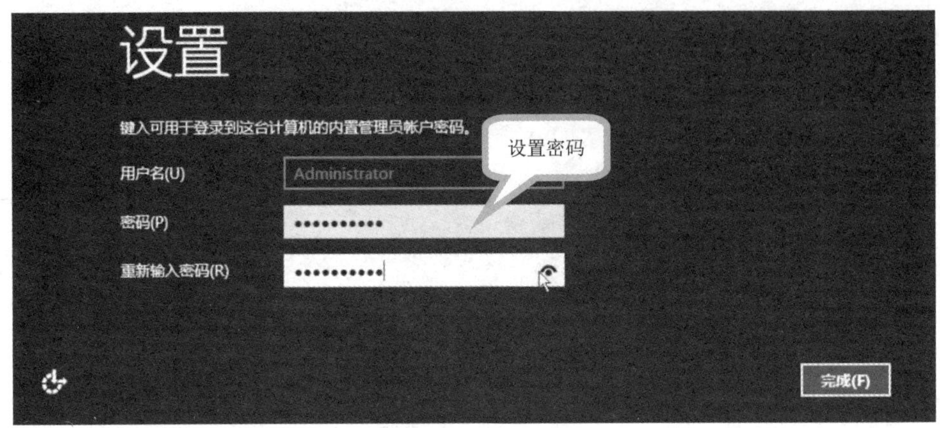

图 3-75　设置密码

（4）安装 Tools

参照实验 2.1.1 的步骤（10），在 FusionCompute 界面给虚拟机挂载 Tools，并用 Administrator 账户登录虚拟机，然后在光驱里双击 setup.exe 安装驱动。

（5）设定 IP 地址

参照实验 2.1.1 的步骤（11），在安装好 Tools 后，将出现网卡设备，给虚拟机设置 IP 地址（192.168.1.50），子网掩码为 255.255.255.0，网关为 192.168.1.254。

（6）安装 NFS 服务

如图 3-76 所示，单击"添加角色和功能"，一直单击"下一步"按钮，直到出现图 3-77。在图 3-77 中找到并展开"文件和存储服务"选项，勾选"NFS"服务，然后单击两次"下一步"按钮，最后单击"完成"按钮，等待片刻，NFS 服务就会安装成功。

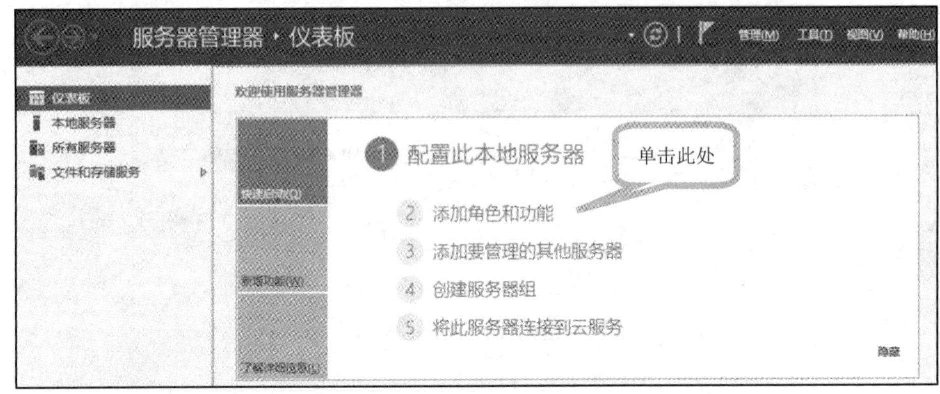

图 3-76　添加角色和功能

（7）给虚拟机绑定硬盘（裸设备映射方式）

在火狐浏览器的地址栏中输入存储设备的地址https://192.168.1.203:8088，登录存储设备，单击"资源分配"图标（见图 3-10），在弹出的界面中打开"LUN"选项卡，单击"创建”按钮，弹出如图 3-78 所示的“创建 LUN”对话框，输入名称、描述，勾选“使用所属存储池全部空闲容量”，将剩余的容量分配给新创建的 LUN，单击“确定”按钮，然后关闭对话框。

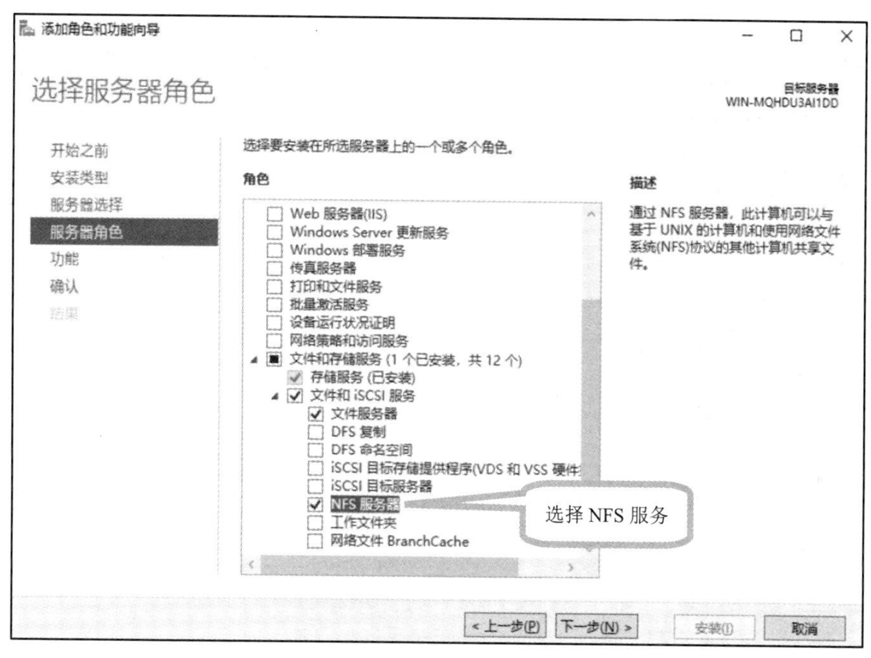

图 3-77　安装 NFS 服务

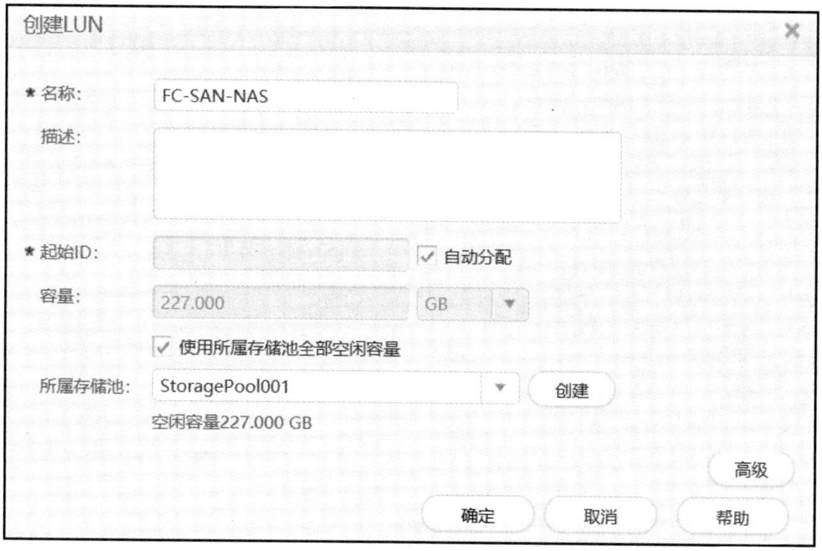

图 3-78　“创建 LUN”对话框

（8）添加存储

如图 3-79 所示，打开“LUN 组”选项卡，选择“FC-SAN-LUNGroup”，单击“增加对象”，将刚刚创建的 LUN 加入 LUN 组。

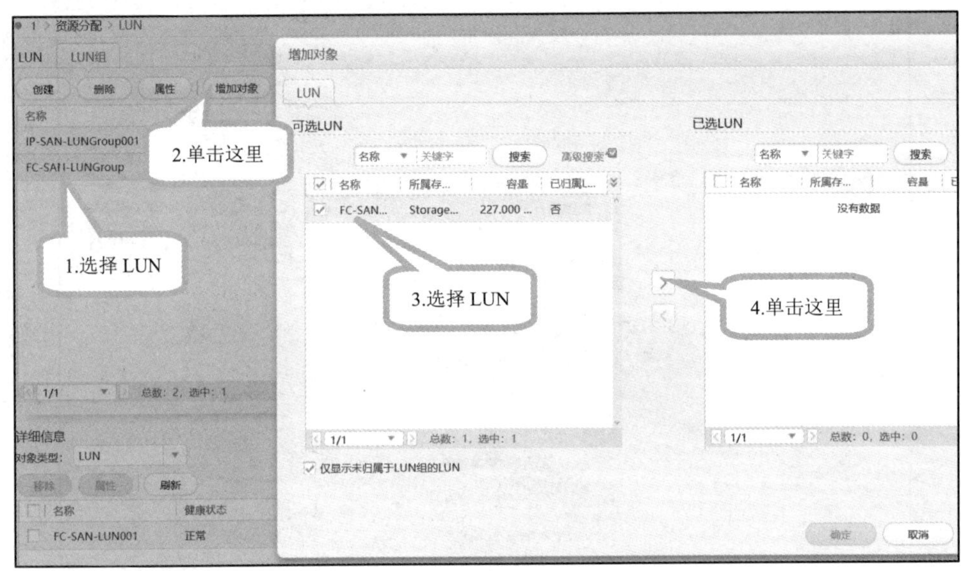

图 3-79　将 LUN 加入 LUN 组

（9）扫描存储设备

在 FusionCompute 界面，展开“导航树”，选择“资源池”→“存储”→“存储设备”，单击“扫描”按钮，弹出“扫描存储设备”对话框，选择需要扫描的主机，单击“确定”按钮，如图 3-80 所示，扫描存储设备。

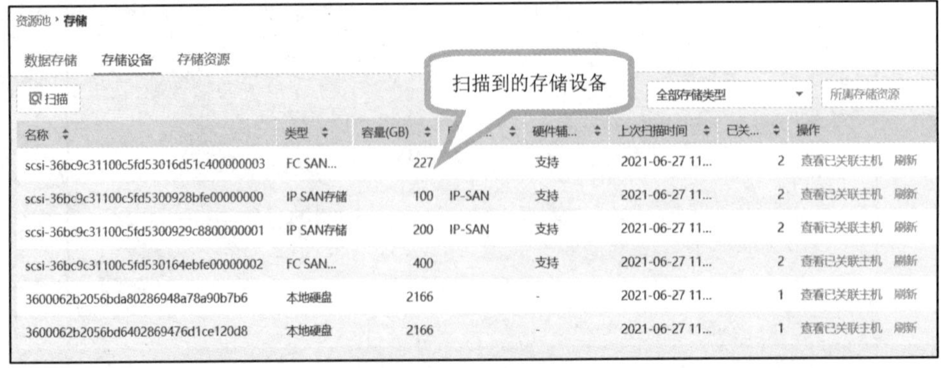

图 3-80　扫描存储设备

（10）添加数据存储

在 FusionCompute 界面，展开“导航树”，选择“资源池”→“存储”→“数据存储”→“添加数据存储”，如图 3-81 所示。选择存储资源的类型为“FC SAN 存储”，单击

“下一步”按钮进入“基本信息”界面，如图 3-82 所示，填写数据存储的基本信息，使用方式选择“裸设备映射”，单击“下一步”按钮进入“确认信息”界面，核对信息后单击“完成”按钮。

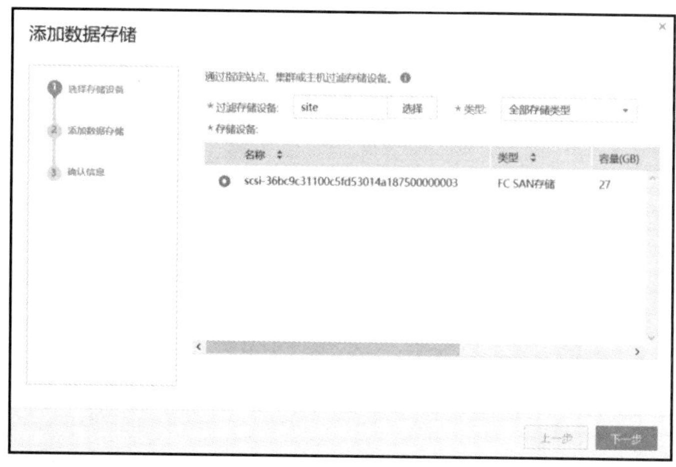

图 3-81　添加数据存储

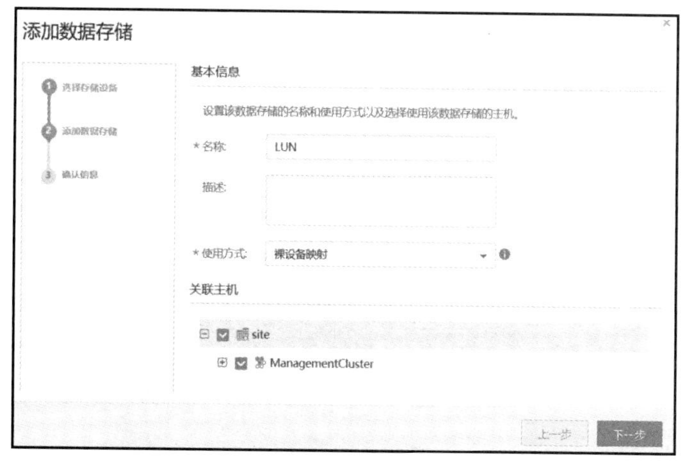

图 3-82　选择裸设备映射方式添加数据存储

（11）绑定磁盘

在 FusionCompute 界面，展开“导航树”，选择“资源池”→“ManagementCluster”→“虚拟机”，在虚拟机列表中单击“Win2016-NAS”，在 Win2016-NAS 的管理界面中，选择“配置”→“磁盘”，单击“绑定磁盘”，在弹出的对话框中单击“创建并绑定磁盘”，弹出如图 3-83 所示的“创建并绑定磁盘”对话框。在图 3-83 中，数据存储选择“LUN”（裸设备映射类型的数据存储），总线类型选择“SCSI”，SCSI 指令选择“透传”（让虚拟机直接对存储进行 SCSI 指令操作），其他保持默认设置，然后单击“确定”按钮，完成磁盘绑定。

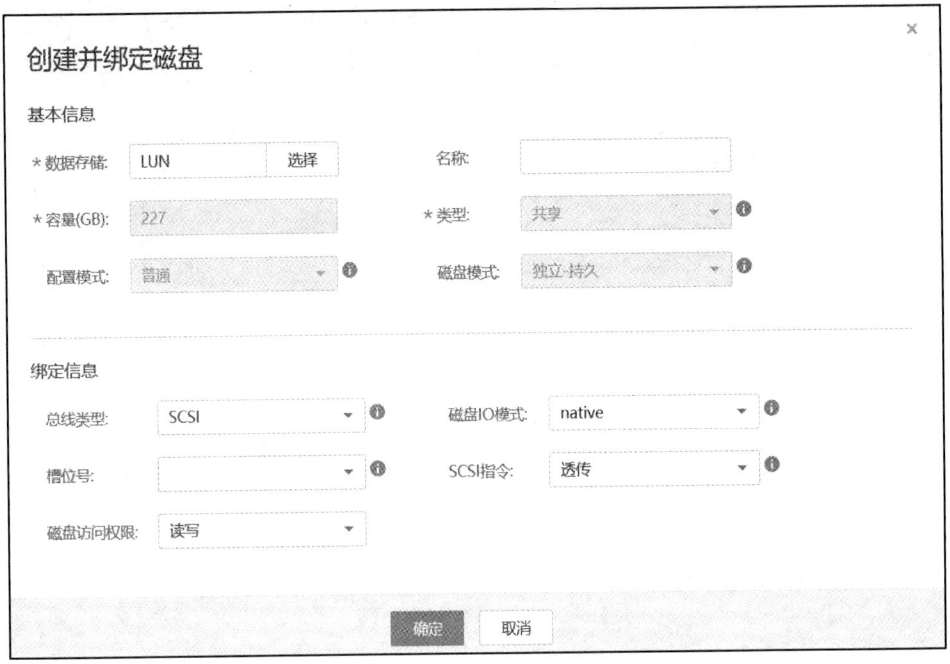

创建并绑定磁盘

基本信息

*数据存储: LUN 选择　　名称:

*容量(GB): 227　　*类型: 共享

配置模式: 普通　　磁盘模式: 独立-持久

绑定信息

总线类型: SCSI　　磁盘IO模式: native

槽位号:　　SCSI指令: 透传

磁盘访问权限: 读写

确定　取消

图 3-83　绑定磁盘

（12）*添加新磁盘*

单击“VNC 登录”按钮登录 Windows Server 2016 虚拟机，在服务器管理器的仪表盘上，单击“文件和存储服务”→“磁盘”，如图 3-84 所示，能看到虚拟机挂载的 2 块磁盘，其中显示“脱机”的磁盘是刚刚挂载的磁盘。右键单击该磁盘，在弹出的菜单中单击“联机”，在弹出的对话框中单击“是”，将新磁盘联机。

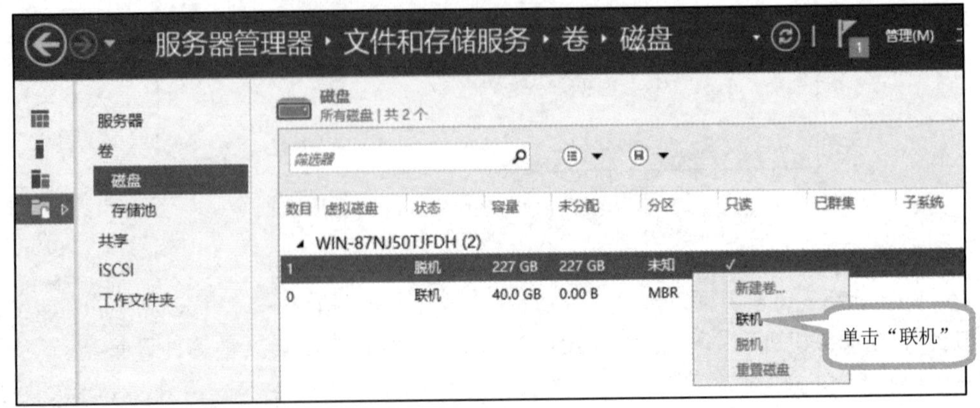

图 3-84　将新磁盘联机

在图 3-85 中单击“任务”→“新建卷”，在弹出的窗口中保持默认设置，全部单击“下一步”和“确定”按钮，最后单击“创建”按钮，系统就会创建新磁盘，单击“关闭”按钮完成卷的创建。

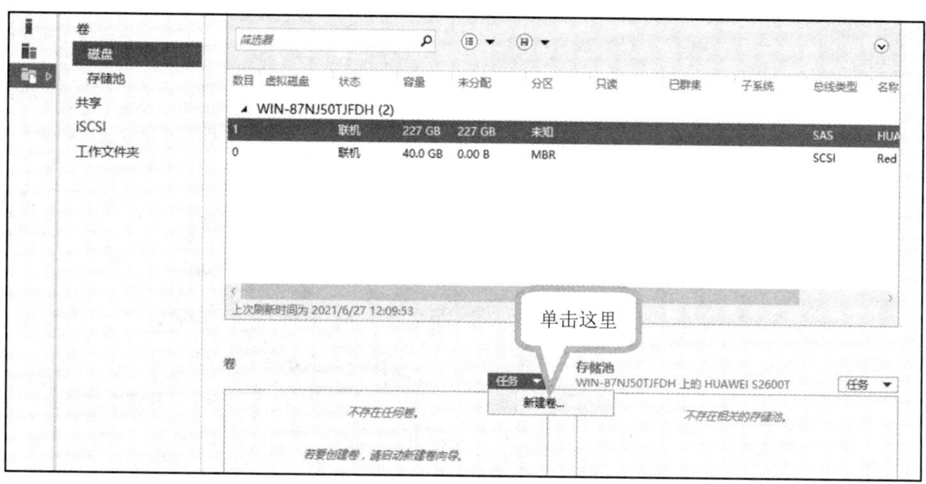

图 3-85　新建卷

（13）设置 NFS 共享文件夹

打开文件资源管理器，单击“此电脑”可以看到新创建的 E 盘。进入 E 盘创建文件夹“Shared”，如图 3-86 所示，右键单击该文件夹，在弹出的菜单中选择“属性”，出现“Shared 属性”对话框，单击“NFS 共享”选项卡，然后选择“管理 NFS 共享”。在弹出的图 3-87 中单击“权限”按钮，在弹出的“NFS 共享权限”对话框中，将权限从“只读”改成“读写”。

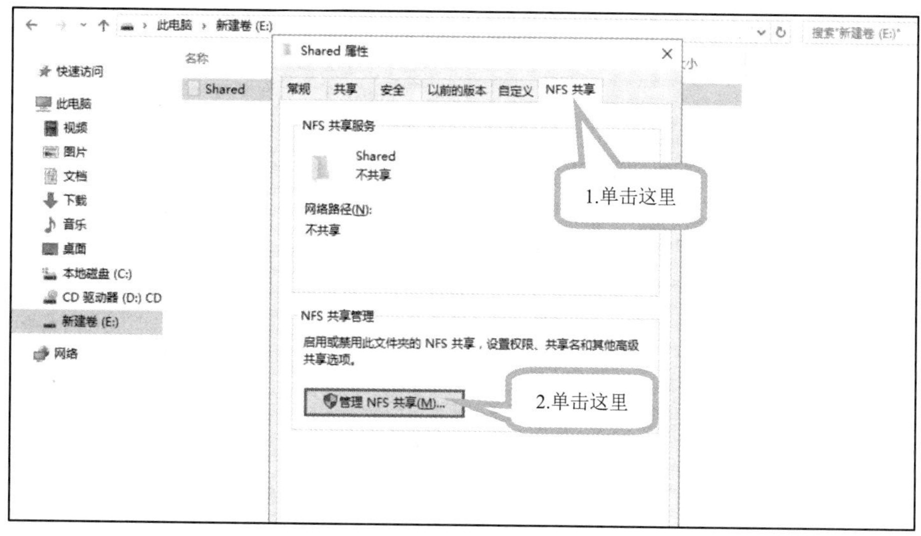

图 3-86　新建文件夹并设置 NFS 共享

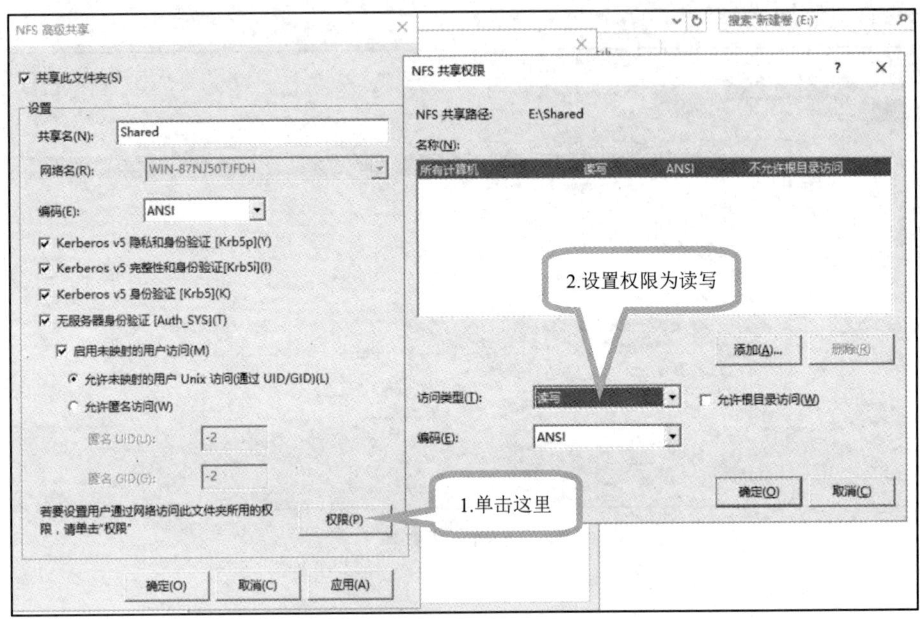

图 3-87　设定共享权限为读写

（14）关闭防火墙

在 Windows 的左下角的搜索栏中输入“control”进入控制面板，单击“系统和安全”→“Windows 防火墙”，如图 3-88 所示，将防火墙关闭。

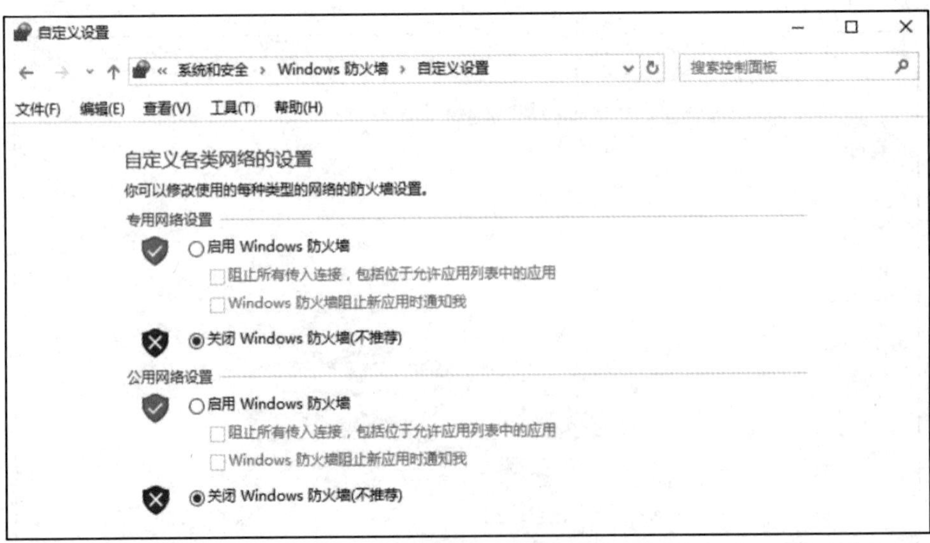

图 3-88　关闭防火墙

（15）添加 NAS 为数据存储

在 FusionCompute 界面，展开“导航树”，选择“资源池”→“存储”→“存储资源”→“添加存储资源”，如图 3-89 所示，填写 NAS 的名称和 IP 地址等相关信息，勾选“关联主机”，单击“下一步”按钮，在弹出的对话框中将 2 台 CNA 都勾选上，单击“确定”按钮，完成对 NAS 的添加。

图 3-89　添加 NAS

在图 3-90 中打开“存储设备”选项卡，单击“扫描”按钮，在弹出的对话框中选择 2 台 CNA 主机，单击“确定”按钮，等待约一分钟，可成功发现 NAS 的共享目录，表明扫描到 NAS 设备。

资源池 › **存储**

数据存储　存储设备　存储资源

扫描　　全部存储类型

扫描到的存储

名称	类型	容量(G…		硬件辅助…	上次扫描时间
3600062b2056bd6402869476d1ce120d8	本地硬盘			-	2021-06-27 12:...
192.168.1.50:/Shared	NAS存储	226	NAS	-	2021-06-27 12:...
scsi-36bc9c31100c5fd5300929c8800000...	IP SAN存储	200	IP-SAN	支持	2021-06-27 12:...
scsi-36bc9c31100c5fd5300928bfe00000...	IP SAN存储	100	IP-SAN	支持	2021-06-27 12:...
scsi-36bc9c31100c5fd530164ebfe000000...	FC SAN存...	400		支持	2021-06-27 12:...
scsi-36bc9c31100c5fd53016d51c400000...	FC SAN存...	227		支持	2021-06-27 12:...
3600062b2056bda80286948a78a90b7b6	本地硬盘	2166		-	2021-06-27 12:...

图 3-90　扫描到 NAS 设备

在 FusionCompute 界面，展开“导航树”，选择“资源池”→“存储”→“数据存储”，弹出如图 3-91 所示的“添加数据存储”对话框，图 3-91 中默认选择了新发现的共享目录，直接单击“下一步”按钮，如图 3-92 所示，填写名称并关联主机（NAS 不需要也不能格式化），单击“下一步”按钮，完成 NAS 的添加。至此，NAS 可以正常使用。

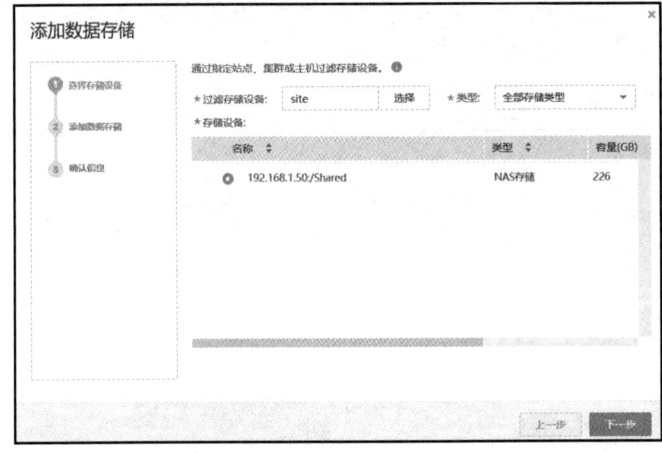

图 3-91　“添加数据存储”对话框

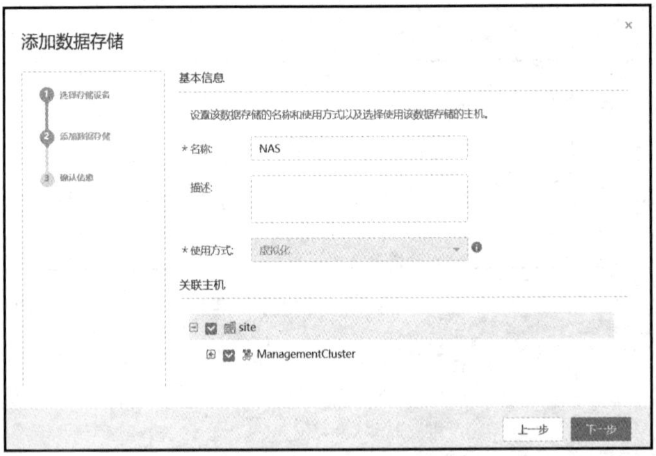

图 3-92　填写名称并关联主机

（16）删除 NAS 数据存储

真正的工作场景中都使用硬件设备提供 NAS，本实验只是为了学习，所以不准备让虚拟机使用它，要将其卸载。首先确认没有虚拟机使用 NAS 的空间，然后在 NAS 所在行，单击“更多”→“解关联”，如图 3-93 所示，在弹出的对话框中选择要解关联的主机，然后单击“确定”按钮，完成解关联操作。

打开“存储资源”选项卡，如图 3-94 所示，找到 NSA 存储所在行，单击“查看已关联主机”，在弹出的对话框中单击“断开”，如图 3-95 所示，断开关联，中断 2 台 CNA 主机与存储的关联，然后关闭该对话框。

如图 3-96 所示，在 NAS 存储所在行，单击“更多”→“删除”，删除存储资源。

（17）删除裸设备共享存储

打开“数据存储”选项卡，找到裸设备共享存储 LUN 所在行，如图 3-97 所示，单击

“更多”→“解关联”，在弹出的对话框中选择要解关联的主机，然后单击“确定”按钮，解关联裸设备共享存储。

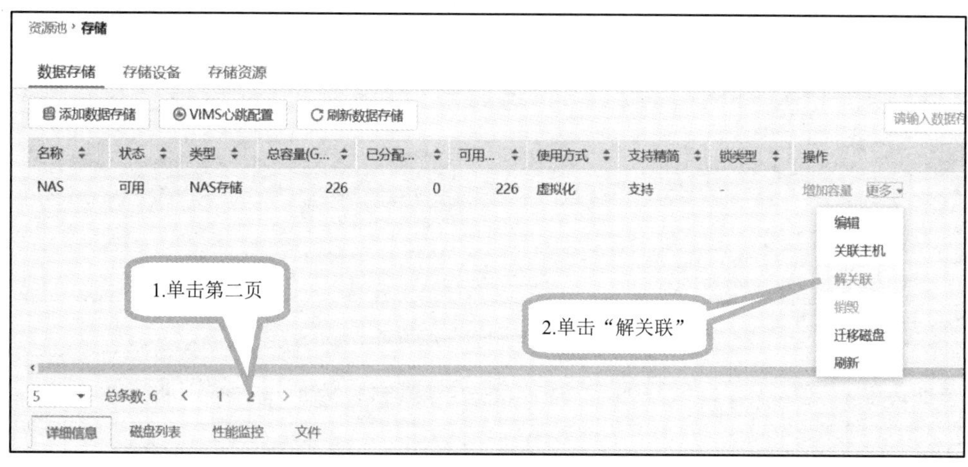

图 3-93　解关联

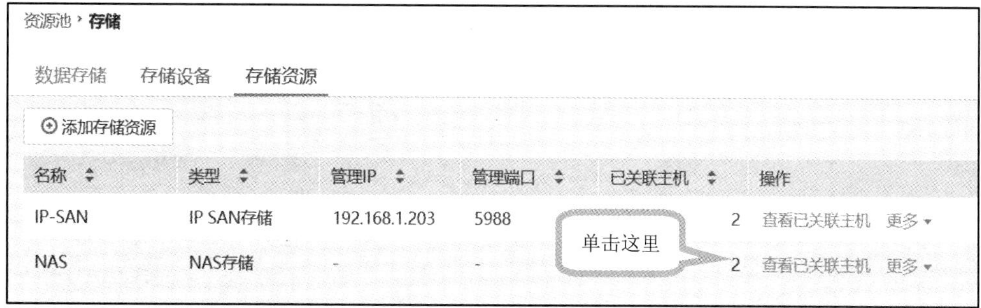

图 3-94　查看关联

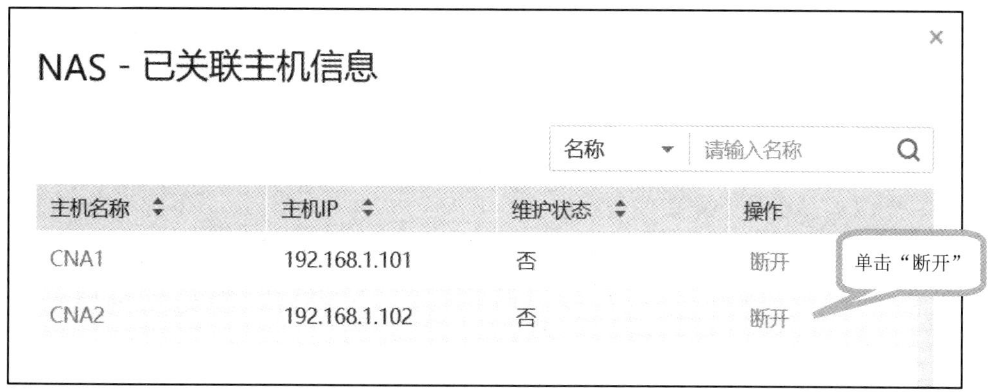

图 3-95　断开关联

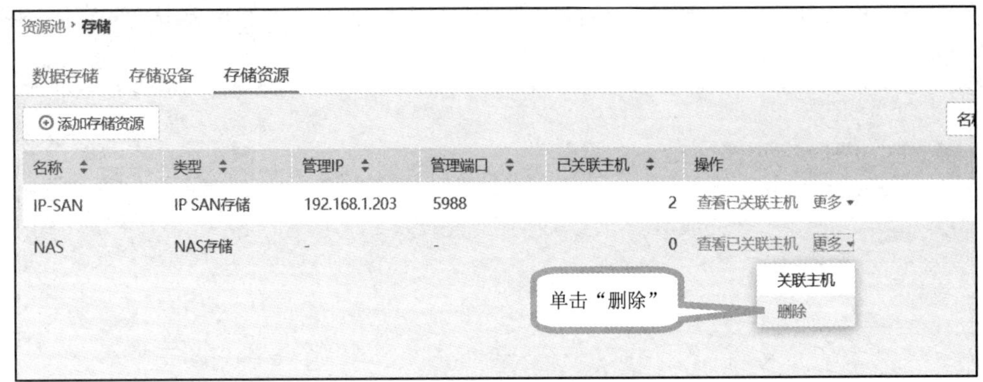

图 3-96　删除存储资源

然而，接着弹出了操作失败的对话框，提示该磁盘正被使用，解关联失败。

数据存储　存储设备　存储资源

添加数据存储　VIMS心跳配置　刷新数据存储

名称	状态	类型	总...	已分...	可用...	使用方...	支持...	锁类型	操作
autoDS_CNA1	可用	虚拟化本地硬盘	2131	190	1908	虚拟化	支持	-	增加容量　更多
autoDS_CNA2	可用	虚拟化本地硬盘	2131	0	2088	虚拟化	支持	-	增加容量　更多
IP-SAN	可用	虚拟化SAN存储	299	230	180	虚拟化	支持	硬件辅助锁	增加容量　更多
FC-SAN	可用	虚拟化SAN存储	399	140	250	虚拟化	支持	硬件辅助锁	增加容量　更多
LUN	可用	裸设备共享存储	227	227	0	裸设备映射	不支持	-	增加容量　更多

5　总条数: 5　‹ 1 ›

编辑　关联主机　解关联　销毁　迁移磁盘　刷新

单击这里

详细信息　磁盘列表　性能监控　文件

上传文件

名称　大小(MB)　上传时间　状态　已关联

图 3-97　解关联裸设备共享存储

在图 3-97 中打开“磁盘列表”选项卡，如图 3-98 所示查看磁盘信息，发现有一块磁盘的状态为“已绑定”。单击“更多”→“查看绑定的虚拟机”，在弹出的对话框能看到 Win2016-NAS 虚拟机处于正在使用状态。

单击 Win2016-NAS 虚拟机，会自动跳转到该虚拟机的磁盘管理界面，如图 3-99 所示，单击 SCSI 类型磁盘所在行的“更多”→“解绑定”，在弹出的对话框中单击“确定”按钮，解绑定。

在 FusionCompute 界面，展开“导航树”，选择“资源池”→“ManagementCluster”→“存储”→“数据存储”，出现图 3-98，单击该图中的裸设备共享存储 LUN ，然后打开该图下方的“磁盘列表”选项卡，在磁盘所在行，单击“更多”→“普通删除”。

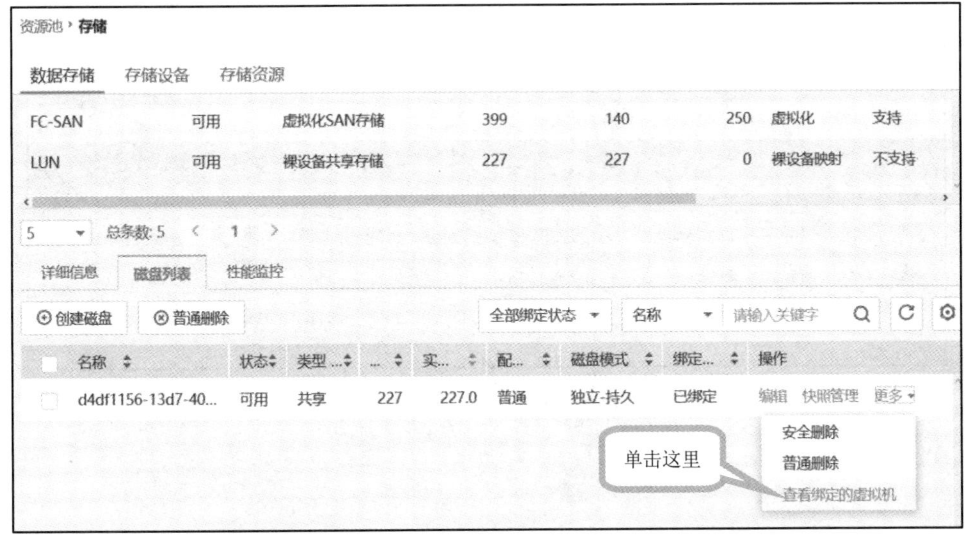

图 3-98　查看磁盘信息

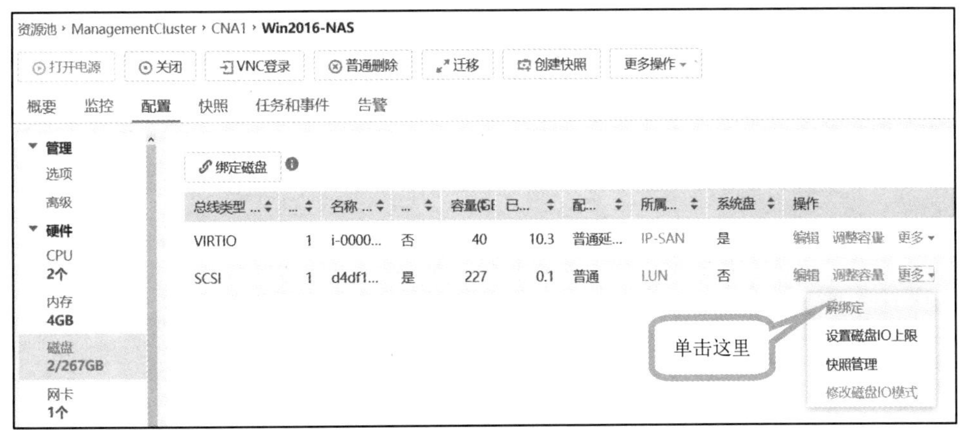

图 3-99　解绑定

在图 3-98 中打开“数据存储”选项卡，找到裸设备共享存储 LUN 所在行，单击“更多”→“解关联”，在弹出的对话框中选择要解关联的主机，然后单击“确定”按钮，裸设备共享存储 LUN 被成功删除。

（18）增加容量

如图 3-100 所示，在 IP-SAN 所在行，单击“增加容量”，在弹出的对话框中选择刚解关联的存储设备，单击“确定”按钮，完成对 IP-SAN 的扩容。

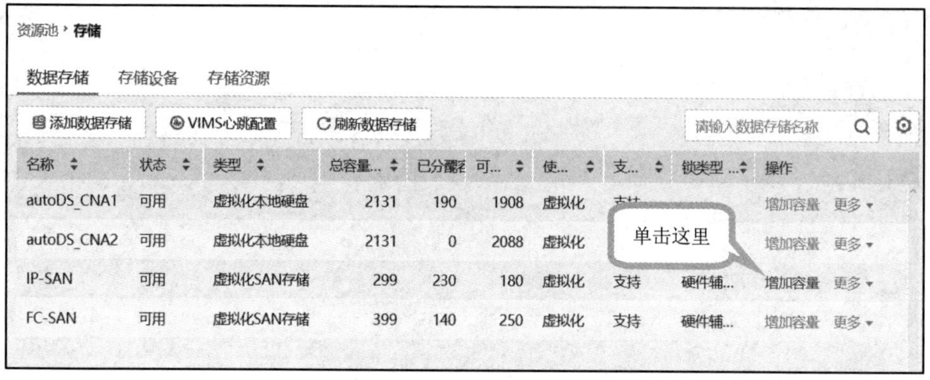

图 3-100　给 IP-SAN 扩容

第 4 章　网络管理

4.1　创建分布式交换机

【背景知识】

分布式交换机示意图如图 4-1 所示。分布式交换机是一个虚拟的交换机，功能类似于二层的物理交换机，通过端口组与虚拟机连接，上行链路与物理网络连通。

端口组是虚拟逻辑端口，类似于网络属性模板，用于定义虚拟机网卡属性通过分布式交换机连接到网络的方式。每台虚拟机的网口默认连接到一个端口组上，同时拥有该端口组的属性，如 VLAN 信息和网络的 QoS 等。

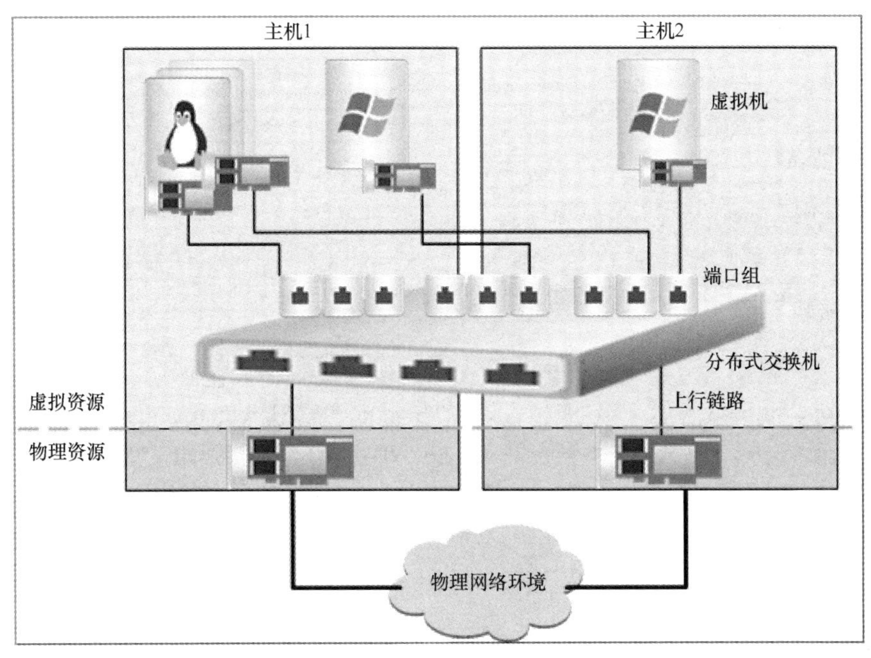

图 4-1　分布式交换机示意图

上行链路是分布式交换机连接主机物理网卡的链路，用于虚拟机数据上行传输。上行链路连接到物理网络环境，可以实现虚拟机和物理网络的通信，也可以实现同一端口组但在不同主机上的虚拟机之间的通信。

【实验拓扑】

图 4-2 是本章使用的网络拓扑，是 1.1.1 节中图 1-1 的一部分，以太网交换机（简称交换机）S5700 的端口 6、1、10、5 被划分到 VLAN 1（管理平面），为端口 2、5 配置了 Trunk，对端口 4、3、8、9 进行链路汇聚并配置 Trunk；路由器 AR1220 采用单臂路由实现 VLAN 间通信，并配置了 NAT 功能与互联网（校园网）连接；整个网络被划分为 VLAN 1～VLAN 10 共 10 个 VLAN；交换机和路由器的详细配置参见 1.1.2 节。

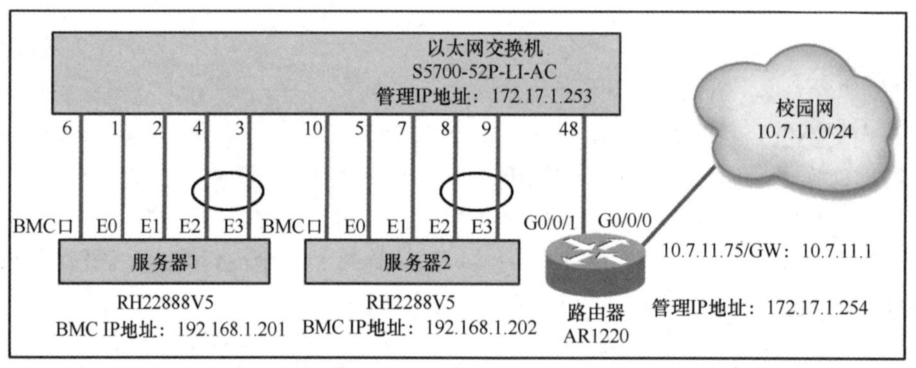

图 4-2　网络拓扑

【实验内容】

① 绑定网口。

② 创建分布式交换机。

【实验步骤】

（1）绑定网口

在 FusionCompute 中展开“导航树”，选择“资源池”→“ManagementCluster”→“CNA1”，如图 4-3 所示，选择“配置”→“聚合网口”→“绑定网口”，在弹出的如图 4-4 所示的“绑定网口”对话框中，勾选 eth2 和 eth3，选择“主备”绑定模式将其绑定，名称为“VDI”，作为业务平面，用于后续的桌面云实验。

CNA2 也用同样的方法绑定网口。

（2）创建分布式交换机

在 FusionCompute 中展开“导航树”，选择“资源池”→“网络”，打开“创建分布式交换机”选项卡，弹出“创建分布式交换机”对话框，如图 4-5 所示。

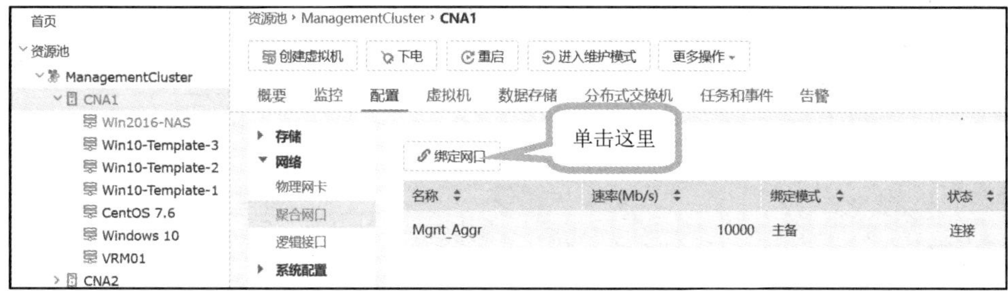

图 4-3　选择绑定网口

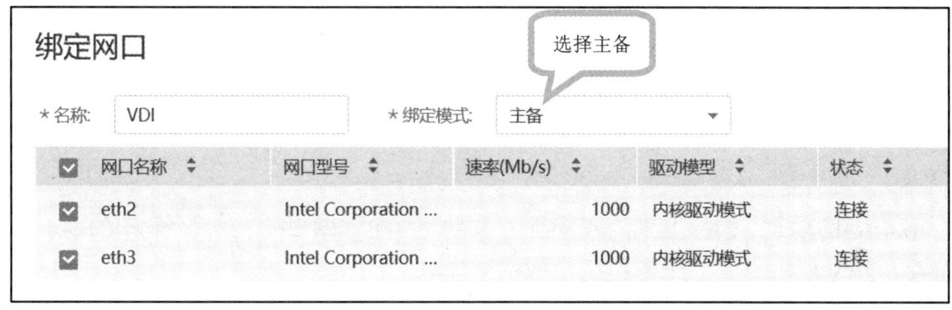

图 4-4　“绑定网口”对话框

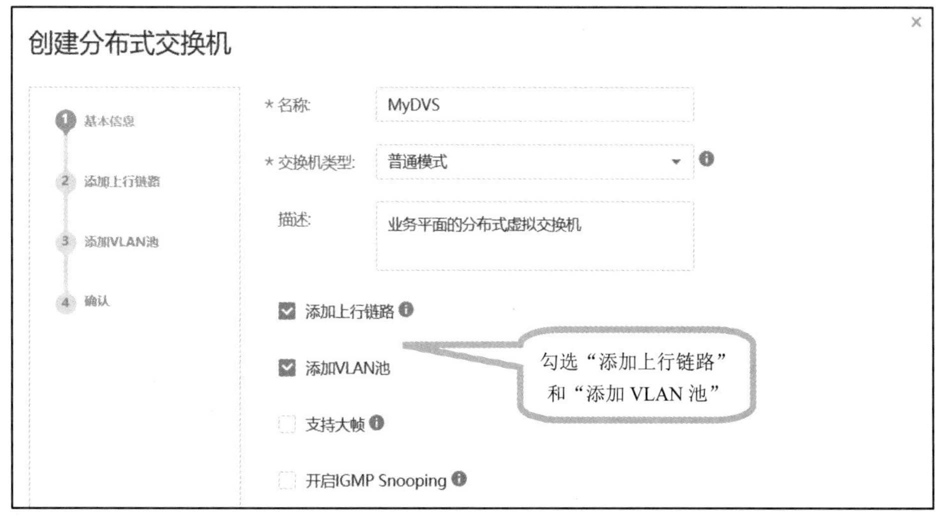

图 4-5　创建分布式交换机

在图 4-5 中输入名称和描述，选择交换类型。交换类型有如下 3 种模式。

① 普通模式：上行链路关联的主机物理网卡为普通网卡。

② SRIOV 直通模式：上行链路关联的主机物理网卡为 SRIOV 直通网卡。

③ 用户态交换模式：上行链路关联的主机物理网卡为支持用户态驱动模式的网卡。

在图 4-5 中，勾选“添加上行链路”和“添加 VLAN 池”，不选择“支持大帧”和“开启 IGMP Snooping”功能，单击“下一步”按钮，弹出图 4-6。

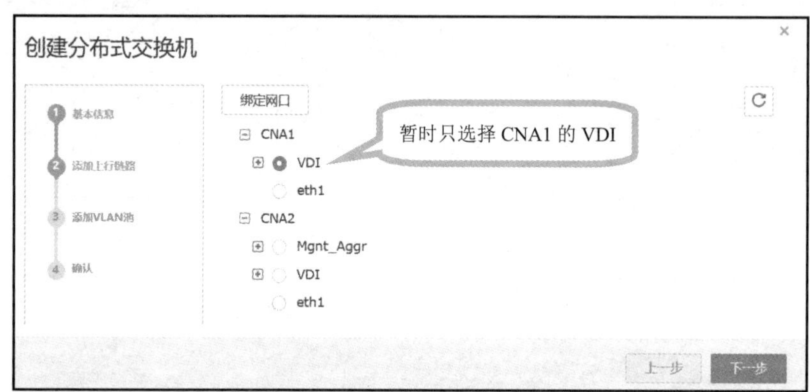

图 4-6　添加上行链路

在图 4-6 中选择在 CNA1 上的刚刚绑定好的“VDI”网口（暂时只绑定 CNA1），添加上行链路，然后单击“下一步”按钮，弹出图 4-7。

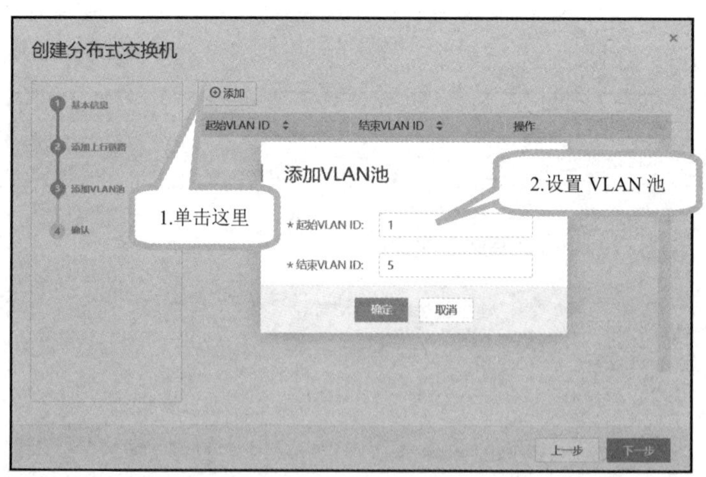

图 4-7　添加 VLAN 池

本节的实验使用 CNA1 和 CNA2 的 PORT1 端口，也就是图 4-2 中服务器 1 和服务器 2 的 E2 和 E3 端口。E1 端口在第 3 章中已经用于承载存储流量，建议不要将虚拟机的业务流量（业务平面）和存储流量（存储平面）混合在一起，防止性能下降。

VLAN 池是该分布式交换机上可以承载的 VLAN，类似在物理交换机上创建 VLAN。在图 4-7 中单击“添加”按钮，弹出“添加 VLAN 池”对话框，在该对话框中输入起始 VLAN ID 和结束 VLAN ID（ID 范围为 1～5），单击“确定”按钮，接着单击“下一步”按钮，弹出“确认”界面。

在“确认”界面确认信息正确后单击“创建”按钮，弹出提示创建分布式交换机成功的对话框，单击“确定”按钮，完成分布式交换机的创建。图 4-8 中的 MyDVS 是成功创建的分布式交换机。

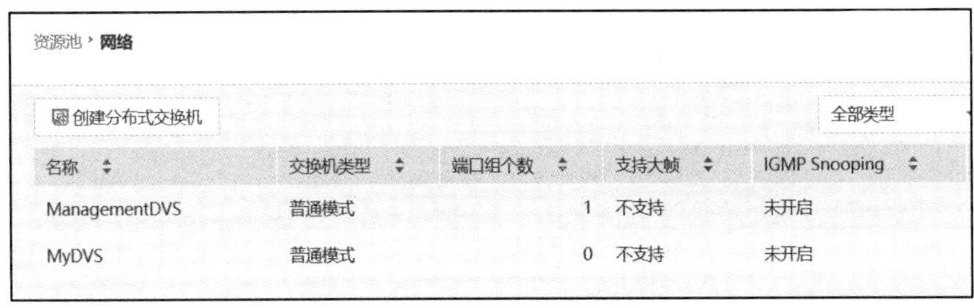

图 4-8　成功创建的分布式交换机

4.2　上行链路组管理

【背景知识】

分布式交换机通过上行链路与物理网络进行连接，使得虚拟机可以与物理网络通信，同时也使得在不同主机上的虚拟机之间可以通信。如果单条上行链路不能满足带宽的需求，可以将多条链路进行绑定（也就是汇聚）后作为上行链路，这就要求对物理交换机也要进行汇聚配置。

分布式交换机也可以没有上行链路，这时，在同一主机的同一端口组的虚拟机之间可以通信。

【实验内容】

创建一台分布式交换机，使用端口绑定作为上行链路。

【实验步骤】

（1）选择绑定网口

在 FusionCompute 中展开“导航树”，选择“资源池”→“网络”，弹出图 4-9，在图 4-9 中单击“MyDVS”，选择绑定网口，然后打开下方的“上行链路组”选项卡，单击“添加”按钮，弹出“添加上行链路”对话框。

（2）选择 VDI 口

在“添加上行链路”对话框中，单击 CNA2 前的+号，展开其网卡，如图 4-10 所示，勾选待绑定的物理网口，选择之前实验绑定的 VDI 口（用于将 eth2 和 eth3 接口绑定），然后单击“确定”按钮。

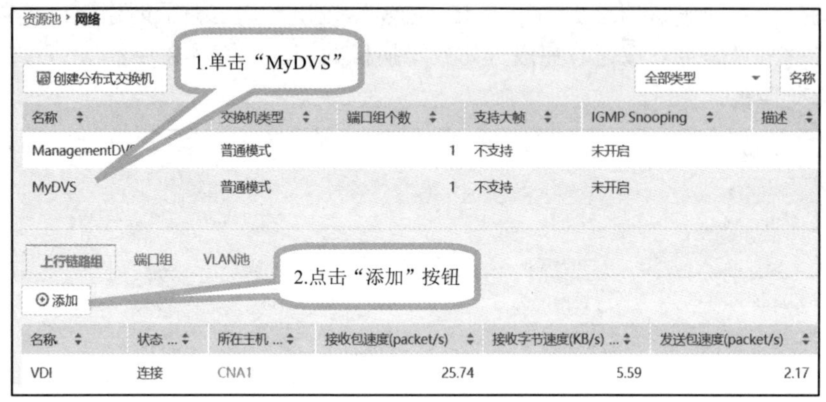

图 4-9　选择绑定网口

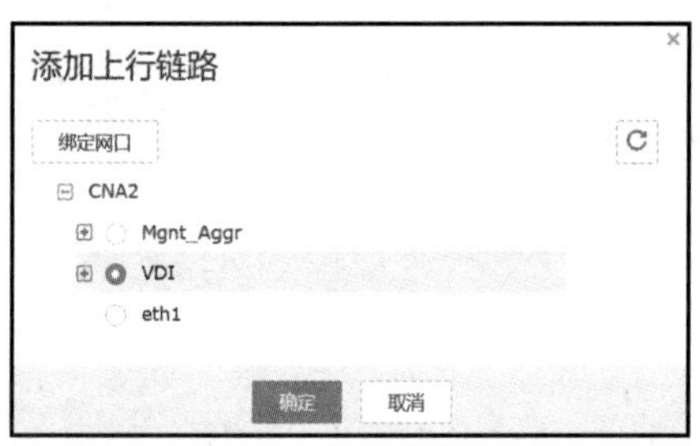

图 4-10　选择 VDI 口

（3）给分布式交换机 ManagementDVS 添加上行链路

在安装 VRM 时，会自动创建分布式交换机 ManagementDVS，如图 4-11 所示，该交换机的上行链路只有 VRM（单节点部署）所在主机 CNA1 的接口，需要管理员手动把另一台主机 CNA2 的 Mgnt_Aggr 接口也加入到上行链路组中，添加完上行链路后分布式交换机 ManagementDVS 的上行链路如图 4-12 所示。

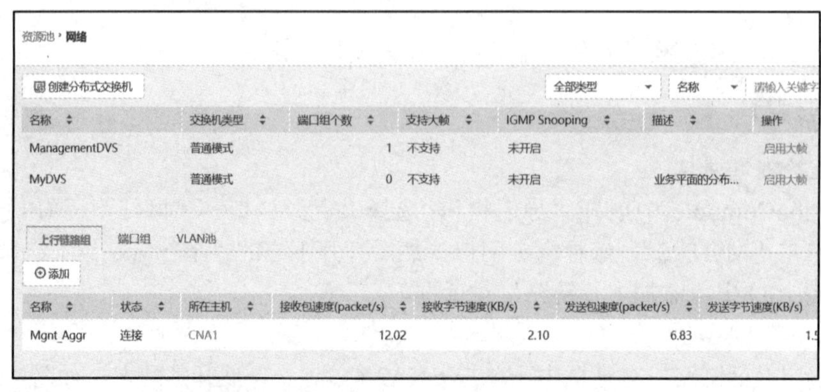

图 4-11　分布式交换机 ManagementDVS

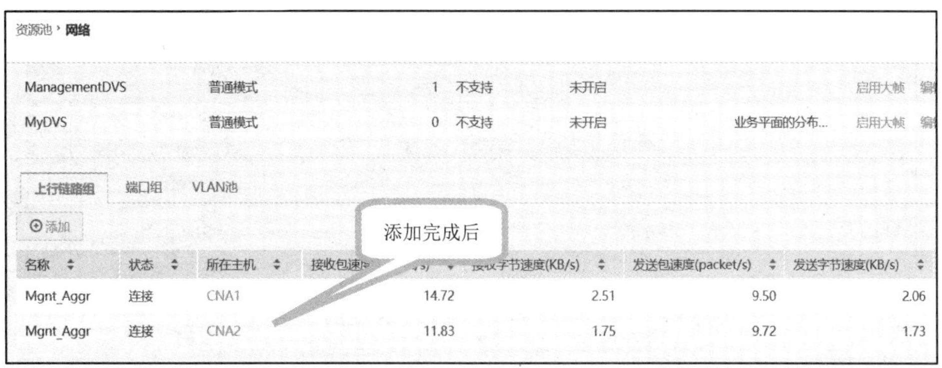

图 4-12　添加完上行链路后分布式交换机 ManagementDVS 的上行链路

4.3　端口组管理

【背景知识】

分布式交换机通过上行链路与物理网络连接，使得虚拟机可以与物理网络通信，同时也使得在不同主机上的虚拟机之间可以通信。如果单条上行链路不能满足带宽的需求，可以将多条链路进行绑定（也就是汇聚）后作为上行链路，这要求对物理交换机也要进行汇聚配置。

分布式交换机也可以没有上行链路，这时在同一主机的同一端口组的虚拟机之间可以通信。

【实验内容】

创建端口组，使虚拟机使用端口组。

【实验步骤】

（1）添加端口组

在 FusionCompute 中展开“导航树”，选择“资源池”→“网络”，在弹出的图 4-13 中，选择新创建的分布式交换机“MyDVS”，打开“端口组”选项卡，单击“添加”按钮，为 MyDVS 添加端口组。

在弹出的“添加端口组”对话框中，如图 4-14 所示，填写端口组的基本信息，高级设置保持默认设置，都不开启，单击“下一步”按钮，弹出图 4-15。

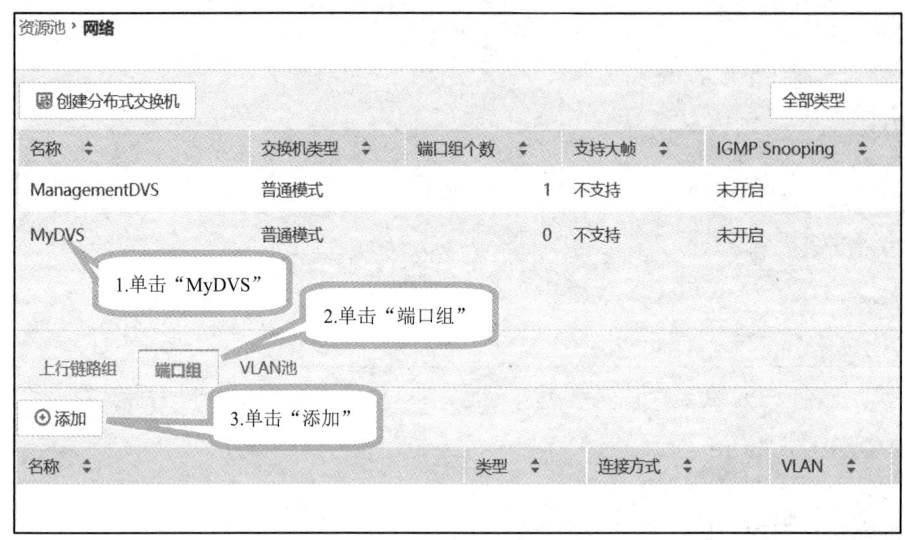

图 4-13　为 MyDVS 添加端口组

图 4-14　端口组的基本信息

有关端口类型说明如下。

普通类型的虚端口只能属于一个 VLAN，中继类型的虚端口可以允许多个 VLAN 接收和发送报文。普通虚拟机选择普通类型的端口，在虚拟机网卡启用 VLAN 设备的情况下选择中继类型的端口，否则虚拟机的网络可能不通。当端口组被配置为中继的方式后，可以在 Linux 虚拟机内创建多个 VLAN，这些 VLAN 通过 1 个虚拟网卡即可以收发携带不同 VLAN 标签的网络数据包，使虚拟机不用创建多个虚拟网卡，即可收发携带不同 VLAN 标签的网络数据包。

有关端口类型的高级设置说明如下。

1）DHCP 隔离

使用该端口组的虚拟机无法启动 DHCP Server 服务，以防止用户无意识或恶意启动 DHCP Server 服务，影响其他虚拟机 IP 地址的正常分配。

2）IP 与 MAC 绑定

仅当选择“端口类型”为“普通”时有效，使用该端口组的虚拟机其 IP 地址与 MAC 地址绑定，以防止用户通过修改虚拟机网卡的 IP 地址或 MAC 地址，发起 IP 地址或 MAC 地址仿冒攻击，增强用户虚拟机的网络安全性。当开启该功能时，如果某台虚拟机网卡配置了多个 IP 地址，将会导致该网卡部分 IP 地址通信异常，建议在虚拟机网卡配置多个 IP 地址时不开启该功能。

3）填充 TCP 校验和

该端口组下的虚拟机在接收报文时，系统会自动填充 TCP 校验和。此开关只应用于对 TCP 校验和的正确性有要求的场景，不建议开启该功能。开启开关后虚拟机网络接收数据包性能会有所下降。

4）发送流量整形

① 发送平均带宽（Mbps）：某段时间内允许通过端口的平均速率。当使用普通网卡时，在没有突发大小可使用的情况下，流量将稳定在平均带宽所设定的速率上。

② 发送峰值带宽（Mbps）：当发送流量突发时，每秒钟允许通过端口的最大传输速率。峰值带宽需要大于或等于平均带宽。对某一类流量设置合适的峰值带宽，可以防止因为该类流量过大导致其他虚拟机网络拥塞。峰值带宽是指突发大小使用完后，流量所能达到的最大带宽值。

③ 发送突发大小（Mbit）：允许流量在平均带宽的基础上产生的突发流量的大小。

④ 优先级：在物理网口发生网络拥塞时，各系统端口或 VSP 的流量会依据所设置的优先级参数去抢占物理网口的带宽，优先级高的端口会比优先级低的端口抢占到更多带宽。不同场景下带宽的浮动范围有所不同。当物理网口的转发能力大于服务器内各系统端口和 VSP 的平均带宽之和并小于峰值之和时，各虚拟机流量将在平均带宽之上，不超过峰值带宽；当物理网口的转发能力小于服务器内各系统端口和 VSP 的平均带宽之和时，各虚拟机的流量最小将有可能小于平均带宽，最大不会超过峰值带宽。

5）接收流量整形

① 接收平均带宽（Mbps）：某段时间内允许通过端口的平均每秒接收速率。当使用普通网卡时，在设置了平均带宽后，流量将稳定在平均带宽所设定的速率上。

② 接收峰值带宽（Mbps）：当接收流量突发时，每秒钟允许通过端口的最大传输速率。峰值带宽需要大于或等于平均带宽。峰值带宽是指突发大小使用完后，流量所能达到的最大带宽值。

③ 接收突发大小（Mbit）：允许流量在平均带宽的基础上产生的突发流量的大小。

6）广播抑制

广播抑制带宽（kbps）：端口组允许通过的 IP 广播报文带宽。抑制广播报文带宽可以限制虚拟机发送大量的 IP 广播报文，防止 IP 广播报文攻击。

（2）创建端口组

在图 4-15 中，选择端口组的连接方式为“VLAN”，在“VLAN”文本框中输入填写 VLAN ID“3”（填写的 VLAN ID 必须在端口组所在的分布式交换机的 VLAN 池范围内，可单击“查看 VLAN 池”查看 VLAN 池中的 VLAN，或者直接添加 VLAN 范围），单击“下一步”按钮，在弹出的“确认”界面确认信息正确后单击“确定”按钮，完成端口组创建。如图 4-16 所示为成功创建的端口组。这样，连接到该端口组的虚拟机相当于被划分到 VLAN 3。

图 4-15　选择端口组的连接方式

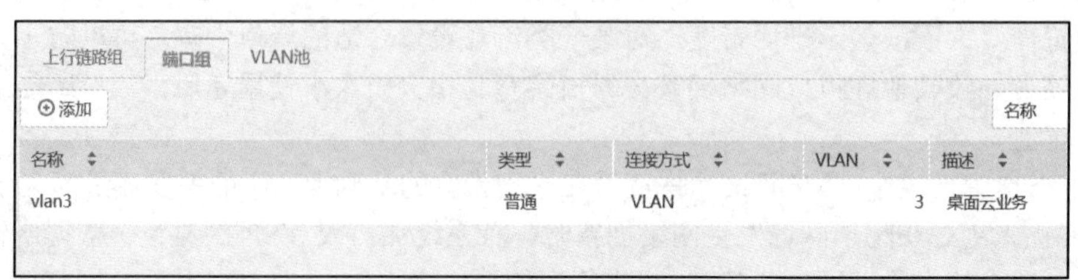

图 4-16　成功创建的端口组

（3）创建中继端口组

在 FusionCompute 中展开“导航树”，选择“资源池”→“网络”，在弹出的“网络”对话框中选择新创建的分布式交换机“ManagementDVS”，打开“端口组”选项卡，单击“添加”按钮，如图 4-17 所示创建中继端口。在该图中的“名称”文本框中填写名称“test”，选择端口类型为“中继”，不设置“高级设置”，单击“下一步”按钮，弹出“网络连接”界面。

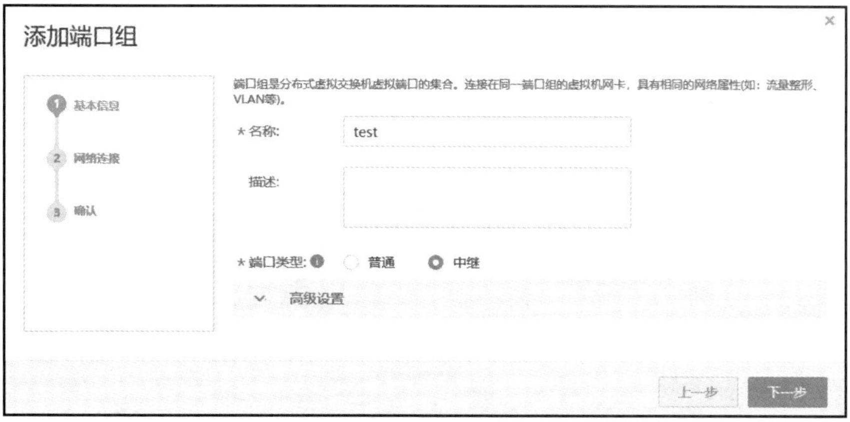

添加端口组

1 基本信息
2 网络连接
3 确认

端口组是分布式虚拟交换机虚拟端口的集合。连接在同一端口组的虚拟机网卡，具有相同的网络属性(如：流量整形、VLAN等)。

* 名称: test

描述:

* 端口类型: 普通　中继

高级设置

上一步　下一步

图 4-17　创建中继端口

在“网络连接”界面单击“查看 VLAN 池”，在弹出的对话框中单击“添加”按钮，设置起始 VLAN ID 为 4，结束 VLAN ID 为 10，单击“确定”按钮，然后将对话框关掉。回到“网络连接”界面，如图 4-18 所示，在“VLAN”文本框中填写“4,5,8,9”，然后单击“下一步”按钮，在弹出的“确认”界面确认信息正确后单击“确定”按钮，完成中继端口组的创建。

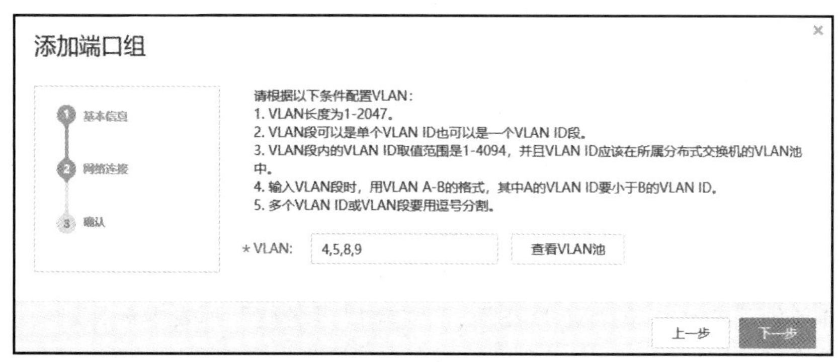

图 4-18　完成中继端口组的创建

中继类型的端口组一般适用于能直接发出 tag 报文的虚拟机，正常情况下不推荐使用。

（4）将虚拟机网卡连接到端口组

在 FusionCompute 中展开“导航树”，选择“资源池”→“ManagementCluster”→“虚拟机”，显示虚拟机列表，单击虚拟机名称“Windows 10”，弹出图 4-19，在图 4-19 中打开“配置”选项卡，选择“网卡”。单击网卡所在行的“修改端口组”，会出现提示修改端口组虚拟机网络会中断片刻，单击“确定”按钮，弹出图 4-20，发现“分布式交换机”下拉列表是灰色的，无法更换分布式交换机，必须关闭虚拟机才能更换，目前只能更换同一个分布式交换机上的端口。

图 4-19　选择网卡

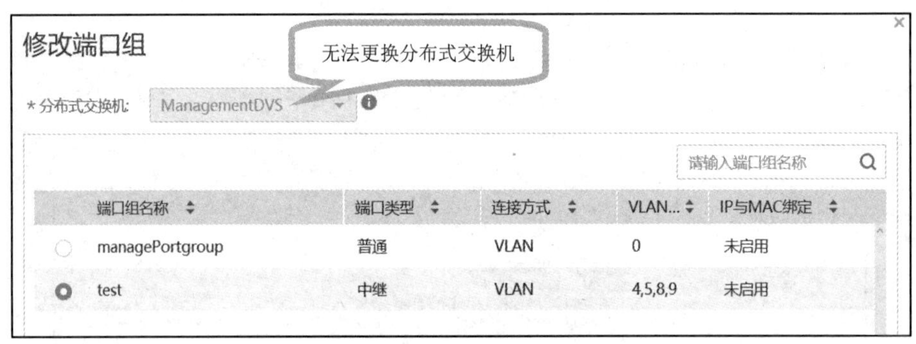

图 4-20　无法更换分布式交换机

将虚拟机关机后再次单击“修改端口组”，如图 4-21 所示，在“分布式交换机”下拉列表中选择新创建的交换机“MyDVS”，在“端口组名称”列表中选择新创建的端口组“vlan3”，单击“确定”按钮，则虚拟机的网络被连接到指定的端口组，虚拟机也就被连接到 VLAN 3。

（5）启动并登录虚拟机

将虚拟机的网卡 IP 的地址设置为 VLAN 3 的 IP 地址段 192.168.3.100/255.255.255.0，网关为 192.168.3.254，如图 4-22 所示，测试虚拟机能否正常通信，由该图可知，该虚拟机能正常通信。

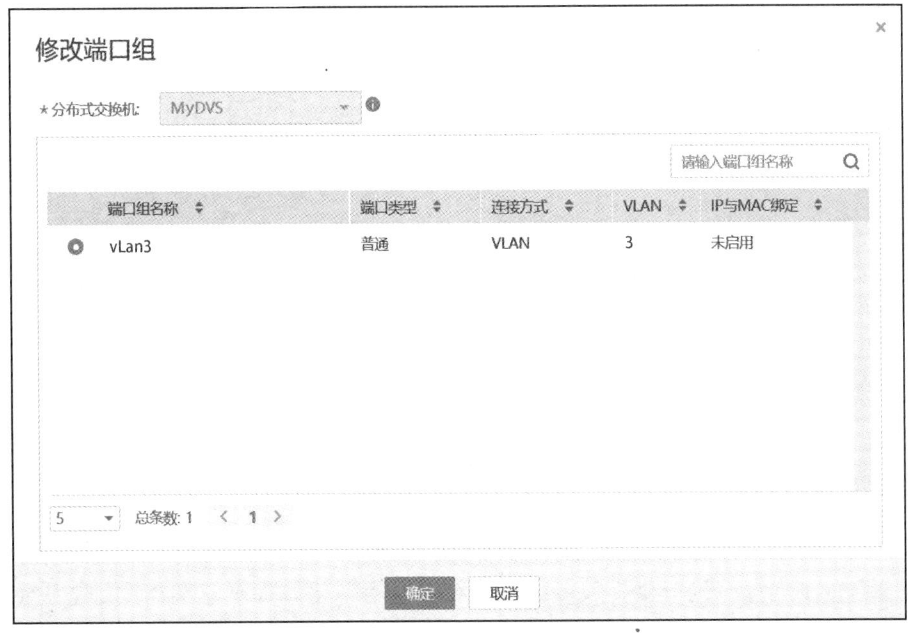

图 4-21　修改端口组

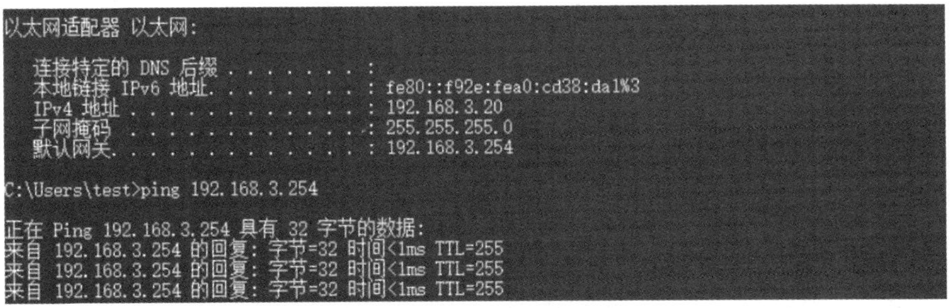

```
以太网适配器 以太网:

   连接特定的 DNS 后缀 . . . . . . . :
   本地链接 IPv6 地址. . . . . . . . : fe80::f92e:fea0:cd38:da1%3
   IPv4 地址 . . . . . . . . . . . . : 192.168.3.20
   子网掩码  . . . . . . . . . . . . : 255.255.255.0
   默认网关. . . . . . . . . . . . . : 192.168.3.254

C:\Users\test>ping 192.168.3.254

正在 Ping 192.168.3.254 具有 32 字节的数据:
来自 192.168.3.254 的回复: 字节=32 时间<1ms TTL=255
来自 192.168.3.254 的回复: 字节=32 时间<1ms TTL=255
来自 192.168.3.254 的回复: 字节=32 时间<1ms TTL=255
```

图 4-22　测试虚拟机能否正常通信

第 5 章　主机和集群管理

5.1　主机管理

【背景知识】

FusionCompute 将主机的物理 CPU 和内存资源整合为计算资源池，然后划分出虚拟的 CPU 和内存资源为虚拟机提供计算能力，计算资源虚拟化原理示意图如图 5-1 所示。物理服务器安装 FusionCompute 主机操作系统后，可将其上的计算资源（内存和 CPU）虚拟化，即生成虚拟化层。主机上的计算资源经过虚拟化后，形成计算资源池，一般同一集群内主机的计算资源形成一个计算资源池。在创建虚拟机时，按定义的虚拟机规格自动从资源池中为虚拟机分配相应量的内存和 CPU。

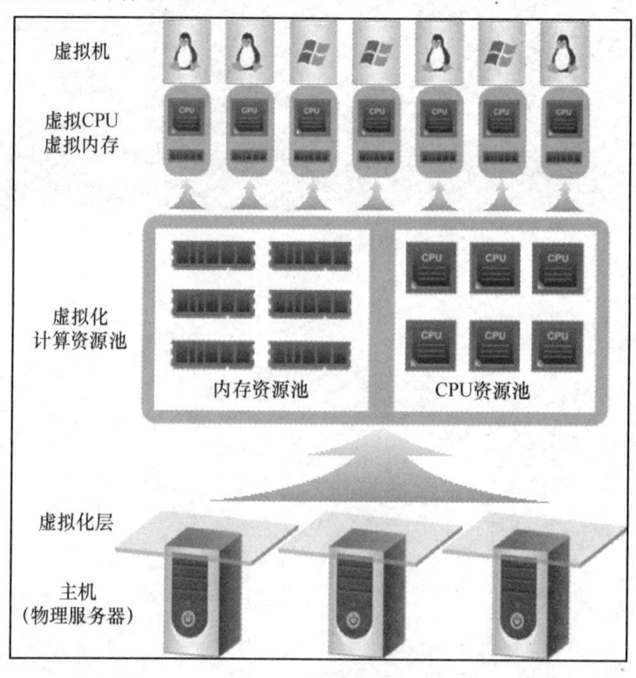

图 5-1　计算资源虚拟化原理示意图

主机的管理包含添加主机、主机信息维护、主机进入维护状态和主机时间同步等，部分内容已经在前面章节中零散介绍，本节不再重复。

【实验内容】

① 添加主机。
② 查看主机信息。
③ 修改主机信息。
④ 设置主机进入 / 退出维护模式。
⑤ 从集群中移除主机。

【实验步骤】

（1）添加主机

在 FusionCompute 中展开“导航树”，选择”资源池”→“站点名称”，右键单击待添加主机的集群，选择“添加主机”，在弹出的如图 5-2 所示的“添加主机”对话框中输入添加主机的各项参数（名称、IP 地址、BMC IP 地址、BMC 用户名、BMC 密码），勾选“应用站点时间同步配置”，将站点配置的时间同步配置信息应用到该主机，然后单击“下一步”按钮，完成添加主机操作。

图 5-2　“添加主机”对话框

（2）查看主机信息

在 FusionCompute 中展开“导航树”，选择”资源池”→“ManagementCluster”→“CNA1”，打开“概要”选项卡，查看主机的概要信息，如图 5-3 所示。

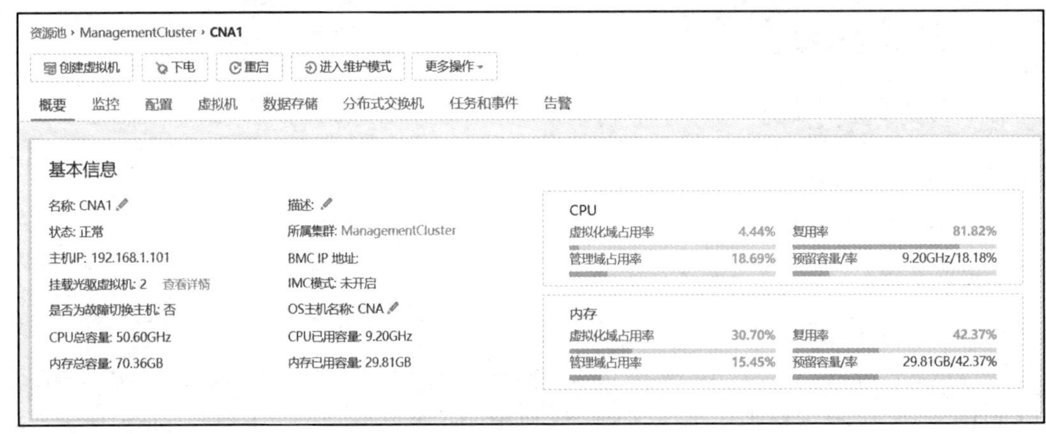

图 5-3　主机概要信息

（3）修改主机信息

在图 5-3 的“基本信息”窗格中，单击“名称”和“描述”，在弹出的对话框中分别输入修改后的主机名称和描述，单击“确定”按钮，完成信息修改。

（4）设置主机进入 / 退出维护模式

在主机进入维护模式后，可以将该主机与整个系统隔离开来，以便在不影响系统业务的情况下，在该主机上执行部件更换或下电、重启等维护操作。在主机进入维护模式后，该主机上的虚拟机不参与其所属集群的计算资源调度策略，也无法在维护模式下的主机上进行创建、启动、迁入虚拟机操作。在主机进入维护模式后，需要将主机上的虚拟机关闭或迁出，再对主机进行维护操作。

在列表中单击待修改主机的名称，在弹出的菜单中选择“操作”→“进入维护模式”，在弹出对话框中确认是否进入维护模式。如果要将主机上的虚拟机迁出，请勾选“迁移空虚拟机”，然后单击“确定”按钮，在弹出提示框中单击“确定”按钮，完成设置。

当主机在维护模式中时，如果要退出维护模式，请单击处于维护模式的主机名称，在弹出的菜单中选择“操作”→“退出维护模式”。

（5）从集群中移除主机

移除主机后，主机所提供的资源将从总集群资源中被扣除。移除主机有“移除”和“强制移除”两种方式。正常情况下，请使用“移除”方式安全移除主机。“强制移除”方式用于主机发生故障等不能正常移除的情况下，强制将主机移除。

“移除”的前提：

- 已将主机上的虚拟机迁移至别的主机上或删除。
- 已将主机在分布式交换机中的上行链路移除。

- 已将主机关联的数据存储解关联并断开所有存储资源。
- 已将主机上类型为“本地硬盘”的数据存储销毁。
- 待移除主机不存在“主机与 VRM 心跳异常”告警。

“强制移除”的前提：

- 主机状态为“故障”或“下电”。
- 已将主机上的虚拟机强制关闭。
- 如果主机关联了共享存储，请确保该共享存储不只关联该主机，否则不能将该主机强制移除。

在 FusionCompute 中展开“导航树”，选择”资源池”→“站点名称”→“集群名称”→“主机名称”，在弹出的界面中右键单击待移除的主机名称，在弹出的菜单中选择“移除”或“强制移除”，在弹出的对话框中单击“确定”按钮，在弹出的提示对话框中单击“确定”按钮，完成主机的移除。

注意：强制移除主机后，必须将强制移除的主机下电。如果强制移除后没有将主机下电，会影响该站点中其他正常状态主机的存储挂载等功能，请务必及时下电主机。

5.2　集群管理

5.2.1　集群创建与集群信息维护

【背景知识】

集群在虚拟化中是非常重要的一个概念，集群由多台主机组成，将这些主机的内存资源和 CPU 资源等进行池化，然后统一进行调度，这样虚拟机就可以被调度到不同的主机上运行，甚至虚拟机可以在不同主机之间进行实时迁移，以提高资源的利用率或者提供虚拟机的高可用性。

【实验内容】

① 创建集群。
② 配置集群基本信息。
③ 在新创建的集群中添加主机。
④ 删除集群。
⑤ 查看集群的概要信息。
⑥ 查看集群的虚拟机信息。

⑦ 查看集群的主机信息。
⑧ 修改集群名称和描述。
⑨ 修改集群的基本配置。

【实验步骤】

（1）创建集群

在 FusionCompute 中展开“导航树”，选择“资源池”，单击“创建集群”按钮，弹出“创建集群”对话框，如图 5-4 所示，配置集群基本信息。

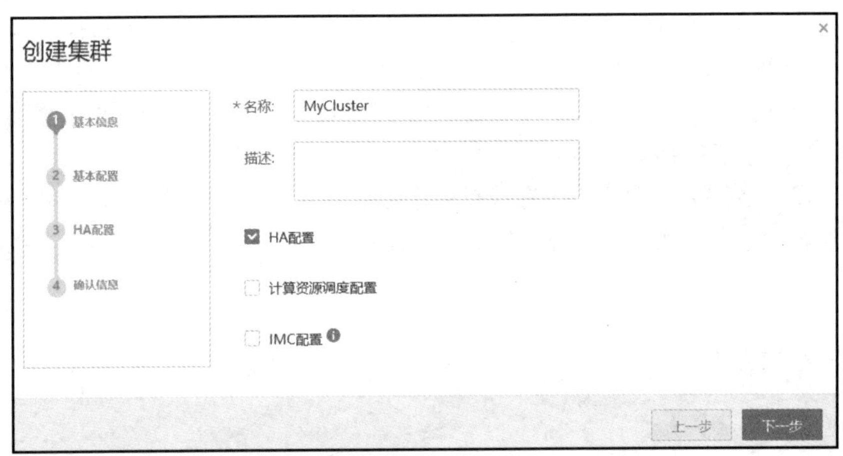

图 5-4　设置集群基本信息

（2）配置集群基本信息

在图 5-4 中，先不勾选“计算资源调度配置”和“IMC 配置”，直接单击“下一步”按钮，弹出图 5-5。

关于计算资源调度的配置，后面的章节将专门介绍。

集群中的主机可能会采用同一厂家（例如 Intel）的不同型号 CPU，IMC 模式可以确保集群内的主机向虚拟机提供相同的 CPU 功能集，即使这些主机的实际 CPU 型号不同，也不会因 CPU 不兼容而导致迁移虚拟机失败。集群的 IMC 模式需要等同于集群中 CPU 功能集最小的主机的功能集，或为该 CPU 功能集的子集。如果在已设置 IMC 的集群中添加主机，则主机支持的 CPU 功能集必须等于或大于集群的 IMC 功能集。CPU 功能集级别由小到大依次为 Merom、Penryn、Nehalem、Westmere、Sandy Bridge、Ivy Bridge。本实验不勾选“开启 IMC 模式”，因为两台服务器使用的是相同型号的 CPU。

如图 5-5 所示，完成集群基本配置，然后“下一步”按钮，进入“HA 配置”界面，先不勾选“开启”选项，后面章节将专门介绍 HA 的配置，直接单击“下一步”按钮，进入“确认信息”界面，单击“创建”按钮，在弹出的提示对话框中单击“确定”按钮，完成创建集群操作。新建的集群如图 5-6 所示。

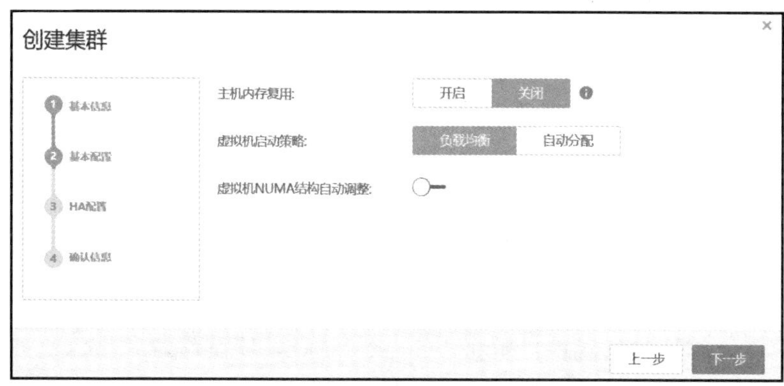

图 5-5　集群基本配置

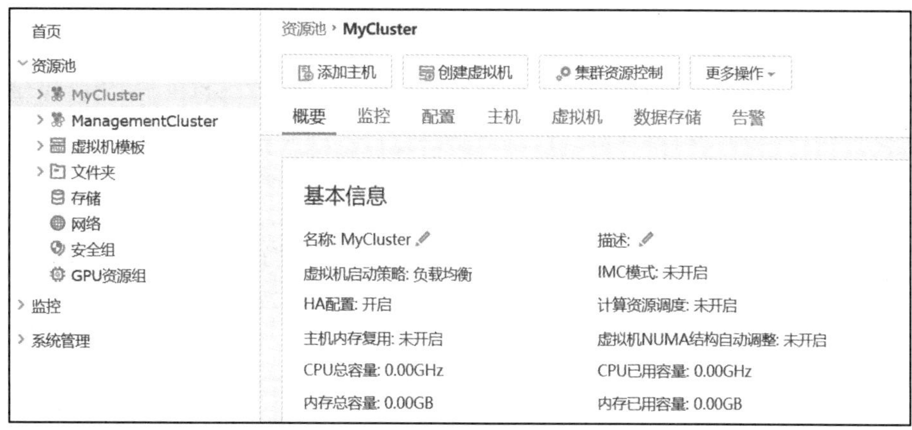

图 5-6　新建的集群

关于集群的基本配置说明如下。

1）主机内存复用

如需要设置集群内主机内存复用，则将“主机内存复用”项设置为“开启”，开启主机内存复用功能后，主机上创建的虚拟机内存总数可以超过主机物理内存，提高主机的虚拟机密度。

① 开启主机内存复用功能后，可通过虚拟机 QoS 设置中的“内存资源预留(MB)”来控制虚拟机具体的内存复用程度。当某台虚拟机的内存预留为最大值时，它将不参与内存复用。

② 当主机内存占用率达到 70%以上时，主机上承载的虚拟机业务是高内存消耗型业务，不建议开启内存复用功能。在这种情况下，如果开启内存复用功能，将大概率导致主机内存不足并通过内存交换策略产生空闲内存，进而导致非全内存预留的虚拟机性能较差。

③ 内存复用率建议控制在 150%以内，当内存复用率超过 120%时，会上报重要级别

告警；当虚拟机实际使用内存总量大于虚拟化域内存和 Swap 空间之和的 90%时，会上报紧急级别告警。

④ 开启内存复用功能时会进行热迁移，如果虚拟机部分内存位于内存交换磁盘，会导致迁移时间较长。

2）虚拟机启动策略

① 自动分配：当虚拟机启动时，在集群中满足资源条件的节点中随机进行节点的选择。

② 负载均衡：当虚拟机启动时，选择 CPU 可用资源最大的节点。

3）虚拟机 NUMA 结构自动调整

如需开启 GuestNUMA 功能，则将“GuestNUMA”项设置为“开启”，即开启虚拟机 NUMA 结构自动调整功能。GuestNUMA 功能可以将 CNA 节点上的 CPU 和内存拓扑结构呈现给虚拟机，虚拟机用户可根据该拓扑结构利用第三方软件（Eclipse 等）对 CPU 和内存进行相应配置，从而使得虚拟机内部业务在运行时可以优先访问近端内存以减小访问延时，达到提升性能的目的。GuestNUMA 功能生效的前提条件如下：

① 虚拟机 CPU 的内核数必须为主机 CPU 个数的整数倍或主机单个 CPU 线程数的整数倍。可参考主机信息，通过查看了解 CPU 个数和 CPU 线程数。如果由于虚拟机所在主机的 CPU 规格发生变化（例如热迁移或关机后在其他节点上启动），或虚拟机的 CPU 规格被修改，GuestNUMA 功能可能会失效。

② 不能开启集群内存复用功能或采用主机 CPU 资源隔离模式。

③ 在主机的高级 BIOS 设置中开启 NUMA Support 选项。以 RH2288H V5 服务器为例，在主机 BIOS 设置中，选择“Advanced”→“Advanced Processor”，将 NUMA Mode 选项设置为“Enabled”。

④ 设置集群 GuestNUMA 策略后，需要将主机上的虚拟机重启。

（3）在新创建的集群中添加主机

可以在新创建的集群中添加主机，参见 5.1 的步骤（1）。本书只有两台主机，均已经添加到“ManagementCluster”集群了，所以暂时无法实现。

（4）删除集群

刚创建的 MyCluster 集群，在后续实验用不到，现将其移除。在 FusionCompute 中展开“导航树”，选择“资源池”→“MyCluster”，在弹出的界面中单击“更多操作”→“移除”，在弹出的对话框中单击“确定”按钮，即可将其删除。

（5）查看集群的概要信息

以 ManagementCluster 为例，查看集群的概要信息。在 FusionCompute 中展开“导航树”，选择“资源池”→“ManagementCluster”，如图 5-7 所示，打开“概要”选项卡，即可查看集群的概要信息。

（6）查看集群的虚拟机信息

在图 5-7 中，打开“虚拟机”选项卡，可以查看集群的虚拟机信息，如图 5-8 所示。

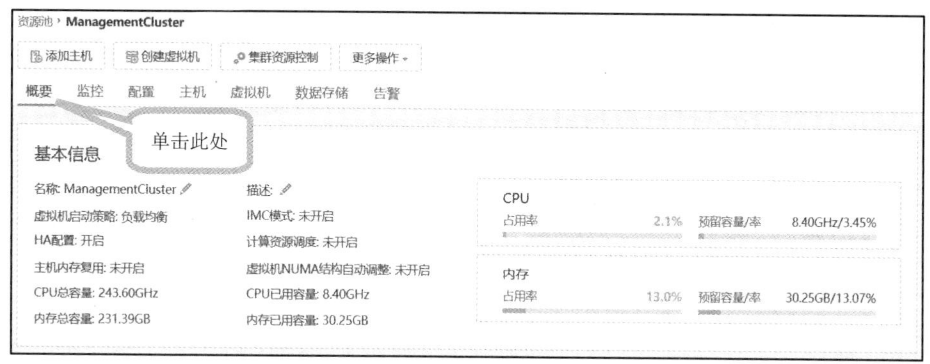

图 5-7　集群的概要

资源池 › ManagementCluster

添加主机　创建虚拟机　集群资源控制　更多操作

概要　监控　配置　主机　虚拟机　数据存储　告警

导出全部　操作　全部类型　全部状态　名称　请输入关键字　高级搜索

名称	ID	状态	类型	CPU占用率	内存占用率	磁盘占用率	...	所属主机	操作
Windows 10	i-00000002	运行中	普通虚拟机	4.47%	27.79%	26.33%	19...	CNA1	VNC登录　更多
Win2016-NAS	i-00000008	运行中	普通虚拟机	0.0%	22.27%	3.91%	19...	CNA1	VNC登录　更多
Win10-Template-3	i-00000007	运行中	普通虚拟机	0.0%	28.64%	26.31%	19...	CNA1	VNC登录　更多
Win10-Template-2	i-00000006	运行中	普通虚拟机	0.01%	19.67%	26.34%	0....	CNA1	VNC登录　更多
Win10-Template-1	i-00000005	运行中	普通虚拟机	0.0%	26.90%	26.34%	19...	CNA1	VNC登录　更多

图 5-8　查看集群的虚拟机信息

（7）查看集群的主机信息

在图 5-7 中，打开“主机”选项卡，可以查看集群的主机信息，如图 5-9 所示。

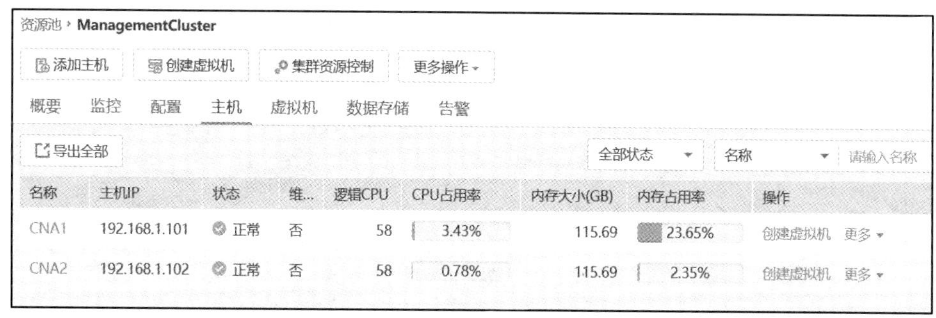

图 5-9　集群的主机信息

（8）修改集群名称和描述

在图 5-7 中，打开“概要”选项卡，如图 5-10 所示，在“基本信息”窗格中，单击“名称”和“描述”中的蓝色的“笔”图标，在弹出对话框中，分别输入修改后的集群名称和描述，然后单击“确定”按钮，便可修改集群名称和描述。

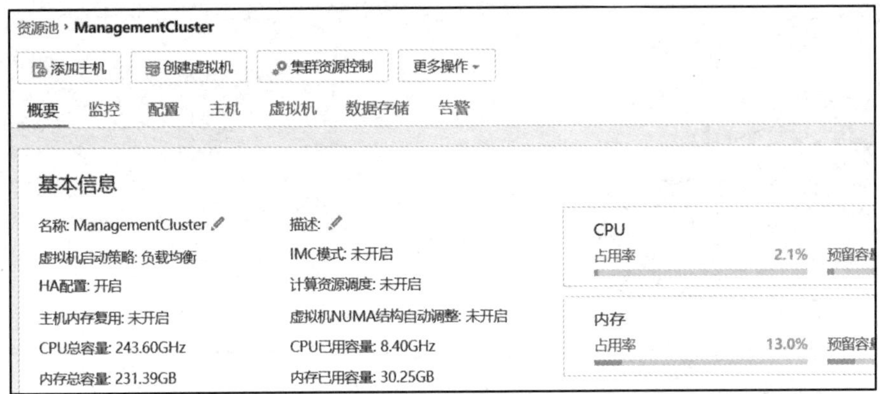

图 5-10　修改集群名称和描述

（9）修改集群的基本配置

在图 5-7 中，打开“配置”选项卡，如图 5-11 所示，单击“集群资源控制”→“基本配置”，在弹出窗格中，修改集群的基本配置——主机内存复用、虚拟机启动策略、虚拟机 NUMA 结构自动调整，也可修改各种 DRS 规则。

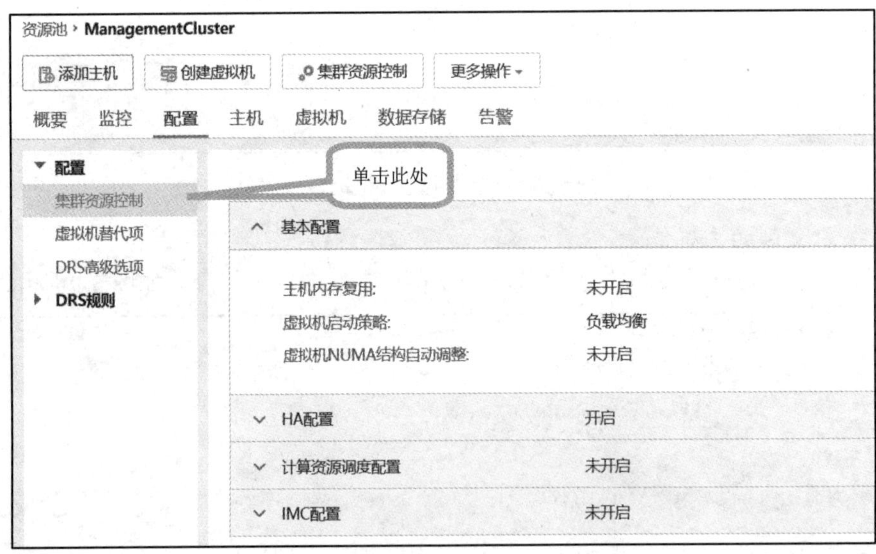

图 5-11　修改集群的基本配置

5.2.2　集群内虚拟机迁移

【背景知识】

有了集群以及共享存储（IP SAN、FC SAN、NAS），虚拟机可以在集群内甚至跨集群迁移。虚拟机的迁移有更改主机、更改数据存储、更改主机和数据存储 3 种。

更改主机的虚拟机迁移是指将正在运行的虚拟机从一台主机迁移到另一台主机上，迁移过程中无须中断虚拟机上的业务。虚拟机运行在主机上，当主机出现故障、资源分配不均（如负载过重、负载过轻）等情况时，可通过迁移虚拟机来保证虚拟机业务的正常运行。

① 当主机出现故障或主机负载过重时，可以将正在运行的虚拟机迁移到另一台主机上，避免业务中断，保证业务的正常运行。

② 当多数主机负载过轻时，可以将虚拟机进行迁移整合，以减少主机数量，提高资源利用率，实现节能减排。

1）更改主机

进行更改主机的虚拟机迁移的前提如下：

① 虚拟机的状态为“运行中”，虚拟机已安装 Tools 且 Tools 运行正常。

② 虚拟机未绑定图形处理器和 USB 设备。

③ 如果源主机和目标主机的 CPU 类型不一致，需要开启集群的 IMC 模式，具体操作参见集群 IMC 策略设置。

④ 当跨集群迁移时，源主机所属集群和目标主机所属集群的内存复用开关设置需相同。

2）更改数据存储

更改数据存储的虚拟机迁移是指将正在运行或者关闭的虚拟机所使用的数据存储（简单讲就是磁盘）从一台存储设备移动到另一台存储设备，如果是正在运行的虚拟机，则在迁移过程中无须中断虚拟机的业务；更改数据存储的虚拟机迁移要求虚拟机所在的主机能访问迁移前的数据存储和迁移后的数据存储。

3）更改主机和数据存储

更改主机和数据存储也称为整机迁移或者无共享热迁移。从名字就可以知道，它是指将正在运行的虚拟机从一台主机迁移到另一台主机并且同时将虚拟机中的磁盘从一个数据存储迁移到另一个数据存储，在迁移过程中无须中断虚拟机上的业务。

【实验内容】

① 对虚拟机进行更改数据存储的迁移。前面章节已经创建了一台虚拟机 Windows 10，该虚拟机使用主机 CNA1 的本地磁盘 autoDS_CNA1，请将该虚拟机的存储迁移到 IP-SAN 上。

② 对虚拟机进行热迁移，采用 3 种热迁移方法依次执行。

【实验步骤】

（1）对虚拟机进行更改数据存储的迁移

在 FusionCompute 中展开“导航树”，选择“资源池”→“ManagementCluster”，在弹出的界面打开“虚拟机”选项卡，单击待迁移虚拟机“Windows 10”，在弹出的“Windows 10”界面单击“VNC 登录”按钮，登录虚拟机后，如图 5-12 所示，在搜索栏中输入“CMD”，打开命令提示符，然后使用 ping -t 命令测试迁移过程中网络是否中断，即测试虚拟机的通信情况。

```
选择命令提示符 - ping 192.168.3.254 -t
C:\Users\jack>
C:\Users\jack>ping 192.168.3.254 -t

正在 Ping 192.168.3.254 具有 32 字节的数据:
来自 192.168.3.254 的回复: 字节=32 时间<1ms TTL=255
来自 192.168.3.254 的回复: 字节=32 时间<1ms TTL=255
来自 192.168.3.254 的回复: 字节=32 时间<1ms TTL=255
来自 192.168.3.254 的回复: 字节=32 时间<1ms TTL=255
来自 192.168.3.254 的回复: 字节=32 时间<1ms TTL=255
来自 192.168.3.254 的回复: 字节=32 时间<1ms TTL=255
来自 192.168.3.254 的回复: 字节=32 时间<1ms TTL=255
来自 192.168.3.254 的回复: 字节=32 时间<1ms TTL=255
来自 192.168.3.254 的回复: 字节=32 时间<1ms TTL=255
```

图 5-12　使用 ping -t 命令测试迁移过程中网络是否中断

在“Windows 10”界面单击“迁移”，弹出“迁移虚拟机”对话框，如图 5-13 所示，选择迁移方式为“更改数据存储”，然后单击“下一步”按钮，弹出图 5-14。

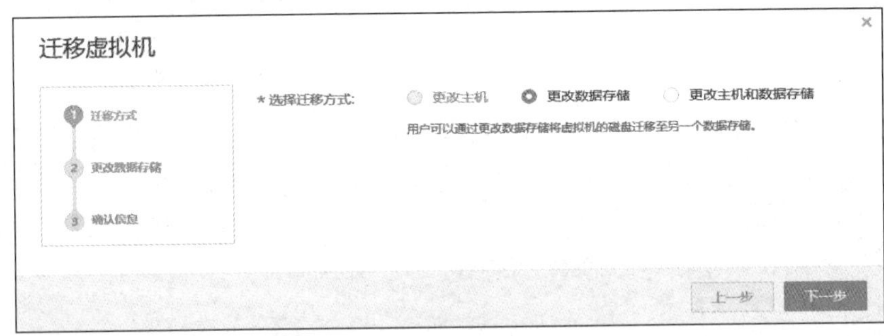

图 5-13　选择虚拟机的迁移方式

在图 5-14 中，根据迁移的对象选择迁移目标为“存储整体迁移”或“按磁盘迁移”。

- 存储整体迁移：以虚拟机所有磁盘为对象进行迁移；
- 按磁盘迁移：以用户选择的虚拟机磁盘为对象进行迁移。

在图 5-14 中，还可选择迁移速率，迁移速率有适中、快速和不限 3 种。

- 适中：系统资源占用较少；
- 快速：系统资源占用较多，建议在业务空闲时选择；
- 不限：对迁移速率不进行限制。

在本实验中，选择“存储整体迁移”，目的数据存储选择“IP-SAN”，两块虚拟机的磁盘配置模式都选择“精简”，然后单击“下一步”按钮，进入“确认信息”界面，单击“确定”按钮，FusionCompute 开始迁移。迁移进度可以单击所在界面左下方的“近期任务”查看。在迁移过程中，通过 VNC 窗口，可查看 CMD 的 ping 命令有没有发生丢包情况。

当迁移完成后，在“Windows 10”界面，打开“概要”选项卡，可查看虚拟机的工作位置——IP-SAN，证明迁移成功。

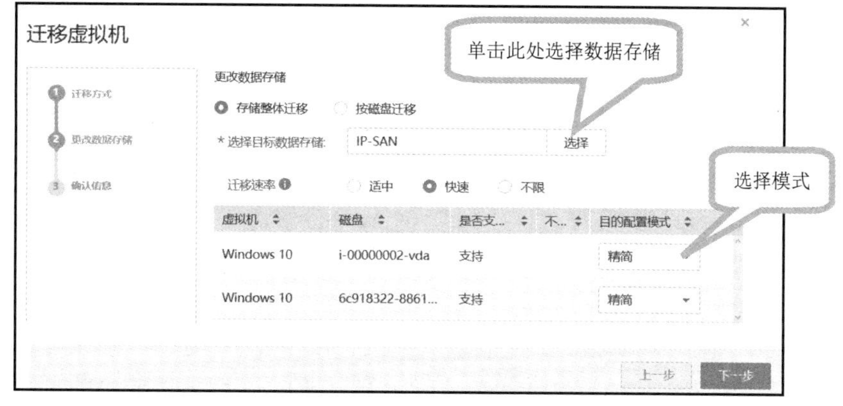

图 5-14　选择数据存储为“存储整体迁移”

（2）对虚拟机进行更改主机的迁移

在 FusionCompute 中展开“导航树”，选择“资源池”→“ManagementCluster”，在弹出的界面打开“虚拟机”选项卡，单击待迁移虚拟机“Windows 10”，在弹出的“Windows 10”界面打开“概要”选项卡，查看所属主机，确定虚拟机当前所在的主机（CNA1），检查网络配置，采用单击“VNC 登录”按钮方式登录虚拟机，在搜索栏输入“CMD”，打开命令提示符，使用 ping -t 命令测试与虚拟机的通信情况。

在“Windows 10”界面，单击“迁移”，弹出“迁移虚拟机”对话框，如图 5-13 所示，选择迁移方式为“更改主机”，单击“下一步”按钮，如图 5-15 所示，选择迁移目的主机 CNA2。如果要与目标主机绑定，则勾选“与所选迁移目的主机绑定”，然后单击“下一步”按钮，进入“确认信息”界面，单击“确定”按钮，FusionCompute 开始迁移。

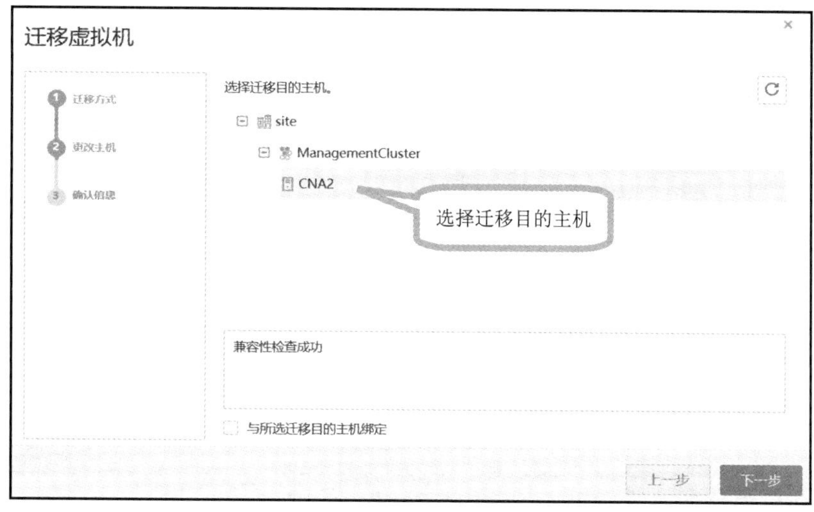

图 5-15　选择迁移目的主机 CNA2

迁移进度可以单击当前界面左下方的“近期任务”查看。同时，在整个迁移过程中，通过 VNC 窗口可查看 CMD 的 ping 命令有没有发生丢包情况，可以查看到虚拟机通信在正常情况下不会中断。

当迁移完成后，在“Windows 10”界面，打开“概要”选项卡，可查看虚拟机的所属主机——CNA2，证明迁移成功。

（3）对虚拟机进行整机迁移

在 FusionCompute 中展开“导航树”，选择“资源池”→“ManagementCluster”，在弹出的界面打开“虚拟机”选项卡，单击待迁移虚拟机“Windows 10”，在弹出的“Windows 10”界面打开“概要”选项卡，可查看所属主机，确定虚拟机当前所在的主机（CNA2）和目标数据存储（IP-SAN），检查网络配置，采用单击“VNC 登录”按钮方式登录虚拟机后，在搜索栏中输入“CMD”，打开命令提示符，然后用 ping -t 命令测试与虚拟机的通信情况。

在虚拟机“Windows 10”界面，单击“迁移”，弹出“迁移虚拟机”对话框，如图 5-16 所示，选择“更改主机和数据存储”，单击“下一步”按钮，弹出图 5-17。

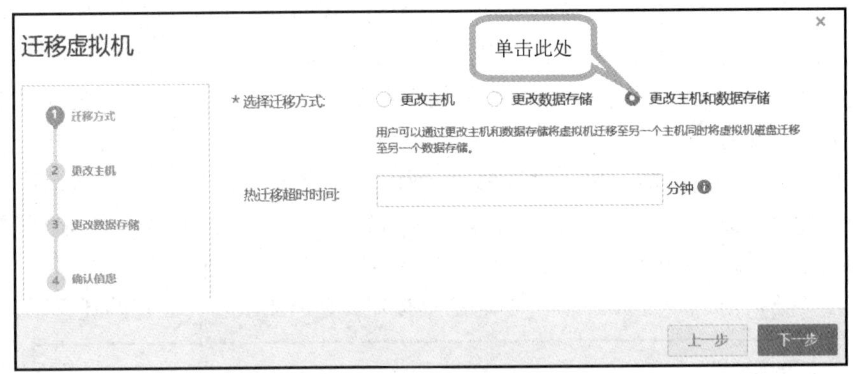

图 5-16　选择更改主机和数据存储

如图 5-17 所示，选择迁移目的主机，单击“CNA1”，然后单击“下一步”按钮，弹出图 5-18。

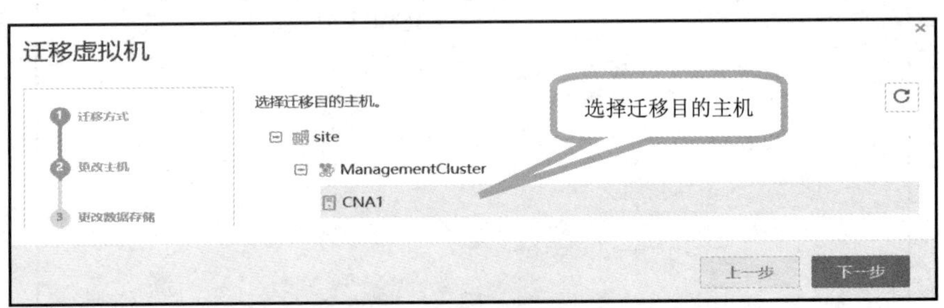

图 5-17　选择目的主机

在图 5-18 中，将“选择目标数据存储”设置为“FC-SAN”，将磁盘的“目的配置模式”全修改为“普通延迟置零”，单击“下一步”按钮，进入“确认信息”界面，然后单击“确定”按钮，虚拟机开始执行迁移任务。

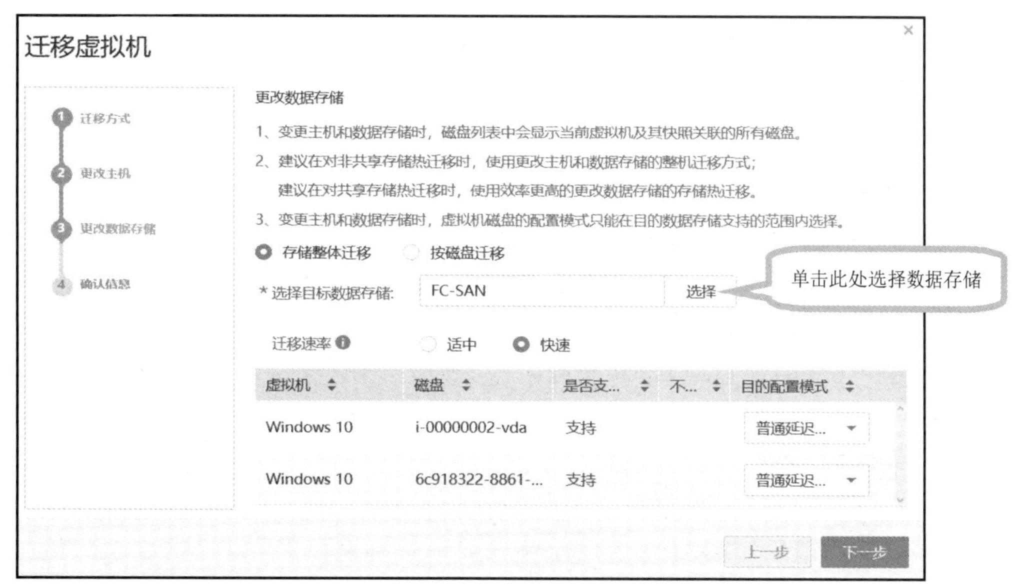

图 5-18　选择目标数据存储

迁移进度可以通过单击当前界面左下方的“近期任务”查看。同时，在整个迁移过程中，通过 VNC 窗口，可查看 CMD 的 ping 命令有没有发生丢包情况，可以查看到，虚拟机通信在正常情况下不会中断。

当迁移完成后，在“Windows 10”界面打开“概要”选项卡，可以查看到其所属主机为 CNA1，磁盘的工作位置为 FC-SAN。

5.2.3　配置 HA 策略

【背景知识】

HA：High Availability，高可用性，指当物理机（主机）或者虚拟机发生故障时，可以在另一台主机重新启动虚拟机，以缩短业务中断的时间，从而提高系统的可用性。虚拟机在另一台上主机重启时，业务会有一段时间中断。

还有另一种技术，被称为 FT（Fault Tolerance，容错）技术，指虚拟机在两台主机上同时运行时，一台为主虚拟机，一台为备虚拟机，主虚拟机提供业务功能，主、备虚拟机完全同步运行（内存里的数据也是同步的），甚至键盘、鼠标的操作也是同步的。当主虚拟机发生故障时，由备虚拟机立即接替主虚拟机工作。采用这种工作方式，业务几乎不会中断，但是占用资源多。本书只介绍 HA。

【实验内容】

① 配置集群 ManagementCluster 的 HA 策略。
② 测试 HA。
③ 设置虚拟机替代项。

【实验步骤】

（1）配置集群 ManagementCluster 的 HA 策略

① 在 FusionCompute 中展开“导航树”，选择”资源池”→“站点名称”→“集群名称”→“主机名称”，在打开的界面中，选择“配置”→“HA 配置”，单击“集群资源控制”，如图 5-19 所示，弹出“集群资源控制”对话框。

图 5-19　“集群资源控制”对话框

② 勾选“开启”，开启集群 HA。只有集群内的虚拟机才可以开启 HA 功能。

③ 如图 5-19 所示，配置集群的 HA 策略。

打开“接入控制”选项卡，开启“接入控制策略”功能，有“HA 资源预留”“使用专用故障切换主机”“集群允许主机故障设置”3 种 HA 策略可以选择。

1）HA 资源预留

在整个集群内按照配置值预留 CPU 与内存资源，该资源仅用于虚拟机 HA 功能。

- CPU 预留（%）：集群的 CPU 预留占集群总 CPU 的百分比。
- 内存预留（%）：集群的内存预留占集群总内存的百分比。

2）使用专用故障切换主机

预留指定主机作为专用故障切换主机，当主机作为专用故障切换主机时，普通虚拟机禁止在该主机上启动、迁入、唤醒和快照恢复。仅当虚拟机开启 HA 功能时，系统将根据主机上资源占用情况，选择在普通主机或专用故障切换主机上启动虚拟机。当勾选“开启自动迁空”时，系统会定期将专用故障切换主机上的虚拟机迁移到其他有合适资源的普通主机上，以确保在专用故障切换主机上预留资源。

3）集群允许主机故障设置

设置集群内允许指定数目的主机发生故障，系统定期检查集群内是否留有足够的资源来对这些主机上的虚拟机进行故障切换。当资源不足时，系统会自动上报告警，对用户提出预警，以确保剩余主机的资源足够为故障主机上的虚拟机提供 HA 功能。插槽可理解为虚拟机 CPU 和内存资源的基本单元。插槽大小可设置为“自动设置”或“自定义设置”方式。

- 自动设置：系统将根据集群中虚拟机的 CPU 和内存要求，选择最大值，计算出插槽大小。
- 自定义设置：根据用户需要来设置插槽中 CPU 和内存的大小。

本实验选择“HA 资源预留”，在本实验中将 CPU 和内存预留设置为 0。

（2）测试 HA 功能

本书中的实验拓扑中只有两台主机，CNA1 上运行单节点 VRM，因此不能人为造成该主机故障，所以该步骤人为造成 CNA2 故障以测试虚拟机的 HA 功能。

① 测试虚拟机为 Windows 10，检查虚拟机所在的主机，如果不在 CNA2 上，则先把虚拟机迁移到 CNA2 上；检查主机 CNA2 上正在运行的虚拟机，除了 Windows 10，将其他虚拟机都迁移到 CNA1 上，在 CNA2 上只有 Windows 10 虚拟机在运行；检查 Windows 10 的 IP 地址，如图 5-20 所示，使用 **ping -t** 命令在管理员计算机上 **ping** 虚拟机，测试管理员计算机与虚拟机的连通性。

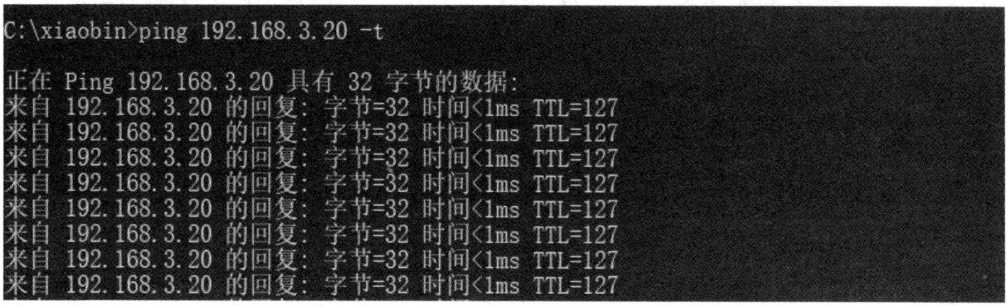

```
C:\xiaobin>ping 192.168.3.20 -t

正在 Ping 192.168.3.20 具有 32 字节的数据:
来自 192.168.3.20 的回复: 字节=32 时间<1ms TTL=127
来自 192.168.3.20 的回复: 字节=32 时间<1ms TTL=127
来自 192.168.3.20 的回复: 字节=32 时间<1ms TTL=127
来自 192.168.3.20 的回复: 字节=32 时间<1ms TTL=127
来自 192.168.3.20 的回复: 字节=32 时间<1ms TTL=127
来自 192.168.3.20 的回复: 字节=32 时间<1ms TTL=127
来自 192.168.3.20 的回复: 字节=32 时间<1ms TTL=127
来自 192.168.3.20 的回复: 字节=32 时间<1ms TTL=127
```

图 5-20　使用 **ping -t** 命令在管理员计算机上 **ping** 虚拟机

② 登录 CNA2 主机的 BMC，用户名为 root，密码为 IE$cloud8!。如图 5-21 所示，选择“电源与能耗”→“电源控制”，单击“强制下电”按钮，在弹出的对话框中单击“确定”按钮，模拟主机 CNA2 电源故障。这样 CNA2 将无法工作，CNA2 上运行的虚拟机 Windows 10 也会因此出现故障。

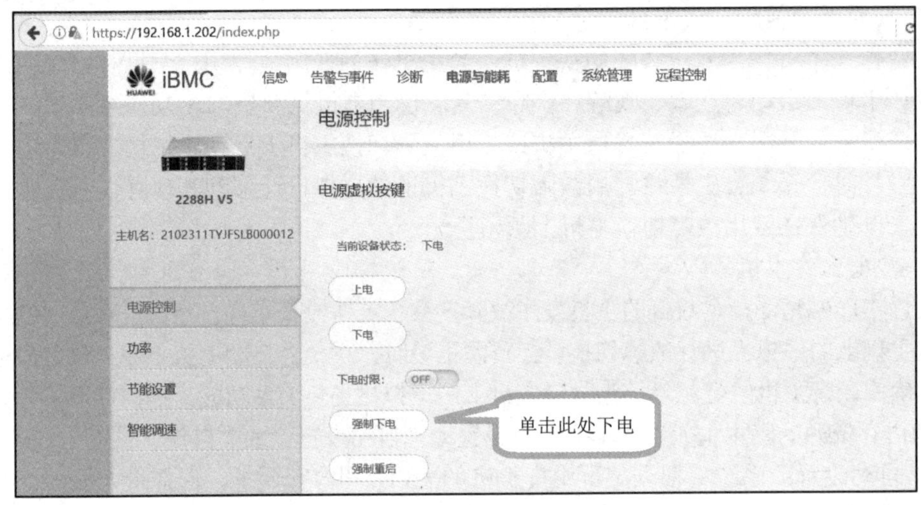

图 5-21　将 CNA2 强制下电

③ 在图 5-22 中一直 ping 虚拟机，发现其通信会中断了一小会儿。由于开启了 HA 功能，过一段时间后虚拟机会在 CNA1 上重新启动，恢复通信，如图 5-22 后半段所示，管理员计算机已能够重新 ping 通虚拟机，表示虚拟机通信恢复。

图 5-22　虚拟机通信恢复

④ 在图 5-23 中，选择“系统管理”→“任务与日志”→“任务中心”，可以看到任务名称为“虚拟机 HA”的任务，该任务是系统调度虚拟机在另一主机重新启动的过程。

⑤ 测试完毕后，请重新开启主机 CNA2 的电源。具体步骤是：在图 5-21 中，单击“上电”按钮，在弹出的对话框中单击“确定”按钮。

图 5-23　虚拟机 HA 任务

（3）设置虚拟机替代项

① 在 FusionCompute 中展开“导航树”，选择“资源池”→“ManagementCluster”，弹出图 5-24，在该图中单击“配置”→“虚拟机替代项”，然后单击“添加”按钮，在弹出的“添加虚拟机替代项”对话框中，设置虚拟机的替代项，如图 5-25 所示。

图 5-24　虚拟机替代项

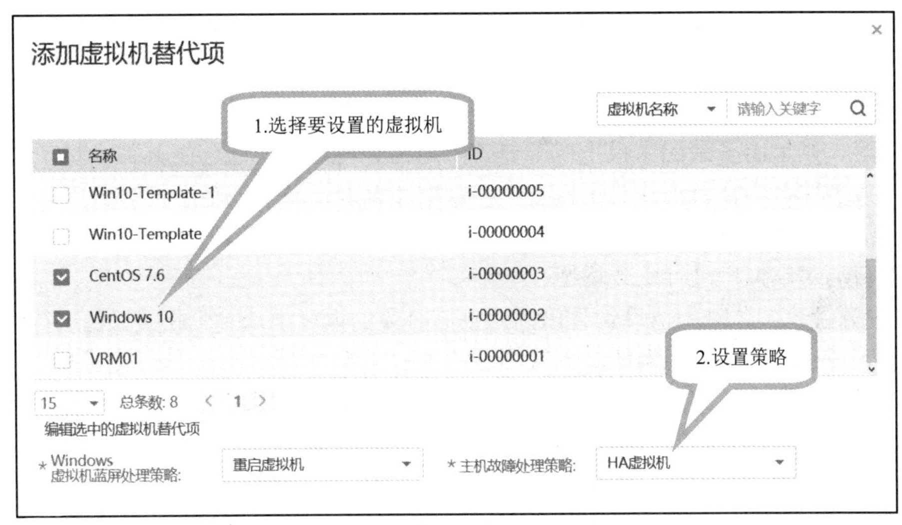

图 5-25　设置虚拟机的替代项

② 可以单独为某一台虚拟机配置其 HA 策略。

- 虚拟机故障处理策略：当集群开启 HA 策略时，此处可设置。可以设置的选项有使用集群设置、不处理、重启虚拟机、HA 虚拟机、关闭虚拟机。
- Windows 虚拟机蓝屏处理策略：当集群开启 HA 策略时，此处可设置。可以设置的选项有使用集群设置、不处理、重启虚拟机、HA 虚拟机、关闭虚拟机。

5.2.4　配置计算资源调度策略

【背景知识】

计算资源调度包括动态资源调度和电源管理自动化。

集群动态资源调度功能采用智能负载均衡调度算法，周期性检查集群内主机的负载情况，在不同主机之间迁移虚拟机，从而达到集群内主机之间负载均衡的目的。

① 集群动态资源调度的自动化级别有两种：自动和手动。在自动调度模式下，系统会自动将虚拟机迁移到最合适的主机上；在手动操作模式下，系统会生成操作建议供管理员选择，管理员根据实际情况决定是否应用建议。

② 资源调度可以配置不同的衡量因素，可以根据 CPU、内存或 CPU 和内存进行调度。只有当资源复用时，才会影响虚拟机性能。因此，如果未使用内存资源复用，建议配置为根据 CPU 调度。如果使用内存复用，建议配置为根据 CPU 和内存综合调度。

③ 资源调度的高级规则可以用来满足一些特殊需求。例如，当 2 台虚拟机是主备关系时，可以为其配置互斥策略，使其运行在不同的主机上以提高可靠性。

④ 资源调度的分时阈值设置可以满足不同时段的调度需求。由于虚拟机迁移会带来一定的系统开销，所以建议在业务压力较大时设置为保守策略，在业务压力较小时设置为中等或激进策略，避免影响业务性能。

电源管理自动化功能会周期性地检查集群中服务器的资源使用情况，如果集群中资源利用率不足，则会将多余的主机下电节能，下电前会将虚拟机迁移至其他主机上；如果集群资源过度利用，则会将离线的主机上电，以增加集群资源，减轻主机的负荷。

① 当开启电源管理自动化功能时，必须同时开启计算资源调度自动化功能。待主机上电后，便自动对虚拟机进行负载均衡。

② 电源管理的分时阈值设置可以满足不同时段的调度需求。在业务平稳运行时段，建议将电源管理自动化的级别调低，以减小对业务的影响。

③ 电源管理自动化会检测集群的资源利用率，当资源利用率低于轻载阈值的持续时间超过下电主机评估历史时间（默认为 40 分钟）时，才会对主机进行下电操作。同样，当资源利用率高于重载阈值的持续时间超过上电主机评估历史时间（默认为 5 分钟）时，才会对主机进行上电操作。下电主机评估历史时间和上电主机评估历史时间支持在高级选项中

自定义配置。

应用示例：节假日或晚上下班前，管理员可启用电源管理自动化策略。当用户下班后，资源负载持续下降，系统会下电部分主机；当用户上班时，资源使用持续上升，系统会自动上电主机。

【实验内容】

① 配置集群计算资源调度策略。

② 测试计算资源调度策略。

③ 配置计算资源调度资源组、规则组和均衡组。

④ 配置集群电源管理策略。

【实验步骤】

（1）配置资源调度周期

系统默认设置的计算资源调度周期和电源管理自动化调度周期都是10分钟，管理员可以根据系统负载情况调整资源调度周期。在FusionCompute中，选择“系统管理”→“系统配置”→“业务配置”，打开“业务配置”对话框，如图5-26所示，配置资源调度周期。例如，配置“计算资源调度周期(分钟)”为“10”，则每隔10分钟，系统执行调度策略一次。单击“保存”按钮，在弹出的提示对话框中再次单击“确定”按钮，完成资源调度周期配置。

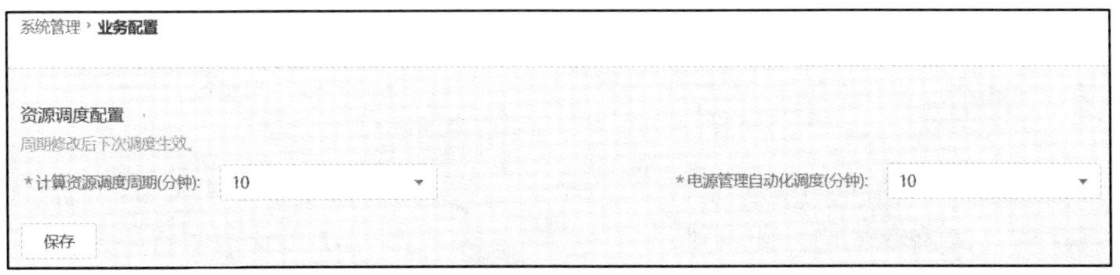

图5-26　配置资源调度周期

（2）开启计算资源调度

在FusionCompute中展开“导航树”，选择“资源池”→“ManagementCluster”，在ManagementCluster界面打开“集群资源控制”对话框。如图5-27所示，选择“计算资源调度配置”，在弹出的对话框中，勾选“开启计算资源调度”，在该图中出现可编辑参数。

在图5-27中，计算资源调度自动化各参数含义如下。

① 自动化级别：“手动”表示在达到迁移阈值后，给出管理员迁移虚拟机的建议，管理员根据建议手动完成虚拟机迁移；“自动”表示系统会按既定规则自动迁移。本实验选择“自动”。

② 衡量因素：迁移阈值的判断依据，可选择仅通过CPU占用率判断、仅通过内存占用率判断或同时通过CPU和内存的占用率判断。本实验选择“CPU和内存”。

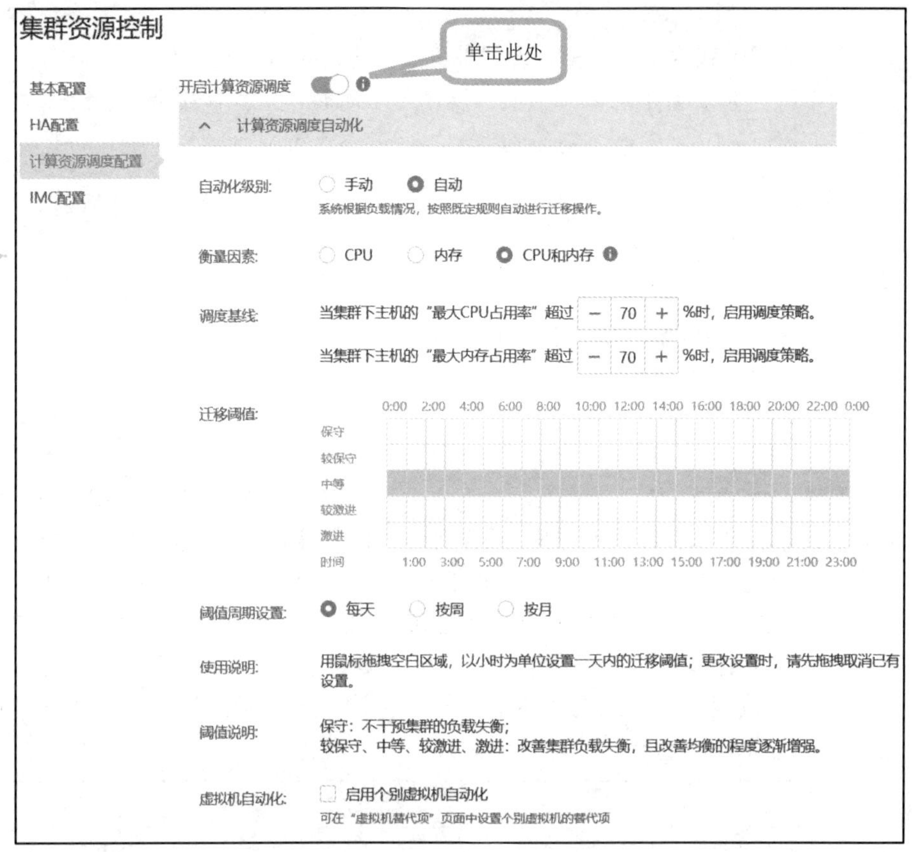

图 5-27　开启计算资源调度

③ 调度基线：主机进行资源调度的基准线。当主机的负载小于所设置的调度基线时，该主机不实施资源调度策略，即该主机上的虚拟机不会被迁移至其他主机上。

调度基线的设置会影响电源管理功能，因此在电源管理功能开启的情况下，不建议设置调度基线。本实验设置为 70%。

④ 迁移阈值：表格中每列代表一小时的时间段，在设置时，可针对每小时设置不同的迁移阈值，用鼠标拖曳空白区域，以小时为单位设置一天内的迁移阈值；当更改设置时，请先采用拖曳方式取消已有设置。迁移阈值有“保守”“中等”“激进”等级别，如果选择“激进”，则迁移阈值小，调度频繁。本实验保持默认设置。

⑤ 阈值周期设置：可设置阈值开启的时间。本实验保持默认设置。

⑥ 虚拟机自动化：当选择启用后，可在“虚拟机替代项”对话中启用个别虚拟机自动化级别，可为集群内的虚拟机逐个设置自动化级别；如果取消勾选，则默认与集群设置的自动化级别保持一致。本实验保持默认设置，不勾选。

（3）设置调度策略

如图 5-27 所示，配置 ManagementCluster 集群的计算资源调度自动化参数。为达到实验效果，将“迁移阈值”设置为“激进”，“衡量因素”设置为“CPU”，“调度基线”设置为“50%”。

（4）测试集群的计算资源调度自动化

此步骤将人为制造计算资源使用的不平衡，通过查看可知系统是否自动调度虚拟机。

① 利用之前创建的 4 台 Windows 10 虚拟机，将其 CPU 设置为 16 核（每个插槽的内核数为 8），虚拟机使用端口组 vlan3，启动虚拟机。注意虚拟机要使用共享存储（FC-SAN 和 IP-SAN），不能挂载光驱或者 Tools，以保证虚拟机可以被调度到不同主机上。如图 5-28 所示，先把这 4 台 Windows 10 虚拟机均迁移到主机 CNA1 上运行，即虚拟机均在 CNA1 上运行。由于此时虚拟机负载很轻，主机的负载均衡度差别不大，因此这时可能并不会发生调度。

资源池 › ManagementCluster

添加主机　创建虚拟机　集群资源控制　更多操作

概要　监控　配置　主机　虚拟机　数据存储　计算资源调度　告警

导出全部　操作　全部类型　全部状态　名称　请输入关键字

名称	ID	状态	类型	CPU占用率	内存占用率	磁盘占用率	IP地址	所属主机
Windows 10	i-00000002	运行中	普通...	0.0%	27.01%	26.34%	192.168.3.20	CNA1
Win2016-NAS	i-00000008	运行中	普通...	0.0%	22.97%	3.92%	192.168.1.50	CNA1
Win10-Template-3	i-00000007	运行中	普通...	0.01%	28.71%	26.31%	192.168.1.20	CNA1
Win10-Template-2	i-00000006	运行中	普通...	0.01%	25.67%	26.34%	0.0.0.0	CNA1
Win10-Template-1	i-00000005	运行中	普通...	0.01%	26.99%	26.34%	192.168.1.20	CNA1

图 5-28　虚拟机均在 CNA1 上运行

② 在 4 台 Windows 10 虚拟机上安装一个能人为造成 CPU 负载大幅度提高的程序“CPUHog”(可以使用 Windows 文件共享、FTP、远程桌面或者用 ISO 制作工具，将此 CPUHog 封装成 ISO 镜像，然后让虚拟机挂载，将安装程序复制到虚拟机上），该程序安装很简单，按提示单击“Next”按钮、“Yes”按钮或者“Install”按钮即可。安装完成后，双击“CPUHog”运行，CPUHog 程序主界面如图 5-29 所示。

图 5-29　CPUHog 程序主界面

③ 在 4 台 Windows 10 虚拟机上运行 CPUHog，单击“Start”按钮，造成虚拟机 CPU 负载上升，如图 5-30 所示。如果 CPU 负载不够高，可以运行多个 CPUHog 程序，可使 CPU 负载达到 100%。此时主机 CNA1 的 CPU 负载会上升，计算资源的使用开始不平衡。

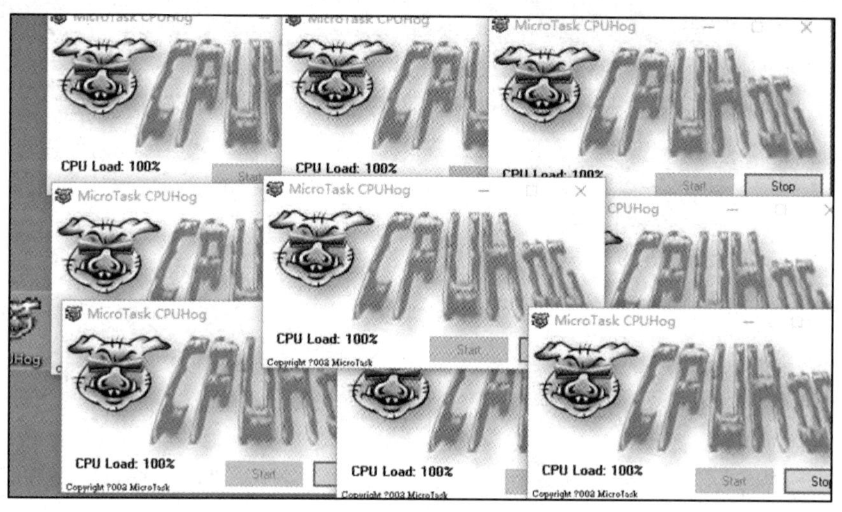

图 5-30　虚拟机 CPU 负载上升

④ 在 FusionCompute 中展开“导航树”，选择“资源池”→“ManagementCluster”，打开“ManagementCluster”对话框，单击“主机”选项卡，可以看主机 CPU 占用率，等待一段时间（与图 5-26 所配置的周期有关），系统会将部分虚拟机调度到 CNA2 上，如图 5-31 所示。

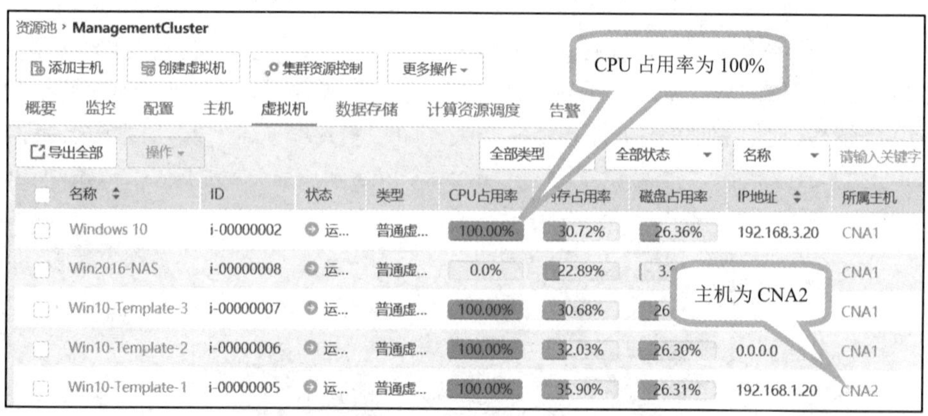

图 5-31　系统会将部分虚拟机调度到 CNA2 上

（5）配置 DRS 规则

DRS 规则是关于需要使用资源的虚拟机组或者提供资源的主机组的规则。虚拟机迁移规则中的“虚拟机到主机”需要关联一个虚拟机组和一个主机组，指定所选的虚拟机组的成员是否能够在特定主机组的成员上运行。因此，需要在“资源组”中按规划提前设定虚拟机组和主机组。

① 在 FusionCompute 中展开“导航树”，选择“资源池”→“ManagementCluster”，在弹出的“ManagementCluster”对话框中，单击“配置”→“DRS 规则”→“虚拟机组”→“添加”，打开如图 5-32 所示的“添加虚拟机组”对话框，在该对话框中填写虚拟机组的名称，选择需要添加的虚拟机，然后单击“确定”按钮，完成虚拟机组的添加。

图 5-32　“添加虚拟机组”对话框

添加成功后，可在“虚拟机组”界面的虚拟机组列表中，在虚拟机组所在行单击“修改”或“删除”对该虚拟机组进行修改或删除操作。

② 在 FusionCompute 中展开“导航树”，选择“资源池”→“ManagementCluster”，在弹出的“ManagementCluster”对话框中单击“配置”→“DRS 规则”→“主机组”→“添加”，在弹出的如图 5-33 所示的“添加主机组”对话框中，填写主机组的名称，选择要添加的主机，然后单击“确定”按钮，完成主机组的添加。

注释：将集群中的主机设置为主机组后，可以为主机组创建“虚拟机到主机”规则，设置迁移的主机范围。

添加成功后，可在“主机组”界面的主机组列表中，在主机组所在行单击“修改”或“删除”对该主机组进行修改或删除操作。

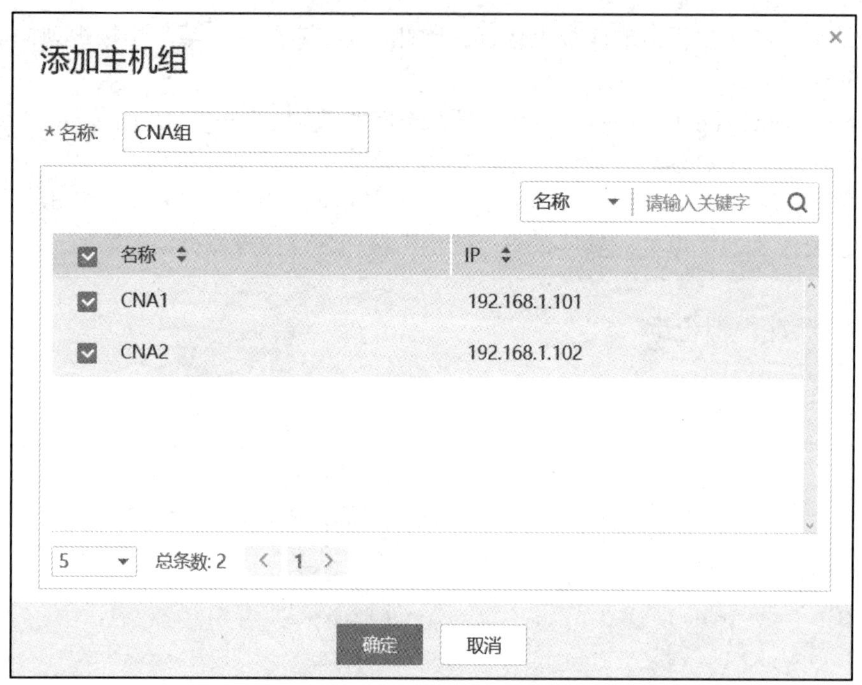

图 5-33　“添加主机组”对话框

（6）设置规则组

规则类型有聚集虚拟机、互斥虚拟机、虚拟机到主机规则 3 种，其含义如下。

① 聚集虚拟机规则：列出的虚拟机必须在同一主机上运行，一台虚拟机只能被加入一条聚集虚拟机规则中。

② 互斥虚拟机规则：列出的虚拟机必须在不同主机上运行，一台虚拟机只能被加入一条互斥虚拟机规则中。

③ 虚拟机到主机规则：关联一个虚拟机组和主机组并设置关联规则，指定所选的虚拟机组的成员是否能够在特定主机组的成员上运行。

具体设置步骤如下。

① 在 FusionCompute 中展开“导航树”，选择“资源池”→“ManagementCluster”，在“ManagementCluster”对话框中，单击“配置”→“DRS 规则”→“规则组”→“添加”，在弹出的如图 5-34 所示的“添加规则组”对话框中，设置规则的名称并选择类型。

② 如果类型为“聚集虚拟机”或者“互斥虚拟机”，从“待选虚拟机”区域框选择两台待设置为互斥关系的虚拟机，单击“确定”按钮，在弹出的提示对话框中单击“确定”按钮，完成调度规则的添加。

添加成功后，可在“规则管理”界面的规则列表中，在规则所在行单击“修改”或“删除”对该规则进行修改或删除操作。

图 5-34　“添加规则组”对话框

③ 如果类型为虚拟机到主机，如图 5-35 所示，选择虚拟机组、规则和主机组，添加虚拟机到主机的规则，然后单击“确定”按钮，在弹出的提示对话框中单击“确定”按钮，完成虚拟机到主机调度规则的添加。

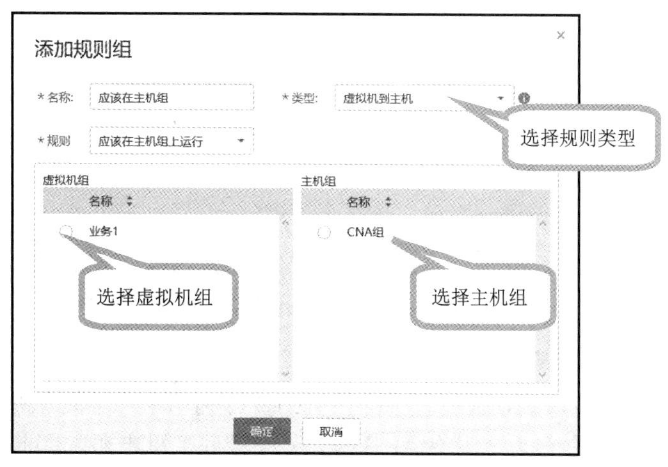

图 5-35　添加虚拟机到主机的规则

具体规则说明如下。

- 必须在主机组上运行：虚拟机组中的虚拟机必须在主机组中的主机上运行；

- 应该在主机组上运行：虚拟机组中的虚拟机应当（但不是必须）在主机组中的主机上运行；
- 禁止在主机组上运行：虚拟机组中的虚拟机绝对不能在主机组中的主机上运行；
- 不应该在主机组上运行：虚拟机组中的虚拟机不应当（但可以）在主机组的主机上运行。

（7）设置均衡组

用户可以在均衡组中添加若干当前集群下的虚拟机，经过资源调度，在集群内的整体负载均衡的基础上，均衡组内的虚拟机默认以负载均衡的方式在当前集群内达到均衡分布。例如，同一个集群中部署了两种不同的业务，为了让两种业务均稳定运行，可将两种业务的虚拟机加入均衡组中，这样便可基于业务实现负载均衡。

在 FusionCompute 中展开“导航树”，选择“资源池”→“ManagementCluster”，在“ManagementCluster”对话框中，单击“配置”→“DRS 规则”→“均衡组”→“添加”，在弹出的如图 5-36 所示的“添加均衡组”对话框中，设置均衡组的名称并选择虚拟机，然后单击“确定”按钮，完成均衡组的添加。

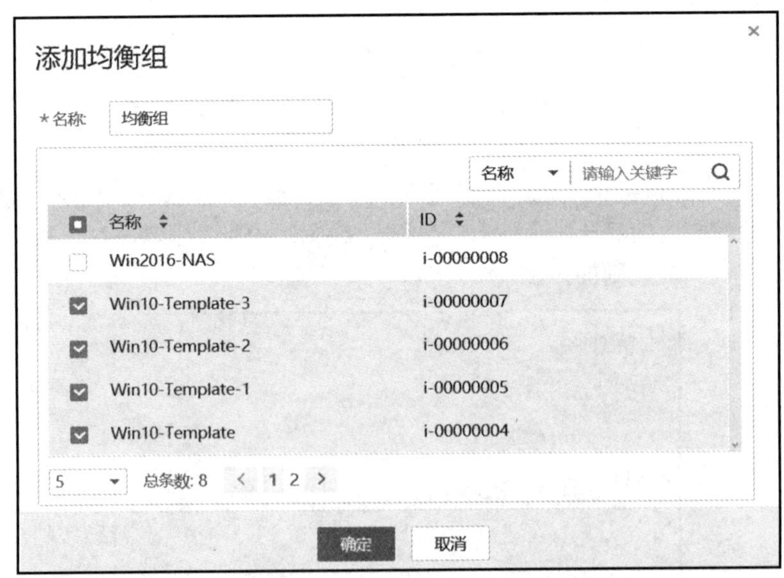

图 5-36　“添加均衡组”对话框

（8）设置电源管理策略

① 在开启电源管理后，系统会根据主机的资源利用率，迁移主机上的虚拟机并对主机实行上、下电。电源管理自动化使用 BMC 远程管理主机电源，因此在启动电源管理自动化前，需要对每个主机配置 BMC，确认已经配置正确的 IP 地址、用户名和密码。

② 在“设置集群资源控制”窗口，单击“电源管理”弹出图 5-37。在图 5-37 中，勾选“开启电源管理”，设置自动化级别和电源管理阈值，完成阈值周期设置。电源管理依赖

于计算资源调度，因此电源管理只有在开启计算资源调度，并且电源管理阈值的设置不为“保守”和“激进”时生效。为达到实验效果，在图 5-37 中，将自动化级别被设置为“自动”，电源管理阈值被设置为“激进”，然后单击“确定”按钮。

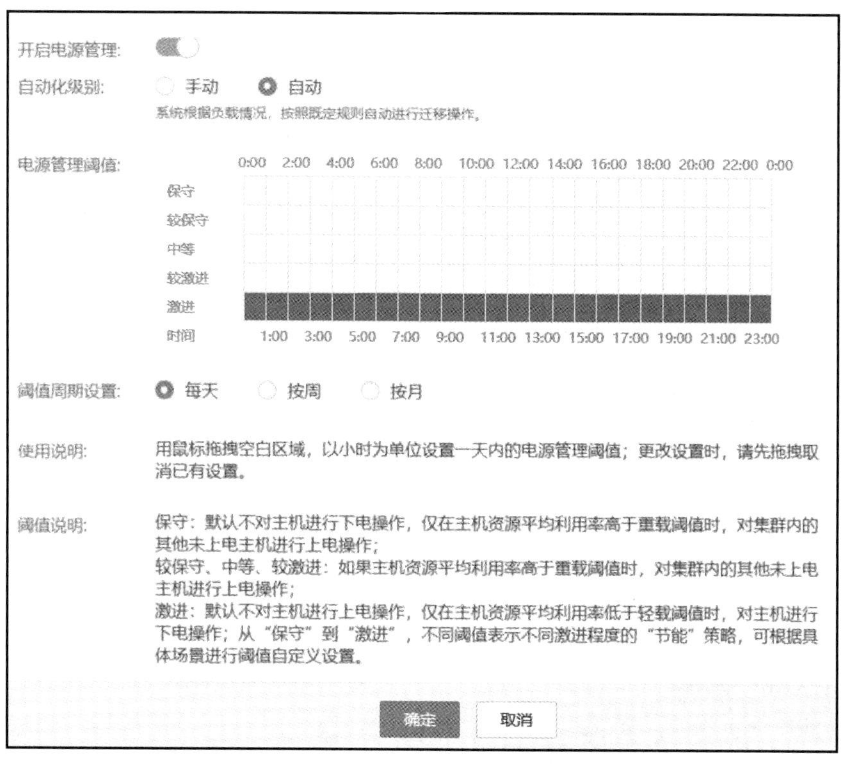

图 5-37　设置电源管理策略

关于电源管理的自动化级别介绍如下。

- 手动：应用于对主机的上、下电动作谨慎操作的场景，系统根据负载情况，给出主机上、下电建议，由用户自己手动进行操作；
- 自动：系统根据负载情况，自动对主机进行上电或下电操作。

关于电源管理的阈值含义介绍如下。

- 保守：默认不对主机进行下电操作，仅在主机资源平均利用率高于重载阈值时，对集群内的其他未上电主机进行上电操作。
- 较保守、中等、较激进：如果主机资源平均利用率高于重载阈值，对集群内的其他未上电主机进行上电操作；如果主机资源平均利用率低于轻载阈值，对主机进行下电操作。
- 激进：默认不对主机进行上电操作，仅在主机资源平均利用率低于轻载阈值时，对主机进行下电操作。

各阈值对应的重载阈值和轻载阈值如表 5-1所示。

表 5-1　各阈值对应的重载阈值和轻载阈值

参　　数	重载阈值	轻载阈值
保守	63%	—
较保守	72%	23%
中等	81%	45%
较激进	90%	54%
激进	—	63%

③ 在集群中，除了保持 VRM 虚拟机继续运行，关闭其他所有虚拟机后，等待一段时间（与图 5-26 设置的调度周期值有关），CNA2 的电源会自动关闭。

如果选择手动方式，等待一段时间后，系统将提醒管理员关闭空闲的主机 CNA2 的电源。在 FusionCompute 中展开“导航树”，选择“资源池”→“ManagementCluster”，在“ManagementCluster”对话框中，打开“计算资源调度”选项卡，如图 5-38 所示，显示系统调度建议，系统会提示管理员对主机进行关机操作。单击“应用”按钮，系统将自动对主机下电。

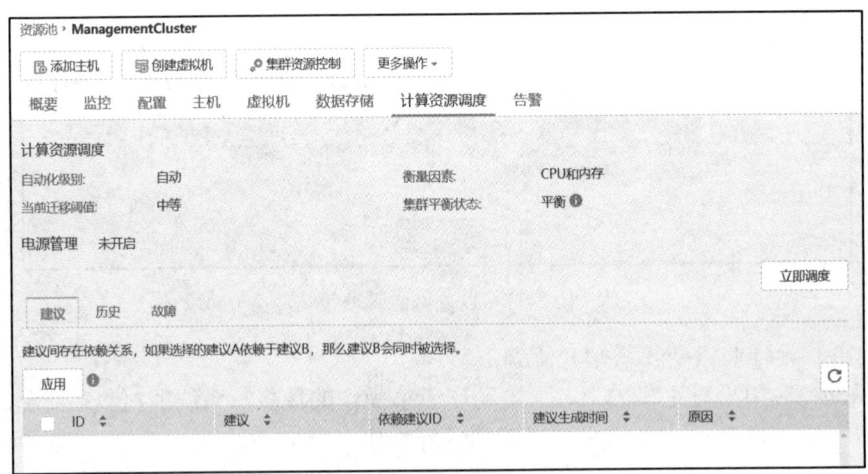

图 5-38　系统建议的调度

④ 在图 5-38 中打开“历史”选项卡，如图 5-39 所示，可以查看自动调度历史。

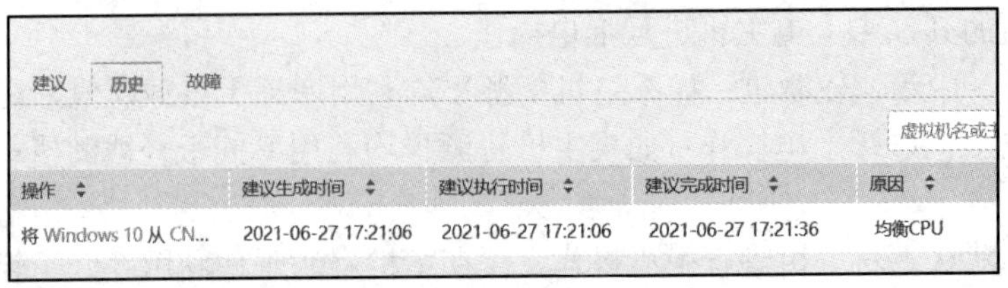

图 5-39　查看自动调度历史

第 6 章　配置管理、安全管理和监控

6.1　配置管理

6.1.1　系统配置

【背景知识】

系统配置主要是对 VRM 系统以及 VRM 所管理的虚拟机配置一些公共参数，前面的章节已零散介绍了一些系统配置，本节不再重复介绍过的配置；本节没有介绍全部的系统配置，只介绍一些较为重要的系统配置。

【实验内容】

① 配置系统 LOGO。
② 配置 DNS 服务器。
③ 完成虚拟机休眠配置。
④ 配置 VNC。
⑤ 配置 SNMP 管理站。
⑥ 管理数据备份配置。

【实验步骤】

（1）配置系统 LOGO

在 FusionCompute 中展开“导航树”，选择“系统管理”→“系统配置”→“系统 LOGO”。打开“系统 LOGO”对话框，如图 6-1 所示，单击“修改”按钮，在弹出的对话框中单击“浏览”按钮，选择待上传的 LOGO 文件，单击“打开”，接着单击“确定”按钮，即可完成系统 LOGO 配置。管理员在下次登录时，系统按照设置显示相应的 LOGO。

（2）配置 DNS 服务器

① 在 FusionCompute 中展开“导航树”，选择“系统管理”→“系统配置”→“DNS

服务器配置”，在弹出的“DNS 服务器配置”对话框中，如图 6-2 所示，输入 DNS 服务器的 IP 地址。可填写两个 DNS 服务器 IP 地址，即首选 DNS 服务器 IP 地址和备选 DNS 服务器 IP 地址。系统优先使用首选 DNS 服务器进行域名解析，当首选 DNS 服务器发生故障时，启用备选 DNS 服务器进行域名解析。

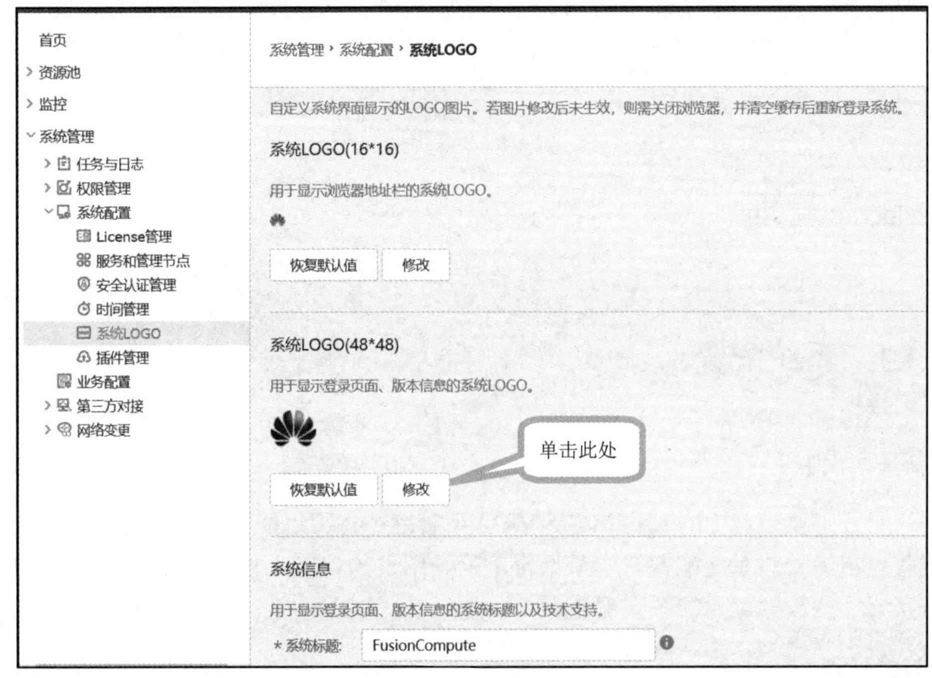

图 6-1　配置系统 LOGO

图 6-2　配置 DNS 服务器

② 在“DNS 测试域名”文本框中输入测试域名。测试域名用于测试 DNS 服务器是否正常，测试域名必须是 DNS 服务器上存在的有效域名或者其子域名，格式如

www.baidu.com。单击“测试”按钮，检测所配置的 DNS 服务器地址是否正确，根据弹出对话框中的提示进行操作。

③ 单击“保存”按钮，弹出“提示”文本框；单击“确定”按钮，完成 DNS 服务器配置。如果要取消 DNS 服务器配置，可以选择“清空配置”。

（3）完成虚拟机休眠配置

① 控制休眠虚拟机的带宽，可以避免当大量虚拟机休眠时占用过多的系统带宽，导致正常工作状态的虚拟机性能下降。在 FusionCompute 中展开“导航树”，选择“系统管理”→“业务配置”→“虚拟机休眠配置”，打开“虚拟机休眠配置”对话框，如图 6-3 所示。

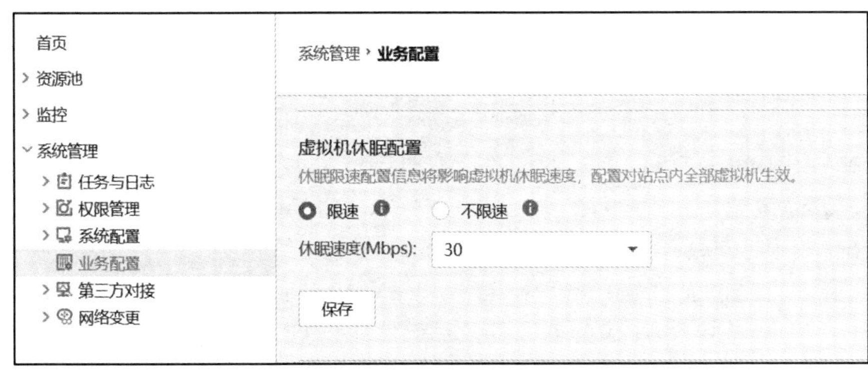

图 6-3　“虚拟机休眠配置”对话框

② 根据系统中休眠的虚拟机数量和系统带宽，配置休眠带宽策略。

- 限速：对休眠的虚拟机进行带宽限制。
- 不限速：对休眠的虚拟机不进行带宽限制，适用于对虚拟机休眠速度要求较高的场景。
- 休眠速度：休眠速度值越小，虚拟机休眠占用的系统带宽越小，休眠延迟越大；反之，休眠速度越快，虚拟机休眠带宽越大，对系统的影响也越大。系统默认休眠带宽为 30 Mbps。

如图 6-3 所示完成虚拟机休眠配置，单击“保存”按钮，弹出“提示”对话框，单击“确定”按钮完成配置操作。

（4）配置 VNC

在 FusionCompute 中展开“导航树”，选择“系统管理”→“系统配置”→“业务配置”，如图 6-4 所示，配置 VNC。

① 客户端插件：使用 FusionCompute 自带 FusionCompute-ClientIntegrationPlugin 插件。

② Java(TM)插件：可对虚拟机进行关闭、重启等操作，但需要安装 Java 插件。使用 Java(TM)插件时需注意，64 位浏览器只能运行 64 位的 Java(TM)插件，32 位浏览器只能运行 32 位的 Java(TM)插件，请确保浏览器和 Java(TM)插件位数匹配。

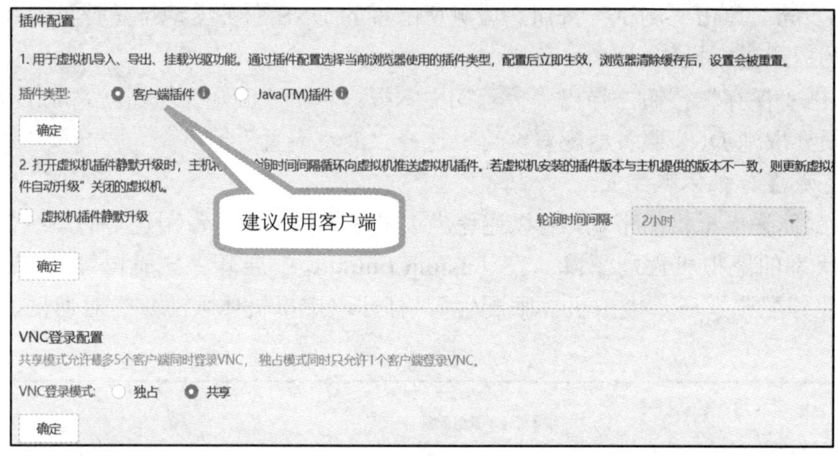

图 6-4　配置 VNC

（5）配置 SNMP 管理站

通过在 SNMP 管理站中保存的第三方系统信息，将 FusionCompute 的告警信息上报给第三方系统，使第三方系统能够管理 FusionCompute 的告警。

注释：配置此功能前，需要先部署一套支持 SNMP 的管理软件并做好相应的 SNMP 配置。市面上的管理软件大部分收费且安装配置过程烦琐，所以本实验主要提供 FusionCompute 端的配置方式。

在 FusionCompute 中展开“导航树”，选择“系统管理”→“系统配置”→“SNMP 管理站”，如图 6-5 所示，打开“SNMP 管理站”界面，输入 SNMP 管理站的名称，选择 SNMP 的版本，输入维护端口号和 IP 地址，勾选“上报数据类型”项，输入管理站描述信息后，单击“保存”按钮，完成 SNMP 管理站配置。

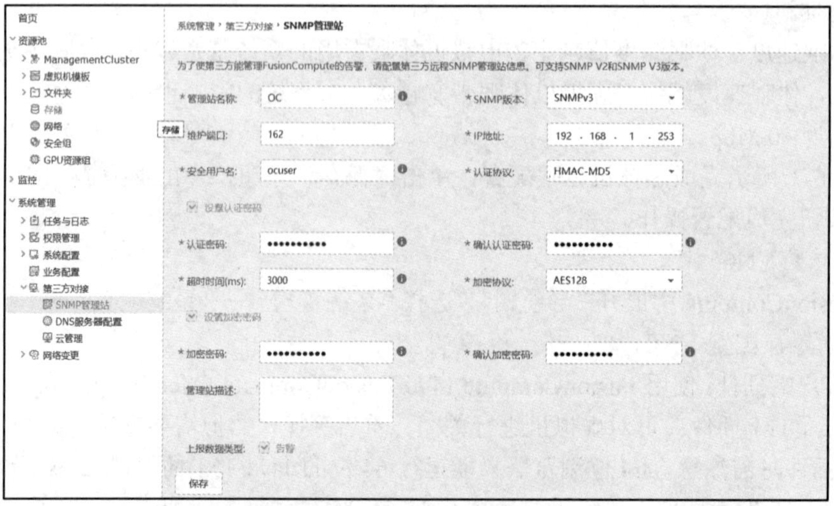

图 6-5　配置 SNMP 管理站

注释：

① 支持的 SNMP 版本包括 SNMPv2c 和 SNMPv3，SNMPv2c 为非安全版本，使用中存在安全风险，建议选择系统默认的 SNMPv3 版本。

② 在配置时，输入的维护端口号需要与第三方系统使用的端口号保持一致。

（6）管理数据备份配置

网络工程师在对系统进行重大操作（如升级和重大数据调整等）前，为了保证 FusionCompute 在出现异常或未达到预期结果时可以及时进行数据恢复，将对业务的影响降到最低，需要提前对 VRM 节点的数据进行备份。FusionCompute 同时支持对关键数据进行自动备份和手工备份，各部件每日凌晨 02:00 自动进行备份，文件名为“YYYY-MM-DD.tar.gz.zip”。

需要事先进行管理数据备份配置才能备份数据。在 FusionCompute 中展开“导航树”，选择“系统管理”→“系统配置”→“服务和管理节点”，单击 VRM 所在行的“更多”，在弹出的菜单中选择“管理数据备份配置”，在打开的如图 6-6 所示的“管理数据备份配置”对话框中，勾选“备份至第三方 FTP 服务器或主机”，“协议类型”项选择“FTP”，在相应的文本框中输入 IP 地址、用户名、密码、端口号和备份上传路径，然后单击“确定”按钮，在弹出的对话框中单击“确定”按钮，完成管理数据备份配置。

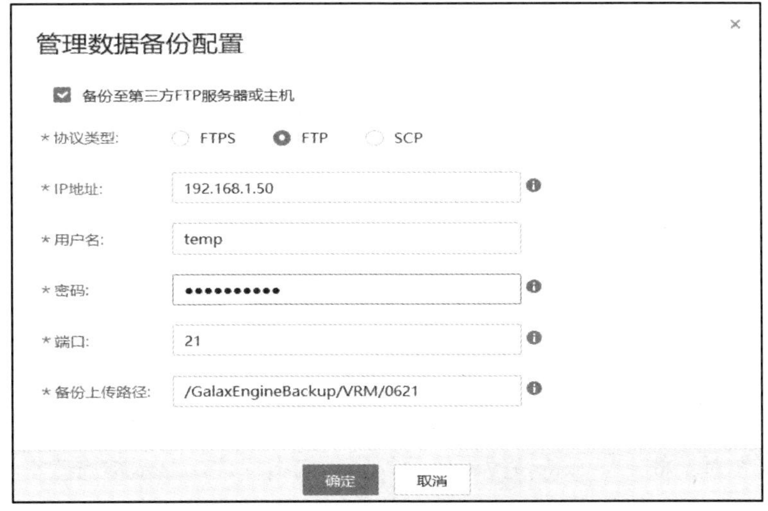

图 6-6　管理数据备份配置

可以从网上下载 FTPServer.exe，在任意一台关闭了防火墙的、安装 Windows 操作系统的计算机上运行，让计算机充当临时 FTP 服务器完成实验。

单击 VRM 所在行的“更多”，在弹出的菜单中选择“管理数据备份”，接着单击“确定”按钮进行手工备份数据。几分钟后，如图 6-7 所示，在 FTP 服务器上检查管理数据是否备份成功，从该图中可看到，手工备份的数据在“manual”目录下，而自动备份的数据是以日期命名的。

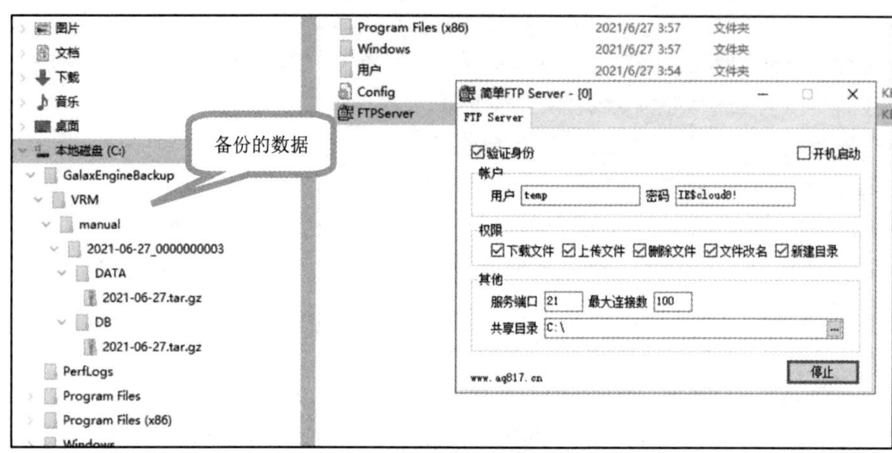

图 6-7　在 FTP 服务器上检查管理数据是否备份成功

6.1.2　告警配置

【背景知识】

当 FusionCompute 工作不正常时，VRM 系统会产生各种告警，通过检查告警，可以获知系统故障的原因，或者获知系统是否正常。告警有紧急、重要、次要和提示 4 类。

【实验内容】

① 配置告警阈值。

② 添加屏蔽告警。

【实验步骤】

（1）配置告警阈值

① 在 FusionCompute 中展开“导航树”，选择“监控”→“告警”→“告警阈值”，打开“告警阈值”对话框，展开待修改阈值的告警所属指标项，显示待修改指标项中的告警对象。

② 在待修改阈值的告警对象所在行中，单击“修改”，弹出“修改 CPU 占用率”对话框，如图 6-8 所示。

③ 在各告警级别前的复选框中，勾选该告警需要上报的级别。如果所有的告警级别均未被勾选，则会关闭该指标项的告警功能。在已勾选的告警级别所在行的文本框中输入上报阈值。 例如，图 6-8 的参数配置表示，当虚拟机的 CPU 占用率超过“80%”未达“90%”时上报次要告警，当 CPU 占用率超过“90%”时上报重要告警。

偏移量：表示在恢复告警时可允许的阈值偏移范围，该参数只在告警清除时使用，对上报告警没有任何作用。例如，CPU 占用率的告警阈值设置为 80%，偏移量为 10%，就表示当 CPU 占用率达到 80%时上报告警；当 CPU 占用率达到 80%×（100%−10%）=72%，即 72%时，阈值告警清除；但是如果当前环境中已经有重要告警，且当前环境的 CPU 占用率大于 72%，小于 80%，仍然是重要告警，而不是次要告警，即使次要告警阈值为 75%。因此建议用户在设置偏移量时最好保证高级别的阈值乘以（100%−偏移量）大于低级别的告警阈值。

④ 单击图 6-8 中的“确定”按钮，在弹出的“提示”对话框中单击“确定”按钮，完成告警阈值配置。

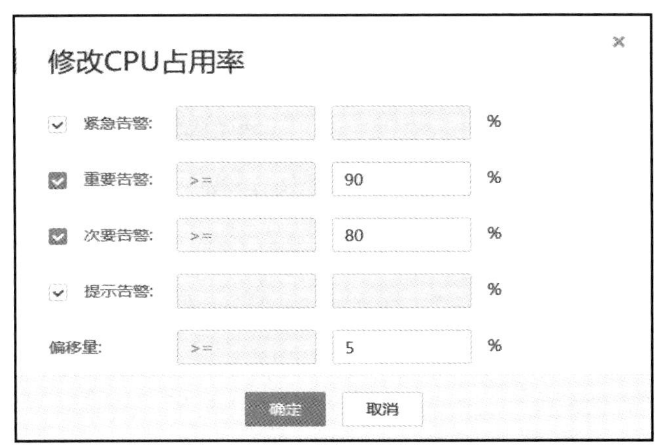

图 6-8 “修改 CPU 占用率”对话框

（2）添加屏蔽告警

可以屏蔽无须关注的告警，以减少对管理员的干扰，太多的告警实际上等于没有告警。当被屏蔽的告警产生时，将不会显示在实时告警界面上，但是可在历史告警中通过条件搜索进行查询。屏蔽告警配置方式包括按 ID 屏蔽、按类型屏蔽、按对象和 ID 屏蔽。

在 FusionCompute 中展开“导航树”，选择“监控”→“告警”→“告警屏蔽”，打开“告警屏蔽”对话框，单击“添加”按钮，打开“添加屏蔽告警”对话框，选择配置方式为按 ID 屏蔽、按类型屏蔽或按对象和 ID 屏蔽，系统将根据屏蔽告警配置方式屏蔽告警，图 6-9 展示了按 ID 屏蔽方式屏蔽告警。

可根据屏蔽告警配置方式配置告警屏蔽参数，按 ID 屏蔽需要设置的参数有告警 ID 和告警名称；按类型屏蔽需要设置的参数有屏蔽对象类别、屏蔽告警类别和描述；按对象和 ID 屏蔽需要设置的参数有对象类型、屏蔽对象和告警 ID。

根据屏蔽告警配置方式配置告警屏蔽参数后，单击“确定”按钮，在弹出的“提示”对话框中单击“确定”按钮，完成屏蔽告警配置。图 6-10 是已经添加的告警屏蔽，单击所在行的“修改”可以修改告警屏蔽；单击所在行的“删除”可以删除告警屏蔽。

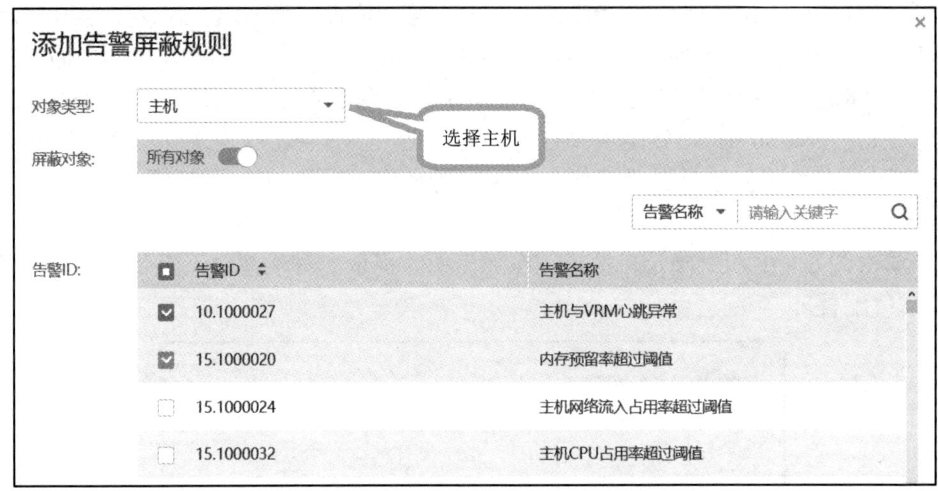

图 6-9　根据屏蔽告警配置方式屏蔽告警

监控 › 告警 › **告警屏蔽**

屏蔽无需关注的告警。被屏蔽的告警将不会显示在实时告警界面，但可在历史告警中通过条件搜索进行查询。

⊕添加　⊗删除　全部名称　全部ID　请输入描述

告警名称	告警ID	对象类型	屏蔽对象	操作用户	描述	操作
网口自协商速...	15.1006001	主机	全部(指所有对...	admin		修改　删除
主机管理接口...	15.1006008	主机	全部(指所有对...	admin		修改　删除
未加载license	15.1001005	站点	全部(指所有对...	admin		修改　删除
网口自协商速...	15.1006001	主机	CNA1	admin		修改　删除

图 6-10　已经添加的告警屏蔽

6.1.3　订阅服务配置

【背景知识】

订阅服务是指 FusionCompute 可以将告警等设备维护信息通过已配置的邮箱进行发送，管理员通过查看邮件获知系统的告警信息或状态。订阅服务配置包含配置订阅服务器和配置订阅内容。

【实验内容】

① 配置订阅服务。

② 配置订阅内容。

【实验步骤】

（1）配置订阅服务

① 在 FusionCompute 中展开“导航树”，选择“监控”→“告警”→“告警订阅”→“订阅服务器配置”，弹出如图 6-11 所示的“订阅服务配置”对话框。在“SMTP 服务器”文本框中输入 SMTP 服务器的域名地址或 IP 地址，例如，输入“pop.exmail.qq.com”，请确认 VRM 上配置了正确的网关，能和互联网进行通信，如果使用的是域名，还需要确认 VRM 上配置了正确的 DNS 服务器。图 6-11 中“端口号”为系统默认的 SMTP 端口，当服务器要求安全连接时，端口号默认为 465；当服务器不要求安全连接时，端口号默认为 25。在“显示发送邮箱”的文本框中输入 SMTP 服务器发送邮箱的地址，邮件接收者将认为邮件来源于该地址。

图 6-11　“订阅服务配置”对话框

② 如果需要进行身份验证，则在图 6-11 中勾选“身份验证”项，现在的 SMTP 服务器通常要求认证，设置身份验证所用的用户名和密码，如果服务器要求通过 SSL 安全连接，请勾选“服务器要求安全连接(SSL)”。

③ 在“测试邮箱”文本框中输入可正常接收邮件的测试邮箱地址，用于测试选定的 SMTP 服务器是否可用，单击“测试”，系统将发送测试邮件至测试邮箱中，用于检测所配置订阅服务器的发送功能。图 6-12 所示是收到的测试邮件，说明 SMTP 配置正确。

④ 在图 6-11 中，通过勾选“控制邮件发送周期”项可以控制邮件发送周期，可如图 6-11 所示输入单位时间并填写发送最大数量。单位时间与发送最大数量的含义是，在指定单位时间内可发送的最大消息数量(条)，如果某一时间段的消息发送超过限制的条数，

则将多余的消息进行抛弃处理。完成上述配置后，单击“确定”按钮，在弹出的“提示”文本框中单击“确定”按钮，返回“订阅服务配置”对话框，完成订阅服务配置操作。

图 6-12　测试邮件

（2）配置订阅内容

① 在 FusionCompute 中展开“导航树”，选择“监控”→“告警”→“告警订阅”，弹出图 6-13，在该图中单击“添加”按钮，打开如图 6-14 所示的“添加告警订阅”对话框。

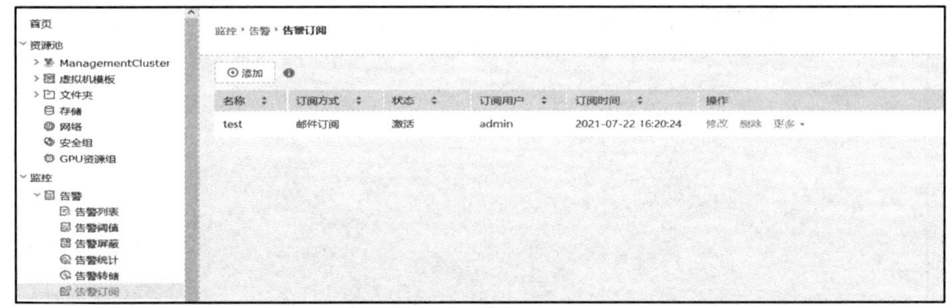

图 6-13　告警订阅

图 6-14　“添加告警订阅”对话框

② 在“名称”文本框中输入告警订阅名称。“订阅方式”指告警信息的发送方式，默认为“邮件订阅”。在“邮箱地址”文本框中输入接收告警订阅信息的邮箱地址，可通过两种方式输入邮箱地址——手动输入邮箱地址；单击“导入邮件地址”，在弹出的对话框中勾选待接收告警订阅信息的用户，然后单击“确定”按钮；邮箱地址间用小写的英文“;”隔开，最后一个邮箱地址后不能加“;”。在“时段”文本框中输入或者选择订阅的告警时段。

③ 在“告警列表”下列表框中勾选待添加的告警信息；也可在“告警级别”下拉列表中选择“全部告警”，然后在“告警列表”下列表框中勾选具体的告警信息，或者选择某一告警或多个告警。完成上述订阅后，单击“确定”按钮，在弹出的“提示”文本框中单击“确定”按钮。

④ 在图6-13中，选择“修改”或“删除”，可以修改或者删除已经添加的告警订阅；也可单击“更多”选择将此规则“激活”或者“禁止”。

6.2 安全管理

6.2.1 账户管理

【背景知识】

安装好FusionCompute后，会有各种各样的用户。首先，主机操作系统本身（也就是物理服务器上的操作系统）有root、gandalf和bin等用户；其次，VRM虚拟机操作系统（SUSE Linux）有root、gandalf和bin等用户；再者FusionCompute系统（就是管理员通过浏览器登录的系统）有admin和gesysman等用户。默认用户的详细信息请参见相关产品说明书。

账户管理包括主机操作系统账户管理、VRM操作系统账户管理和FusionCompute系统账户管理。为了安全起见，需要修改默认用户的密码或者创建新用户。

【实验内容】

① 管理FusionCompute系统中角色。

② 管理FusionCompute系统中用户。

③ 配置FusionCompute系统中用户密码策略。

④ 修改主机或者VRM节点的root和gandalf用户密码。

【实验步骤】

（1）在 FusionCompute 系统中创建角色

① 角色是权限的集合，创建角色后，可以把某个用户设置为该角色，则用户就拥有了该角色的权限，通过角色可以实现批量为用户分配权限的功能。在 FusionCompute 中展开“导航树”，选择“系统管理”→“权限管理”→“角色管理”，打开“角色管理”对话框，单击“添加角色”按钮，弹出如图 6-15 所示的“添加角色”对话框。

图 6-15　“添加角色”对话框

② 填写角色名称和描述。在“权限”列表中勾选角色权限，使所创建的角色拥有某些操作权限。权限列表中一部分为界面操作，与界面功能相对应；另一部分为功能接口，提供该功能的接口，其功能不在界面呈现。单击“确定”按钮，在弹出的“提示”文本框中单击“确定”按钮，完成角色创建。创建的角色会显示在角色列表中，如图 6-16 所示，可以看到默认已经有了 administrator 和 auditor 等角色。

图 6-16　角色列表

③ 在角色所在行，单击 “删除”，可以删除已有角色；也可以单击右侧的权限列表的“编辑”按钮修改角色的权限。注意：在删除角色时，不得有用户属于该角色，不要轻易删除系统默认的角色。

（2）在 FusionCompute 系统中创建用户

① 在 FusionCompute 中展开“导航树”，选择“系统管理”→“权限管理”，打开“权限管理”对话框，单击“用户管理”→“添加用户”，弹出如图 6-17 所示的“添加用户”对话框。

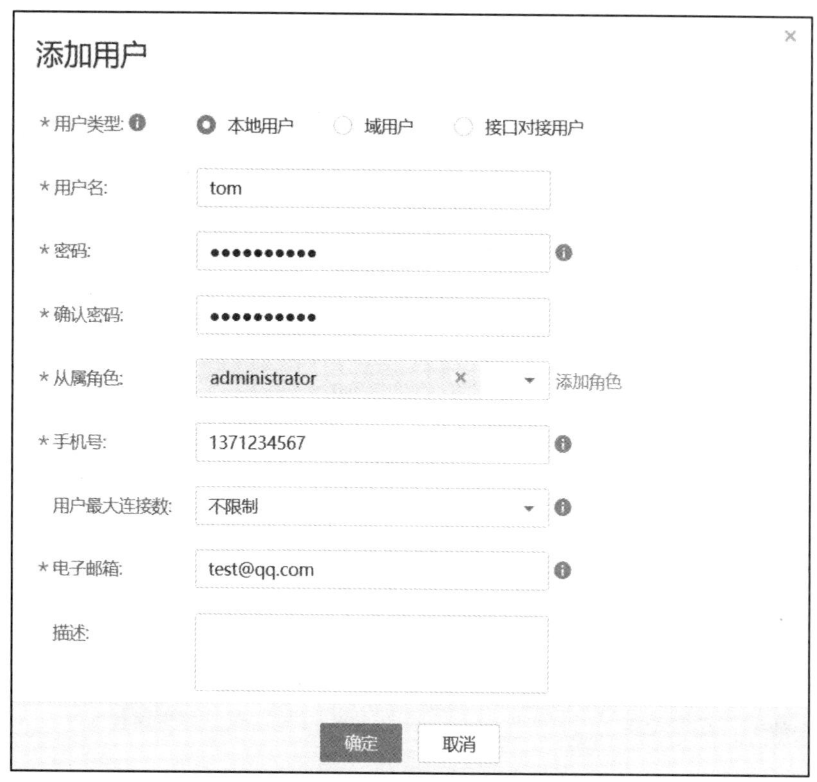

图 6-17 “添加用户”对话框

② 选择“用户类型”。本地用户：本地用户使用本地用户名和密码登录系统；域用户：使用域用户名创建，用户可通过域用户名和域密码登录系统；接口对接用户：创建内部账户，用于 FusionCompute 与其他部件之间对接。

③ 输入用户名和密码。在“从属角色”下拉表中勾选用户角色。需要根据创建的管理员的类型和操作权限选择相应的角色。

④ 输入用户手机号和电子邮箱等信息。其中，用户最大连接数为最多可以使用该用户名登录系统的用户个数。

⑤ 单击“确定”按钮，在弹出的“提示”文本框中单击“确定”按钮，完成用户的创

建。添加的用户会显示在用户列表中，如图 6-18 所示，从该图中可以看到，默认已经有了 admin 和 gesysman 等用户。

系统管理 › 权限管理 › 用户管理

⊙添加用户

用户名	管理状态	用户类型	角色	描述	创建时间	操作
StorageAuditor	正常	本地用户	auditor	测试：创建存储管...	2021-06-26 11:34:04	修改用户 更多
admin	正常	本地用户	administrator	系统超级管理员，...	2019-06-28 21:26:19	修改用户 更多
gesysman	正常	接口对接用户	administrator	系统默认内部账户...	2019-06-28 21:26:19	修改用户 更多
gmsysman	正常	接口对接用户	administrator	系统默认内部账户...	2019-06-28 21:26:19	修改用户 更多
hchksysman	正常		administrator	系统默认内部账户...	2019-06-28 21:26:19	修改用户 更多
tom	正常	本地用户	administrator		2021-06-27 17:58:29	修改用户 更多
vdisysman	正常	接口对接用户	administrator	系统默认内部账户...	2019-06-28 21:26:19	修改用户 更多

图 6-18　用户列表

（3）FusionCompute 系统中用户的修改、删除、重置密码、锁定或者解锁

在用户所在行，单击“修改用户”或者先单击“更多”再选中“删除”“重置密码”“锁定/解锁”，根据提示完成操作。为安全起见，强烈建议对各个用户（接口对接用户）的密码进行更改。本书出于教学目的并没有更改密码。不要轻易删除系统默认的用户。

（4）配置 FusionCompute 系统中用户的密码策略

在 FusionCompute 中展开“导航树”，选择“系统管理”→“权限管理”，打开“权限管理”对话框，单击“密码策略”，打开“密码策略”对话框，显示当前系统的密码策略，单击“修改”，“密码策略”对话框中的各参数变为可编辑状态，如图 6-19 所示，输入各参数值，参考各参数的描述，修改密码策略。单击“保存”按钮，在弹出的“提示”文本框中，提示密码策略修改成功。单击“确定”按钮，完成密码策略的配置。

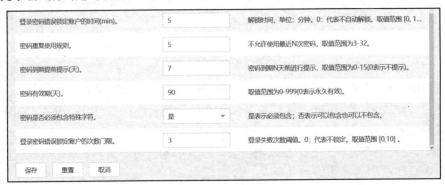

参数	值	描述
登录密码错误锁定账户的时间(min)。	5	解锁时间，单位：分钟。0：代表不自动解锁。取值范围 [0, 1...
密码重复使用规则。	5	不允许使用最近N次密码，取值范围为3-32。
密码到期提前提示(天)。	7	密码到期N天前进行提示，取值范围为0-15(0表示不提示)。
密码有效期(天)。	90	取值范围为0-999(0表示永久有效)。
密码是否必须包含特殊字符。	是	是表示必须包含；否表示可以包含也可以不包含。
登录密码错误锁定账户的次数门限。	3	登录失败次数阈值。0：代表不锁定。取值范围 [0,10]。

保存　重置　取消

图 6-19　修改密码策略

（5）修改主机或者 VRM 节点的 root 和 gandalf 用户密码

主机和 VRM 底层都是 Linux，也都有 root 和 gandalf 用户。主机的 root 用户密码是在

安装系统时设定的，而 gandalf 用户的默认密码为 Huawei@CLOUD8。VRM 节点（采用模板安装）的 root 用户的默认密码为 IaaS@OS-CLOUD8!，gandalf 用户的默认密码为 IaaS@OS-CLOUD9!。

这两个用户密码的更改方法类似，以在 VRM 节点修改 root 用户的密码为例，以 root 用户登录，执行以下命令：

```
TMOUT=0                                  //防止系统超时退出
passwd root（或者 gandalf）              //修改用户 root 的登录密码
Changing password for root.
New Password:                            //输入新密码并按回车键
Reenter New Password:                    //再次输入新密码并按回车键
```

如果提示如下信息，该密码不能使用，请重新输入密码。

```
BAD PASSWORD: ...
```

显示如下回显信息，表示密码修改成功。

```
Password changed.
```

6.2.2 日志管理

【背景知识】

当用户对系统进行操作时，在系统日志中会有记录，这是保证系统安全的重要措施。操作日志是无法删除、修改的，但是可以查询和导出。

【实验内容】

① 查看日志。
② 导出日志。

【实验步骤】

（1）查看日志

在 FusionCompute 中展开“导航树”，选择“系统管理”→“任务与日志”→“操作日志”，打开“操作日志”对话框，输入搜索条件，按回车键，显示搜索结果。可选搜索条件有操作用户、产生时段、用户登录类型、操作名称、级别、操作结果、用户 IP 地址、失败原因和详细信息。如图 6-20 所示，查看日志，该图中显示了符合查询条件的日志信息。

（2）导出日志

单击图 6-20 中左上角的“导出列表”按钮，导出日志如图 6-21 所示。日志会被打包成一个 ZIP 格式的压缩文件，可将该文件保存出来。解压缩该文件，可以得到一个 Excel 文件，打开该文件，导出后的日志如图 6-22 所示。

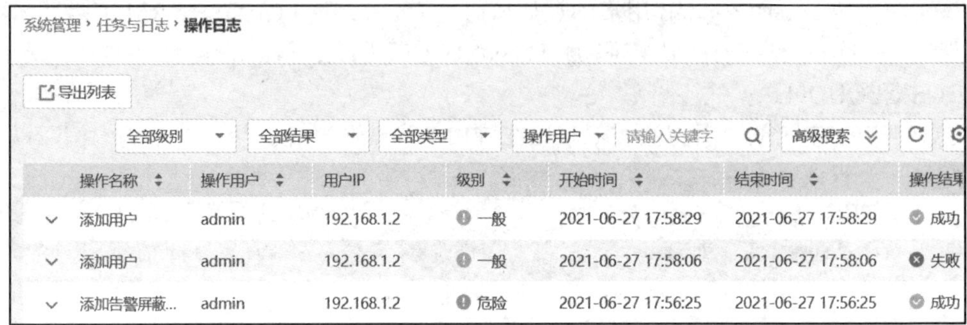

图 6-20　查看日志

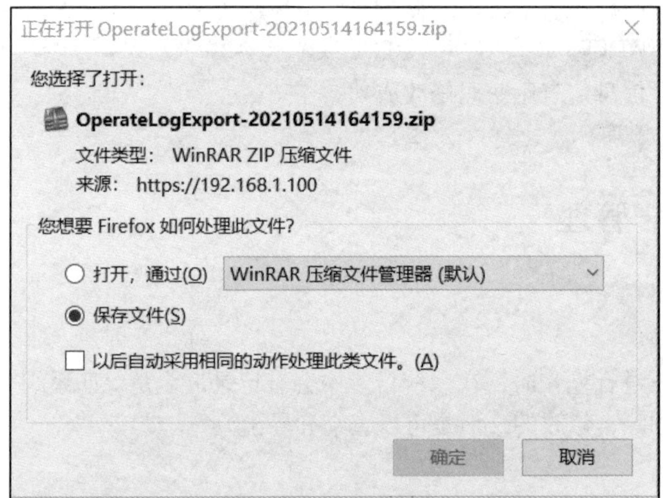

图 6-21　导出日志

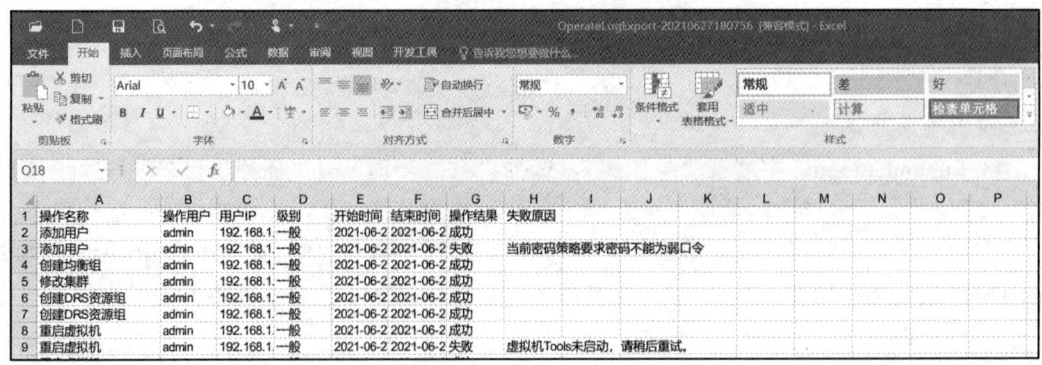

图 6-22　导出后的日志

6.3 监控

6.3.1 告警监控

【背景知识】

主机、FusionCompute 系统会产生告警以提醒管理员系统出现异常，在 6.1.2 节中介绍了告警阈值的设置和告警的屏蔽。通过检查告警，管理员可以获知系统故障的原因，或者获知系统是否正常。告警有紧急、重要、次要和提示 4 类。告警会在告警列表中显示，同时在 FusionCompute 管理界面的右上角也会有各类告警的统计数。

【实验内容】

① 查看告警。
② 导出历史告警。
③ 手工清除告警。
④ 查看 TOP 告警统计。
⑤ 分析告警趋势。

【实验步骤】

（1）查看告警

在 FusionCompute 中展开“导航树”，选择“监控”→“告警”→“告警列表”，打开“实时告警”选项卡，在弹出的“实时告警”对话框中输入搜索条件，按回车键，显示搜索结果。可选搜索条件有告警级别、对象类型、告警 ID、告警名称、告警对象和产生时段。告警列表中会根据搜索条件搜索出相关告警信息，如图 6-23 所示，查看告警。

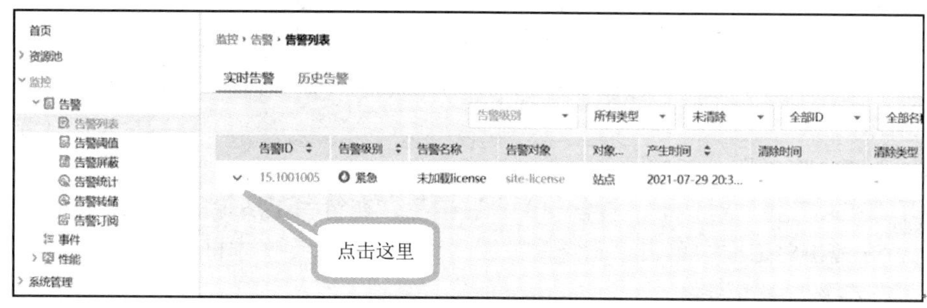

图 6-23　查看告警

告警级别及其含义如表 6-1 所示。如图 6-23 所示，单击需要关注的告警前的向下箭头图标，显示告警详细信息，查看告警详细信息并处理告警。可以单击“告警 ID”，根据弹出的告警信息，处理该告警。

表 6-1　告警级别及其含义

告警级别	图　标	说　明
紧急		已经影响业务，需要立即采取纠正措施的告警为紧急告警
重要		已经影响业务，如果不及时处理会产生较为严重后果的告警为重要告警
次要		目前对业务没有影响，但需要采取纠正措施，以防止更为严重的故障发生，这种情况下的告警为次要告警
提示		检测到潜在的或即将发生的影响业务的故障，但是目前对业务还没有影响，这种情况下的告警为提示告警

打开图 6-24 中的“历史告警”选项卡，可以查看历史告警。

实时告警　历史告警

导出列表　告警级别　所有类型　全部ID　全部名称　高级搜索

告警ID	告警级别	告警名称	告警对象	对象类型	产生时间	清除时间
15.1007030	重要	VRM未配置远程管...	VRM01	VRM节点	2021-06-27 02:00...	-
15.1001005	紧急	未加载license	site-license	站点	2021-06-27 00:06...	-
15.1006008	提示	主机管理接口未配...	CNA2	主机	2021-06-26 13:05...	-
15.1006008	提示	主机管理接口未配...	CNA1	主机	2021-06-26 13:05...	-
15.1006001	重要	网口自协商速率没...	CNA1	主机	2021-06-26 12:43...	-
15.1006001	重要	网口自协商速率没...	CNA2	主机	2021-06-26 12:41...	-
15.1000101	重要	虚拟机CPU占用率...	Win10-Template-2	虚拟机	2021-06-27 17:15...	2021-06-27 17:2
15.1000032	重要	主机CPU占用率超...	CNA1	主机	2021-06-27 17:15...	2021-06-27 17:2

图 6-24　历史告警

（2）导出历史告警

实时告警不能导出，只有历史告警可以导出。打开“历史告警”选项卡，单击“导出列表”，导出历史告警。告警会被打包成一个 ZIP 格式的压缩文件，按照界面提示将文件保存到本地目录。解压缩该文件，可以得到一个 Excel 文件，打开该文件，导出后的告警如图 6-25 所示。

（3）手工清除告警

打开“实时告警”对话框，搜索相关告警信息。在待手工清除的告警所在行单击“手工清除”，在弹出对话框中单击“确定”按钮，弹出“提示”文本框，单击“确定”按钮，完成对所选告警的手工清除。

	A	B	C	D	E	F	G	H
1	告警ID	告警级别	告警名称	告警对象	对象类型	产生时间	清除时间	清除类型
2	15.100703	重要	VRM未配置远程管理数据备份	VRM01	VRM节点	2021/06/2	-	-
3	15.100100	紧急	未加载license	site-license	站点	2021/06/2	-	-
4	15.100600	提示	主机管理接口未配置网络冗余	CNA2	主机	2021/06/2	-	-
5	15.100600	提示	主机管理接口未配置网络冗余	CNA1	主机	2021/06/2	-	-
6	15.100600	重要	网口自协商速率没有达到服务器网口的最大运	CNA1	主机	2021/06/2	-	-
7	15.100600	重要	网口自协商速率没有达到服务器网口的最大运	CNA2	主机	2021/06/2	-	-
8	15.100010	重要	虚拟机CPU占用率超过阈值	Win10-Template-2	虚拟机	2021/06/2	2021/06/2	正常清除
9	15.100003	重要	主机CPU占用率超过阈值	CNA1	主机	2021/06/2	2021/06/2	正常清除
10	15.100010	重要	虚拟机CPU占用率超过阈值	Win10-Template-1	虚拟机	2021/06/2	2021/06/2	正常清除
11	15.100800	次要	主机虚拟化域CPU占用率超过阈值	CNA1	主机	2021/06/2	2021/06/2	正常清除
12	15.100010	重要	虚拟机CPU占用率超过阈值	Windows 10	虚拟机	2021/06/2	2021/06/2	正常清除
13	15.100010	重要	虚拟机CPU占用率超过阈值	Win10-Template-3	虚拟机	2021/06/2	2021/06/2	正常清除
14	15.100500	重要	主机存储链路中断	CNA2	主机	2021/06/2	2021/06/2	正常清除
15	10.100002	紧急	主机与VRM心跳异常	CNA2	主机	2021/06/2	2021/06/2	正常清除
16	15.100403	提示	信息上报服务器证书无效	CNA2	站点	2021/06/2	2021/06/2	正常清除

图 6-25　导出后的告警

（4）查看 TOP 告警统计

在 FusionCompute 中展开“导航树”，选择“监控”→“告警”→“告警统计”，弹出“告警统计”对话框，打开“TOP 告警统计”选项卡，选择“查询时段”。可在“自定义时段”内设置起始、终止时间，设置的时间段应大于 1 分钟；选择“TOP N”，N 取值为 1～10 的整数；单击“查询”按钮，TOP 告警统计如图 6-26 所示，该图显示了 TOP 告警统计结果图和 TOP 告警列表。

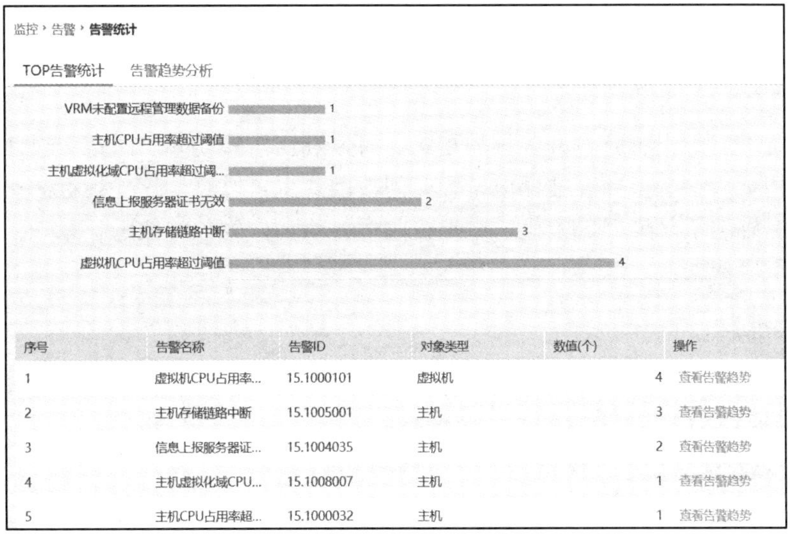

序号	告警名称	告警ID	对象类型	数值(个)	操作
1	虚拟机CPU占用率...	15.1000101	虚拟机	4	查看告警趋势
2	主机存储链路中断	15.1005001	主机	3	查看告警趋势
3	信息上报服务器证...	15.1004035	主机	2	查看告警趋势
4	主机虚拟化域CPU...	15.1008007	主机	1	查看告警趋势
5	主机CPU占用率超...	15.1000032	主机	1	查看告警趋势

图 6-26　TOP 告警统计

（5）分析告警趋势

如图 6-26 所示，打开“告警趋势分析”选项卡，选择“告警名称”“告警 ID”“查询时段”。选择“告警名称”后该告警的 ID 会自动显示在“告警 ID”中，无须重复选择。可在

“自定义时段”内设置起始、终止时间，设置的时间段应大于 1 分钟；单击“查询”按钮。告警趋势分析如图 6-27 所示，该图显示了告警趋势分析结果。如果一个告警对应不同的告警级别（如阈值告警，当达到的不同阈值时，会上报不同级别的告警），可单击告警级别查看该告警处在这一级别的告警趋势。

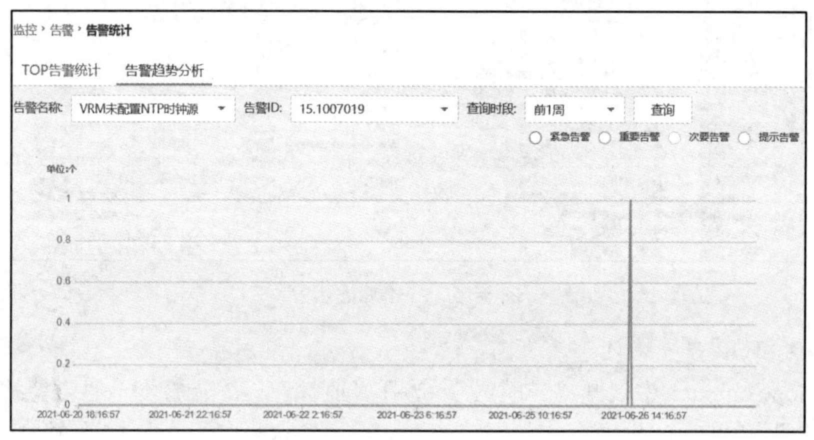

图 6-27　告警趋势分析

6.3.2　实时监控

【背景知识】

集群、主机、虚拟机有各种各样的指标，可以利用监控功能实时地、以图表方式直观地监控这些指标，这些指标会被保留一段时间，因此也可以查看这些指标的历史数据。通过监控，能更好地了解集群、主机、虚拟机的运行状态，为预防故障、系统扩容、查找性能瓶颈提供重要依据。

【实验内容】

① 集群、主机、虚拟机的实时监控。

② 单对象多指标或者单指标多对象实时监控。

③ 查看单对象多指标或者单指标多对象历史 KPI。

【实验步骤】

（1）*监控集群*

在 FusionCompute 中展开“导航树”，选择”资源池”→“ManagementCluster”，打开“监控”选项卡，单击“周期”的下拉列表，选择监控周期。可选择自定义周期，可以查看周期内集群的 CPU 占用率、内存占用率、网络流速图表，集群的资源状态如图 6-28 所示。

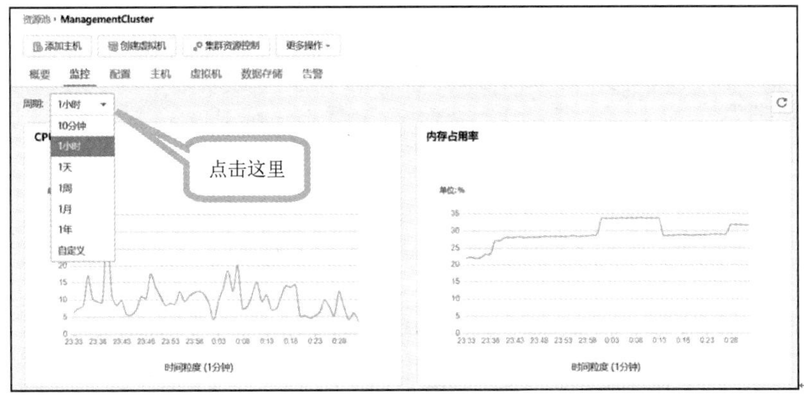

图 6-28　集群的资源状态

（2）监控主机

在 FusionCompute 中展开“导航树”，选择“资源池”→“ManagementCluster”→“CNA1”，打开在“监控”选项卡，单击“周期”的下拉列表，选择监控周期。可选择自定义周期，可以查看周期内主机的 CPU 占用率、内存占用率、逻辑磁盘占用率、磁盘的 IO、网络吞吐图表，主机的资源状态如图 6-29 所示。

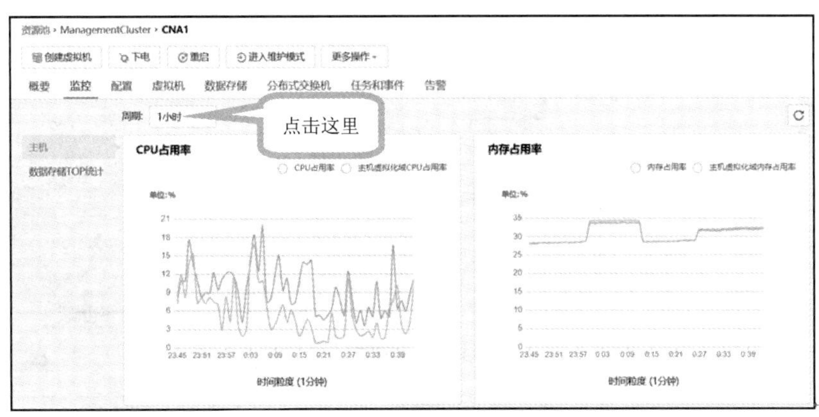

图 6-29　主机的资源状态

（3）监控虚拟机

在 FusionCompute 中展开“导航树”，选择“资源池”→“ManagementCluster”→“虚拟机”，单击要监控的虚拟机，如 Windows 10，打开在“监控”选项卡，单击“周期”的下拉列表，选择监控周期。可选择自定义周期，可以查看周期内主机的 CPU 占用率、内存占用率、逻辑磁盘占用率、磁盘的 IO、网络吞吐图表，虚拟机的资源状态如图 6-30 所示。

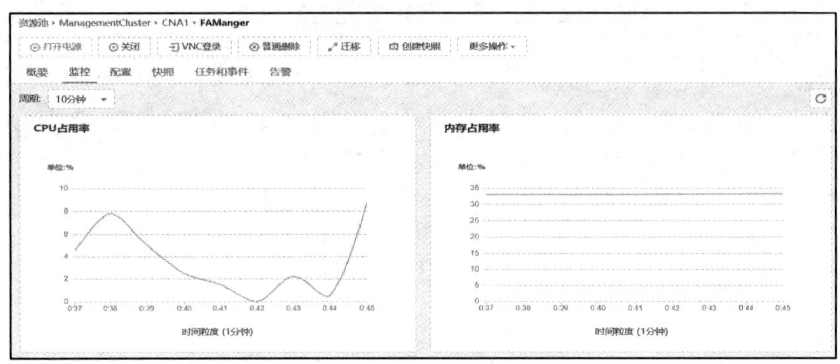

图 6-30　虚拟机的资源状态

（4）完成单对象多指标监控

在 FusionCompute 中展开“导航树”，选择“监控”→“性能”→“自定义监控”→“单对象多指标”，打开“单对象多指标”选项卡，弹出图 6-31，在该图中单击“+”可以添加监控主机、虚拟机或者集群的单一指标，添加完成后，可以单击刚添加的指标，查看添加指标的详情，如图 6-32 所示。

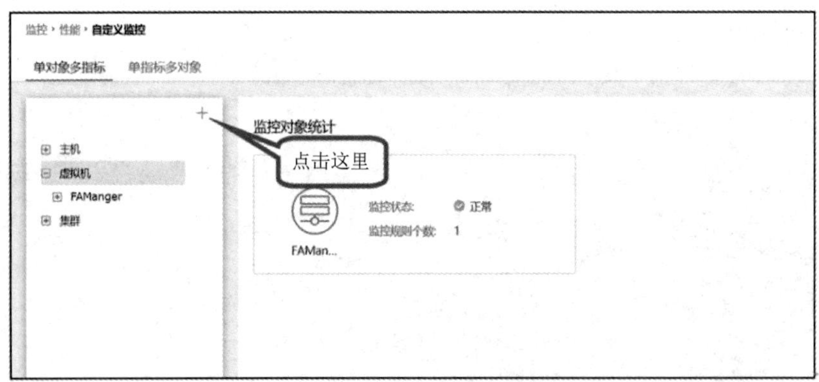

图 6-31　添加单一指标

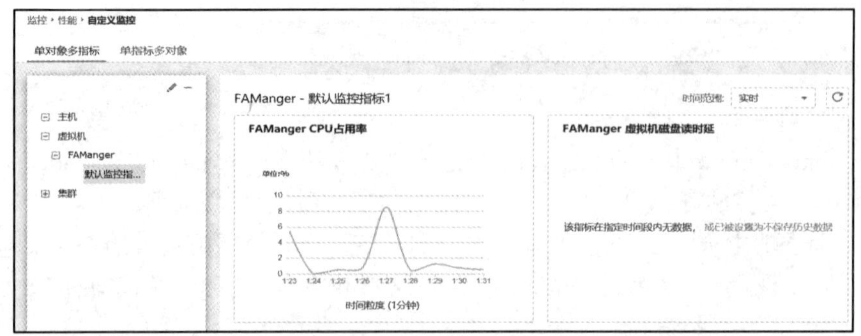

图 6-32　添加指标的详情

（5）完成单指标多对象监控

在 FusionCompute 中展开“导航树”，选择“监控”→“性能”→“自定义监控”，打开“单指标多对象”选项卡，和单对象多指标监控很类似，但是需要先添加监控的指标，再添加监控的多个对象，如图 6-33 所示，可以同时为多台虚拟机监控 CPU，实现单指标多对象监控。

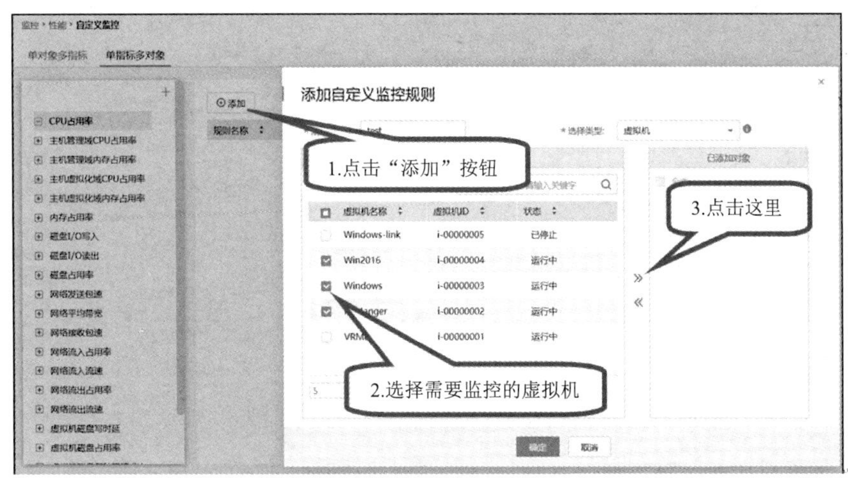

图 6-33　单指标多对象监控

（6）查看历史 KPI

历史 KPI 指各项历史指标，可以查看单对象多指标或者单指标多对象 KPI。在 FusionCompute 中展开“导航树”，选择“监控”→“性能”→“历史 KPI”，打开“历史 KPI”对话框，图 6-34 显示了单对象多指标，在该图中设置好对象类型、选择对象、选择指标，以及查询的时间范围后，单击“查询”按钮，就能查看对应的数值——历史 KPI。

图 6-34　历史 KPI

（7）完成监控设置

监控设置是指设置保存哪些监控指标的历史数据，设置项包括集群、主机、虚拟机和数据存储的监控指标。在 FusionCompute 中展开“导航树”，选择“监控”→“性能”→“监控设置”，如图 6-35 所示，在“监控指标选择”区域选择需要保存数据的指标，在“数据库容量预估”区域填写系统规划的集群、主机、虚拟机和数据存储数量，然后单击“预估容量”按钮，可在“预估所需数据库空间(GB)”的数值框中查看所需数据库空间，如果数据库空间不足，则需要扩容。完成集群、主机、虚拟机和数据存储的监控指标设置后，单击“保存”按钮，完成虚拟机历史数据配置保存。

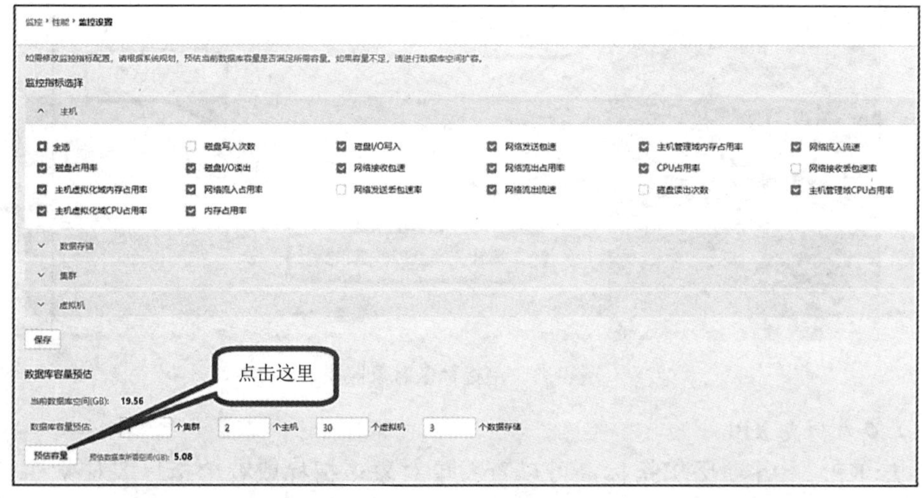

图 6-35　监控设置

FusionAccess 篇

重点知识

- 第 7 章　FusionAccess 安装
- 第 8 章　虚拟桌面管理
- 第 9 章　其他

第 7 章　FusionAccess 安装

FusionAccess是华为桌面云解决方案的桌面管理系统。桌面云解决方案将计算机的计算和存储资源（包括CPU、硬盘和内存）集中部署在云计算数据中心机房，通过虚拟化技术将物理资源转化为虚拟资源；运营商或企业根据用户的需求将虚拟资源集成为不同规格的虚拟机，向用户提供虚拟桌面服务，替代传统的PC。

FusionAccess提供图形化的Portal界面，运营商或企业的管理员通过Portal界面可快速为用户发放、维护、回收虚拟桌面，实现虚拟资源的弹性管理，提高资源利用率，降低运营成本。服务器对用户的数据进行集中存储，加强了应用和数据的安全性。

FusionAccess 8.0和FusionCompute 8.0一样也分为X86和ARM版本。因为Windows不支持ARM架构，所以ARM版本只用于发放Linux桌面系统，目前支持的国产系统为UOS、中标麒麟、红旗，而且鉴权采用的是华为自己的LiteAS。X86版本主要以发放Windows虚拟机和使用微软AD域为主，当然也能使用LiteAS进行鉴权。本实验基于X86服务器。

FusionAccess桌面云软件架构如图7-1所示。

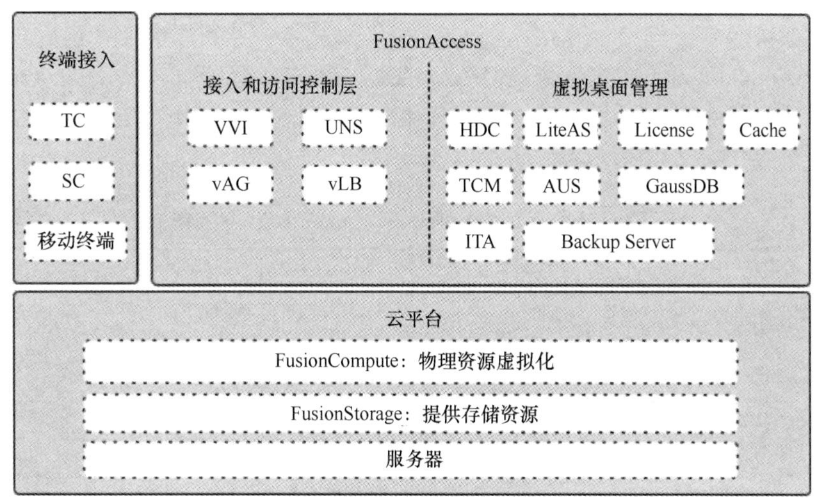

图 7-1　FusionAccess 桌面云软件架构

7.1　安装 Linux 基础架构虚拟机

7.1.1　安装前准备

【背景知识】

由图7-1可知，FusionAccess需要依赖云平台软件（FusionCompute），因此安装前需要对FusionCompute进行基本配置，此外，还需要准备好相应的数据供FusionAccess安装使用。

【实验内容】

① 准备数据。
② 创建端口组。
③ 检查存储池。
④ 删除之前创建的虚拟机和虚拟机模板。

【实验步骤】

（1）准备数据

2 台 FusionCompute 主机信息与 VRM 数据如表 7-1 所示，与 FusionAccess 相关的 VLAN 规划如表 7-2 所示，与 FusionAccess 相关的虚拟机 IP 地址、管理用户名及密码如表 7-3 所示。

表 7-1　2 台 FusionCompute 主机信息与 VRM 数据

主机 1 信息	主机名	CNA1	
	主机 IP 地址	192.168.1.101/24 GW:192.168.1.254	在 VLAN 1 上，管理平面
	主机用户：密码	root:IE$cloud8!	
主机 2 信息	主机名	CNA2	
	主机 IP 地址	192.168.1.102/24 GW:192.168.1.254	在 VLAN 1 上，管理平面
	主机用户：密码	root:IE$cloud8!	
VRM 节点信息	节点名称	VRM01	
	节点 IP 地址	192.168.1.100/24 GW:192.168.1.254	在 VLAN 1 上，管理平面
	主机用户：密码	admin:IE$cloud8!	

表 7-2　与 FusionAcess 相关的 VLAN 规划

序号	VLAN	端　口　组	IP 地址和网关	用　　途
1	1	managePortgroup	192.168.1.0/24 网关：192.168.1.254	管理平面
2	3	vlan3	192.168.3.0/24 网关：192.168.3.254	桌面云用户业务平面

表 7-3　与 FusionAccess 相关的虚拟机 IP 地址、管理用户名及密码

1	FusionAccess 虚拟机	192.168.1.220	HDC/ITA/WI/LiteAS/GaussDB/Cache/License	admin：IE$cloud8!	桌面云中的 Linux 基础架构虚拟机默认密码：Cloud12#$
2	接入虚拟机	192.168.1.230		root：Cloud12#$	vAG/vLB
3	IT 基础架构虚拟机	192.168.3.240		Administrator: IE$cloud8!	AD/DNS/DHCP

（2）创建端口组

根据表 7-2 规划，在分布式交换机 MyDVS 上创建端口组，端口组的创建过程参见 4.1 节内容，端口组的连接方式使用中继方式。在 MyDVS 上，将主机的 port2 和 port3 绑定为主备端口作为上行链路组，该链路已经配置了 Trunk。该交换机上的端口组 vlan3 对应同名的 VLAN 3，确认 VLAN 间的路由功能已经正确配置，保证 VLAN 3 中的计算机能够与其他 VLAN 中的虚拟机以及外网通信。分布式交换机 MyDVS 配置如图 7-2 所示。

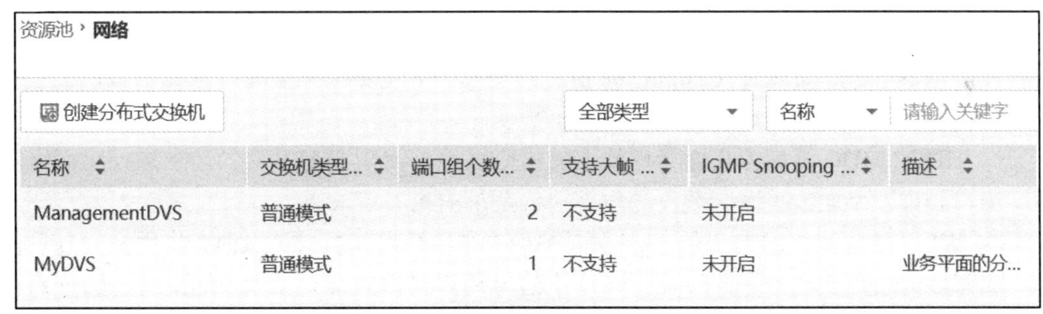

图 7-2　分布式交换机 MyDVS 配置

（3）检查存储池

桌面虚拟化实验需要比较多的磁盘空间，如图 7-3 所示，检查存储池，保证存储池有足够的空间。建议存储池有 300 GB 以上的空闲空间供后继实验使用。

（4）删除之前创建的虚拟机和虚拟机模板

① 在 FusionCompute 中展开“导航树”，选择“资源池”→“ManagementCluster”→“虚拟机”，在弹出的界面中，将 VRM01 之外的虚拟机全部删除，方便后续实验。

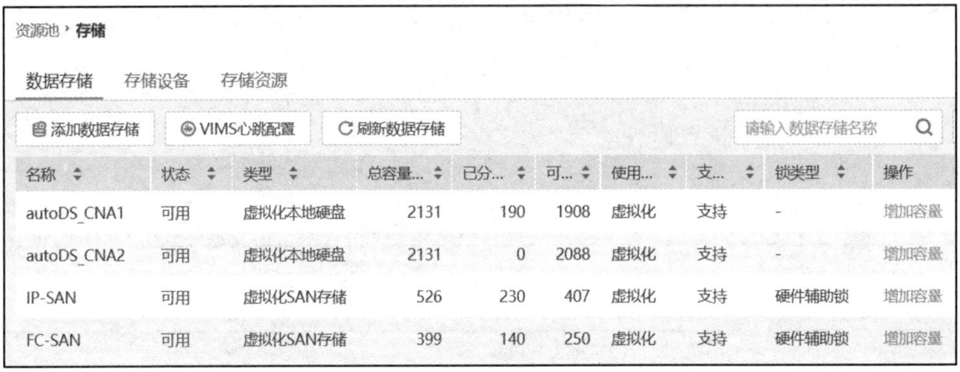

资源池 › 存储

数据存储　存储设备　存储资源

添加数据存储　VIMS心跳配置　刷新数据存储　请输入数据存储名称

名称	状态	类型	总容量...	已分...	可...	使用...	支...	锁类型	操作
autoDS_CNA1	可用	虚拟化本地硬盘	2131	190	1908	虚拟化	支持	-	增加容量
autoDS_CNA2	可用	虚拟化本地硬盘	2131	0	2088	虚拟化	支持	-	增加容量
IP-SAN	可用	虚拟化SAN存储	526	230	407	虚拟化	支持	硬件辅助锁	增加容量
FC-SAN	可用	虚拟化SAN存储	399	140	250	虚拟化	支持	硬件辅助锁	增加容量

图 7-3　检查存储池

② 在 FusionCompute 中展开“导航树”，选择“资源池”→“虚拟机模板”，在弹出的界面中，将所有模板删除，方便后续实验。

7.1.2　安装 HDC、ITA、WI、LiteAS、GaussDB、License 组件

【背景知识】

Linux 基础架构组件有 HDC、ITA、WI、LiteAS、GaussDB、Cache、License。在实际部署时，为了提高性能，可能会将这些组件部署在不同的虚拟机上，本书为了减少虚拟机数量，将这些组件全部部署在同一台虚拟机。各组件功能如下。

① ITA：ITA 为用户管理虚拟机提供接口，其通过与 HDC（Huawei Desktop Controller）的交互，以及与云平台软件 FusionCompute 的交互，实现虚拟机创建与分配、虚拟机状态管理、虚拟机模板管理和虚拟机系统操作维护功能。

② HDC：HDC 是虚拟桌面管理软件的核心组件，根据 ITA 发送的请求进行桌面组管理、用户和虚拟桌面的关联管理，处理虚拟机登录的相关请求等。

③ WI：WI 为最终用户提供 Web 登录界面，在用户发起登录请求时，将用户的登录信息（加密后的用户名和密码）转发到 AD 上进行用户身份验证；当用户通过身份验证后，WI 将 HDC 提供的虚拟机列表呈现给用户，为用户访问虚拟机提供入口。

④ LiteAS：LiteAS 提供桌面用户和桌面用户组等管理与认证功能，是 FusionAccess 鉴权和认证的基础。

⑤ GaussDB：GaussDB 为 ITA 和 HDC 提供数据库，用于存储数据信息。

⑥ Cache：Cache 是高性能的 Key-vaule 数据库，主要功能是提供高效快速的数据读写操作。

⑦ License：License 服务器是 License 的管理与发放系统，负责 HDC 的 License 管理与发放。

【实验内容】

① 创建基础架构虚拟机。

② 配置 Linux 基础架构虚拟机。

③ 安装 GuassDB、HDC、WI、ITA、LiteAS 和 License 等组件。

【实验步骤】

（1）创建虚拟机

参见 2.1.1 节内容创建一台虚拟机，这台虚拟机的名称为 FAManager，FAManager 的硬件配置如图 7-4 所示。FAManager 的操作系统为 Linux，操作系统版本号为 EulerOS 2.5 64bit，磁盘存放位置为 IP-SAN，虚拟机的硬件配置为 8vCPU，内存 16 GB，硬盘为 60 GB，配有网卡一张，在端口组 ManagePortgroup 上。其他选项保持默认值。

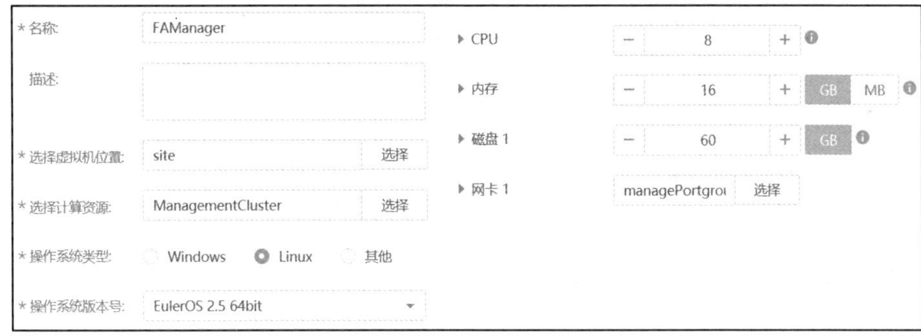

图 7-4　FAManager 的硬件配置

（2）挂载光驱

① 当虚拟机创建好后，接下来开始为虚拟机安装系统。这里选用第三种“文件方式”为虚拟机挂载镜像。

② 在 FusionCompute 中展开“导航树”，选择“资源池”→“存储”，如图 7-5 所示，选择数据存储 FC-SAN，然后打开该图下方的“文件”选项卡，单击“上传文件”按钮，将镜像上传到服务器的数据存储上。

③ 在弹出的如图 7-6 所示的“上传文件”对话框中，按提示选择镜像文件并上传。为了实验方便，可以将整个实验要用的文件全部上传，具体包括：

- FusionAccess_Manager_Installer_8.0.2-x86_64.iso；
- FusionAccess_WindowsDesktop_Installer_8.0.2.iso；
- cn_windows_server_2016_x64_dvd.iso。

④ 第一次上传文件会弹出加载证书提示的对话框，单击“加载证书”然后在弹出的新的 Web 界面中将其添加为例外，随后便出现“认证 CNA 节点成功!”界面，关掉该界面。在原对话框中，单击“继续上传”，系统开始上传镜像文件。

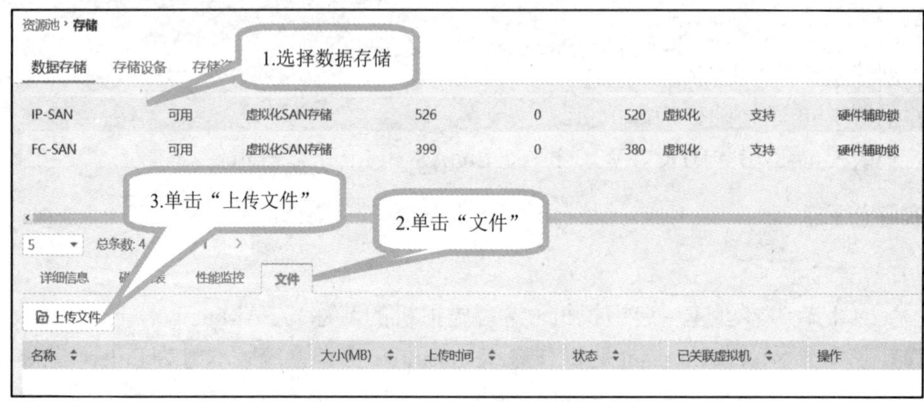

图 7-5　上传镜像

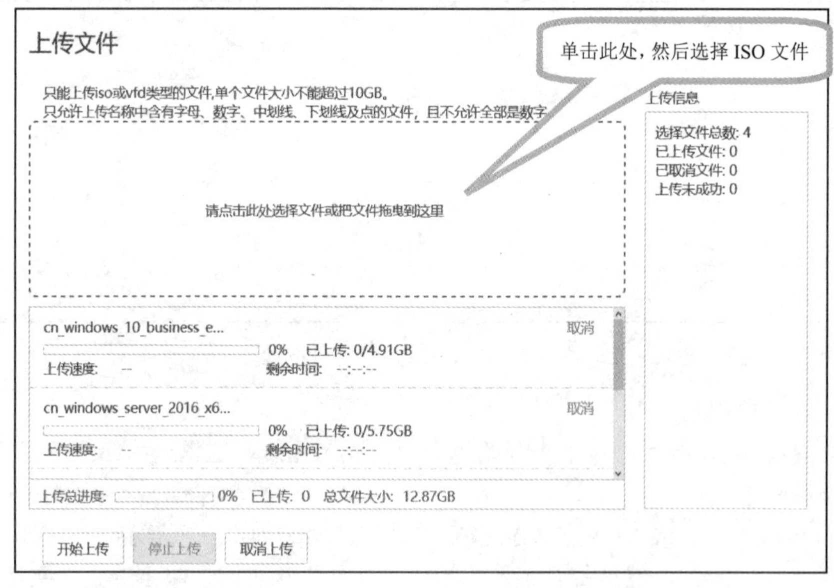

图 7-6　“上传文件”对话框

（3）安装系统

① 在图 7-7 中，单击“光驱”，选择挂载光驱方式为“文件方式”挂载操作系统 ISO 文件 FusionAccess_ Manager_Installer_8.0.2-x86_64.iso。

② 单击“更多操作”→“电源”→“强制重启”，然后单击“VNC登录”按钮登录虚拟机。虚拟机重启成功后，出现如图7-8所示的安装界面，在60秒内选择“Install EulerOS V2.0SP5”，按回车键。

③ 整个安装过程不需要任何设置，等待约 5 分钟后，会重启一次，然后就会看到如图 7-9 所示的 FAManager 登录界面，这是 Linux 的经典登录界面（有干扰信息，不影响操作）。可以用 root 账户登录，默认密码为 Cloud12#$。

图 7-7　挂载镜像

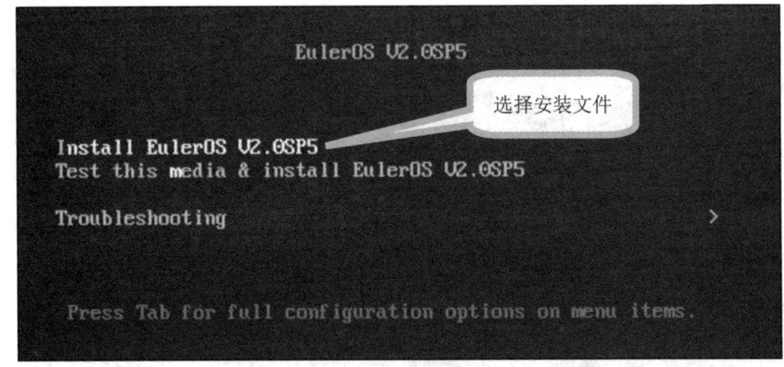

图 7-8　安装界面

图 7-9　FAManager 登录界面

（4）设置 IP

登录成功后，如图 7-10 所示，系统会要求设置 IP 地址。根据提示，分别输入虚拟机的 IP 地址（192.168.1.220）、子网掩码和网关。

```
Authorized users only. All activities may be monitored and reported.
fusionaccess01 login: root
Password:
Last failed login: Mon Jun 28 10:13:29 CST 2021 on tty1
There was 1 failed login attempt since the last successful login.

Authorized users only. All activities may be monitored and reported.
Redirecting to /bin/systemctl restart sshd.service
Please input ip address and press Enter: 192.168.1.220
Please input subnet mask like:255.255.255.0 and press Enter: 255.255.255.0
Please input gateway and press Enter: 192.168.1.254
```

输入 IP 地址

图 7-10　设置 IP 地址

（5）安装 Tools

完成上述操作后，系统会自动回到 FusionAccess 的安装工具“startTools”界面，如图 7-11 所示安装 Driver Tools。先安装 Tools，回到 FusionCompute 界面，在虚拟机界面中单击“更多操作”→“Tools”→“挂载 Tools”，在弹出的对话框中单击“确定”按钮，系统就会将 Tools 以光碟形式挂载到虚拟机的光驱上，然后回到虚拟机的安装界面，输入“1”后按回车键，安装 Driver Tools，等待 1 分钟后安装成功，输入“yes”重启系统。

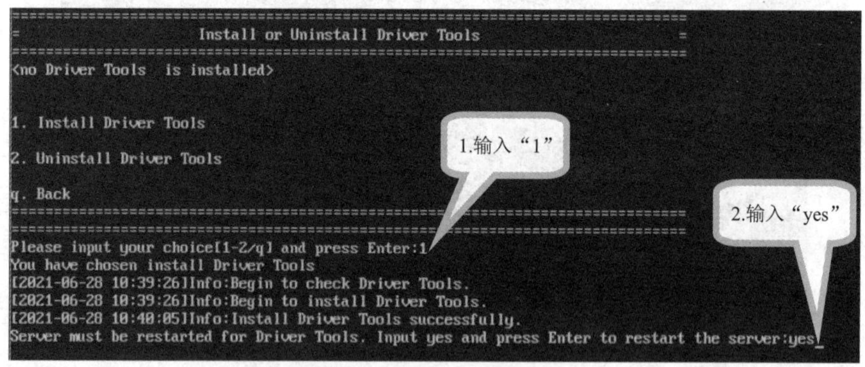

图 7-11　安装 Driver Tools

（6）重启再登录

重启完成后再次用 root 账户登录，回到“startTools”界面，选择“3. Software”安装软件，出现图 7-12；输入“3”后按回车键，选择软件的安装方式，只安装 HDC/ITA/WI/LiteAS/GaussDB/Cache/License 这 7 个必选的基础组件。

（7）查看组件状态

在组件安装期间，可以关掉 VNC 窗口，不用再设置该虚拟机。如果想查看组件状态，可以在安装完成后，按提示输入“e”后退出安装界面，然后在命令行中输入“startTools”重新进入安装工具界面，然后输入“2”，如图 7-13 所示，查看组件运行状态。

（8）设置基础架构虚拟机自恢复属性

① 在 VRM 虚拟机界面单击“VNC 登录”按钮登录虚拟机（本实验是单节点部署，如果是主备部署 VRM，需使用“PuTTY”工具，通过“VRM 浮动 IP”登录 VRM 主节点虚

拟机，登录账户为“gandalf”，默认密码为“IaaS@OS-CLOUD9!”，再通过 su root 切换 root 账户），执行（TMOUT=0）命令，防止超时退出。

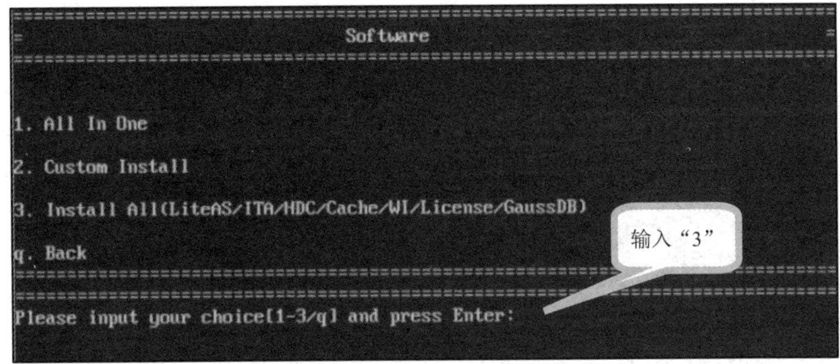

图 7-12　选择软件的安装方式

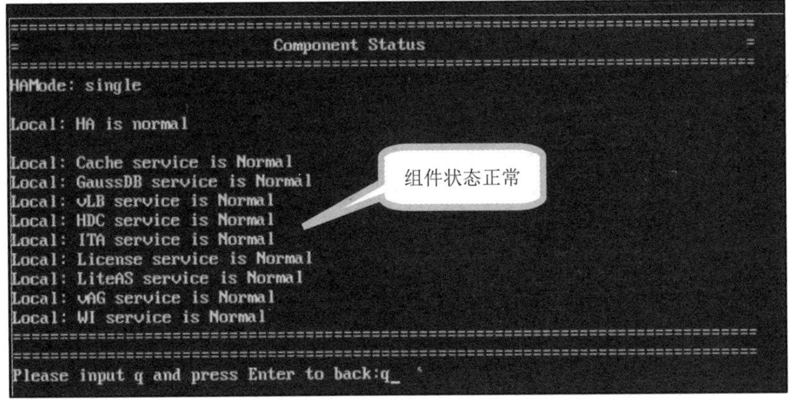

图 7-13　查看组件运行状态

② 回到 FusionCompute 界面，进入 FAManager 虚拟机界面，打开“概要”选项卡，如图 7-14 所示，查看 FAManager 的 vmid，用于后续操作。

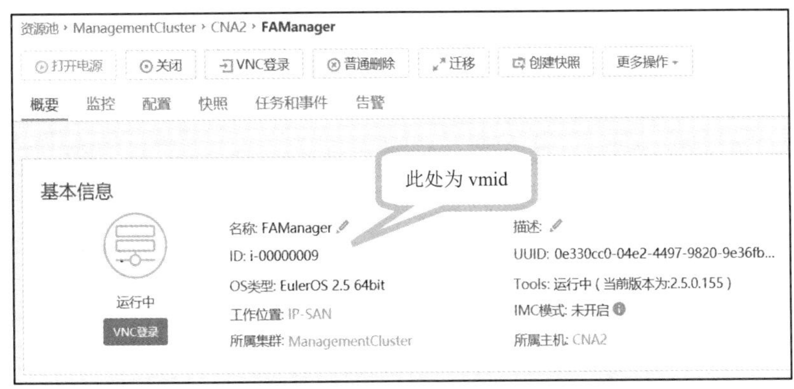

图 7-14　查看 FAManager 的 vmid

③ 切换回 VRM 虚拟机的“VNC 登录”窗口，如图 7-15 所示，用刚才查询到的 FAManger 的 ID，输入指令 sh /opt/galax/vrm/tomcat/script/modifyRecover.sh i-00000009 true，当出现“success”后，完成操作——在 VRM 虚拟机上设置 FAMananger 的自恢复属性。

```
i-00000001 [192.168.1.100] VRM01 - Mozilla Firefox
https://192.168.1.100:8443/vnc/index.html#/client/aS0wMDAwMDAwMQBjAGRlZmF1bHQ=?siteId=
EN

Authorized users only. All activities may be monitored and reported.
VRM01 login: root
Password:
VRM01:~ # TMOUT=0
VRM01:~ # sh /opt/galax/vrm/tomcat/script/modifyRecover.sh  i-00000009 true
success
VRM01:~ #
```

图 7-15　在 VRM 虚拟机上设置 FAMananger 的自恢复属性

7.1.3　安装 vAG/vLB 组件

【背景知识】

Linux 接入虚拟机组件有 vAG 和 vLB。终端通过接入层的 vLB（virtual Load Balance）功能和 vAG（virtual Access Gateway）功能接入用户虚拟机。

① vAG：主要功能是作为桌面接入网关和自助维护台网关。当用户虚拟机出现故障时，用户无法通过桌面协议登录虚拟机，需要通过 VNC 自助维护台登录虚拟机进行自助维护。

② vLB：主要作用是在用户访问 WI（Web Interface）时进行负载均衡，避免大量用户访问同一个 WI。

【实验内容】

① 创建基础架构虚拟机。

② 配置 Linux 基础架构虚拟机。

③ 安装 vLB/vAG 组件。

【实验步骤】

（1）创建虚拟机

参见 2.1.1 节内容创建一台虚拟机，这台虚拟机的名称为 vAG/vLB，vAG/vLB 的硬件配置如图 7-16 所示。该虚拟机的操作系统为 Linux，操作系统版本号为 EulerOS 2.5 64bit，磁盘存放位置为 IP-SAN，虚拟机的硬件配置为 4vCPU，内存 4 GB，硬盘为 40 GB，配有网卡一张，在端口组 managePortgroup 上，其他选项保持默认值。

名称: vAG/vLB
描述:
选择虚拟机位置: site 选择
选择计算资源: ManagementCluster 选择
操作系统类型: Windows Linux 其他
操作系统版本号: EulerOS 2.5 64bit
CPU 4
内存 4 GB MB
磁盘 1 40 GB
网卡 1 managePortgrou 选择

图 7-16　vAG/vLB 的硬件配置

（2）安装系统并重启再登录

虚拟机创建好后，按照 7.1.2 节的步骤（3）～（5），安装 FAManager 的镜像“FusionAccess_Manager_Installer_8.0.2-x86_64.iso”安装系统，用 root 用户名登录后，设置其 IP 地址为 192.168.1.230 并且安装好 Tools，然后重启一次，再次用 root 用户名登录，vAG/vLB 的 startTools 界面如图 7-17 所示。

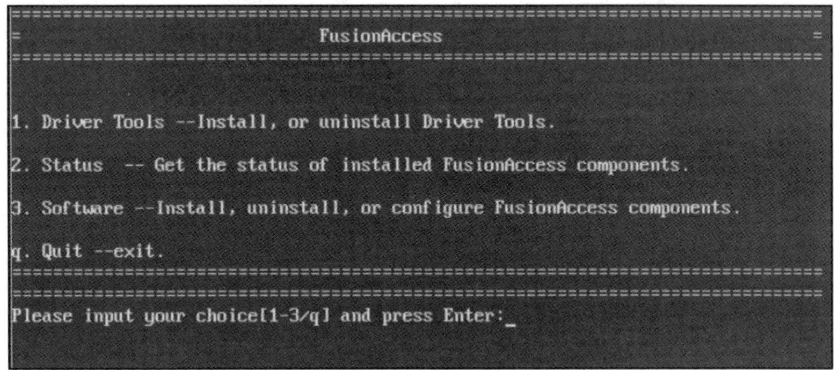
FusionAccess
1. Driver Tools --Install, or uninstall Driver Tools.
2. Status -- Get the status of installed FusionAccess components.
3. Software --Install, uninstall, or configure FusionAccess components.
q. Quit --exit.
Please input your choice[1-3/q] and press Enter:_

图 7-17　vAG/vLB 的 startTools 界面

（3）安装 vAG

① 在图 7-17 中按提示，输入“3”，在弹出的界面中选择“Custom Install”，弹出图 7-18，输入“2”，选择安装组件，安装 vAG。

② 在vAG安装界面，按提示输入“1”，如图7-19所示，安装vAG。安装成功后，输入两次“q”退出，并返回到Custom Install界面。

（4）安装 vLB

在 Custom install 界面中按提示输入“3”，安装 vLB。vLB 的安装界面如图 7-20 所示，在该图中会出现红色报警，警告配置不满足要求。由于是实验，可以忽略。按提示输入“1”继续安装 vLB，安装成功后，输入“q”，返回到上层的 vLB 安装界面。

```
=                         Custom Install                          =

1. WI
2. vAG
3. vLB
4. UNS
5. AUS
6. ITA
7. HDC
8. LiteAS
9. GaussDB
10. License
11. BackupServer
12. Cache
q. Back

Please input your choice[1-11/q] and press Enter:2
```

输入“2”，选择 vAG

图 7-18　选择安装组件

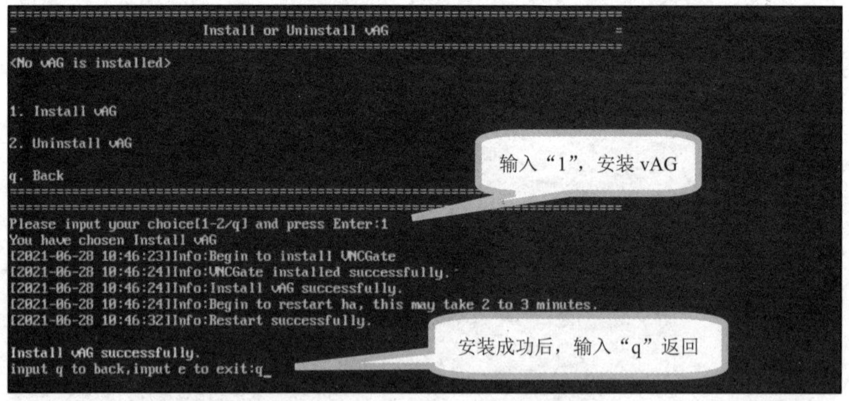

图 7-19　安装 vAG

（5）配置 vLB

① 在图 7-20 中选择“3. Configure vLB”，配置 vLB，LB 的作用就是为多个 WI（用户登录接口组件）提供负载均衡，所以要把 WI 的 IP 地址输入到 LB 内。

② 在弹出的界面中选择“1. Configure WI/UNS”（本实验中只有一个 WI 组件，部署在 FAManager 上）。如图 7-21 所示，在第一行填写 192.168.1.220，回车后，来到第二行设置第二个 WI 的 IP 地址，由于没有第二个 WI，输入“ok”后，完成配置 vLB 并填写 WI 的 IP 地址操作。

（6）设置基础架构虚拟机自恢复属性

① 在 VRM 虚拟机界面单击“VNC 登录”按钮登录虚拟机，执行（TMOUT=0）命令，防止超时退出。

② 回到 FusionCompute 界面，进入 vAG/vLB 虚拟机界面，打开“概要”选项卡，查

看其 vmid，用于后续操作。

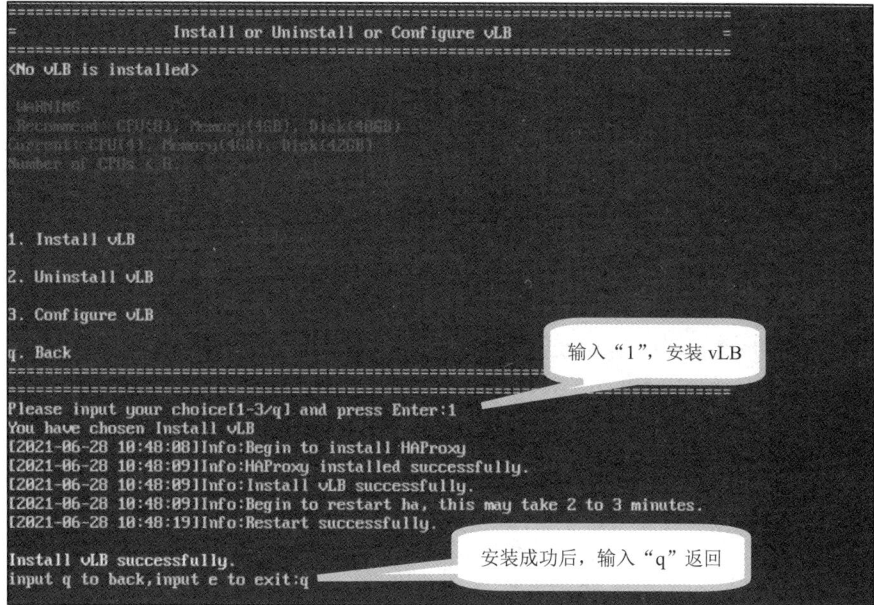

图 7-20　vLB 的安装界面

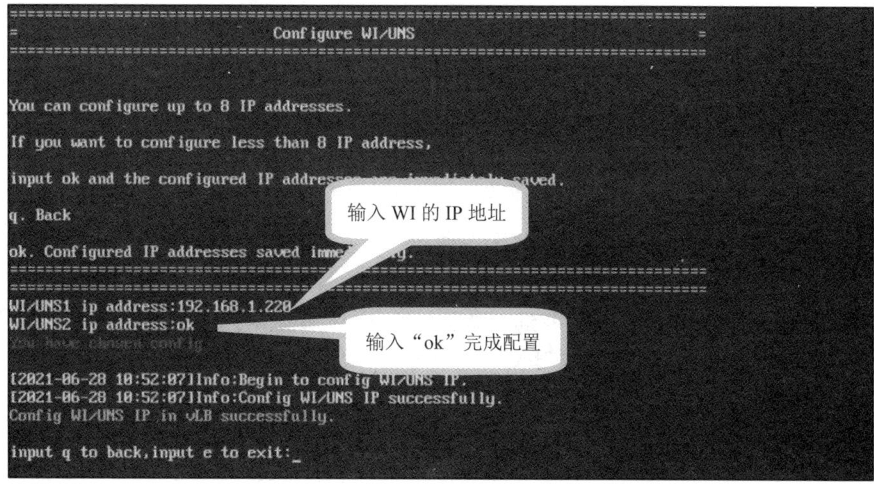

图 7-21　配置 vLB 并填写 WI 的 IP 地址

③ 切换回 VRM 虚拟机的“VNC 登录”界面，使用事先查询到的 vAG/vLB 的 ID，输入指令 sh /opt/galax/vrm/tomcat/script/modifyRecover.sh i-0000000A true，当出现“success”后，完成操作——设置基础架构虚拟机自恢复属性。

7.1.4　安装配置 IT 基础架构虚拟机

【背景知识】

Windows 基础架构虚拟机的组件主要有 AD、DNS、DHCP，各组件可以单独安装在不同的 Windows 服务器上，以提高性能和可用性，也可以把几个组件安装在同一台服务器上。组件功能如下。

① AD：微软的域控制器，基于 LDAP 对域用户登录系统提供鉴权等服务。

② DNS：提供域名解析功能。

③ DHCP：为主机分配 IP 地址。

【实验内容】

本实验采用单节点部署。

① 创建虚拟机，安装 Windows Server 2016 操作系统。

② 完成虚拟机基本配置。

③ 安装 AD/DNS 服务，配置 DNS 正 / 反向解析。

④ 安装 DHCP 服务。

⑤ 创建组织单位和域用户。

⑥ 配置 DNS 策略。

【实验步骤】

（1）创建虚拟机

参见 2.1.1 节内容创建一台虚拟机，这台虚拟机的名称为 AD-Windows2016，AD-Windows2016 的硬件配置如图 7-22 所示。AD-Windows2016 的操作系统为 Windows，操作系统版本号为 Windows Server 2016 Standard 64bit，磁盘存放位置为 IP-SAN，虚拟机的硬件配置为 2vCPU，内存为 4 GB，硬盘为 40 GB，配有网卡一张，在端口组 vlan3 选择的业务平面 MyDVS 上，其他选项保持默认值。图 7-22 展示了 IT 基础架构虚拟机属性。

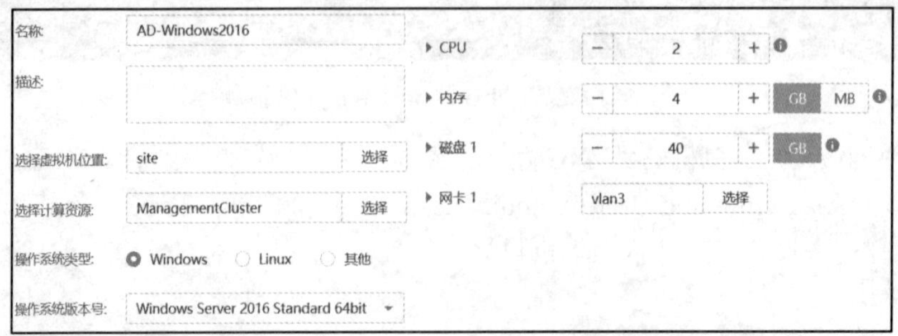

图 7-22　AD-Windows2016 的硬件配置

（2）安装 Windows Server 2016 标准版

虚拟机创建后，启动虚拟机，通过单击“VNC 登录”按钮登录虚拟机，采用文件方式将操作系统 ISO 文件“cn_windows_server_2016_x64_dvd.iso”挂载至虚拟机，然后让虚拟机强制重启。当虚拟机重启后，按照界面提示完成 Windows 操作系统安装。在安装时“操作系统”选择“Windows Server 2016 Standard Evaluation（桌面体验）”，安装完成后，设置 Administrator 账户密码（IE$cloud8!），在 FusionCompute 上挂载“Tools”，登录虚拟机并安装 Tools 后，重新启动。此过程可参照 3.4 节内容。

（3）完成虚拟机基本配置

首先对主机名和 IP 地址进行设置，以便安装 AD、DNS、DHCP 组件。如图 7-23 所示，打开“控制面板项”，单击屏幕左下角的搜索，然后输入“sysdm.cpl”会出现“系统属性”对话框，如图 7-24 所示，单击“更改”按钮，弹出“计算机名/域更改”对话框，输入新的计算机名“FA-AD”，单击两次“确定”按钮，设置计算机名，然后单击“立即重新启动”重启虚拟机。

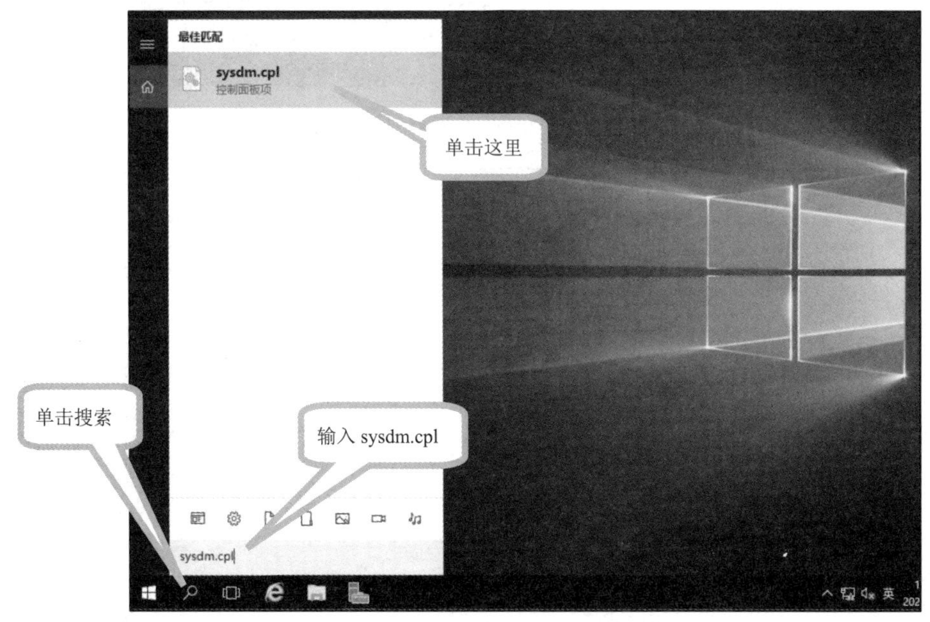

图 7-23　打开控制面板项

（4）配置网络

在虚拟机的搜索栏里输入“ncpa.cpl”后按回车键，将弹出“网络连接”界面，双击该界面中的“以太网”，在弹出的对话框中选择“属性”→“Internet 协议版本 4(TCP/IPv4)”，然后选择“使用下面的 IP 地址(S)”，如图 7-25 所示，配置网络——输入虚拟机的 IP 地址，具体 IP 地址规划如表 7-3 所示。

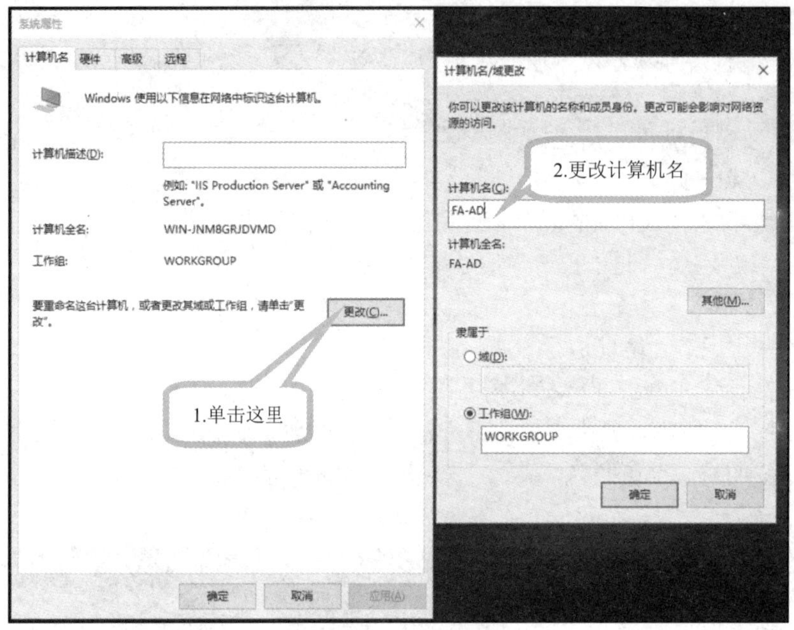

图 7-24　设置计算机名

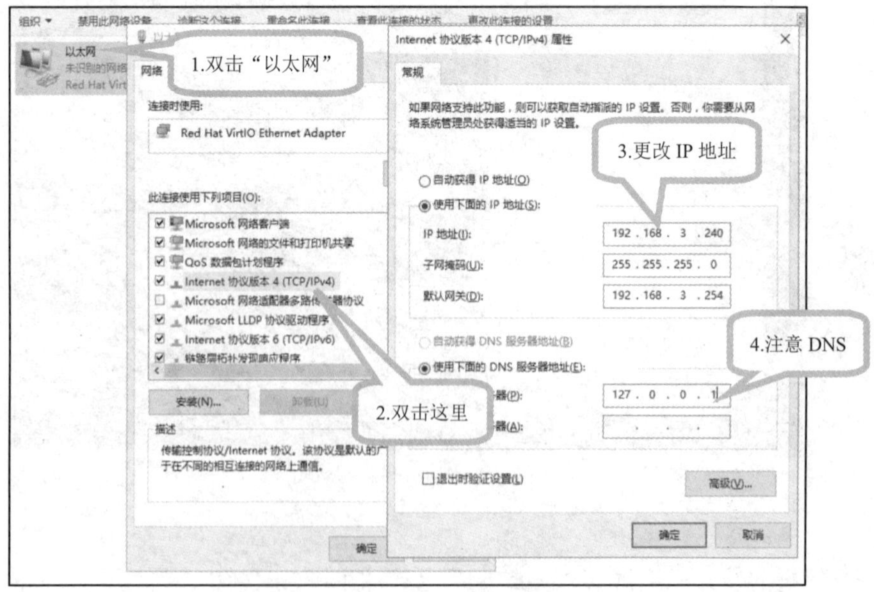

图 7-25　配置网络

（5）安装 AD/DNS/DHCP 服务

如图7-26所示，在服务器管理器的“仪表板”界面单击“添加角色和功能”，保持默认配置，连续单击3次“下一步”按钮，出现“选择服务器角色”对话框，如图7-27所示，勾选“Active Directory 域服务”“DHCP服务器”“DNS服务器”，选择安装角色，单击5次“下一步”按钮后，单击“安装”按钮，系统开始安装这3个角色。

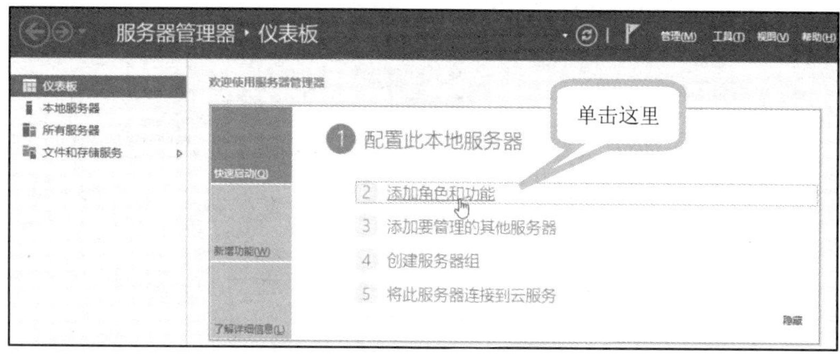

图 7-26　添加角色和功能

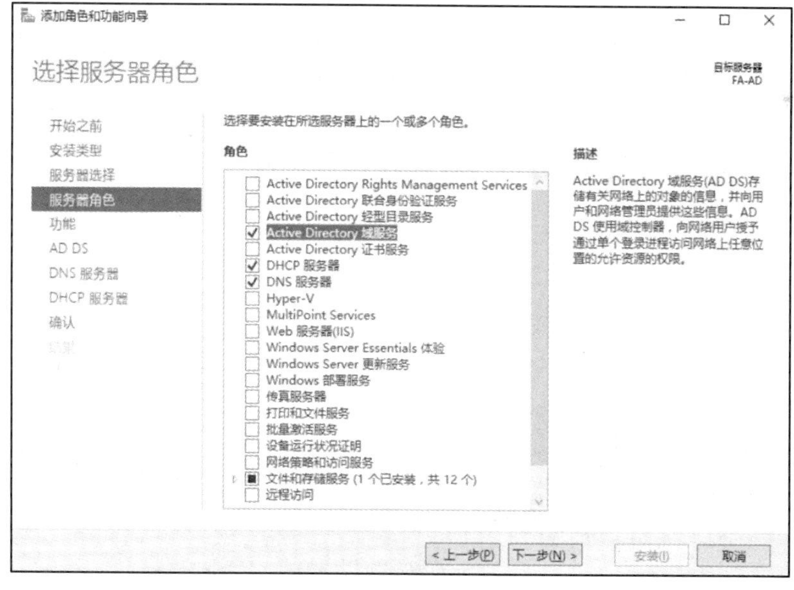

图 7-27　选择安装角色

（6）配置域

安装好3个角色后，在“服务器管理器”界面左侧窗格出现“AD DS”，如图7-28所示，选择“AD DS”，单击“更多”，在弹出的配置向导中单击“将此服务器提升为域控制器”，弹出如图7-29所示的“部署配置”对话框。在图7-29中，选择“添加新林”，设置根域名为“hcia.org”，单击“下一步”按钮，对“林功能级别”与“域功能级别”保持默认设置，将“键入目录服务还原模式(DSRM)密码”设置为“IE$cloud8!”，其他保持默认值，连续单击4次“下一步”按钮，通过先决条件检查后，单击“安装”，约5分钟后AD域配置完成（会自动重启一次）。

图 7-28　配置 AD 域

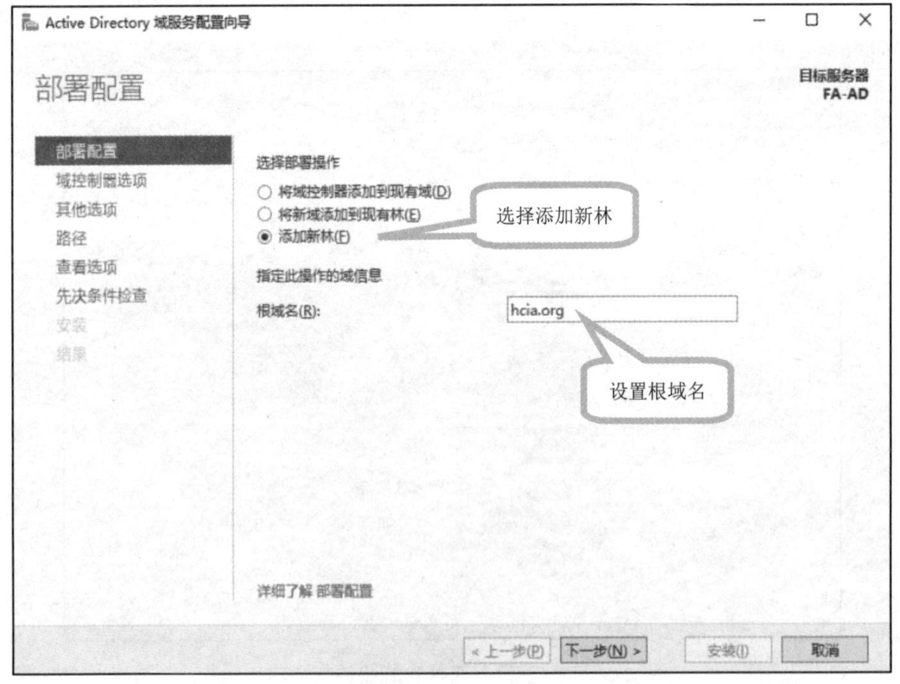

图 7-29　设置域名

（7）添加域账号

① 重新登录Windows，如图7-30所示，在服务器管理器的“仪表板”界面，单击“工具”→“Active Directory用户和计算机”，弹出“Active Directory用户和计算机”窗口，如图7-31所示，右键单击“hcia.org”，在弹出的菜单中选择“新建”→“组织单位”，将组织单位名称设置为“HR”，然后单击“完成”按钮，创建组织单位。

说明：组织单位是域的管理单元，在企业里，通常一个部门就是一个组织单位，可把这个部门所有的用户、计算机等对象都放在里面，方便管理。

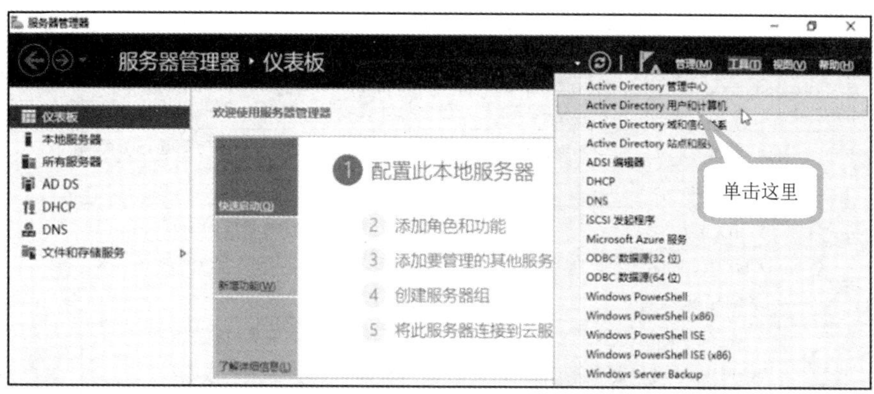

图 7-30　进入 AD 域的用户和计算机菜单

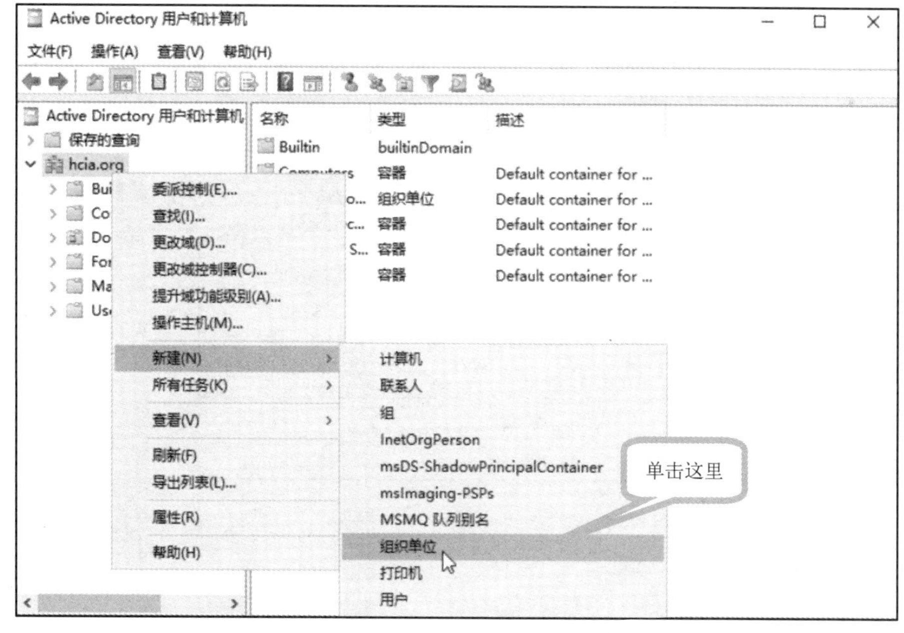

图 7-31　创建组织单位

② 创建新用户。在名称为 HR 的组织单位里创建 3 个用户——域用户和一个用户组，具体要求如表 7-4 所示。右键单击“HR”，在弹出的菜单中选择“新建”→“用户”，在弹出的对话框中输入用户名 vdsadmin，单击“下一步”按钮，弹出图 7-32，在该图中设置密码为 IE$cloud8!。为了方便实验，取消勾选“用户下次登录须更改密码”，单击“下一步”按钮完成新用户创建。采用同样的方式，创建用户 user01 和 user02。需要创建的域用户如图 7-33 所示。

表 7-4　域用户

域账号	账号说明	取值
桌面云域账号	• 各台桌面云虚拟机的登录域账号，可以将域账号加入对应的组中	user01 user02
用户组	• 方便链接克隆类型的虚拟机进行动态池、静态池的发放，需要把登录桌面云的账号加入该组	vdsgp
域管理账号	• 用于域操作。在 AD 服务器中，增加域账号或将域账号增加到管理员组中； • 需要将域管理账号加到域管理员组（Domain Admins 组）中，赋予账号管理域的权限； • 对接 FusionAccess 的账号，FusionAccess 系统会保存该账号的用户名和密码，用于让发放的桌面云虚拟机加入 AD 域，让其能使用域账号登录	vdsadmin

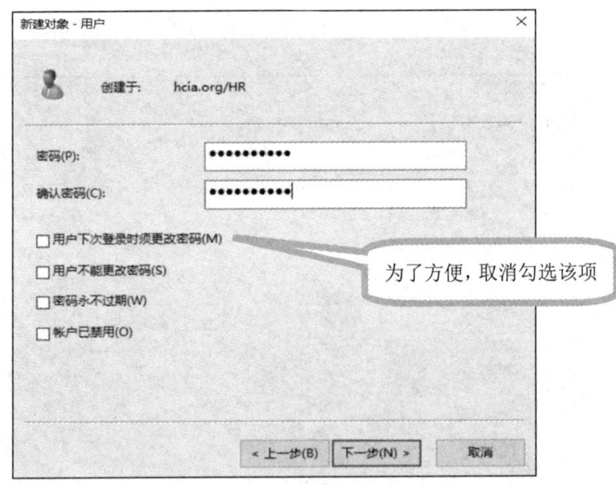

图 7-32　设置用户密码

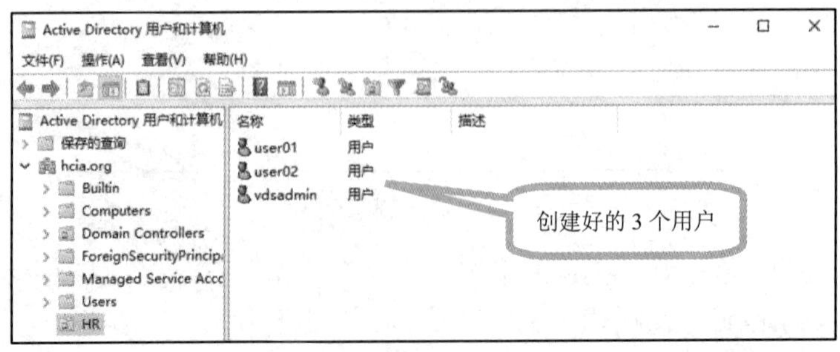

图 7-33　需要创建的域用户

③ 创建组 vdsgp。在图 7-33 中，右键单击“HR”，在弹出的菜单中选择“新建”→“组”，在弹出的对话框中设置组名字为“vdsgp”，其他保持默认设置，单击“确定”按钮，创建安全组。右键单击刚创建的安全组“vdsgp”，在弹出的菜单中选择“属性”，弹出“vdsgp 属性”对话框，如图 7-34 所示，打开“成员”选项卡，单击“添加”按钮，在弹出的菜单

输入“user01”，然后单击“确定”按钮，将 user01 加入 vdsgp 组，用同样的方法将 user02 添加 vdsgp 组，设置组成员。

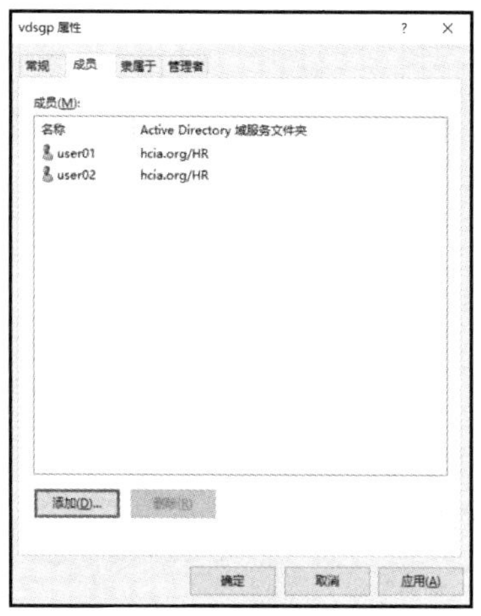

图 7-34　设置组成员

④ 添加域管理员权限。在图7-33中，右键单击“vdsadmin”，在弹出的菜单中选择“属性”，弹出如图7-35所示的“vdsadmin属性”对话框，打开“隶属于”选项卡，单击“添加”按钮，输入“Domain Admins”，单击“检查名称”，校验成功后单击“确定”按钮，添加域管理员权限。依次单击“确定”按钮，关闭属性窗口。

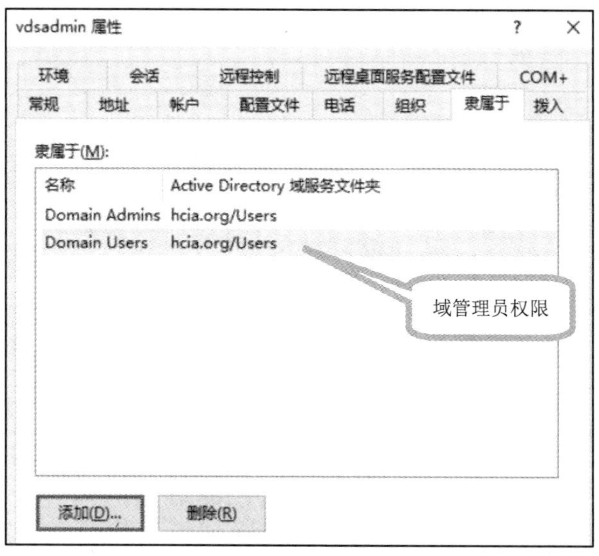

图 7-35　添加域管理员权限

⑤ 设置委派控制。在图7-36中，右键单击“HR”，在弹出的菜单中选择“委派控制”，选定用户和组，添加用户vdsadmin，单击“下一步”按钮，在弹出的对话框中选择“创建

自定义任务去委派”，单击“下一步”按钮，弹出图7-37。

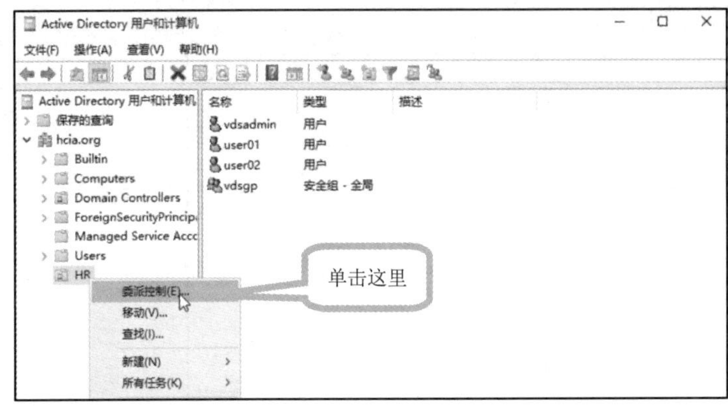

图 7-36　设置委派控制

⑥ 设置用户的委派权限。在图7-37中，勾选“常规”“特定属性”“特定子对象的创建/删除”，在“权限”列表中，选择“创建 用户 对象”“删除 用户 对象”“创建 组 对象”“删除 组 对象”“创建 计算机 对象”“删除 计算机 对象”，单击“下一步”按钮，然后单击“完成”按钮，完成用户vdsadmin的委派权限设置。

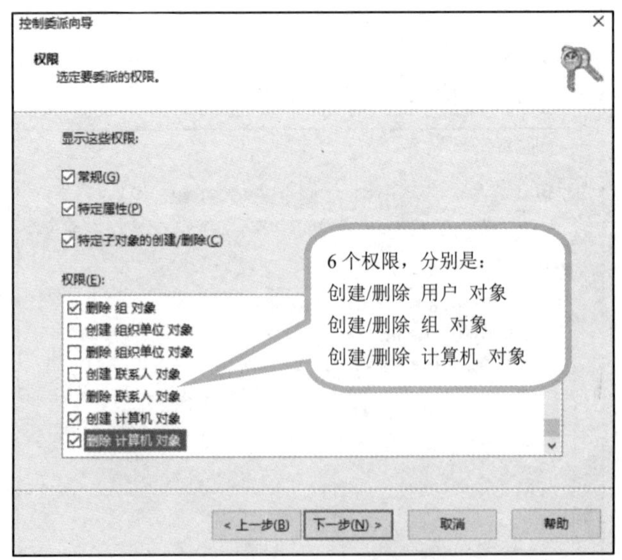

图 7-37　设置用户的委派权限

（8）激活 DHCP

在图7-38左侧窗格中选择DHCP，单击右侧窗格中的“更多”，在弹出的对话框中单击“完成DHCP配置”，在随后弹出的“描述”对话框中直接单击“下一步”按钮，在接着弹出的“授权”对话框中保持默认设置，单击“提交”按钮，弹出“摘要”对话框，单击“关闭”按钮，完成DHCP激活操作。

图 7-38 激活 DHCP

(9) 配置 DHCP

① 如图7-39所示，单击“工具”→“DHCP”，弹出图7-40。

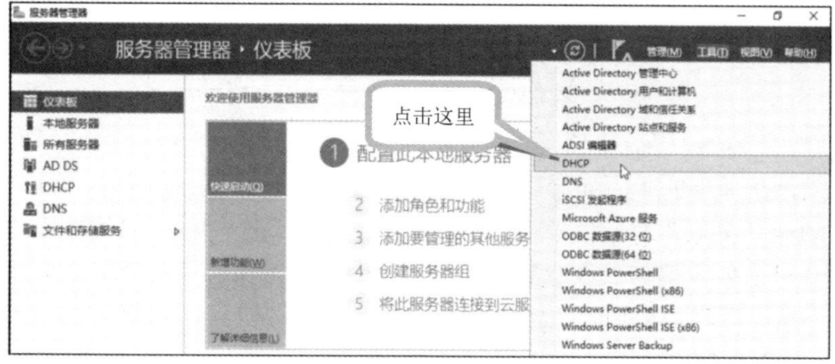

图 7-39 配置 DHCP

② 展开图7-40左侧的“导航树”，右键单击“IPv4”，在弹出菜单中选择“新建作用域”。

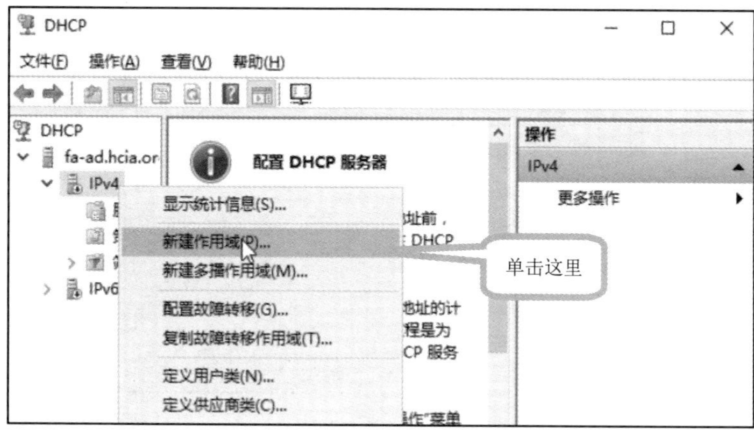

图 7-40 新建 IPv4 的作用域

③ 在弹出的“作用域名称”对话框中输入新增作用域的名称和描述信息，单击“下一步”按钮，弹出“IP 地址范围”对话框，如图7-41所示，设置DHCP分配地址的起始IP地

址和结束IP地址，以及子网掩码，即设置DHCP的地址池，然后单击“下一步”按钮。

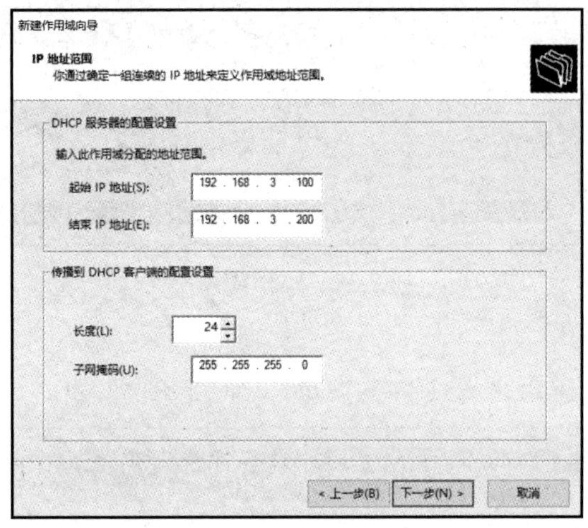

图 7-41　设置 DHCP 的地址池

④ 接下来，在弹出的“添加排除和延迟”对话框中保持默认设置；单击“下一步”按钮，在弹出的“租赁期限”对话框中保持8天默认设置；单击“下一步”按钮，在弹出的“配置HDCP选项”对话框中保持默认设置；单击“下一步”按钮，弹出图7-42，如图7-42所示，输入路由器（默认网关）IP地址，然后，单击“添加”按钮，使其生效，完成添加网关操作。在接下来的操作中，保持默认设置，直接单击“确定”按钮，完成DHCP设置。

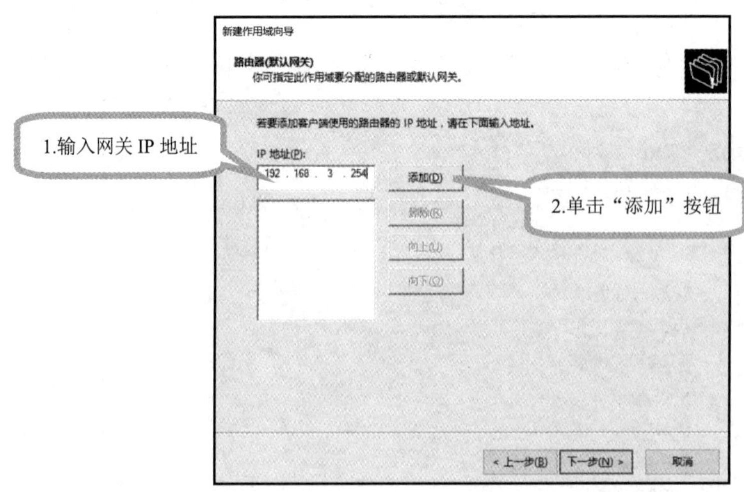

图 7-42　添加网关

（10）配置 DNS 策略

配置 DNS 策略包含配置 DNS 反 / 正向解析、配置 DNS 高级属性、开启 DNS 的老化和清理功能等。

DNS 的作用：将域名解析为 IP 地址（正向解析）；将 IP 地址解析为域名（反向解析）。

① 配置 DNS 反向解析。单击“服务器管理器”→“工具”→“DNS”，弹出如图 7-43 所示的“DNS 管理器”窗口，在左侧的“导航树”中展开 FA-AD，右键单击“反向查找区域”，在弹出的菜单中选择“新建区域”，在弹出的对话框中，按照提示，单击 3 次“下一步”按钮后选中“IPv4 反向查找区域”，然后单击“下一步”按钮，弹出“反向查找区域名称”对话框，如图 7-44 所示，选中“网络 ID”，在其文本框中填写反向解析区域，即填写“192.168.3”（桌面云虚拟机工作平面），然后单击“下一步”按钮后完成。

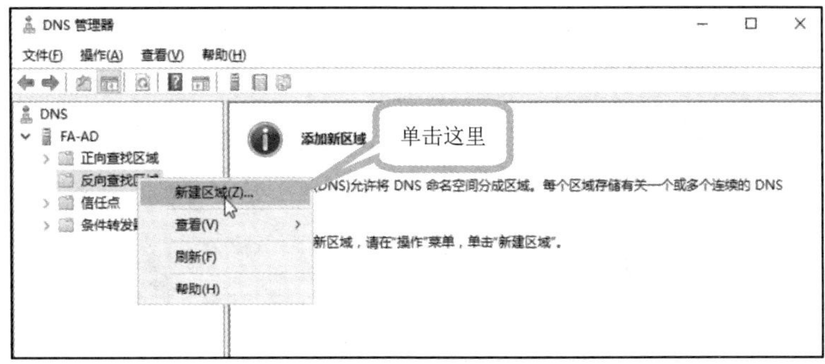

图 7-43　新建反向查找区域

当然管理平面的虚拟机（如AD和FAManger等虚拟机）也需要DNS进行域名解析，所以在反向查找区域也要添加管理平面的网段，采用同样的方法添加“192.168.1”的反向解析区域。

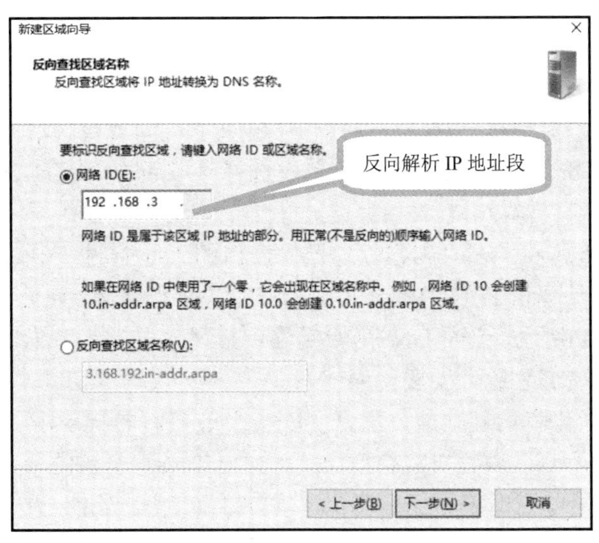

图 7-44　设置反向查找区域

② 配置DNS正向解析。单击“开始”，在“搜索程序和文件”中输入“DNS”，按回车键，弹出“DNS管理器”窗口，在“导航树”中依次展开“DNS”→“计算机名称”→“正

向查找区域”，右键单击基础架构域，如“hcia.org”，在弹出的菜单中选择“新建主机”，弹出“新建主机”对话框，如图7-45所示，根据提示完成HDC服务器信息，勾选“创建相关的指针(PTR)记录”，单击“添加主机”按钮，添加hdc主机记录。其中，

- 名称：HDC 服务器的虚拟机名称。
- IP 地址：HDC 服务器的业务平面 IP 地址，参见表 7-3 的规划。
- 创建相关的指针(PTR)记录：用于同时添加反向解析数据。

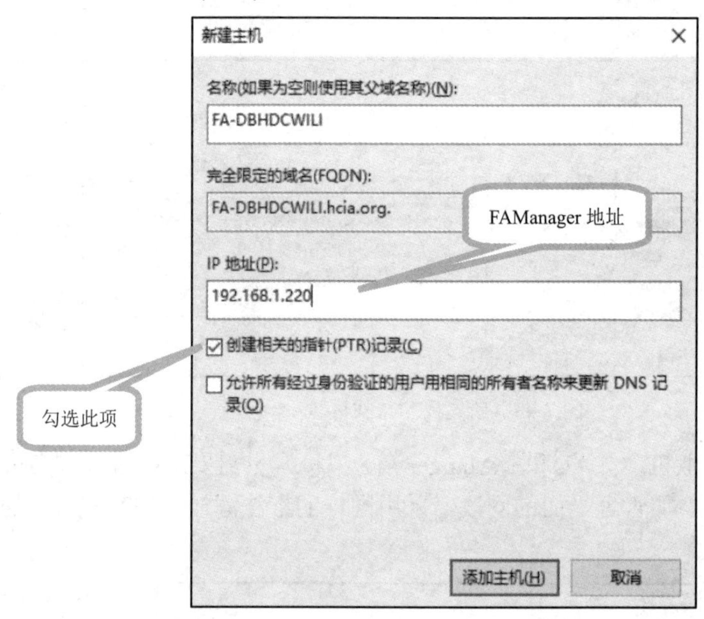

图 7-45　添加 hdc 主机记录

关闭“新建主机”对话框，在“导航树”中展开“反向查找区域”，右键单击反向IP地址段“1.168.192.in-addr.arpa”，在弹出的菜单中选择“刷新”，检查DNS反向解析信息是否自动添加成功。

③ 配置DNS高级属性。在“DNS管理器”窗口的“导航树”中依次展开“DNS 服务器”→“DNS”→“计算机名称”，选择“属性”，弹出“FA-AD属性”对话框，打开“高级”选项卡，如图7-46所示，设置DNS高级属性。打开“根提示”选项卡，如图7-47所示，将内置的13个根DNS域名删除，即删除根DNS。

④ 开启DNS的老化和清理功能。展开“DNS”节点。右键单击“计算机名称”，在弹出的菜单中选择“为所有区域设置老化/清理”，弹出“服务器老化/清理属性”对话框，如图7-48所示，勾选“清除过时资源记录(S)”，单击“确定”按钮，弹出“服务器老化/清理确认”对话框，在该对话框中勾选“将这些设置应用到现有的、与Active Directory集成的区域(A)”，单击“确定”按钮，设置DNS清除过时资源记录。

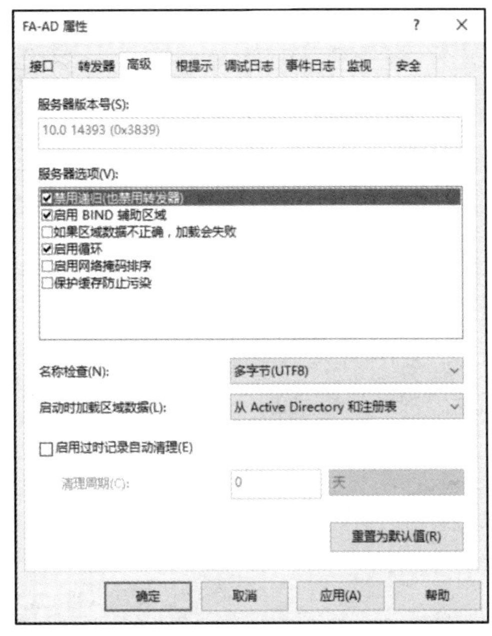

图 7-46　设置 DNS 高级属性

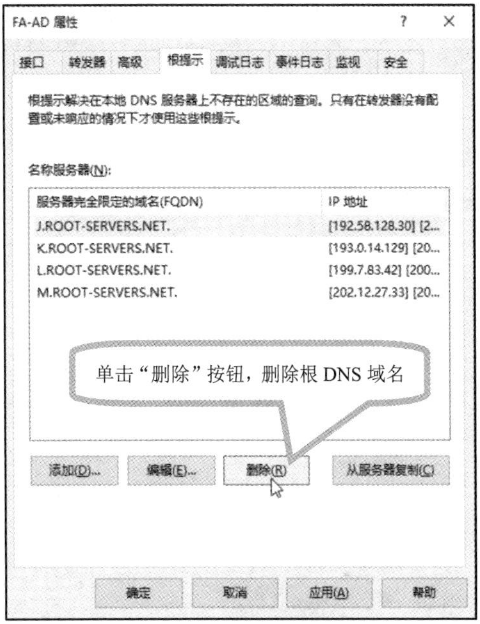

图 7-47　删除根 DNS

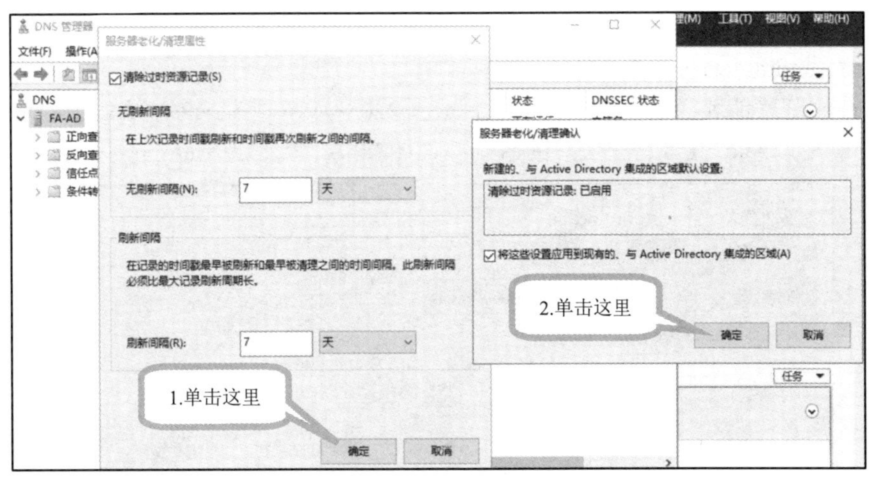

图 7-48　设置 DNS 清除过时资源记录

（11）设置基础架构虚拟机自恢复属性

在VRM虚拟机界面单击“VNC登录”按钮登录虚拟机，执行（TMOUT=0）命令，防止超时退出。

回到FusionCompute界面，进入AD-Windows2016虚拟机界面，打开“概要”选项卡，查看其vmid，用于后续操作。

切换回VRM虚拟机的“VNC登录”界面，用刚才查询到的AD-Windows2016的ID，输入指令sh /opt/galax/vrm/tomcat/script/modifyRecover.sh i-0000000B true ，当出现“success”后，完成设置基础架构虚拟机自恢复属性操作。

7.2 初始配置

【背景知识】

FusionAccess各个组件安装后必须执行配置项，配置虚拟化相应信息，保证FusionAccess与虚拟化平台FusionCompute之间能正常通信并配合提供虚拟机桌面。

【实验内容】

① 配置虚拟化环境。
② 配置域。
③ 配置桌面组件。
④ 配置告警组件。

【实验步骤】

（1）设置 admin 的密码

通过在浏览器地址栏中输入https://192.168.1.220:8448，登录FusionAccess的管理界面。首次登录，系统要求设定admin账户的密码。如图7-49所示，设置admin的密码。

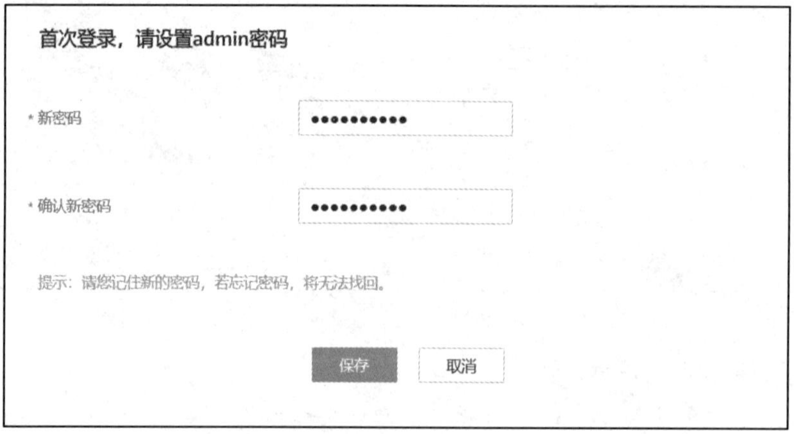

图 7-49　设置 admin 的密码

（2）配置虚拟化环境

用admin账户登录“FusionAccess”界面后，会自动进入“配置虚拟化环境”界面，根据对接的虚拟化环境类型，选择“FusionCompute”，单击“新增”按钮，如图7-50所示，配置虚拟化环境。该图中具体配置参数说明如下，配置完成后，单击“下一步”按钮，弹出“创建vAG/vLB”对话框，如图7-51所示。

- FusionCompute IP：输入 VRM 节点的浮动 IP 地址。
- FusionCompute 端口号：输入“7070”。
- SSL 端口号：输入“7443”。
- 用户名：默认为“vdisysman”。
- 密码：默认密码为“VdiEnginE@234”。
- 通信协议类型：选择 FusionCompute 与 ITA 通信协议类型，建议选择“https”。

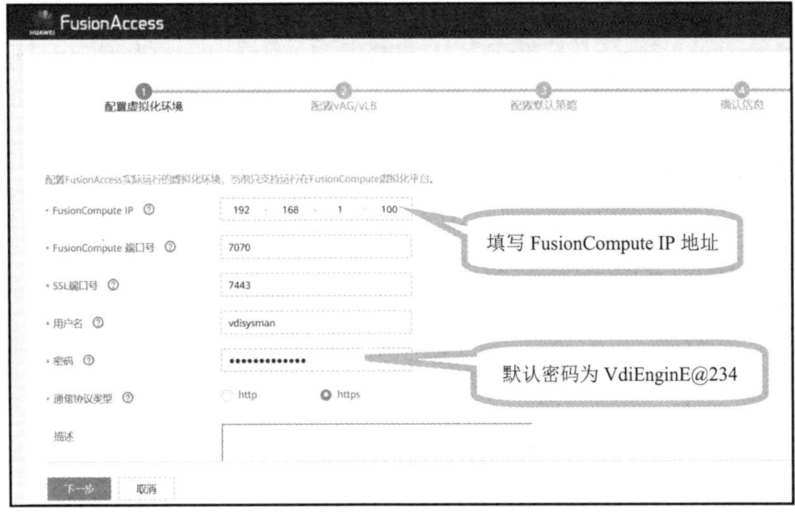

图 7-50　配置虚拟化环境

图 7-51　“创建 vAG/vLB”对话框

（3）配置 vAG/vLB

如图7-51所示，完成vAG配置，配置完成后，单击“确定”按钮，打开图7-52。图7-51中具体配置参数说明如下。

- 服务器 IP：vAG 服务器业务平面 IP 地址。
- 部署类型：选择 vAG 与 vLB 的部署方式，是独立部署还是合并部署。本书中采用合并部署方式，选择 vAG+vLB。
- SSH 账户：默认为“gandalf”。
- 密码：SSH 账户对应的密码，默认为“Cloud12#$”。
- 描述：可选参数，是描述 vAG/vLB 的相关信息。

在图7-52中，确保“业务接入网关”“自助维护台网关”开关都打开后，单击“下一步”按钮，打开接入网关和自助维护台网关。

- “业务接入网关”开关：选择是否开启业务接入网关。
- “自助维护台网关”开关：选择是否开启自助维护台服务器的网关。

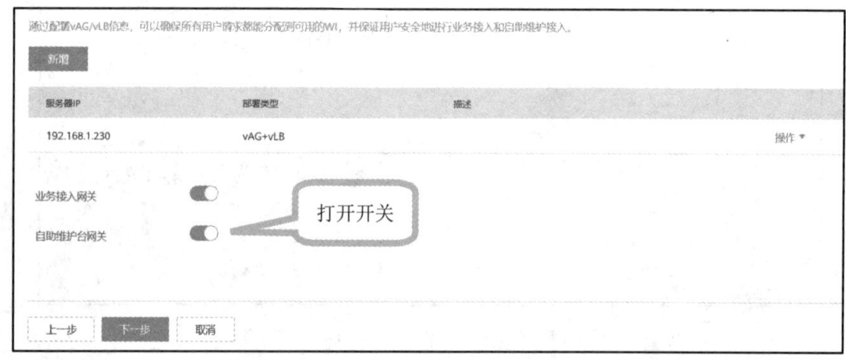

图 7-52　打开接入网关和自助维护台网关

在Windows操作系统中内置了能实现“远程桌面”的RDP，在FusionCompute中采用VNC协议“远程”操作虚拟机，这些协议都可以连接并操控虚拟机，但使用体验不太完美。在FusionAccess中连接虚拟机采用HDP（Huawei Desktop Protocol），它会带来更好的使用体验。vAG的功能之一就是转发HDP，一般用户终端与虚拟机网络是隔离的，用户终端需要通过vAG来转发HDP到虚拟机所在的网段进行连接，实现网关功能（“业务接入网关”功能）。如果使用HDP时的虚拟机的某个环节有问题（如端口号被占用，网卡被禁用等），导致用户无法使用虚拟，也可以通过vAG转发该虚拟机VNC画面，让用户使用虚拟机内置的工具vdesk对故障进行自主排查 / 修复（“自助维护台网关”功能）。

（4）打开 FusionAccess 首页

完成步骤（3）后，保持默认设置，单击3次“下一步”按钮后，FusionAccess会根据配置信息完成初始配置，打开FusionAccess首页，如图7-53所示。此时，HDC等组件还是黄色，说明还在初始化，等待片刻，“服务状态”区中的组件全变成绿色，可以正常工作。

（5）对接 AD 域

在FusionAccess首页，打开“系统”选项卡，选择“认证配置”，如图7-54所示，打开“Windows AD”选项卡，开启“是否启用”开关，对接AD域；然后单击“新增”按钮，如图7-55所示，填写AD域参数，单击“确定”按钮，完成对接AD域操作。

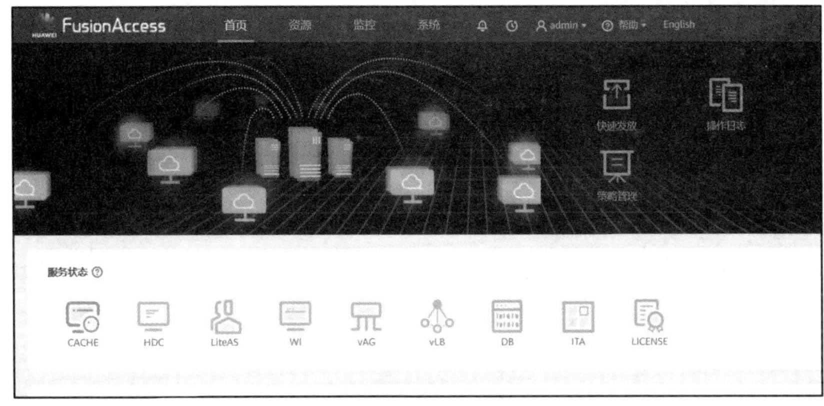

图 7-53 打开 FusionAccess 首页

图 7-54 对接 AD 域

（6）创建用户

完成对接 AD 域操作后，需要将 AD 上的账户同步到 FusionAccess 上。在图 7-54 中打开“资源”选项卡，选择“域用户”，如图 7-56 所示，单击“新增”按钮，创建 AD 上的 2 个用户“user01”和“user02”，将 AD 域的用户同步到 FusionAccess 上。如果 AD 上没有此用户，是无法创建成功的。如果创建的用户数量太多，可以将用户信息放在一个 Excel 表格中，然后单击“导入”按钮上传表格，就可以批量创建用户；也可以在网上找相关脚本，在 AD 服务器上运行，通过脚本自动将域用户导出为一个表格。

（7）创建用户组

在图7-54中打开“资源”选项卡，选择“域用户组”，如图7-57所示，单击“新增”按钮，将AD域的用户组“vdsgp”同步到FusionAccess上。

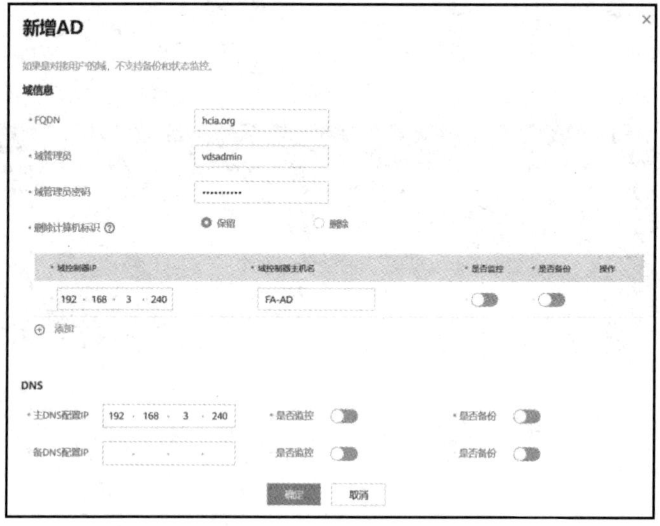

图 7-55　填写 AD 域参数

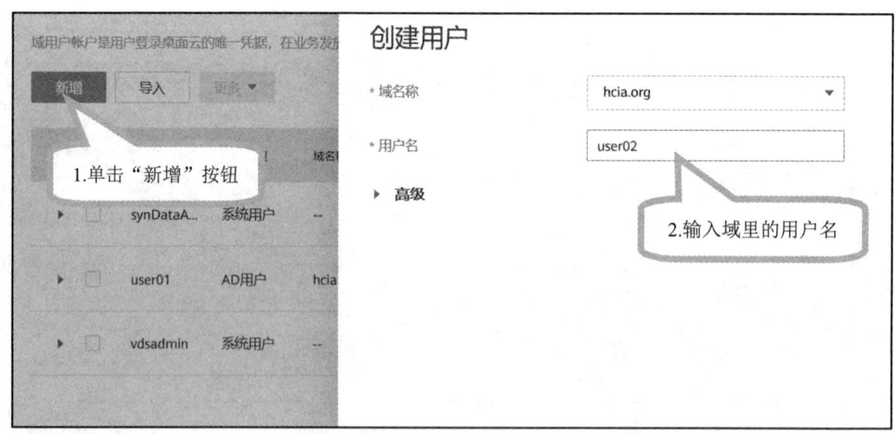

图 7-56　将 AD 域的用户同步到 FusionAccess 上

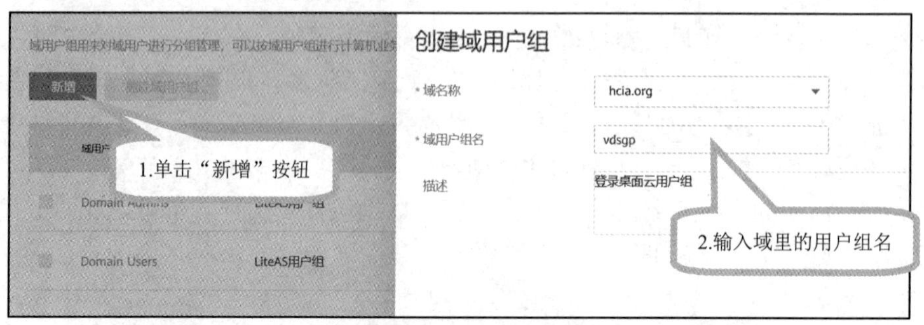

图 7-57　将 AD 域的用户组“vdsgp”同步到 FusionAccess 上

（8）设置超时

在FusionAccess首页，打开“系统”选项卡，选择“时间管理”→“会话超时时间”，如图7-58所示，设置会话超时时间，此处为180分钟。

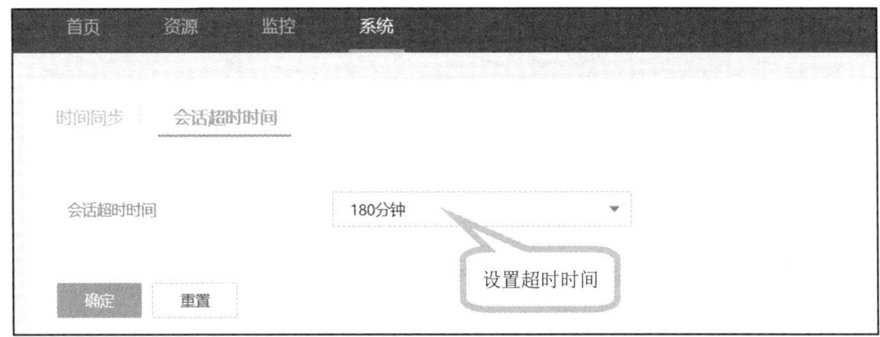

图 7-58　设置超时时间

（9）清除告警

在FusionAccess首页，单击告警按钮，如图7-59所示，查看告警，发现有2条紧急告警信息，分别是备份服务器没有设置和License文件未加载。

图 7-59　查看告警

在图7-59中，单击“备份服务器没有配置”，在弹出界面中打开“系统告警”选项卡，如图7-60所示，单击“清除告警”，将这2条告警信息清除（因为没有彻底解决问题，所以很快又会再次报警）。至此，FusionAccess的初始配置已经完成。

系统告警
告警转邮件配置
告警组件配置
系统告警监控系统发生的所有告警并对告警提供指导帮助，显示的是所有的活跃告警，告警信息默认七天检查一次，如果超过10W条就清理
未恢复
全部告警级别
告警名称
搜索
高级查询
告警名称
告警对象
告警级别
产生时间
清除时间
清除类型
操作
备份服务器没...
BACKUP
紧急
2021-06-28 1...
清除告警
License文件未...
LICENSE
紧急
2021-06-28 1...
清除告警
单击“清除告警”

图 7-60　清除告警

第 8 章　虚拟桌面管理

桌面云业务发放的总流程如图 8-1 所示，虚拟机类型有完整复制、快速封装和链接克隆 3 种。早期版本的 FusionAccess 支持的虚拟机类型（如全内存）只有 FusionCompute 6.1 及之前版本才支持（Xen 架构），托管机和应用虚拟化 SBC 在 FusionAccess 8.0 中暂时不支持。本章节只介绍完整复制、快速封装和链接类型虚拟机的使用及应用场景（见表 8-1）。

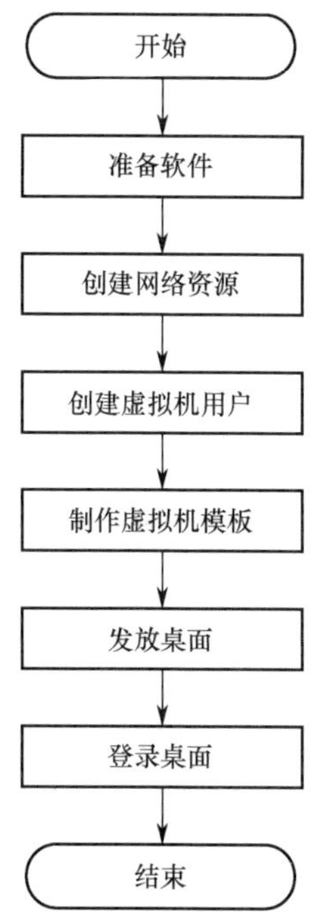

图 8-1　桌面云业务发放总流程

桌面组类型有动态池、静态池和专有 3 种，虚拟机类型与桌面组类型之间的关系如表 8-2 所示。需要深刻理解表 8-1 和表 8-2，以正确选择合适的虚拟机类型和桌面组类型。

在桌面云多数应用场景中，推荐用户虚拟机使用 Windows 10 操作系统。由于微软对 Windows 7 操作系统已经不再提供安全补丁支持，其安全性已经无法商用，所以不推荐使用。本实验采用 Windows 10 18H2 版本。

表 8-1　虚拟机的应用场景

应用场景	虚拟机类型	用户需求
普通办公 高安全桌面 高性能图形处理	完整复制 / 快速封装	用户对桌面要求个性化强且安全性高
公用上网机 电教室 呼叫中心 学校上机室 电子阅览室	链接克隆	用户对桌面个性化和安全性要求不高

表 8-2　虚拟机类型与桌面组类型之间的关系

虚拟机类型	支持的桌面组类型	桌面组使用类型
完整复制 快速封装	专有 动态池 静态池	专有： ① 用户和虚拟机之间存在固定分配绑定关系。一个用户可以拥有一台或多台虚拟机；一台虚拟机可以分配给一个或多个用户（静态多用户）。 ② 将虚拟机分配给用户后，用户可以每次登录同一台虚拟机，虚拟机关机后，可保存用户设置的个性化数据 动态池： ① 一个用户同时只能拥有一台虚拟机；用户与虚拟机无固定绑定关系。 ② 将虚拟机分配给用户后，用户不能每次登录同一台虚拟机 静态池： ① 一个用户同时只能拥有一台虚拟机；用户与虚拟机无固定绑定关系，但一旦用户登录某虚拟机后，即与该虚拟机产生固定绑定关系。 ② 将虚拟机分配给用户后，用户能每次登录同一台虚拟机
链接克隆	动态池 静态池	① 动态池：默认情况下，链接克隆虚拟机关机后，系统恢复到初始状态，使用期间设置的个性化数据不会被保存，可通过参数配置是否支持关机后自动还原。 ② 静态池：默认情况下，链接克隆虚拟机关机后，系统不会恢复到初始状态，使用期间设置的个性化数据会被保存，可通过参数配置是否支持关机后自动还原。 ③ 当虚拟机系统更新或还原时，系统盘中的用户数据以及用户安装的软件会丢失

8.1 完整复制虚拟机

8.1.1 制作完整复制虚拟机模板

【背景知识】

在第7章中，我们已经完成了FusionAccess的安装和初始配置，根据第7章表7-2的规划，桌面虚拟机将使用MyDVS分布交换机的vlan3端口组，也就是VLAN 3网络，IP地址段为192.168.3.0/255.255.255.0，也已经配置好了DHCP服务。在第3章中已准备好了数据存储，虚拟机使用IP-SAN数据存储。

完整复制虚拟机：完整复制虚拟机指直接根据源虚拟机（即普通虚拟机模板），完整创建出独立的虚拟机。在该方式下，创建出来的虚拟机和源虚拟机是两个完全独立的实体，源虚拟机的修改乃至删除不会影响复制出来的虚拟机的运行，其优点是每台虚拟机都是独立的个体，用户对虚拟机上数据的变更（如安装软件）可以保存；其不足之处是源虚拟机和目标虚拟机分别占用独立的CPU、内存和磁盘资源，当需要对虚拟机的软件进行维护（如升级软件和更新软件病毒库等）时，需要对每台虚拟机进行操作。

完整复制虚拟机模板与快速封装虚拟机模板步骤类似，支持的桌面组类型都可以有专有、动态池和静态池3种。

【实验内容】

① 创建虚拟机并安装操作系统。
② 挂载模板制作工具并运行。
③ 封装虚拟机操作系统。
④ 将虚拟机转化为模板并配置模板。

【实验步骤】

（1）创建虚拟机并安装操作系统

① 创建虚拟机。具体步骤参见2.1.1节内容。虚拟机创建位置为“ManagementCluter”，名称为“Win10-fullcopy”，虚拟机配置如图8-2所示。

② 安装虚拟机操作系统。具体步骤参见2.1.1节内容。安装Windows 10。

③ 启用虚拟机Administrator账户。采用单击“VNC登录”按钮方式登录虚拟机Windows 10，如图8-3所示，在左下角的搜索栏里输入“compmgmt.msc”，打开“计算机管理”窗口，

在左侧导航窗格中，单击“计算机管理(本地)”→“系统工具”→“本地用户和组”→“用户”，在右侧窗格中，右键单击“Administrator”，在弹出的菜单中选择“属性”，弹出“Administrator属性”对话框，打开“常规”选项卡，取消勾选“账户已禁用”，单击“确定”按钮，启用Administrator账户。

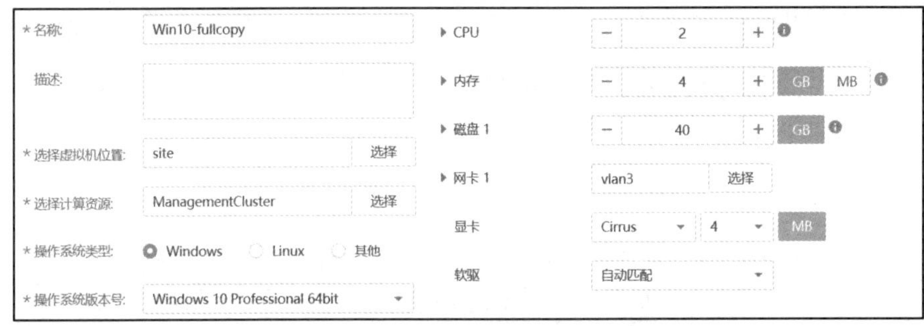

图 8-2　虚拟机配置

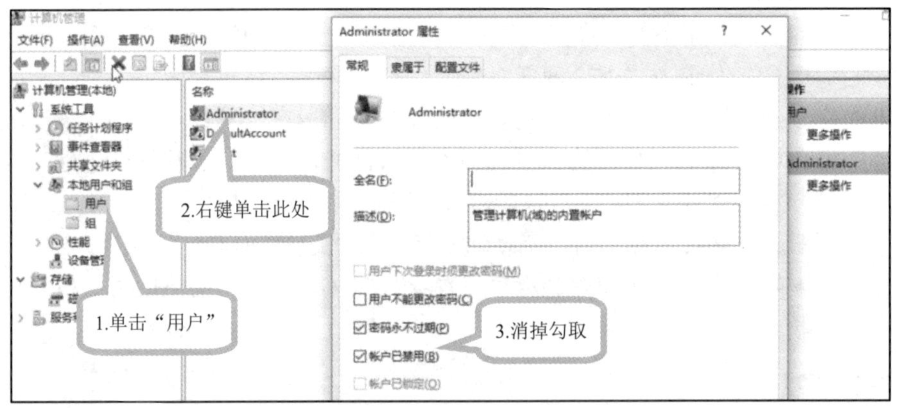

图 8-3　启用 Administrator 账户

④ Administrator账户默认密码为空，右键单击“Administrator”，在弹出的菜单中选择“设置密码”，在弹出的提示对话框中单击“继续”按钮，弹出“为Administrator设置密码”对话框，按密码设置要求设Administrator账户密码（本书将其设置为IE$cloud8!），确认密码，然后单击“确定”按钮，弹出的对话框提示密码已设置，此时，单击“确定”按钮，完成Administrator账户密码设置。

⑤ 右键单击在安装Windows时创建的账户（如jack），在弹出的菜单中选择“删除”，然后忽略系统的告警，点击“确定”按钮。

⑥ 单击“开始”→“关机”→“注销”，注销虚拟机。

（2）挂载模板制作工具并运行

① 安装Tools。在FusionCompute中展开“导航树”，选择“资源池”→“Management-Cluster”→“虚拟机”→“Win10-fullcopy”，在“Win10-fullcopy”界面，单击“更多”→

"挂载Tools"，连续两次单击"确定"按钮，然后回到单击"VNC登录"按钮登录虚拟机界面，以"Administrator"账户登录Windows 10操作系统，打开虚拟机光盘目录，双击"Setup"，根据界面提示按照默认设置安装软件，软件安装完成后将自动重启。

② 使用镜像优化工具配置虚拟机的操作系统。在FusionCompute中展开"导航树"，选择"资源池"→"ManagementCluster"→"虚拟机"→"Win10-fullcopy"，在"Win10-fullcopy"界面单击"配置"→"光驱"，如图8-4所示，通过文件方式，挂载桌面云制作镜像优化工具，该文件为"FusionAccess_WindowsDesktop_Installer_8.0.2"。

图 8-4　挂载桌面云制作镜像优化工具

③ 单击"VNC登录"按钮登录虚拟机，通过文件资源管理器进入D盘，双击目录下的"run.bat"按钮，弹出桌面云制作镜像优化工具界面，如图8-5所示，单击绿色的"制作模板"，运行模板优化工具。

图 8-5　制作镜像优化工具

④ 优化工具的步骤和功能如下。

- 环境：选择虚拟化环境为“FusionSphere（FusionCompute）”；
- 部署：选择模板类型为“完整复制”；
- 核心组件：选择 HDA 类型为“普通”；
- 功能：一般保持默认设置，也可以按提示选择需要的功能；
- 域配置：完整复制模板无须加域；
- 防火墙：配置防火墙规则选择“自动”；
- 摘要：显示所有信息，确认后单击“安装”按钮；
- 安装：此时会进行核心组件 HDA 的安装，约 5 分钟后系统会自动重启一次，再次用 Administrator 账户登录，安装程序会接着继续安装，直到安装完成，单击“下一步”按钮。

（3）封装虚拟机操作系统

当模板制作工具运行完毕后，会弹出图8-6，单击“封装系统”，此时会调用C:\Windows\System32\Sysprep目录下的Sysprep工具，以清除系统的SID（如果遇到封装失败，可以尝试将C:\Windows\System32\Sysprep\Panther\setupact.log文件删除，然后再重新运行Sysprep），确认运行完Sysprep后，将虚拟机关机。

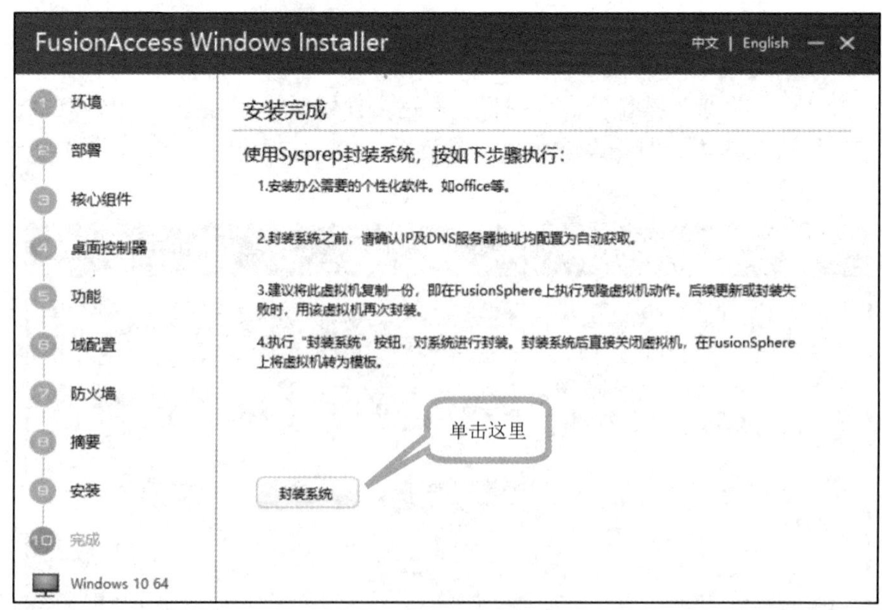

图 8-6 确认执行 Sysprep

（4）将虚拟机转化为模板并配置模板

在FusionCompute中展开“导航树”，选择“资源池”→“ManagementCluster”→“虚拟机”，单击刚刚被关闭的“Win10-fullcopy”，在弹出的界面中选择“更多操作”→“转为模板”，在弹出对话框中单击“确定”按钮，转换成功的模板将出现在“虚拟机模板”界面。

8.1.2　发放桌面组类型为“专有-单用户”的桌面

【背景知识】

FusionAccess发放桌面的过程主要是通过已经配置的虚拟化环境，利用模板创建虚拟机并将虚拟机分配给用户，满足不同的需求的。例如，有的用户固定使用某台虚拟机，用户的数据要能够保存在虚拟机上，以后可以继续使用；而有些用户不固定使用某台虚拟机，数据也无须在虚拟机上保存，于是使用桌面组类型。桌面组类型有专有、动态池、静态池3种，本节先介绍专有桌面组，后面章节将介绍其他类型的桌面组。

完整复制虚拟机类型适合用户对桌面要求个性化强且安全性高的场合，用户可以保存个性化的数据。一般正常办公推荐使用这种类型的桌面。

注释：FusionAccess 本质是利用 FusionCompute 的虚拟化平台，实现对桌面云虚拟机的创建、修改、删除等功能。在华为早期版本的 FusionAccess 中，将通过虚拟机模板创建的一组用户虚拟机定义为 “虚拟机组”，最新的 8.0 版本将其名字更换为“计算机组”，后续实验出现的“计算机组”本质是由虚拟机模板创建的虚拟机集合，特此说明。

【实验内容】

① 创建完整复制类型的计算机组。
② 为计算机组添加计算机。
③ 配置计算机。
④ 创建桌面组。
⑤ 分配计算机。
⑥ 为桌面组分配虚拟机。

【实验步骤】

（1）创建完整复制类型的计算机组

登录 FusionAccess，选择“资源”→“计算机组”→“新增”，弹出如图 8-7 所示的“创建计算机组”对话框，在该对话框中，在“计算机组名称”文本框中填写“VMgroup-Fullcopy”，在“计算机来源”文本框中填写“FusionCompute”，在“计算机类型”下拉列表中选择“完整复制”，单击 2 次“确定”按钮，创建计算机组。

（2）为计算机组添加计算机

如图8-8所示，在创建好的计算机组所在行单击“操作”，在弹出的菜单中选择“添加计算机”，弹出图8-9。

创建计算机组

* 计算机组名称　VMgroup-Fullcopy

* 计算机来源　FusionCompute

* 计算机类型　完整复制

描述

确定　取消

图 8-7　创建计算机组

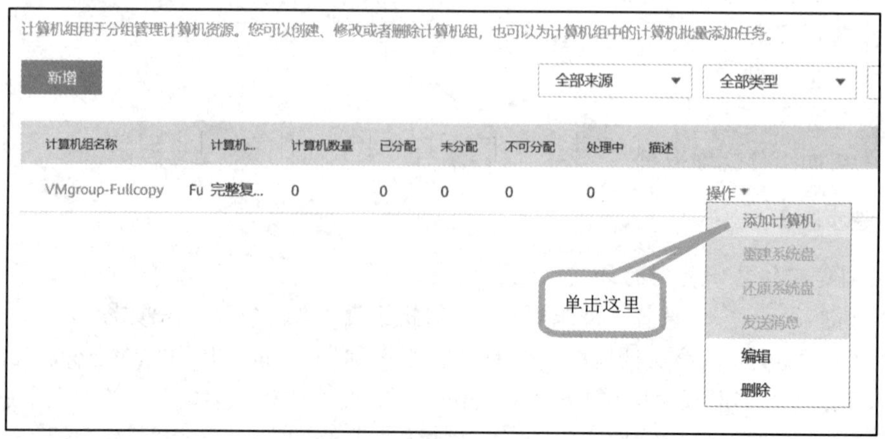

图 8-8　为计算机组添加计算机

（3）配置计算机

① 在图8-9中填写配置信息。其中，“站点”“集群”“主机”项均保存默认配置；对于

“模板”项，先单击右边的“配置模板”，如图8-10所示，将“Win10-fullcopy”模板类型设定为“完整复制”，然后在图8-9中单击“选择”，选择“Win10-fullcopy”模板，单击“确定”按钮；“CPU（个）”项和“内存（MB）”项均保存默认配置（也可以根据自己需求更改）。

图 8-9　配置信息

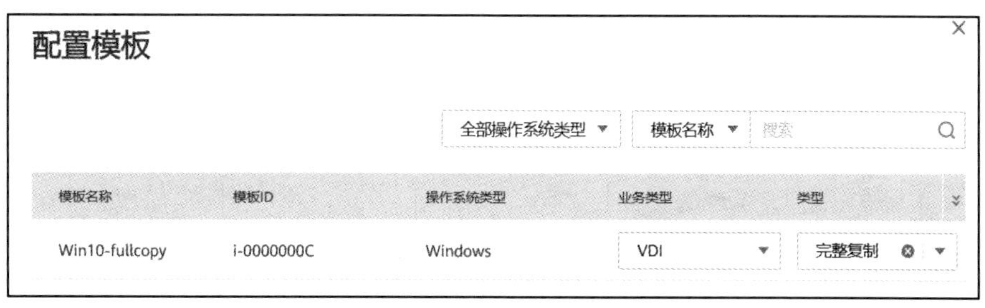

图 8-10　设置模板类型

② 配置磁盘。在图8-11中，单击“数据存储”下的“添加”，选择“IP-SAN”，“配置模式”可自己根据情况更改，这里选择“普通”。如果需要增加虚拟机的数据盘，可以单击其下方蓝色的“添加”按钮，本实验不需要添加。

③ 配置网卡：在图8-11中，单击“端口组名称”下的“配置”选择“vlan3”的端口组，“安全组”默认不选，“IP获取方式”选择“DHCP”。如果需要可增加虚拟机的网卡，可以单击其下方蓝色的“添加”按钮，本实验不添加。

④ 其他配置。在图 8-11 中，域名称为“hcia.org”；计算机数量选择“1”；“高级”选项保持默认配置即可。添加计算机的配置全部完成后，单击“下一步”按钮。

在图 8-12 中，单击屏幕右上角的“时钟”图标可以看到发放的进度。该图显示了添加计算机的进度，等待 5～10 分钟后虚拟机才能创建完成。

（4）创建桌面组

在FusionAccess界面，打开“资源”选项卡，选择“桌面组”，在打开的窗口中，单击

“新增”，打开如图8-13所示的“创建桌面组”对话框，在“名称”文本框中输入“Deskgroup-fullcopy”，其他保持默认配置，单击两次“确定”按钮，成功创建桌面组。

图 8-11　添加计算机

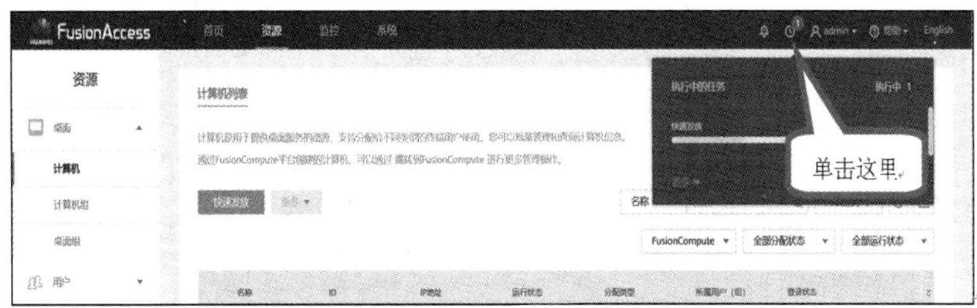

图 8-12　添加虚拟机的进度

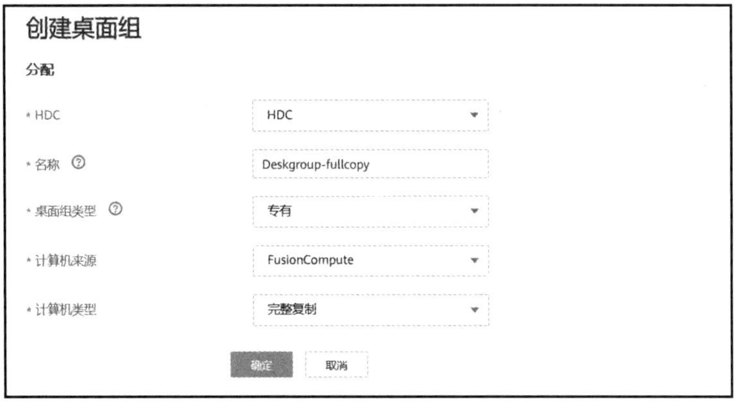

创建桌面组

分配

* HDC　　HDC

* 名称　　Deskgroup-fullcopy

* 桌面组类型　　专有

* 计算机来源　　FusionCompute

* 计算机类型　　完整复制

确定　取消

图 8-13　创建桌面组

（5）分配计算机

在步骤（2）中成功为计算机组添加计算机（虚拟机）后，如图8-14所示，在刚创建的桌面组上单击“操作”，在弹出的菜单中选择“分配计算机”，弹出“新增命名规则”对话框，如图8-15所示。

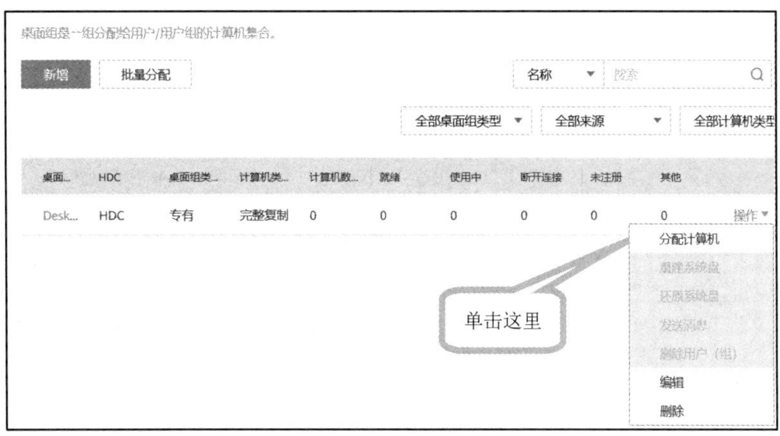

图 8-14　分配计算机

在图8-15中，在“命令规则名称”文本框中输入“FULL_COPY”，“包含域账号”项选择“包含”，在“名称前缀”文本框中输入“fullcopy”，在“数字位数”数值框中选择“2”，在““数字位”编号起始值”数值框中选择“1”，然后单击“确定”按钮建立一条规则并弹出“配置命名规则”对话框，单击“关闭”按钮回到原界面。接着就可以选择刚刚设置好的规则“FULL_COPY”。虚拟机命名规则各参数含义如表8-3所示。

图 8-15　命名规则设置

表 8-3　虚拟机命名规则各参数含义

参　数	说　明	取值样例
命名规则名称	标识命名规则，由数字、字母、下划线组成，长度小于等于 30 个字符	Default_1_1
包含 AD 域账号	系统在有域模式下运行，计算机命名前缀中可包含也可不包含 AD 域账号。若选择“包含”，还可以配置是否对单个域用户递增。静态池或者动态池中只能使用不包含域账号的命名规则	选择“包含”
计算机命名前缀	标识不同分配类型的虚拟机。由数字、字母、中划线组成，且以字母或数字开头，不能全为数字或中划线。域账号是有域模式下的 AD 域账号	shared-vm
数字位数	表示有几位数字。在计算机名称中，用于对虚拟机进行编号	3
数值编号起始值	第一台虚拟机的数字编号，不能超过数字位数的最大值。例如，数字位数为“3”，如果起始值设置为 2，则第一台虚拟机的编号为“002”	1
是否对单个域用户 / 用户递增	表示计算机名称数字部分的递增方式。在有域模式下，用户指域用户。在无域模式下，用户指桌面用户。例如，在系统运行模式为有域格式下，两个域用户分别为“userA”和“userB”。 ① 选择“递增”，表示数字部分的命名针对单个用户递增，数字部分的递增与用户有关。以数字位数为两位为例，为“userA”分配的虚拟机命名为“userA01”和“userA02”；为“userB”分配的虚拟机命名为“userB01”和“userB02”；以此类推	选择“递增”

（续表）

参　数	说　明	取值样例
是否对单个域用户 / 用户递增	② 选择“不递增”，表示数字部分的命名针对所有用户递增，数字部分的递增与用户无关。以数字位数为两位为例，先为“userA”分配虚拟机，则虚拟机命名为“userA01”，再为“userB”分配虚拟机，则虚拟机命名为“userB02”，再为“userA”分配虚拟机，则虚拟机命名为“userA03”，以此类推	

（6）为桌面组分配虚拟机

如图8-16所示，分配虚拟机，具体说明如下。

① 分配类型：选择“单用户”。

② 计算机组名称：设置为“VMgroup-Fullcopy”。

③ 分配计算机：单击添加用户（组）下面的“添加”按钮，选择“user01”，设置权限组为“Administrators”（如果此模板制作过程中配置了“users”权限组，此处才可设置“users”组，否则只能添加“Administrators”权限）。

④ 高级：对桌面组的描述和区域的划分，保持默认配置即可。

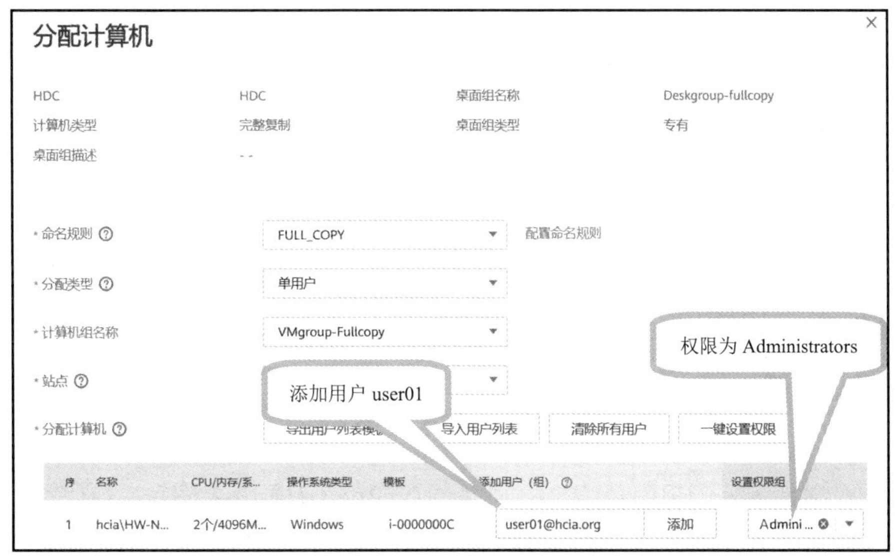

图 8-16　分配虚拟机

完成上述操作后，单击“下一步”按钮，弹出“确认信息”界面，完成信息确认后单击“确定”按钮，在弹出对话框中单击“查看进度”，可查看具体发放情况。也可以在FusionAccess界面，打开“系统”选项卡，选择“任务跟踪”查看进度，如图8-17所示。

在FusionCompute中展开“导航树”，选择“资源池”→“ManagementCluster”→“虚拟机”，可以看到虚拟机已经正常运行并获取IP地址，还可以单击虚拟机进一步查看虚拟机的详细情况，甚至可以通过单击“VNC登录”按钮方式登录虚拟机。

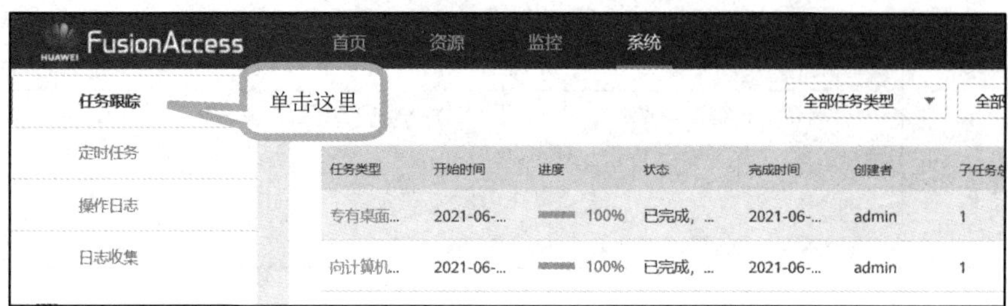

图 8-17　查看进度

8.1.3　登录桌面（软件客户端方式）

【背景知识】

登录桌面的方式主要有 3 种：软件客户端、TC 客户端、移动设备。软件客户端方式是在普通的计算机上安装桌面云客户端软件，通过客户端软件连接到虚拟桌面，本节介绍的就是这种方式。TC 客户端是使用专用的瘦终端，瘦终端虽然也是计算机，但 CPU 和内存资源非常有限，通常是嵌入式设备，瘦终端上有客户端，通过客户端可以远程登录桌面。常见的移动设备是手机或者平板电脑，使用的通常是安卓或者 IOS 系统，在移动设备上可以安装 App，通过 App 连接远程桌面。

【实验内容】

① 通过浏览器登录虚拟桌面。

② 使用客户端软件登录虚拟桌面。

【实验步骤】

（1）通过浏览器登录虚拟桌面

① 通过浏览器登录LB（或者WI）的地址为192.168.1.230，用户登录界面如图8-18所示。单击图8-18最下方的“下载客户端”下载“AccessClient_Win.exe”程序并安装。

② 软件安装完成后会自动运行并弹出服务器设置界面，在界面上填写LB的IP地址和设置名称，然后单击“保存并连接”，在接下来弹出的界面中用user01账户登录。因为只有一台虚拟机，所以自动连接fullcopy01虚拟机。

③ 如果要退出使用的虚拟机，可以在虚拟机里单击“关闭电源”就可以退出。也可以将鼠标移动到桌面最上方，在靠中央区域，如图8-19所示，会弹出Client工具栏，该工具栏中图标的功能分别是：切换虚拟机（如果该用户被分配有多台虚拟机）、网络状态、设置、组合键（cytl+Atl+Delete）、最小化、窗口模式、断开连接，单击“断开连接”就能退出系统。

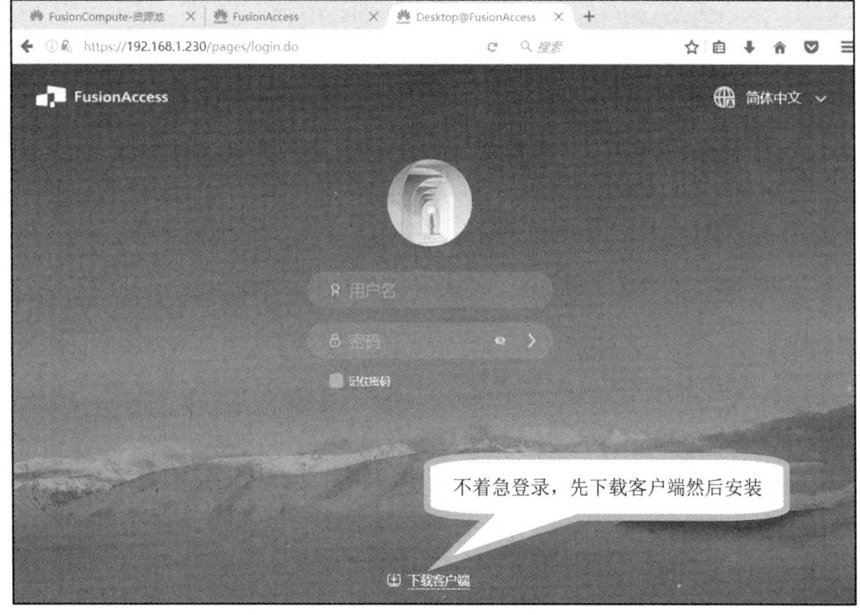

图 8-18　用户登录界面

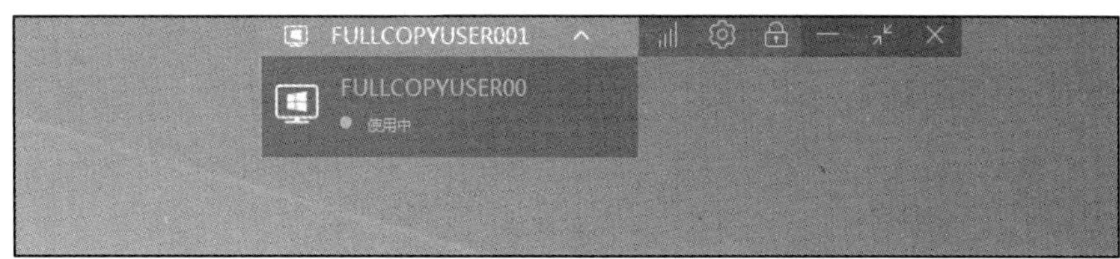

图 8-19　Client 工具栏

（2）使用客户端软件登录虚拟桌面

在FusionAccess界面，打开“资源”选项卡，选择“桌面组”→“桌面组名称”（Deskgroup-fullcopy），桌面组中的虚拟机如图8-20所示，该图中显示了虚拟机的状态。

图 8-20　桌面组中的虚拟机

8.2 快速封装虚拟机

8.2.1 制作快速封装虚拟机模板

【背景知识】

快速封装是完整复制的一个分支，拥有完整复制的特性。但是其发放速度会比完整复制快。因为其模板并不会运行 Sysprep 工具清除 SID，所以在发放时减少了解封装时间；同时，其模板会加域，这样使得用此模板发放的虚拟机在加域时减少了一次重启的过程。尽管其在发放时间上有优势，但在实际生产环境中使用时要慎重，因为其发放的虚拟机 SID 从根本上是相同的，部分行业软件会出问题。

【实验内容】

① 创建虚拟机并安装操作系统。

② 将虚拟机转化为模板。

【实验步骤】

（1）创建虚拟机并安装操作系统

1）创建裸虚拟机，安装操作系统

创建虚拟机，其硬件参数和完整复制保持一致，名称为Win10-quickpackage。参照8.1.1介绍的内容，安装Windows 10操作系统和Tools。

2）使用镜像优化工具配置虚拟机的操作系统

通过挂载光驱方式挂载镜像工具的ISO文件“FusionAccess_WindowsDesktop_Installer_8.0.2”。在虚拟机中，双击打开光盘，双击“run.bat”，在弹出的“桌面云制作镜像优化工具”运行界面中，单击绿色的“制作模板”，弹出图8-21，相关选项说明如下。

① 环境：选择虚拟化环境为“FusionSphere（FusionCompute）”。

② 部署：选择模板类型为“快速封装”。

③ 核心组件：选择 HDA 类型为“普通”。

④ 功能：本次选择用 users 权限发放，如图 8-21 所示，勾选“配置用户登录”，设置 users 权限。

⑤ 域配置：按图8-22填写域信息，完成加域操作。

注意：此时虚拟机网卡应为DHCP模式，应该已经获取到Windows Server 2016虚拟机的

DHCP服务器给它分配的IP地址，如果加域失败，检查其DNS是否为AD域的IP地址。

图 8-21　设置 users 权限

⑥ 防火墙：配置防火墙规则，选择“自动”。

⑦ 摘要：显示所有信息，确认后单击“安装”。

⑧ 安装：此时会进行核心组件HDA的安装，约5分钟后系统会自动重启一次；当再次登录系统后，用Administrator账户登录，安装程序会接着安装，当安装全部完成后，单击“关机”按钮将虚拟机关闭。

图 8-22　加域

（2）将虚拟机转化为模板

在FusionCompute中展开“导航树”，选择“资源池”→“ManagementCluster”→“虚拟机”，单击刚刚被关闭的虚拟机“Win10-quickpackage”，在打开的界面中选择“更多操作”→“转为模板”，在弹出的对话框中单击“确定”按钮，在弹出的“提示”对话框中单击“确定”按钮，转换成功的模板将出现在“虚拟机模板”界面。

8.2.2　发放桌面组类型为“专有-静态多用户”的桌面

【背景知识】

快速封装虚拟机和完整复制虚拟机类型相比，因为模板先加域且没有清除SID，所以发布虚拟桌面的速度较快。但是在制作虚拟机模板时，快速封装模板比完整复制模板会简单一些，并且在发放虚拟机时，快速封装模板比完整复制模板速度更快、效率更高。因此推荐使用“快速封装虚拟机模板”。制作完整复制和快速封装虚拟机模板的差异如表 8-4所示。

表 8-4　制作完整复制和快速封装虚拟机模板的差异

操作项目	完整复制虚拟机模板	快速封装虚拟机模板	操作差异
封装模板（运行 Sysprep）	√	×	仅制作完整复制虚拟机模板执行
加入域	×	√	仅制作快速封装虚拟机模板执行
将虚拟机转化为模板	√	√	无差异
配置模板	√	√	无差异

创建虚拟机组、添加虚拟机、创建桌面组、分配虚拟机的过程与8.1.2节介绍的内容类似，但本次使用快速发放，省去烦琐过程，本节介绍“专有”类型的“静态多用户”在分配方面的区别。

【实验内容】

① 创建计算机组。

② 创建桌面组，分配计算机。

【实验步骤】

（1）创建计算机组

如图8-23所示，在FusionAccess首页中单击“快速发放”图标，在弹出来的“快速发放”对话框中，如图8-24所示，创建计算机组，具体配置如下。

① 计算机组。

- 计算机组：选择“创建新计算机组”。
- 计算机组名称：设置为“VMgroup-quickpackage”。
- 计算机类型：选择“完整复制”（快速封装属于完整复制的一个分支）。

图 8-23　在 FusionAccess 的首页中单击“快速发放”图标

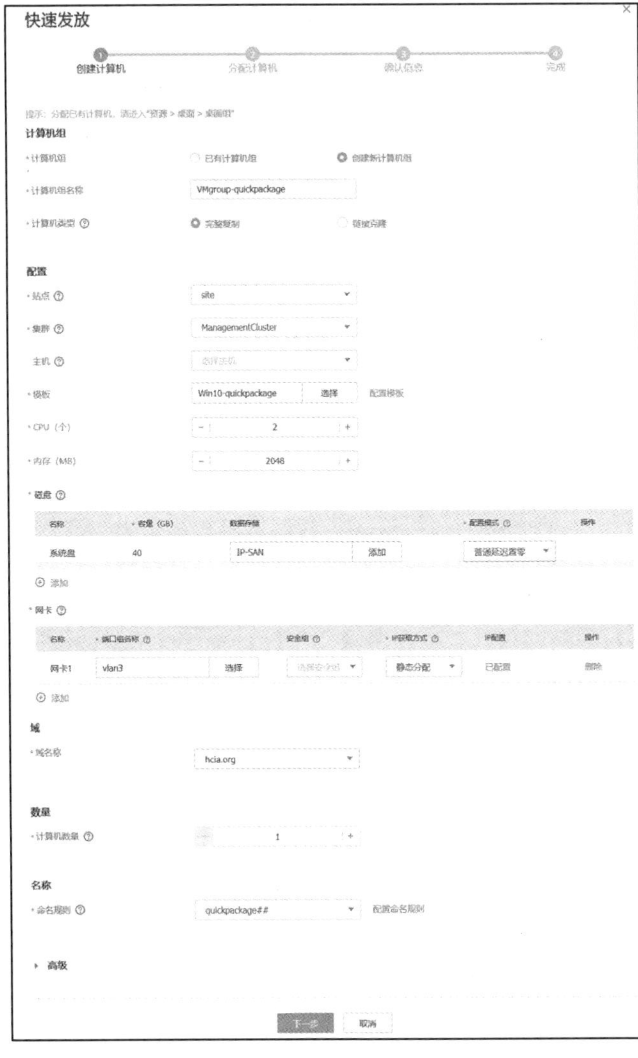

图 8-24　创建计算机组

② 配置。

- 站点、集群、主机均保存默认配置。
- 模板：在图 8-24 中首先单击“配置模板”，将名称为“Win10-quickpackage”的模板类型设定为“快速封装”；然后在图 8-24 中，单击“选择”按钮，就可以选择“Win10-quickpackage”模板了。
- CPU、内存均保存默认配置，也可以根据自己需求更改。
- 磁盘：单击“数据存储”下的“添加”按钮，选择“IP-SAN”，配置模式选择“普通延迟置零”。
- 网卡：单击“端口组名称”下的“选择”按钮，选择“vlan3”端口组，“安全组”保持默认配置，“IP 获取方式”选择“静态分配”，如图 8-25 所示，弹出“静态分配”对话框，在图 8-25 中填写 IP 地址，手动配置起始 IP 和主 DNS。注意：“主 DNS”的文本框中要填写 AD 域的 IP 地址，因为发放的虚拟机需要加域。

图 8-25　手动配置起始 IP 和主 DNS

③ 域。

域名称：设置为“hcia.org”。

④ 数量。

计算机数量：选择“1”。

⑤ 名称。

不用配置命名规则，直接在相应该文本框中输入“quickpackage##”。

⑥ 高级。

保持默认配置，单击“下一步”按钮，弹出图8-26。

至此创建计算机的配置全部完成。

（2）创建桌面组，分配计算机

如图8-26所示，创建桌面组，分配计算机，具体配置如下。

① 桌面组。

- HDC：保持默认配置。

- 桌面组：选择“创建新桌面组”。
- 桌面组名称：设置名字为“Deskgroup-quickpackage”。
- 桌面组类型：选择“专有”。

② 分配。

- 分配类型：选择“静态多用户”。
- 分配计算机：单击“添加用户（组）”下面的“添加”按钮，选择“user01”和“user02”，设置权限组为“users”。

③ 高级：对桌面组的描述和区域的划分，保持默认配置即可。

至此分配计算机的配置全部完成，单击“下一步”，弹出“确认信息”界面，完成信息确认后单击“确定”按钮。

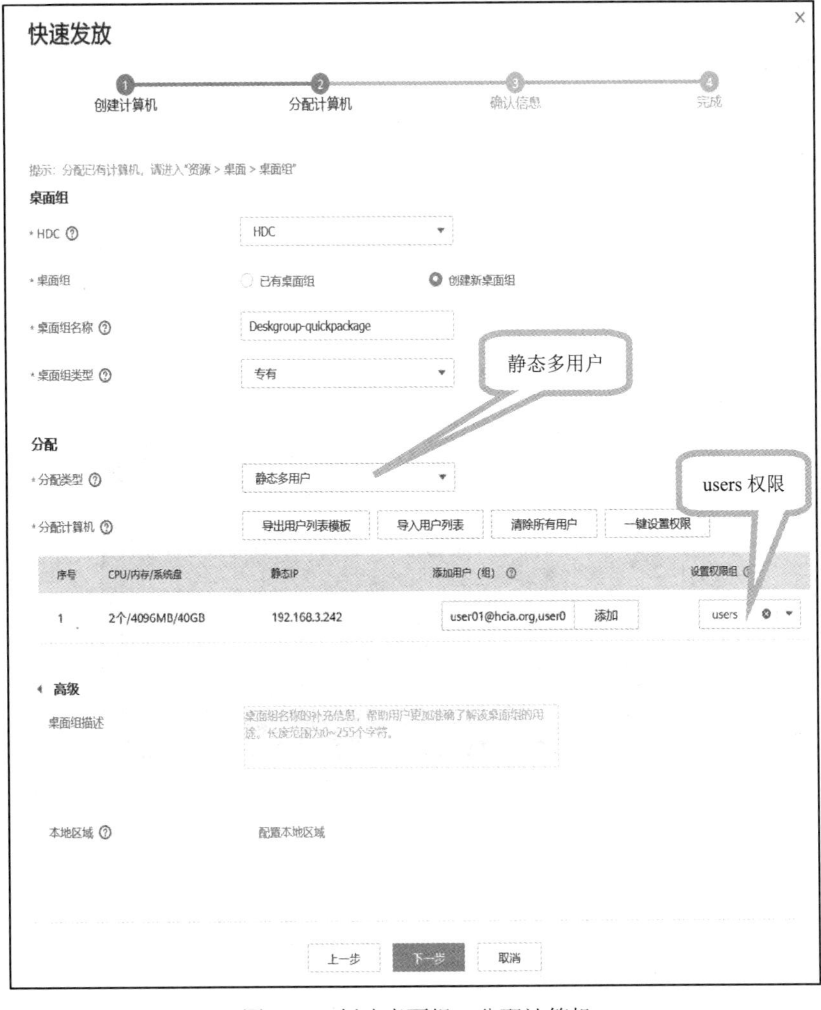

图 8-26 创建桌面组，分配计算机

8.2.3　登录桌面

【背景知识】

静态多用户就是给多个用户分配同一台虚拟机。本节主要介绍专有类型的“静态多用户”在使用上的区别，以及用户登录权限 users 和 Administrators 的区别。

【实验内容】

① 使用客户端软件登录虚拟桌面。

② 删除用户、追加用户并对比users和Administrators权限的区别。

【实验步骤】

（1）使用客户端软件登录虚拟桌面

① 本实验需要有2台计算机，分别用账户user01和user02登录桌面云。先用账户user02登录，它会自动登录上个实验发放的快速封装虚拟机，然后一直保持登录状态。

② 再用另外一台终端，用user01账户登录，发现界面上有2台VM可以使用了，单击登录快速封装的虚拟机，发现无法使用，计算机已被其他用户登录，如图8-27所示，提示连接出错，因为Windows 10是单用户操作系统，无法使多个用户同时使用。

图 8-27　计算机已被其他用户登录

③ 当user02用户注销或者断开后，user01用户就可以登录了。可以试用一下users的权限，比如用user01账户去访问user02的个性化数据，如图8-28所示，发现users权限无法访问其他用户的个性化数据，打不开相应文件夹。

④ user01用户登录后，如图8-29所示，可以在分配的2台虚拟机上自由切换，如图8-30所示，可以通过窗口模式同时使用2台虚拟机，使用完毕后断开2台虚拟机。

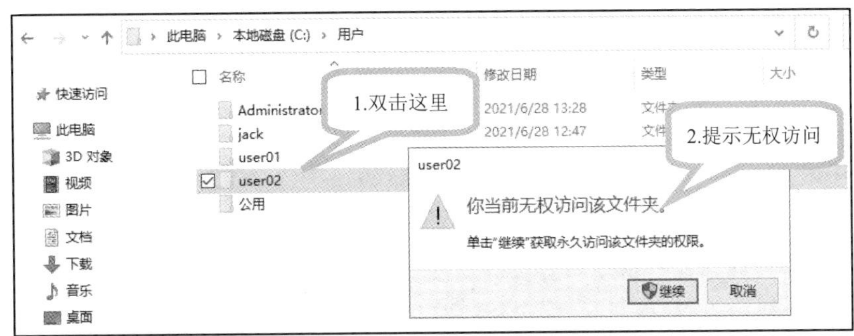

图 8-28　users 权限无法访问其他用户的个性化数据

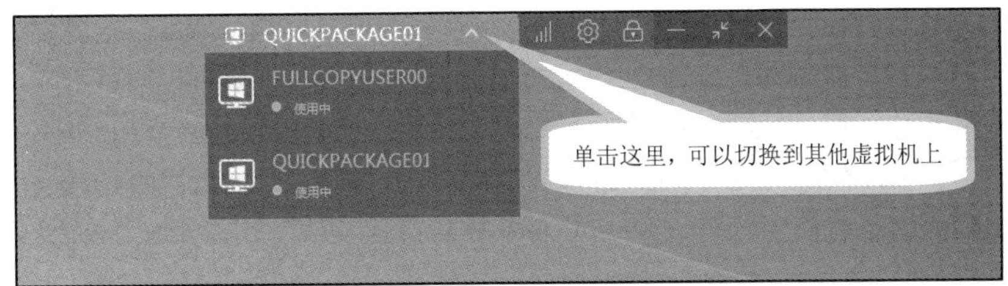

图 8-29　可以切换不同的虚拟机

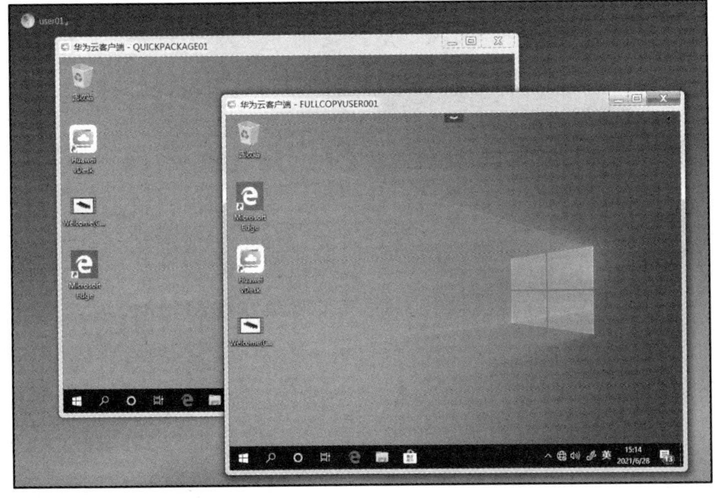

图 8-30　可以通过窗口模式同时使用两台虚拟机

（2）删除用户、追加用户并对比 users 和 Administrators 权限的区别

① 删除用户。在FusionAccess界面，打开“资源”选项卡，选择“桌面组”，单击Deskgroup-quickpackage，如图8-31所示，在虚拟机所在的行单击“操作”，在弹出的菜单中选择“删除用户”，在弹出的界面将user01删除，然后回到用户登录虚拟机的AccessClient界面，用user01用户登录，发现已经没有该虚拟机了。

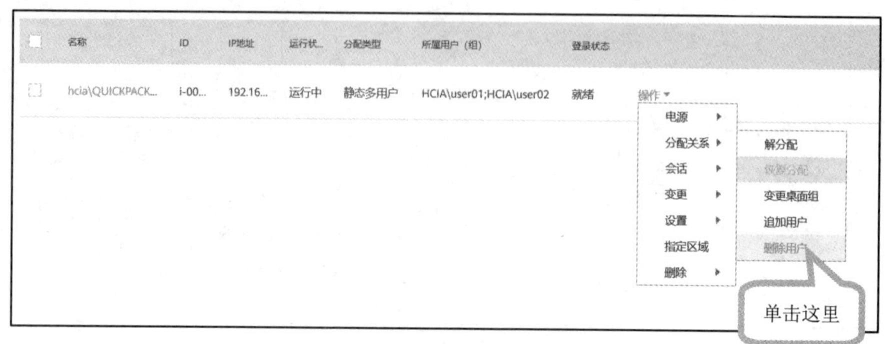

图 8-31　删除用户

② 追加用户并对比users和Administrators权限的区别。在FusionAccess界面，打开“资源”选项卡，选择“桌面组”，单击Deskgroup-quickpackage，在弹出的界面中，在虚拟机所在的行单击“操作”，在弹出的菜单中选择“追加用户”，权限选择“Administrators”，然后用user01账户登录该虚拟机并尝试访问user02的个性化数据，发现可以访问。

实验证明，静态多用户类型的桌面，为了数据安全，最好让用户使用users权限登录。

8.3　链接克隆虚拟机

8.3.1　制作链接克隆虚拟机模板

【背景知识】

链接克隆虚拟机指直接根据链接克隆虚拟机模板，创建出目标虚拟机。优点是多个克隆虚拟机使用相同的母卷（由虚拟机模板复制），而每台虚拟机对系统盘的写操作数据（如工作临时缓存数据、个性化配置、临时安装的个性化应用程序）都保存在自己的差分盘中，并且通过将母盘和差分盘组合映射为一个链接克隆盘作为虚拟机的整个系统盘（即C盘），提供给虚拟机使用。因此，在服务器主机资源相同的情况下，采用链接克隆的方式可以支持更多的虚拟机，从而使企业的IT成本更低；与此同时，如果更新虚拟机的软件（如升级软件、更新软件病毒库等），需要先更新模板，再使用这个模板批量更新虚拟机。

【实验内容】

① 创建虚拟机并安装操作系统。

② 使用镜像优化工具配置虚拟机的操作系统并将虚拟机加入域。

③ 将虚拟机转化为模板。

【实验步骤】

（1）创建虚拟机并安装操作系统

创建虚拟机，其硬件参数和完整复制保持一致，名称设置为“Win10-linkclone”，参照8.1.1节的相关步骤，安装Windows 10操作系统和Tools。

（2）使用镜像优化工具配置虚拟机的操作系统并将虚拟机加入域

通过挂载光驱方式挂载镜像工具的ISO文件“FusionAccess_WindowsDesktop_Installer_8.0.2”。在虚拟机中，双击打开光盘，然后双击“run.bat”，弹出“桌面云制作镜像优化工具”运行界面，单击绿色的“制作模板”，如图8-32所示选择功能，相关选项说明如下。

① 环境：选择虚拟化环境为“FusionSphere（FusionCompute）”。

② 部署：选择模板类型为“快速封装”。

③ 核心组件：选择HDA类型为“普通”。

④ 功能：在图8-32中，勾选“配置虚拟机的注销、重启操作为关机”“安装个性化数据管理”，方便后续实验进行注销后还原以及数据漫游实验。

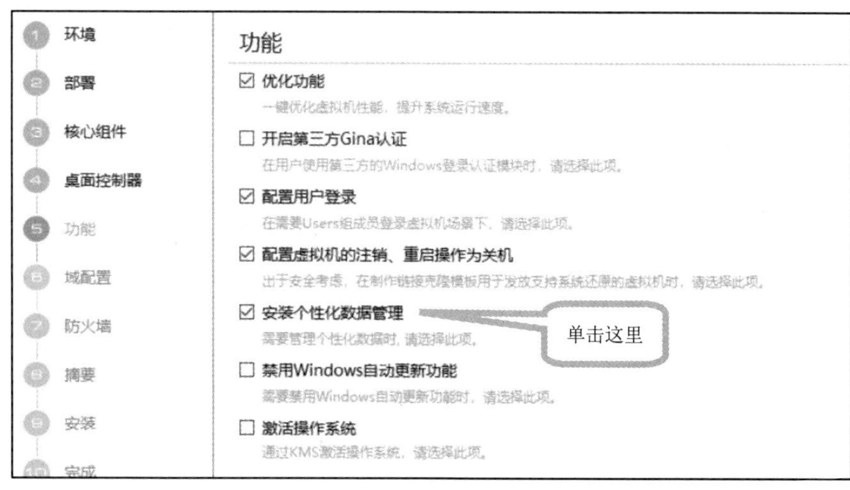

图 8-32　选择功能

⑤ 域配置：如图8-33所示，填写域信息加域，将虚拟机加入域。填写在AD域里创建的用户组vdsgp并设置权限，一般设置为Administrators，除非在上一步“功能”，勾选users权限。这一步的目的是将域里的vdsgp加入模板虚拟机的Administrators权限组，方便在发放时以组为单位发放。

⑥ 防火墙：配置防火墙规则，选择“自动”。

⑦ 摘要：显示所有信息，确认后单击“安装”。

⑧ 安装：此时会进行核心组件HDA的安装，约5分钟后系统会自动重启一次；当再次登录系统后，用Administrator账户登录，安装程序会接着安装；当安装全部完成后单击“关

闭”按钮，然后在虚拟机系统上单击“关机”按钮，将虚拟机关闭。

图 8-33　将虚拟机加入域

（3）将虚拟机转化为模板

在FusionCompute中展开“导航树”，选择“资源池”→“ManagementCluster”→“虚拟机”，单击刚刚被关闭的虚拟机“Win10-linkclone”，在弹出的界面单击“更多操作”，在弹出的菜单中选择“转为模板”，在弹出的对话框中单击“确定”按钮，弹出“提示”对话框，单击“确定”按钮，转换成功的模板将出现在“虚拟机模板”界面。

8.3.2　发放虚拟机组类型为“链接克隆”的桌面

【背景知识】

链接克隆类型的虚拟机只支持类型为动态池和静态池的桌面组，链接克隆类型的虚拟机支持系统还原，可将虚拟机还原到初始状态。如果在创建桌面组时选择“支持系统还原”，则虚拟机关机后会自动还原，而无须人工还原。

【实验内容】

① 创建链接克隆类型的虚拟机组。
② 创建类型为“动态池”的桌面组。
③ 通过快速发放分别发放2台虚拟机。
④ 为“动态池”的桌面组分配虚拟机。
⑤ 测试链接桌面的特性。

【实验步骤】

（1）创建链接克隆类型的虚拟机组

登录FusionAccess，选择“资源”→“计算机组”→“新增”，在弹出的对话框中输入计算机组名称“VMgroup-linkclone”，计算机来源为“FusionCompute”，计算机类型为“链接克隆”，单击2次“确定”按钮，完成创建操作。

（2）创建类型为“动态池”的桌面组

登录FusionAccess，选择“资源”→“桌面组”→“新增”，在弹出的对话框中输入桌面组名称“Deskgroup-linkclone”，桌面组类型选择“动态池”，然后，如图8-34所示设置桌面组属性。在图8-34中，“计算机类型”选项选择“链接克隆”，“时间”和“数量”选项保持默认设置，单击“高级”选项，“桌面组计算机行为”项保持勾选“支持系统还原”，然后单击2次“确定”按钮后完成创建类型为“动态池”的桌面组操作。

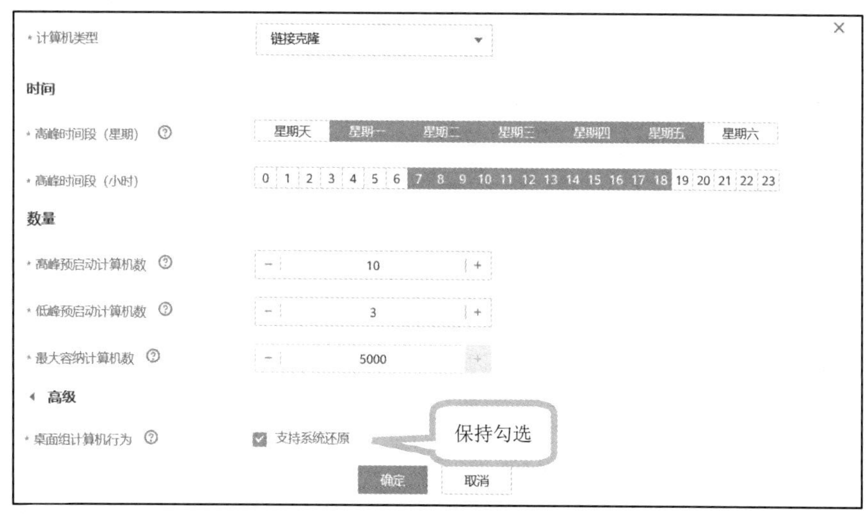

图 8-34　设置桌面组属性

（3）通过快速发放分别发放 2 台虚拟机

1）创建计算机

在FusionAccess首页单击“快速发放”，创建计算机，在弹出的“快速发放”对话框中完成如下配置。

① 计算机组。

- 计算机组：选择“已有计算机组”；
- 计算机组名称：设置为“VMgroup-linkclone”；
- 计算机类型：跟随桌面组内设定无法更改。

② 配置。

- 站点、集群、主机均保存默认配置。

- 模板：在“配置模板”对话框中，如图 8-35 所示，将名称为“Win10-linkclone”的模板类型设置为“链接克隆”，这样，在图 8-36 中，就可以选择“Win10-linkclone”模板，完成虚拟机配置。

配置模板
全部操作系统类型
模板名称
选择类型
模板名称　模板ID　操作系统类型　业务类型　类型
Win10-linkclone　i-0000000E　Windows　VDI　链接克隆
Win10-quickpackage　i-0000000D　Windows　VDI　快速封装
Win10-fullcopy　i-0000000C　Windows　VDI　完整复制

图 8-35　设置模板类型

计算机组
* 计算机组　已有计算机组　创建新计算机组
* 计算机组名称　VMgroup-linkclone
* 计算机类型　完整复制　链接克隆
配置
* 站点　site
* 集群　ManagementCluster
主机　选择主机
* 模板　Win10-linkclone　选择　配置模板
* CPU（个）　2
* 内存（MB）　4096

图 8-36　完成虚拟机配置

- CPU、内存均保存默认配置，也可以根据自己需求更改。
- 磁盘：单击“数据存储”下的“添加”按钮，选择“IP-SAN”，配置模式选择“精简”（链接克隆只能选该模式）。
- 网卡：单击“端口组名称”下的“选择”按钮，选择“vlan3”端口组，“安全组”保持默认设置，“IP 获取方式”选择“DHCP”。

③ 域。

域名称：设置为“hcia.org”。

④ 数量。

计算机数量：选择“1”。

⑤ 名称。

单击“配置命名规则”→“新增”，在弹出的“新增命名规则”对话框中，如图 8-37 所示，设置具体参数。链接克隆的规则不能包含域账号。建立一条规则，单击“确定”按钮，完成命名规则设置。

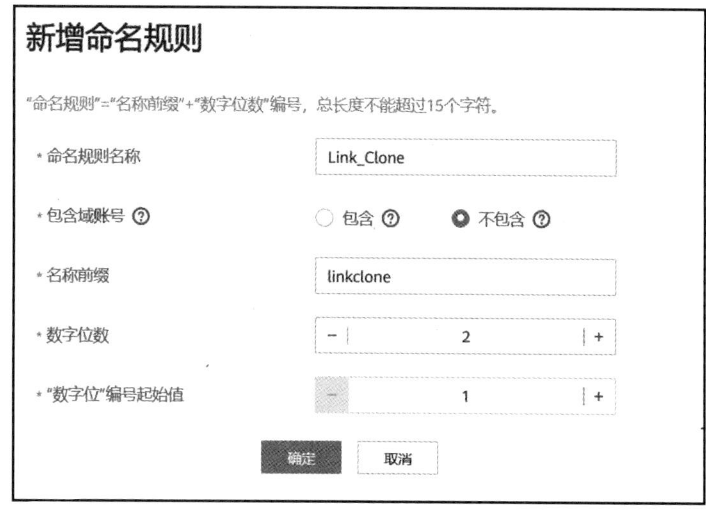

图 8-37　命名规则设置

⑥ 高级。

保持默认配置，单击“下一步”按钮，弹出图8-38。

至此创建计算机的配置全部完成。

2）分配计算机

如图8-38所示配置相关参数，分配计算机。

① 桌面组。

- HDC：保持默认配置。
- 桌面组：选择“创建新桌面组”。
- 桌面组名称：设置名字为“Deskgroup-linkclone”。
- 桌面组类型：选择“动态池”。

② 分配。

分配计算机：在图8-38中，单击“添加用户（组）”下面的“添加”按钮，在弹出的“添加用户（组）”对话框中选择添加类型为“用户组”，勾选“vdsgp”，如图8-39所示选择用户组，然后单击“确定”按钮回到8-38。

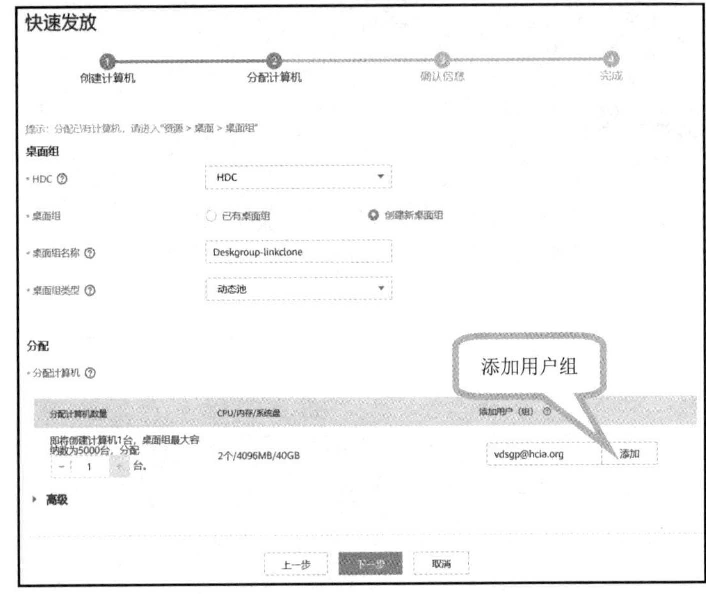

图 8-38　分配计算机

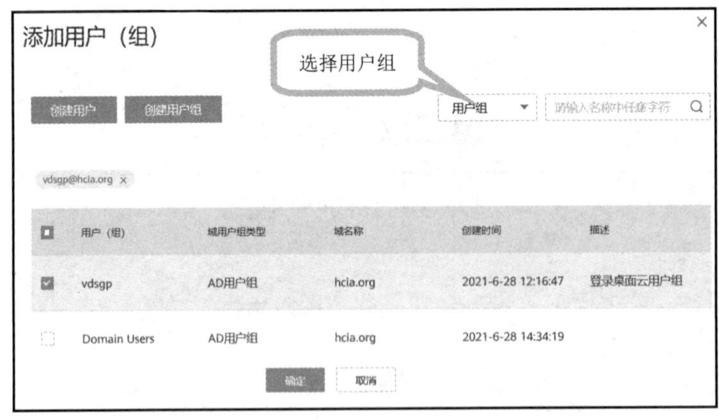

图 8-39　选择用户组

③ 高级。

高级项保持默认配置，至此分配计算机的配置全部完成，单击“下一步”按钮，弹出“确认信息”界面，完成信息确认后单击“确定”按钮，系统开始创建并发放虚拟机。

（4）为“动态池”的桌面组分配虚拟机

待虚拟机发放成功后，在“动态池”的桌面组里再发放一台虚拟机，重复上面步骤，可以发现这台虚拟机的发放时间大幅缩短，它的创建减少了母卷的复制时间，直接使用了上一台虚拟机复制的母卷，发放时间如图8-40所示，从该图中可以看到，第一台链接克隆虚拟机用了约5分钟（15:27:25—15:33:03），第二台只用了约2分钟（15:34:33—15:36:29）。

任务类型	开始时间	进度	状态	完成时间	创建者	子任务总数	子任务成功数
快速发放	2021-06-28 15:34:33	100%	已完成, ...	2021-06-28 15:36:29	adm...	1	1
快速发放	2021-06-28 15:27:25	100%	已完成, ...	2021-06-28 15:33:03	adm...	1	1
快速发放	2021-06-28 14:57:19	100%	已完成, ...	2021-06-28 15:02:16	adm...	1	1
专有桌面...	2021-06-28 14:34:19	100%	已完成, ...	2021-06-28 14:35:54	adm...	1	1
向计算机...	2021-06-28 13:48:01	100%	已完成, ...	2021-06-28 13:57:49	adm...	1	1

图 8-40　发放时间

（5）测试链接桌面的特性

由于“Deskgroup-linkclone”是“动态池”类型的桌面组，因此虚拟机和用户不会建立固定关系，用户每次登录可能会登录到不同的虚拟机上。在用户user01的桌面上会新增一台虚拟机“Deskgroup-linkclone”，可单击该虚拟机登录。注意：和“静态池”类型桌面不一样，即使用户登录过，当从FusionAccess注销并再次登录时，显示的虚拟桌面名依然是桌面组名称“Deskgroup-linkclone”。桌面组中的虚拟机如图8-41所示。

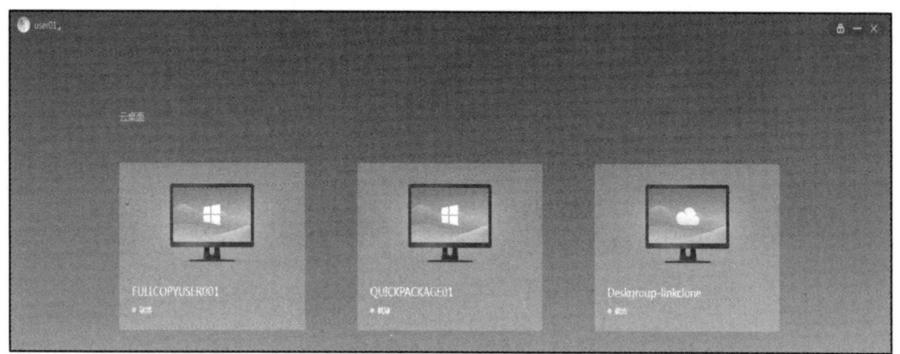

图 8-41　桌面组中的虚拟机

8.4　桌面管理

桌面管理涵盖的内容很多，本章前面的节中介绍的创建虚拟机组、添加虚拟机、创建桌面组、分配虚拟机都属于桌面管理的内容，由于篇幅的限制，本节只介绍前面没有介绍过且比较重要的内容，基本上按照FusionAccess中“桌面管理”菜单项的顺序进行介绍。

8.4.1 虚拟机类型和桌面组类型对数据保存的影响

用户使用虚拟机总会产生自己的数据，或者用户可能会对系统进行个性化设置，这些数据和个性化设置是否会得到保存与虚拟机类型和桌面组类型有直接关系，表 8-5 描述了虚拟机类型和桌面组类型对数据保存的影响。

表 8-5　虚拟机类型和桌面组类型对数据保存的影响

	专有（静态单用户）	专有（静态多用户）	静态池	动态池
完整复制 快速封装	池中一台虚拟机只分配给一个用户，虚拟机关机后可保存数据	池中一台虚拟机可分配给多个用户，虚拟机关机后可保存数据	一个用户同时只能拥有池中的一台虚拟机，池中一台虚拟机只能分配给一个用户，在用户首次登录时才分配虚拟机，分配后用户与该虚拟机产生固定绑定关系。虚拟机关机后可保存数据	一个用户同时只能使用池中的一台虚拟机，池中一台虚拟机只供一个用户使用。但用户与虚拟机无固定绑定关系，虚拟机关机后可保存数据，但因用户每次登录会登录不同的虚拟机，因此实际上无法保存数据
链接克隆	—	—	一个用户同时只能拥有池中的一台虚拟机，池中一台虚拟机只分配给一个用户，在用户首次登录时才分配虚拟机，分配后用户与该虚拟机产生固定绑定关系。默认情况下取消勾选“支持系统还原”，虚拟机关机后，系统不会恢复到初始状态，数据会被保存。如果勾选“支持系统还原”，则虚拟机关机后自动还原到初始状态，无法保存数据。可手工执行“一键式还原” 还原到初始状态，则保存的数据丢失。注意：当进行系统还原时，不还原用户磁盘上的数据	一个用户同时只能使用池中的一台虚拟机，池中的一台虚拟机只供一个用户使用。但用户与虚拟机无固定绑定关系。默认情况下勾选“支持系统还原”，虚拟机关机后，系统恢复到初始状态，数据不会被保存。如果取消勾选“支持系统还原”，则虚拟机关机后不会还原到初始状态，虚拟机可保存数据，但因用户每次登录会登录不同的虚拟机，因此实际上无法保存数据。可手工执行“一键式还原”，还原到初始状态。注意：当进行系统还原时，不还原用户磁盘上的数据

8.4.2　虚拟机管理

【背景知识】

虚拟机的管理主要包括虚拟机的启动、重启、解分配、修改虚拟机、设置维护模式、发送消息等。

【实验内容】

虚拟机启动、唤醒、重启、休眠、关闭、删除、解分配、恢复分配、追加用户、删除用户、修改虚拟机、远程协助、注销、断开连接、发送消息、设置维护模式等。

【实验步骤】

（1）查找虚拟机

在 FusionAccess 界面，打开“资源”选项卡，选择“计算机”，显示计算机列表，如图 8-42，如果要查找某一台计算机，可直接根据全部分配状态、全部运行状态和名称等选择要显示的列表。

计算机列表

计算机是用于提供桌面服务的资源，支持分配给不同类型的终端用户使用。您可以批量管理和查询计算机信息。

通过FusionCompute平台创建的计算机，可以通过 跳转到FusionCompute 进行更多管理操作。

单击“高级查询”

快速发放　更多　FusionCompute　全部分配状态　全部运行状态　名称　搜索　高级查询

名称	ID	IP地址	运行状态	分配类型	所属用户（组）	登录状态	
hcia\LINKCLONE02	i-00000012	192.168.3.105	运行中	动态多用户	HCIA\vdsgp	就绪	操作
hcia\LINKCLONE01	i-00000011	192.168.3.104	运行中	动态多用户	HCIA\vdsgp	就绪	操作
hcia\QUICKPACKAGE01	i-00000010	192.168.3.242	运行中	静态多用户	HCIA\user01;HCIA\user02	断开连接	操作
hcia\FULLCOPYUSER0...	i-0000000F	192.168.3.103	运行中	单用户	HCIA\user01	断开连接	操作

图 8-42　计算机列表

如果虚拟机特别多，则可以在图 8-42 中单击“高级查询”，查找虚拟机，如图 8-43 所示，在该图中，可用更多的条件来进行查询。

（2）启动、重启、休眠、关闭虚拟机

在虚拟机列表中勾选待操作的虚拟机，如图 8-44 所示，单击“操作”，在弹出的菜单中分别选择“启动/唤醒”“关闭”“重启”“休眠”等，根据提示完成相应操作。

- 启动：该操作可启动处于已停止状态的虚拟机；
- 关闭：该操作可关闭暂不使用且处于运行状态的虚拟机；
- 重启：当发生虚拟机响应缓慢或无响应、用户无法登录虚拟机操作系统等故障时，该操作可重新启动处于运行状态的虚拟机；

- 强制重启：该操作可强制重启处于运行状态的虚拟机；
- 强制关闭：当发生虚拟机响应缓慢或无响应、用户无法登录虚拟机操作系统等故障时，该操作可强制关闭处于运行状态的虚拟机；
- 休眠：该操作可休眠暂不使用且处于运行状态的虚拟机，将虚拟机的内存状态以文件的形式保存在磁盘中，以释放占用的系统资源。

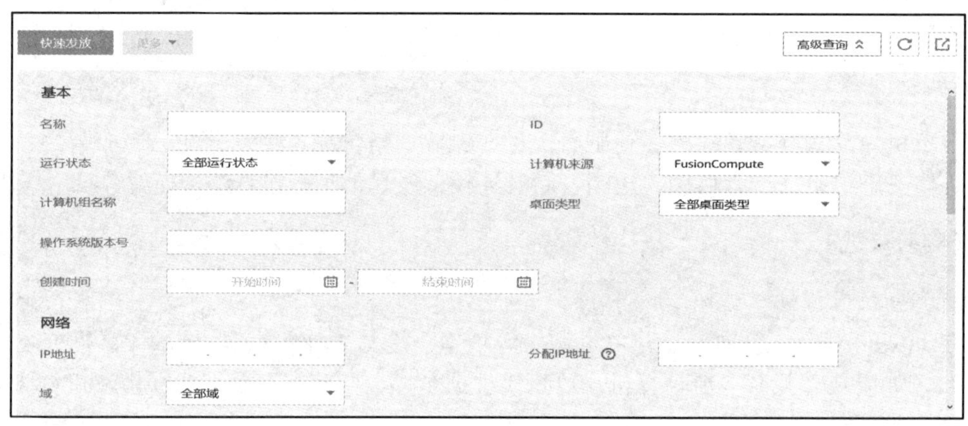

图 8-43　查找虚拟机

图 8-44　启动、关闭、重启虚拟机

（3）解分配与恢复分配虚拟机

解分配用于解除虚拟机与用户（组）之间的绑定关系，如图 8-45 所示。需要注意：分配类型为“单用户”的完整复制类型虚拟机解分配后还可以恢复分配，但只能分配原用户且用户组权限保持不变。分配类型为静态多用户和动态多用户的虚拟机解分配后不可以再分配。虚拟机解分配后再恢复分配，需要启动虚拟机，当虚拟图标变亮后，等待 3 分钟可登录。

hcia\LINKCLON...	i-000...	192.168....	运行中	动态多用...	HCIA\vdsgp	就绪	操作 ▾
hcia\LINKCLON...	i-000...	192.168....	运行中	动态多用...	HCIA\vdsgp	就绪	操作 ▾
hcia\QUICKPAC...	i-000...	192.168....	运行中	静态多用...	HCIA\user01;...	断开连接	操作 ▾
hcia\FULLCOPY...	i-000...	192.168....	运行中	单用户	HCIA\user01	断开连接	

电源 ▸
分配关系 ▸
会话 ▸
变更 ▸
设置 ▸
指定区域
删除 ▸

解分配
恢复分配
变更桌面组
追加用户
删除用户

图 8-45　解分配

如果是完整复制或者静态池类型的桌面，解分配后是可以恢复分配的，如图 8-46 所示。

名称	ID	IP地址	运行状态	分配类型	所属用户（组）	登录状态	
hcia\LINKCLON...	i-000...	192.168....	运行中	动态多用...	HCIA\vdsgp	就绪	
hcia\LINKCLON...	i-000...	192.168....	运行中	动态多用...	HCIA\vdsgp	就绪	
hcia\QUICKPAC...	i-000...	192.168....	运行中	静态多用...	HCIA\user01;...	断开连接	
hcia\FULLCOPY...	i-000...	192.168....	已停止	单用户	HCIA\user01		操作 ▾

电源 ▸
分配关系 ▸
会话 ▸
变更 ▸
设置 ▸
指定区域
删除 ▸

解分配
恢复分配
变更桌面组
追加用户
删除用户

图 8-46　恢复分配

（4）变更桌面组

只能针对已分配并且桌面组类型为专有的虚拟机进行变更桌面组操作。在虚拟机列表中勾选待变更桌面组且已分配至专有类型桌面组的虚拟机，单击“高级功能”，在下拉菜单中单击“变更桌面组”，在弹出的界面中选择变更后的桌面组，单击“确定”按钮，弹出“变更桌面组下发命令成功”对话框，单击“返回所有虚拟机列表”，返回虚拟机列表界面，在虚拟机列表中可查看修改的虚拟机信息。

（5）追加用户

只能针对分配类型为静态多用户的虚拟机进行追加用户操作。在虚拟机列表中勾选待追加用户且分配类型为静态多用户的虚拟机，单击“高级功能”，在下拉菜单中单击“追加用户”，在弹出的界面中输入新用户的参数，单击“确定”按钮，弹出“分配用户下发命令成功”界面，单击“任务中心”→“任务跟踪”，可查看任务的执行状态。当任务执行状态为“成功”时，表示任务执行成功。单击“返回所有虚拟机列表”，返回虚拟机列表界面，在虚拟机列表中可查看修改的虚拟机信息。

（6）删除用户

只有分配类型为静态多用户并且运行状态为“运行中”的虚拟机才允许删除虚拟机用户。选中待删除用户的虚拟机，选择“高级功能”→“删除用户”，在弹出的界面中将要删除的用户从“已存在的用户”移动到“需要删除的用户”中，然后单击“确定”按钮，在弹出的界面中单击“任务中心”→“任务跟踪”，查看任务的执行状态。当任务执行状态为“成功”时，表示任务执行成功。单击“返回所有虚拟机列表”，返回虚拟机列表界面，在虚拟机列表中查看删除用户的虚拟机信息。

（7）注销

如图 8-47 所示，该操作把用户从虚拟机中注销。只有处于“就绪”“使用中”“断开连接”状态的虚拟机可以进行注销操作。在虚拟机列表中选中需要操作的虚拟机，选择“高级功能”→“注销”，在弹出的“确定”界面中，根据具体情况选择是否要注销虚拟机，单击“确定”后，弹出“注销虚拟机命令下发成功”提示界面。

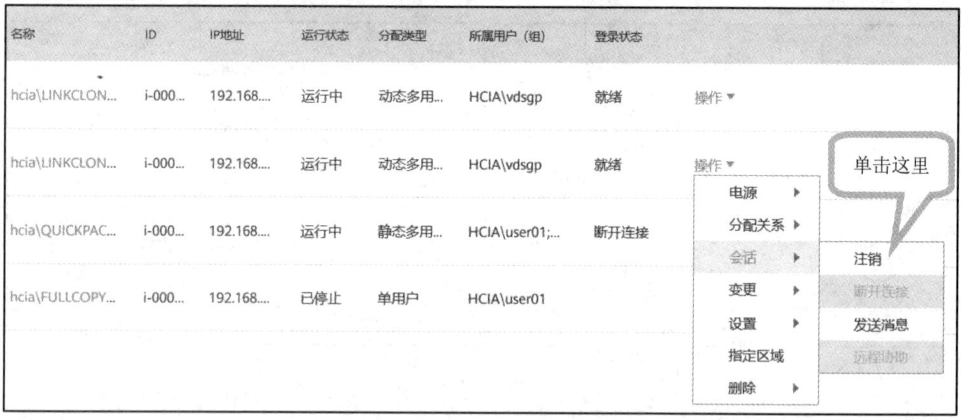
名称
ID
IP地址
运行状态
分配类型
所属用户（组）
登录状态
hcia\LINKCLON...
i-000...
192.168....
运行中
动态多用...
HCIA\vdsgp
就绪
操作
hcia\LINKCLON...
i-000...
192.168....
运行中
动态多用...
HCIA\vdsgp
就绪
操作
hcia\QUICKPAC...
i-000...
192.168....
运行中
静态多用...
HCIA\user01;...
断开连接
hcia\FULLCOPY...
i-000...
192.168....
已停止
单用户
HCIA\user01
单击这里
电源
分配关系
会话
变更
设置
指定区域
删除
注销
断开连接
发送消息
远程协助

图 8-47　注销

（8）断开连接

如图 8-48 所示，该操作将用户与虚拟机断开，和注销不一样，断开连接后虚拟机还在继续运行应用程序，用户重新登录后，可以继续使用原来的应用程序。在虚拟机列表中选中需要操作的虚拟机，选择“高级功能”→“断开连接”，在弹出的“确定”界面中，根据具体情况选择是否要断开连接虚拟机，单击“确定”按钮，返回“断开连接虚拟机命令下发成功”的提示界面，用户虚拟机会提醒 10 秒后断开连接。

（9）发送消息

该操作用于向虚拟机发送消息。选中待发送消息的虚拟机，单击“操作”，在弹出的菜单中选择“发送消息”，弹出“请填写消息”对话框，根据界面提示，填写要发送给虚拟机的消息，然后单击“确定”按钮，弹出“命令下发成功”提示对话框，单击“确定”按钮，弹出图 8-49，能看到用户收到的通知。

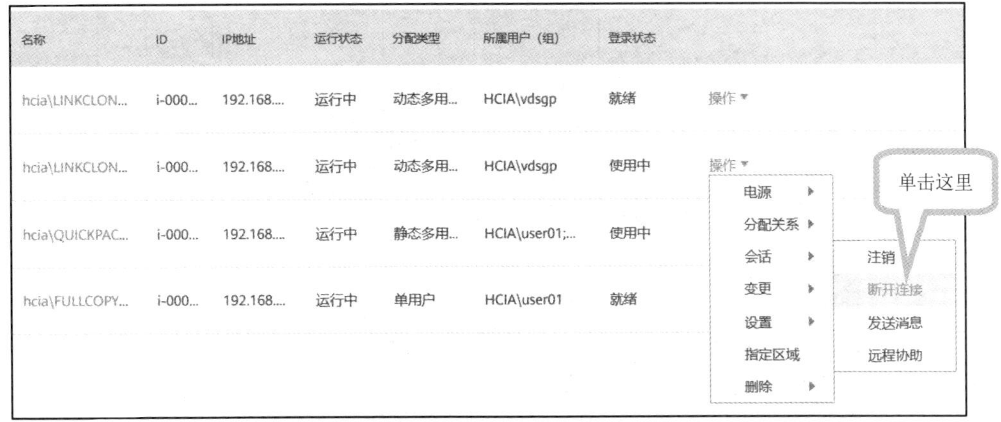

图 8-48　断开连接

图 8-49　用户收到的通知

（10）远程协助

该功能用于打开虚拟机的远程协助功能，管理员可以远程共享和控制用户的虚拟桌面，帮助用户解决虚拟桌面故障，十分有用。在远程协助用户时，管理员需要使用 Windows 7 以上的版本 Windows 操作系统。

勾选“运行状态”为“运行中”的待远程协助虚拟机，单击“高级功能”，选择“远程协助”，在弹出的对话框中单击“确定”按钮，弹出“文件下载”对话框，单击“打开”，在用户虚拟机上弹出“远程协助”对话框。如果界面提示无“打开”按钮，则单击“保存”将文件保存到本地，然后双击已保存的文件打开远程协助窗口。虚拟机用户单击“是”，管理员可以看到用户虚拟机桌面。系统管理员在远程协助窗口中单击“请求控制”，在用户虚拟机上弹出“远程协助”对话框，虚拟机用户单击“是”，管理员可以远程控制用户的虚拟机，如图 8-50 所示，进行远程协助。

（11）重建系统盘

后续实验会详细描述该操作过程。

图 8-50　远程协助

（12）还原系统盘

后续实验会详细描述该操作过程。

（13）修改虚拟机配置

如图 8-51 所示，修改虚拟机配置。虚拟机创建后，可以修改虚拟机的内存和 CPU 等配置。运行状态下的虚拟机，在修改虚拟机 CPU 和内存规格后，需要重新启动虚拟机才能生效。其他状态下的虚拟机，在启动虚拟机后生效，在虚拟机列表中选中待修改的虚拟机，选择“高级功能”→“修改虚拟机”，单击“确定”按钮，可以设置相关参数。单击“操作”，在弹出的菜单中选择“变更”→“修改计算机”，打开“修改虚拟机”界面，重新配置虚拟机的 CPU 和内存参数

修改计算机

提示：可修改如下属性中任一个或多个，所选择的属性会被统一修改为新输入的值，修改链接克隆计算机属性会导致其与所在计算机组内的其他计算机属性不一致，请确定是否单独修改所选择的链接克隆计算机。修改运行中计算机规格成功后，需要手动关闭再启动计算机规格才生效。批量修改的计算机不在同一集群下时CPU及CPU的QoS参数不能修改。

业务类型　VDI

CPU（个）　2

内存（MB）　8192

描述　增加内存

图 8-51　修改虚拟机配置

（14）修改计算机 IP

如果用户有更改 IP 地址需求，且用户自己在虚拟机上更改了 IP 地址，可以如图 8-52 所示，修改计算机 IP。

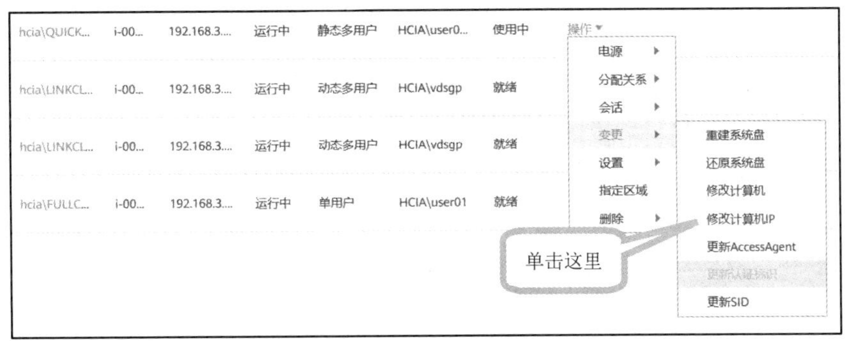

图 8-52　修改计算机 IP

（15）更新 AccessAgent

当虚拟机的 HAD 版本过低时，可通过 AccessAgent 升级，但要部署 AUS 服务。

（16）更新认证标识

当外部影响导致虚拟机和 HDC 中的认证标识不一致导致计算机连接失败时，需要更新认证标识。

（17）更新 SID

当管理员在 Windows AD 服务器上或者使用工具批量修改了计算机域信息使得计算机 SID 发生变化，导致 FusionAccess 数据库和 Windows AD 服务器上的计算机 SID 不一致，用户无法登录计算机时，管理员可通过更新计算机 SID，使 FusionAccess 数据库和 Windows AD 服务器上的 SID 保持一致。

（18）升级 VIP 桌面

后面章节有具体实验。

（19）恢复为普通桌面

后面章节有具体实验。

（20）设置维护模式

如图 8-53 所示，设置所选虚拟机的维护模式。在开启维护模式后，虚拟机将无法登录，已经登录的虚拟机则可以继续使用。在虚拟机列表中选中需要操作的虚拟机，单击“操作”，在弹出的菜单中选择“设置”→“设置维护模式”，进入“设置虚拟机维护模式”界面，选择操作类型，单击“开启维护模式”或者“关闭维护模式”，单击“确定”按钮，弹出“操作成功”的提示对话框，单击“确定”按钮，完成虚拟机维护模式设置操作。

（21）设置用户自助备份

为了方便终端用户对自己的桌面进行自助备份管理，系统管理员可开启用户计算机的用户自助备份功能。当开启用户自助备份功能后，用户可以在 WI 或 UNS 界面对自己的桌面进行自助备份管理，包括对专属桌面中支持快照的系统盘和数据盘进行备份和恢复，如图 8-54 所示，具有用户自助备份功能的虚拟机用户，可以自己在 WI 上对虚拟机进行备份（严格来说属于快照）或者恢复。

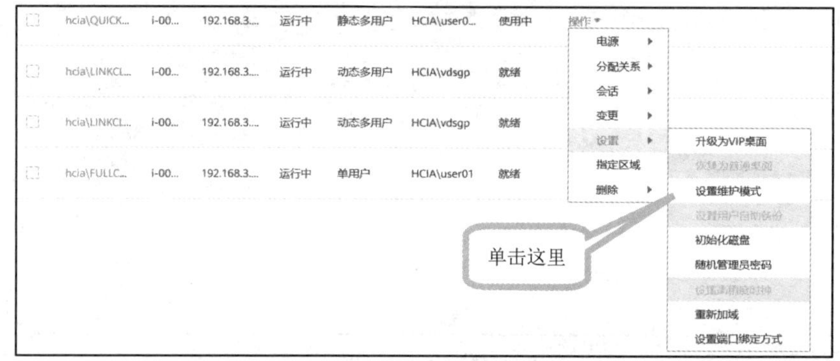

图 8-53 维护模式

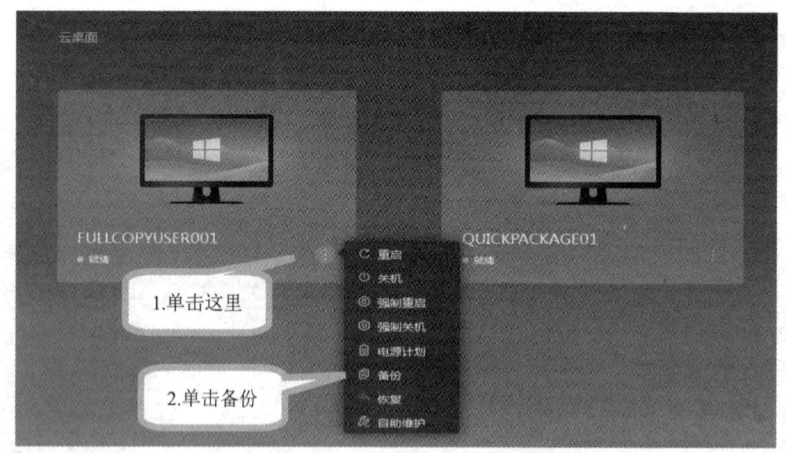

图 8-54 用户可以自助备份

（22）初始化磁盘

后面章节有具体实验。

（23）重新加域

让虚拟机重新加入域。

（24）设置端口绑定方式

如图 8-55 所示，设置端口绑定方式。

（25）删除虚拟机

只有分配状态为“未分配”或者“已解分配”的虚拟机才能被删除。如果虚拟机已分配，则需要先解分配。如图 8-56 所示，选择待删除的虚拟机，单击“普通删除”，在弹出的对话框中单击“确定”按钮，返回虚拟机管理界面，单击“刷新”，刷新虚拟机管理界面，在虚拟机列表中可以发现，对应的虚拟机已被删除。删除虚拟机也可以选择“安全删除”。安全删除虚拟机命令执行成功后，虚拟机被删除，但磁盘空间不会立即可用，会在后台进行磁盘空间的清零处理，磁盘空间清零后会自动加入可用的存储资源池。根据磁盘性能，一般一个小时几十 GB。

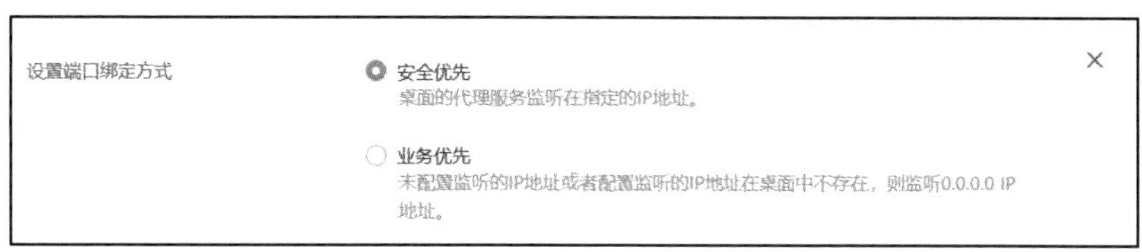

图 8-55　设置端口绑定方式

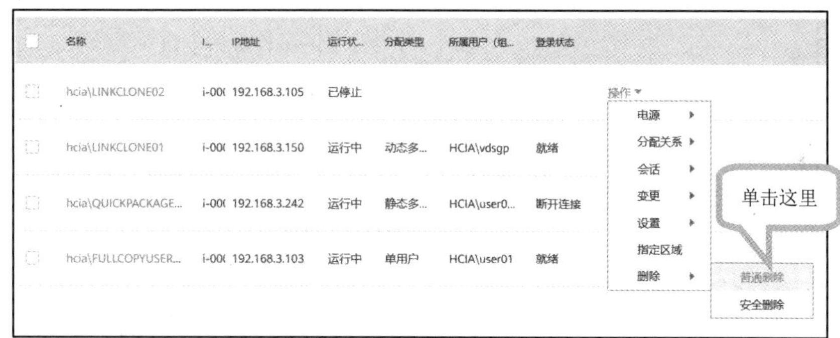

图 8-56　删除虚拟机

8.4.3　还原虚拟机

【背景知识】

链接克隆虚拟机还原。

【实验内容】

① 链接克隆虚拟机还原。

② 完整复制虚拟机还原。

【实验步骤】

（1）链接克隆虚拟机还原

① 在链接克隆虚拟机上做标记。用 AccessClent 登录待还原的链接克隆虚拟机 LINKCLONE01，并在其桌面上创建多个空 txt 文档。

② 链接克隆虚拟机还原。在 FusionAccess 界面，打开“资源”选项卡，选择“计算机”，

单击链接克隆虚拟机 hcia\LINKCLONE01，选择“操作”→“变更”→“还原系统盘”，弹出如图 8-57 所示的“请选择还原策略”对话框，选择“计算机下次启动时”并勾选“通知用户此还原”，然后单击“确定”按钮，下次重启还原虚拟机。

图 8-57　下次重启还原虚拟机

③ 回到虚拟机。当弹出提示对话框后，将虚拟机关机。

④ 关机后，虚拟机会被还原，约等待 3 分钟后，即可重新登录虚拟机，此时将发现之前创建的 test 文件已不存在。

（2）完整复制虚拟机还原

① 如图 8-58 所示，登录虚拟机 hcia\FULLCOPYUSER001，在虚拟机里做标记，更改 C 盘名字，对 C 盘进行重命名。

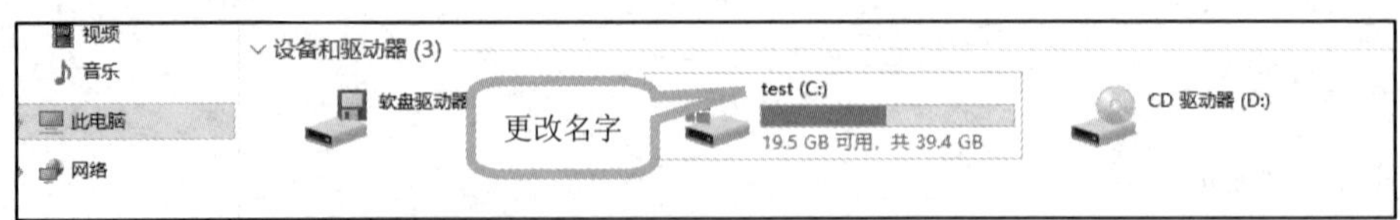

图 8-58　对 C 盘进行重命名

② 在 FusionAccess 界面，打开“资源”选项卡，选择“计算机”，单击完整复制的虚拟机 hcia\FULLCOPYUSER001，选择“操作”→“变更”→“还原系统盘”，弹出如图 8-59 所示的“请选择还原策略”对话框，选择“立即”同时勾选“保留计算机原系统盘作为数据盘”，然后单击“确定”按钮，立刻还原虚拟机。

③ 登录完整复制虚拟机，还原后的虚拟机如图 8-60 所示，从该图中发现，还原后 C 盘名称恢复了，还多了两块磁盘，一块磁盘空间为 578 MB，是原启动分区；另外一块磁盘空间为 39.4 GB，是原虚拟机系统盘。

图 8-59　立刻还原虚拟机

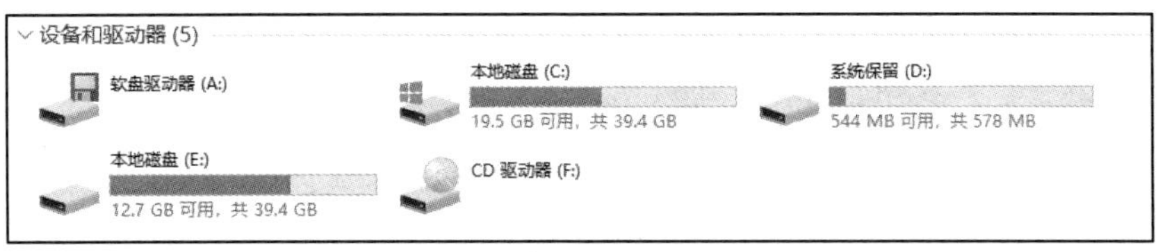

图 8-60　还原后的虚拟机

8.4.4　更新模板

【背景知识】

链接克隆桌面的虚拟机共享一个相同的系统母盘，每台虚拟机对系统盘的写操作数据（如工作临时缓存数据、个性化配置、临时安装的个性化应用程序）都保存在自己的差分盘中，并且通过将母盘和差分盘组合映射为一个链接克隆盘作为虚拟机的系统盘（即C盘）供虚拟机使用。

如果要给多台链接克隆虚拟机安装新软件、打补丁等，只需要对母卷进行更新即可，而母卷是通过模板复制而来的。所以只要对模板更新，就可以统一更新链接克隆虚拟机组中的虚拟机系统，可通过以下两种方法获取已安装新软件的模板。

① 制作全新的链接克隆模板，在制作的过程中安装全新的软件。

② 在已有的并且创建过虚拟机的链接克隆类型模板中安装全新的软件，本节介绍该种方式。

注意：更新模板在华为FusionAccess 8.0中更名为“重建系统盘”，同时完整复制类型的虚拟机也增加了此功能，但操作的细节上与链接克隆有些许区别。

【实验内容】

① 复制原链接克隆虚拟机模板。
② 更新虚拟机模板。
③ 链接克隆虚拟机重建系统盘。
④ 完整复制模板转虚拟机。
⑤ 完整复制虚拟机重建系统盘。

【实验步骤】

（1）复制原链接克隆虚拟机模板

① 在FusionCompute中展开“导航树”，选择“资源池”→“模板”，找到要链接克隆的模板“Win10-linkclone”，右键单击该模板，选择 “按模板部署虚拟机”，弹出“创建位置”界面，选择创建虚拟机的位置（ManagementCluster），单击“下一步”按钮，在弹出的对话框中输入新模板名称“Win10-linkclone-v2”，单击“下一步”按钮，弹出“虚拟机设置”界面，单击“下一步”按钮，弹出“确认信息”界面，核对创建任务信息后，单击“完成”按钮，完成部署新虚拟机操作。

② 在FusionCompute中展开“导航树”，选择“资源池”→“ManagementCluster”→“虚拟机”，在虚拟机列表中单击虚拟机“Win10-linkclone-v2”，在弹出的界面中单击 “配置”→“光驱”，使用“文件方式”选择“FusionAccess_WindowsDesktop_Installer_8.0.2.iso”镜像，单击“确定”按钮。

（2）更新虚拟机模板

① 采用单击“VNC登录”按钮方式登录虚拟机“Win10-linkclone-v2”，打开资源管理器，打开D盘光驱，单击“run.bat”重新执行模板制作工具，如图8-61所示，单击“更新模板”，按照提示将此镜像制作工具再运行一遍，运行完成后，单击“关闭”按钮退出该工具。

② 安装新应用软件：要给虚拟机安装软件，就要在虚拟机中将软件包复制到虚拟机内。有3种方式能实现。第一种，开启虚拟机的Windows远程桌面功能，管理员在自己计算机上通过RDP连接虚拟机，将软件复制到虚拟机上；第二种，设置一个共享的NAS，将软件包上传到NAS上，让虚拟机访问NAS完成安装；第三种，将在管理员计算机上的软件包制作成ISO文件，让虚拟机挂载，然后采用单击“VNC登录”按钮方式登录虚拟机，在虚拟机的光驱里完成安装。

这里采用第三种，使用UltraISO工具，如图8-62所示，打开UltraISO软件，将Wireshark软件包拖放到该软件上，然后单击“文件”→“保存”，就能制作出ISO镜像。

③ 在FusionCompute中展开“导航树”，选择“资源池”→“ManagementCluster”→“虚拟机”。在虚拟机列表里，单击虚拟机“Win10-linkclone-v2”，在弹出的界面中单击“配

置”→“光驱”，选择“文件方式”挂载刚刚制作的软件包镜像。

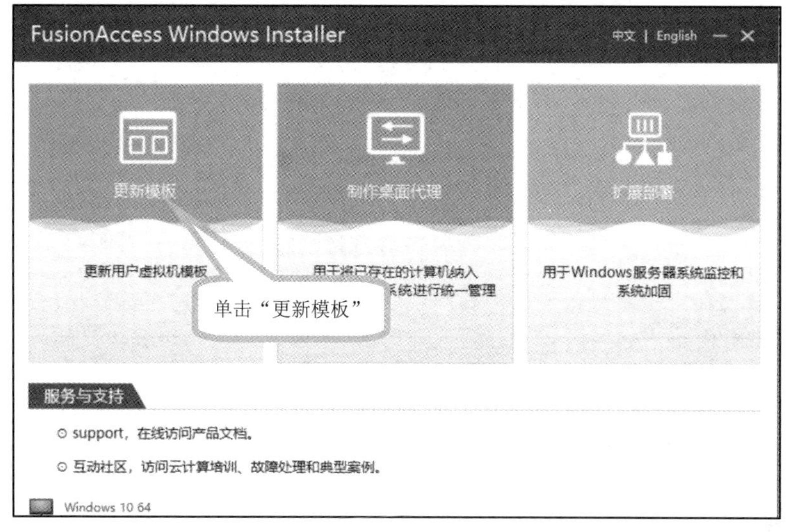

图 8-61　更新模板

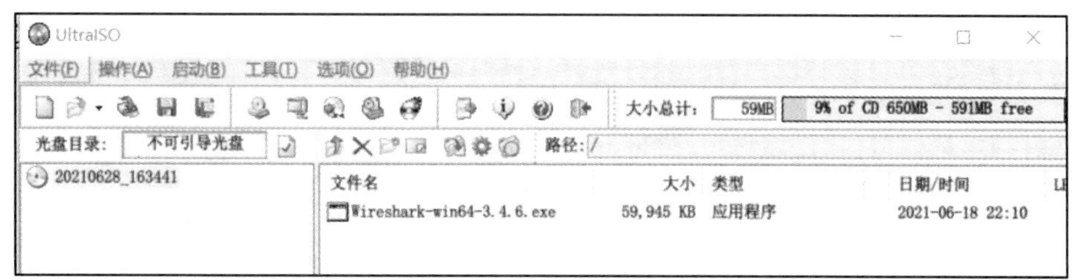

图 8-62　制作 ISO 镜像

④ 采用单击“VNC 登录”按钮方式登录虚拟机“Win10-linkclone-v2”，打开资源管理器，打开 D 盘光驱，双击“Wireshark-win64-3.4.6.exe”，按照软件提示安装该软件。

⑤ 将虚拟机转化为模板：在虚拟机内单击“电源”→“关闭”按钮，在FusionCompute中展开“导航树”，选择“资源池”，在待转为模板的虚拟机“Win10-linkclone-v2”所在行选择“更多”→“转为模板”，在弹出的对话框中单击“确定”按钮，即可将虚拟机转化为模板。

（3）链接克隆虚拟机重建系统盘

① 配置模板：在FusionCompute中展开“导航树”，选择“资源池”→“计算机”，单击需要更新模板的虚拟机，如图8-63所示，选择“操作”→“变更”→“重建系统盘”，弹出图8-64。

② 在图8-64中，“重建时间”项选择“立即”，“实施方式”项选择“立刻强制重启”，然后单击“下一步”按钮，弹出图8-65。

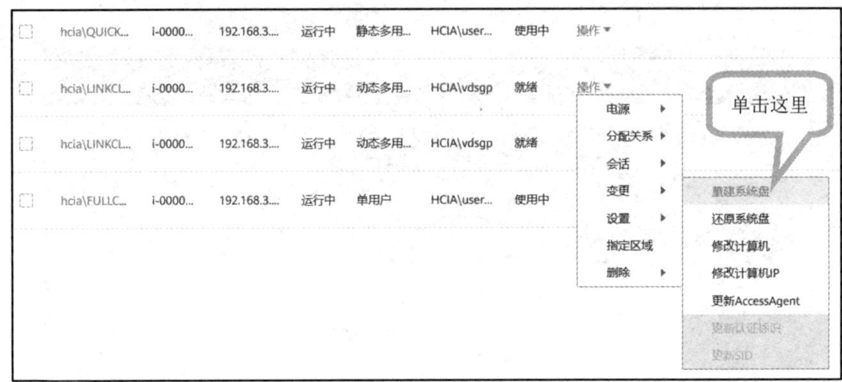

图 8-63　重建系统盘

图 8-64　选择立即重启

③ 选择模板。在图8-65中单击“配置模板”，在弹出的对话框中将“Win10-linkclone-v2”的类型设置为“链接克隆”，单击“确定”按钮关闭该对话框，回到图8-65中，单击“选择”按钮，选中刚刚设置好的“Win10-linkclone-v2”，单击“确定”按钮，在接下来弹出的提示个性化数据会丢失的“危险”告警对话框中直接单击“确定”按钮。此时，FusionAccess系统开始用新模板重构虚拟机的系统盘。

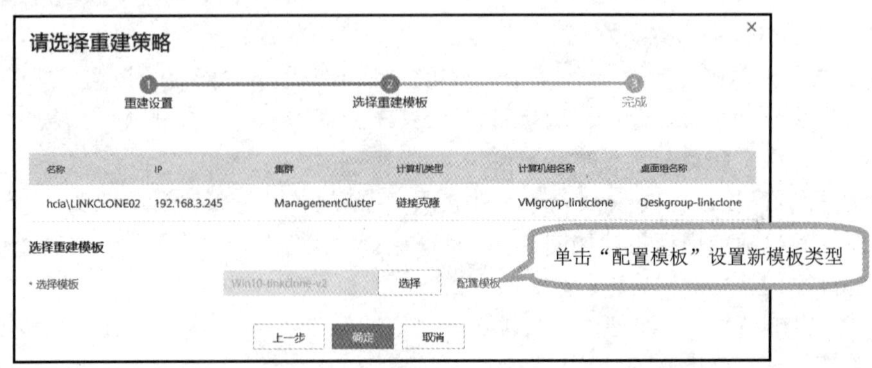

图 8-65　配置模板

④ 用户登录测试。打开管理员计算机上的FusionAccessClient，用“user01”用户名登录“VMgroup-linkclone”（因为虚拟机的桌面组类型为动态池，不确定user01和user02谁会登录更新的虚拟机，可以尝试让两个用户都登录试试），当user01登录更新模板的虚拟机hcia\LINKCLONE01后，如图8-66所示，能看到虚拟机已经安装好了Wireshark软件，虚拟机的软件已更新。

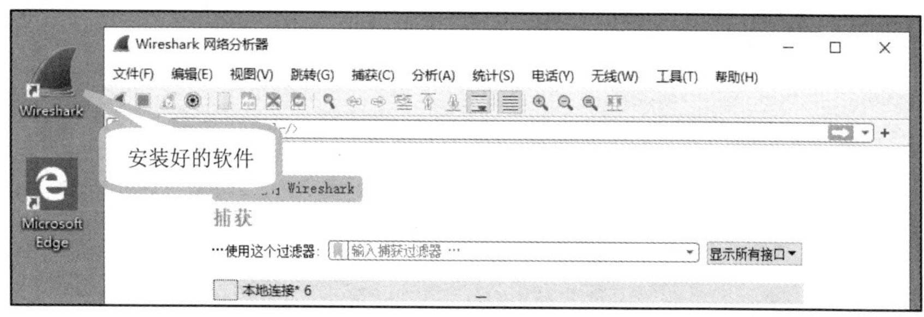

图 8-66　虚拟机的软件已更新

（4）完整复制模板转虚拟机

① 完整复制更新模板。在FusionCompute中展开“导航树”，选择“资源池”→“虚拟机模板”，在打开的界面中找到win10-fullcopy的模板，在其所在行单击“操作”→“转为虚拟机”，稍后，该模板就转换成了虚拟机。此时，在FusionCompute中展开“导航树”，选择“资源池”→“ManagementCluster”→“虚拟机”，在虚拟机列表里找到刚转换好的虚拟机 “win10-fullcopy”，在win10-fullcopy虚拟机的界面单击“打开电源”按钮，然后参照本节上述步骤，让虚拟机重新挂载“FusionAccess_WindowsDesktop_Installer_8.0.2.iso”镜像，接着采用单击“VNC登录”按钮方式登录虚拟机并打开光驱，单击“run.bat”重新运行模板制作工具FusionAccess Windows Installer。

该工具的每个设置都保持默认选项，直接单击“下一步”按钮即可，直到最后出现“安装完成”界面，这时就可以进行软件更新（本实验依然使用Wireshark镜像，挂载后安装Wireshark软件）。软件更新完毕后，就可以单击工具上的“封装镜像”按钮，系统接着会花费3～5分钟清除系统的SID。

清除SID完成后，按软件提示将虚拟机关机。接着回到FusionCompute界面，在虚拟机win10-fullcopy界面中单击“更多”→“转为模板”。

② 在FusionCompute中展开“导航树”，选择“资源池”→“计算机”，单击需要更新模板的完整复制虚拟机（如hcia\FULLCOPY01），在虚拟机所在的行单击“操作”→“变更”→“重建系统盘”，弹出图8-67，在该图中，“重建时间”项选择“计算机下次启动时”，同时勾选“通知用户此重建”；在“消息”文本框中需要给出通知用户的消息，勾选“保留计算机原系统盘为数据盘”，单击“下一步”按钮，弹出图8-68。

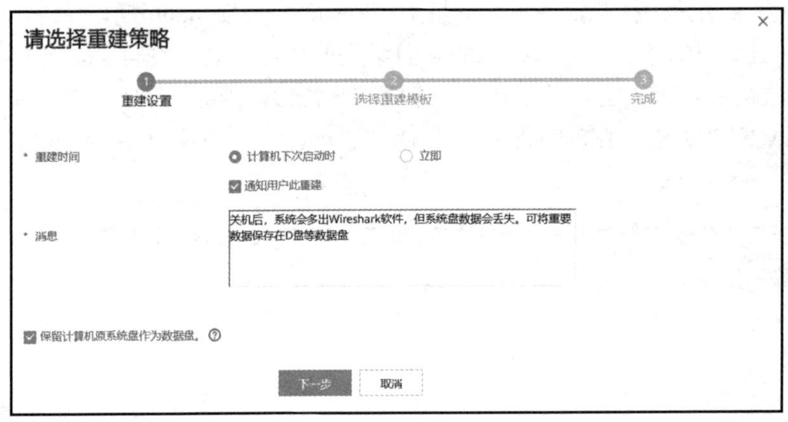

图 8-67　选择下次启动后重建

（5）完整复制虚拟机重建系统盘

① 选择模板。在图8-68中单击“配置模板”将刚才更新的模板“win10-fullcopy”的类型设置为“完整复制”，单击“确定”按钮后关闭该窗口。回到图8-68中，单击“选择”按钮选中刚刚设置好的“Win10-linkclone-v2”，单击“确定”按钮，在接下来弹出的提示个性化数据会丢失的“危险”告警对话框中直接单击“确定”按钮。此时，FusionAccess系统开始用新模板重构虚拟机的系统盘。

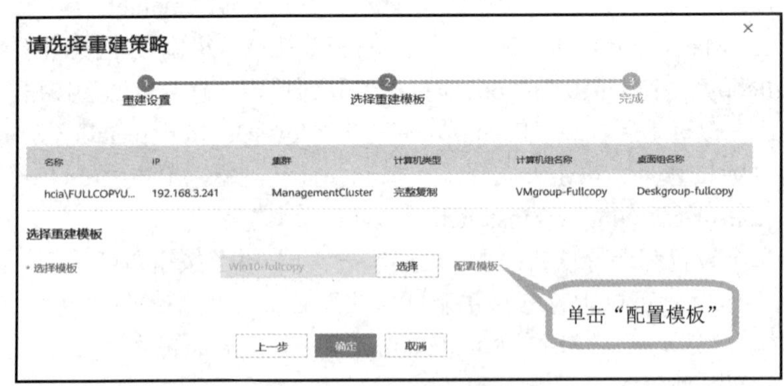

图 8-68　配置模板

② 验证虚拟机。当虚拟机更新完成后，登录该虚拟机，发现其又多出了2块磁盘。因为之前勾选了保留计算机原系统盘为数据盘，所以，之前的系统盘和引导分区变成了数据盘F和G。重建后的虚拟机如图8-69所示。

③ 用户登录测试。在管理员的计算机上打开FusionAccessClient，用“user01”账户登录虚拟机hcia\FULLCOPY01后，发现其又多出了2块磁盘。因为在重构盘时勾选了“保留计算机原系统盘为数据盘”，所以，之前的系统盘和引导分区变成了数据盘F和G，如图 8-69所示。

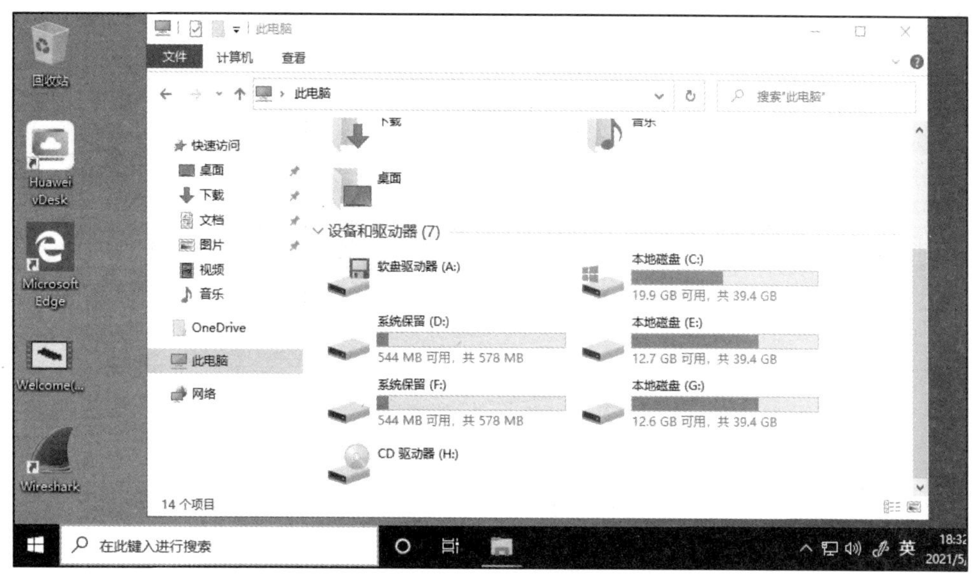

图 8-69　重建后的虚拟机

8.4.5　业务管理

【背景知识】

在普通办公场景中，所有虚拟机的资源请求优先级相同。在一些特定场景中，部分虚拟桌面需要优先保障资源供给，此时可将普通桌面升级为VIP桌面并提供CPU和内存资源保障，以及虚拟机状态的实时看护，让用户享受更优质的桌面使用体验。管理员可根据实际诉求便捷地将普通桌面升级为VIP桌面。

VIP策略是配置实时看护策略和告警接收邮箱，此策略只对VIP桌面虚拟机有效。当虚拟机满足当前系统配置的VIP桌面策略时，系统会根据“告警监控”“系统告警”“告警转邮件配置”中配置的告警邮件接收地址，接收VIP桌面虚拟机发送的告警信息。请确保配置VIP桌面策略后，同时配置支持发送VIP桌面告警消息的邮件接收地址。

【实验内容】

① 配置VIP桌面策略。

② 完成告警转邮件配置。

③ 将虚拟机升级为VIP桌面虚拟机。

④ 将VIP桌面恢复为普通桌面。

【实验步骤】

（1）配置 VIP 桌面策略

在FusionAccess界面，打开“监控”选项卡，选择“VIP桌面告警”，打开“VIP桌面策略”选项卡，如图8-70所示，配置VIP桌面策略，然后单击“确定”按钮，在弹出“确定”对话框中单击“确定”按钮，弹出的界面提示VIP桌面策略保存成功。

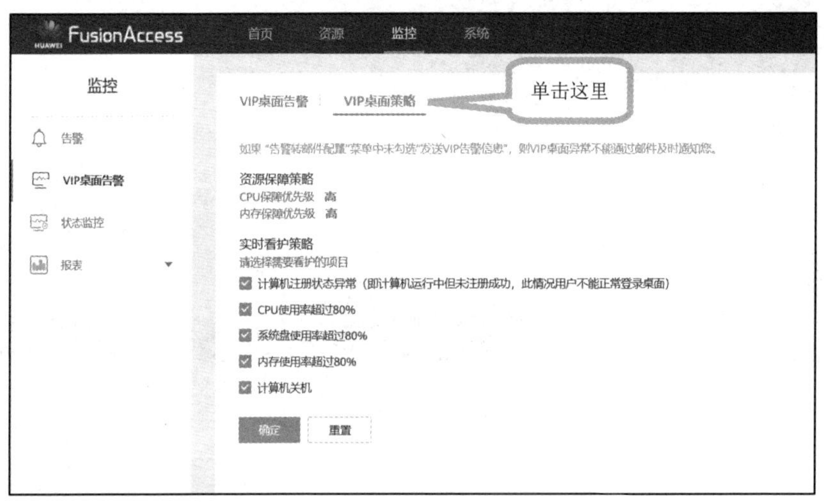

图 8-70　配置 VIP 桌面策略

（2）完成告警转邮件配置

在FusionAccess界面，打开“监控”选项卡，选择“告警”，打开“告警转邮件配置”选项卡，然后单击“配置”，打开如图8-71所示的“告警转邮件配置”对话框。在该对话框中填写邮件服务器的地址、端口、用户名、密码、发送地址，在“接收地址”处单击“新增”，弹出“添加告警邮件通知”对话框，如图8-72所示。此时可以设置接收地址、转发类型、告警级别，选择“发送VIP告警信息”（这里一定要选择“是”）。

告警转邮件配置

* 邮件服务器地址：pop3.exmali.qq.com
* 端口：25　□ 服务器要求安全连接（SSL）
* 发件箱用户名：test
* 密码：••••••••••
* 发送地址：xiaobin@temp.com

接收地址：新增

是否发送	用户名	是否系统用户	Email地址	转发类型	发送VIP告警信息	操作

图 8-71　“告警转邮件配置”对话框

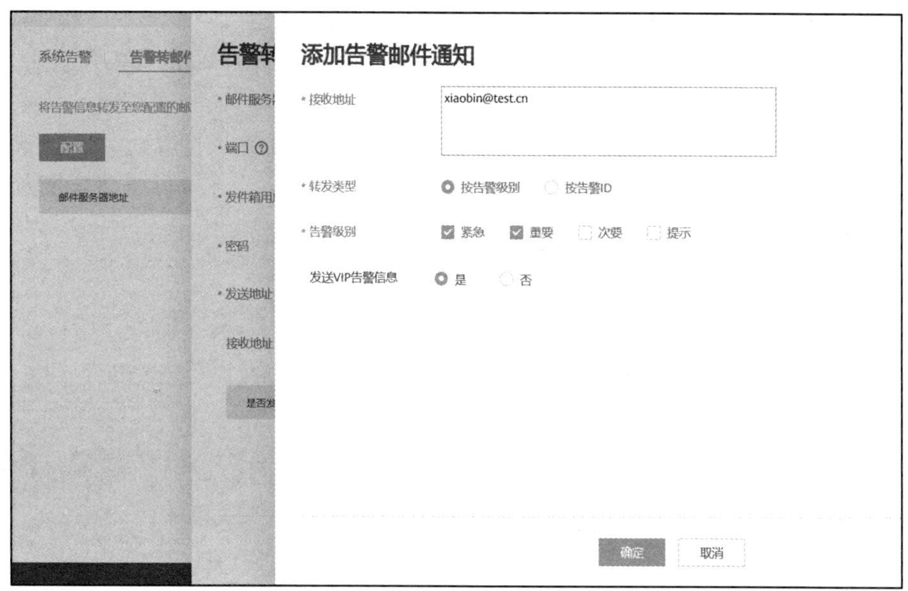

图 8-72　“添加告警邮件通知”对话框

（3）将虚拟机升级为 VIP 桌面虚拟机

在FusionAccess界面，打开“资源”选项卡，选择“桌面”→“计算机”，将显示虚拟机列表，如图8-73所示，选择待升级为VIP桌面的虚拟机（如hcia\QUICKPACKAGE01），在虚拟机所在行，单击“操作”→“升级为VIP桌面”，接着会弹出提醒虚拟机将重启的对话框，单击“确定”按钮，稍等片刻，虚拟机将升级为VIP桌面，此时，在虚拟机列表中会看到在该虚拟机的名称前有“VIP”字样。

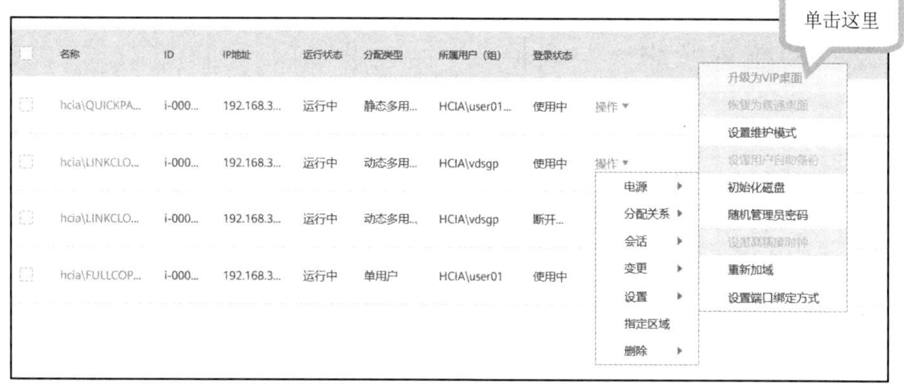

图 8-73　设置 VIP

（4）将 VIP 桌面恢复为普通桌面

将VIP桌面恢复为普通桌面如图8-74所示，被成功恢复为普通桌面的虚拟机将不再支持VIP桌面策略。当VIP桌面被恢复为普通桌面后，相应虚拟机的QoS将恢复为默认值，预留、限制为0，CPU份额为低，内存份额为中。在虚拟机列表中，勾选待恢复的一台或多台VIP桌面虚拟机，选择“高级功能”，在下拉菜单中单击“恢复为普通桌面”，在弹出的“提示”文本框中单击“确定”按钮。下发操作成功后，进入“任务中心”→“任务跟踪”，查看任务的执行状态。当任务执行状态为“成功”时，表示任务执行成功。在虚拟机列表中查看操作结果，当虚拟机名称前的VIP图标消失时，则表示该虚拟机已被恢复为普通桌面虚拟机。

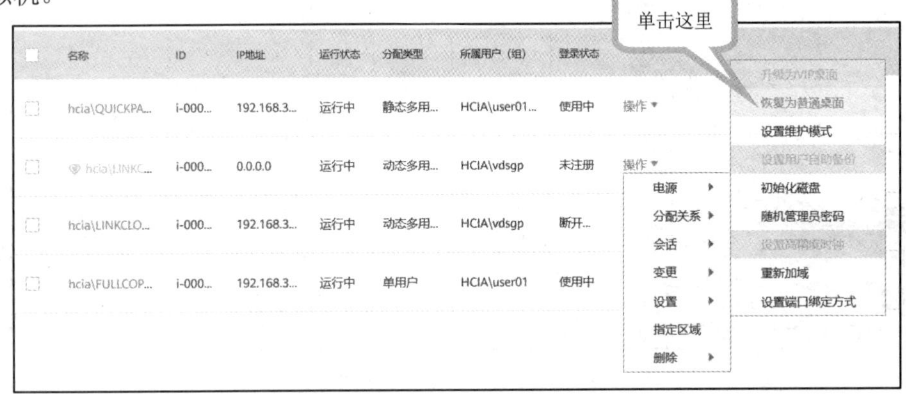

图 8-74　将 VIP 桌面恢复为普通桌面

8.5　策略管理

8.5.1　创建策略组

【背景知识】

策略与虚拟桌面的用户体验有直接关系。根据各终端用户的实际环境及特有需求，对某一桌面组中的所有虚拟机、某一台虚拟机或某个用户拥有的虚拟机在以下几个方面进行应用策略的定制及规划，提出满足用户真实需求的最优、最高效的策略管理方案，帮助用户更好地使用虚拟机。

- 外设、音频、Flash、多媒体；
- 客户端、显示器、VGPU；
- 文件和剪切板；
- 接入控制、DXVA、会话自动断开与连接。

例如，用户在使用虚拟桌面时，如何把数据保存到本地的U盘上；在虚拟桌面中能否使用摄像头、本地的打印机，能否听音乐和录音。

【实验内容】

本节以最常见的需求为例，创建策略，使用户在使用虚拟桌面时，能够把数据保存到本地的U盘上，能够使用与本地计算机相连接的打印机，能够听音乐、录音和在QQ上进行语音聊天，能使用摄像头在QQ上进行视频聊天。

① 创建策略组。
② 配置策略组。
③ 修改策略。
④ 测试策略。

【实验步骤】

（1）创建策略组

在FusionAccess界面，打开“资源”选项卡，选择“协议策略”→“创建策略组”，弹出如图8-75所示的“创建策略组”对话框。此时可以选择已有的模板进行快速设置，也可以选择“全新创建”或者“从策略组导入”，本实验选择“全新创建”，如图8-75所示设定策略组名称和策略描述后，点击“下一步”按钮，弹出图8-76。

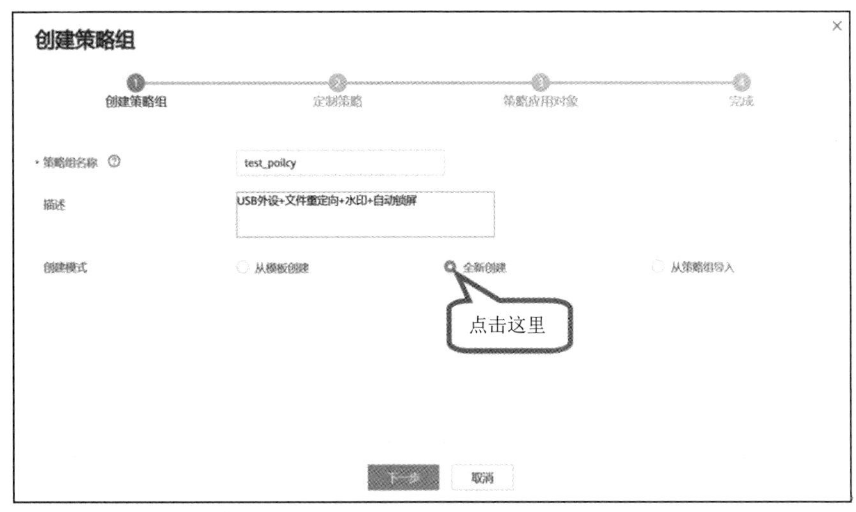

图 8-75　“创建策略组”对话框

（2）配置策略组

在图8-76中，完成针对外设、音频、多媒体、客户端、显示等10项的配置。由于这些配置参数众多，且大多数策略在本实验环境下无法实现，故本节着重介绍几个常见策略。

① 外设：在图8-76中，用于控制在虚拟机中能否使用本地计算机的外部设备，主要有USB设备、摄像头、串行设备和并行设备。在本实验环境中，本地计算机没有USB设备需

要定向到虚拟机，因此“总开关”项选择“已禁用”，至于U盘这个USB设备，可以使用后续介绍的“文件重定向”来解决。

图 8-76　USB 端口重定向

② 音频。单击“音频”选项，如图8-77所示， 开启“音频重定向”功能开关。这样在虚拟机中播放音乐或者进行QQ语音聊天，也能把音频转到使用虚拟机的AccessClient上。

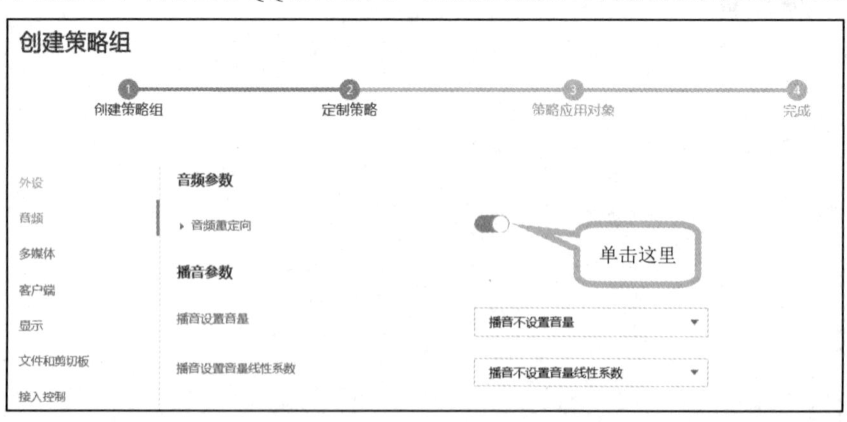

图 8-77　音频重定向

③ 文件和剪切板。单击“文件和剪切板”项，如图8-78所示，将“文件重定向”设置为“读/写”，然后打开“文件重定向”下面的各项功能开关，这样虚拟机就能够使用本地计算机上的磁盘（含硬盘、U盘、光盘），也能在虚拟机和本地计算机之间互相使用剪切板来进行复制和粘贴操作。

④ 会话。单击“会话”项，如图8-79所示，打开“自动锁屏”功能开关，为了方便观察，设置“锁屏等待时间（分钟）”为3分钟，这样用户在使用虚拟机时，一旦超过3分钟无键盘和鼠标操作时，会自动锁屏，会话自动断开。

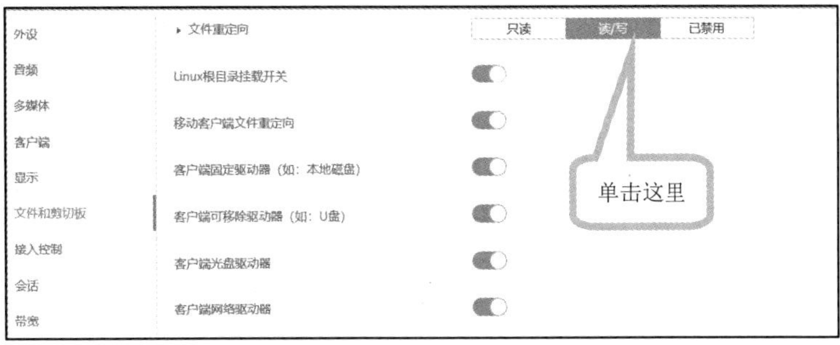

图 8-78　文件重定向

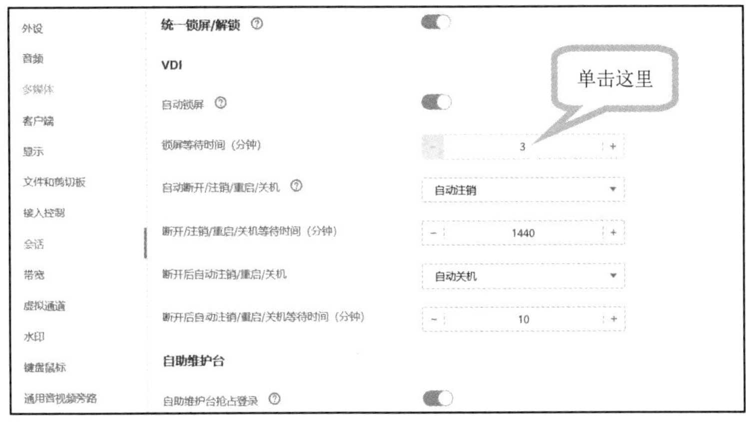

图 8-79　会话自动断开

⑤ 水印。单击“水印”项，如图8-80所示，可以给虚拟机显示画面加水印。设置水印的展示方式为“随机运动”，设置字体大小为“30”，颜色为“黑色”，不透明度（%）为“25%”，自定义内容为“这是一个水印”。

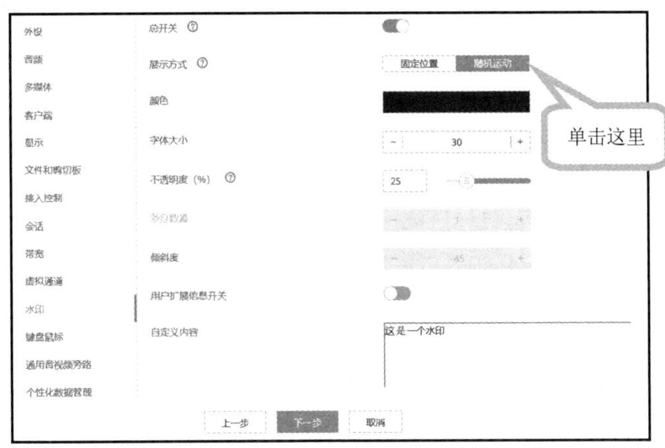

图 8-80　设置水印

⑥ 其他选项不设置，点击“下一步”按钮，如图8-81所示，选择策略应用对象。这里选择桌面组“Deskgroup-fullcopy”为应用对象，然后单击“提交”按钮，完成对策略的配置。

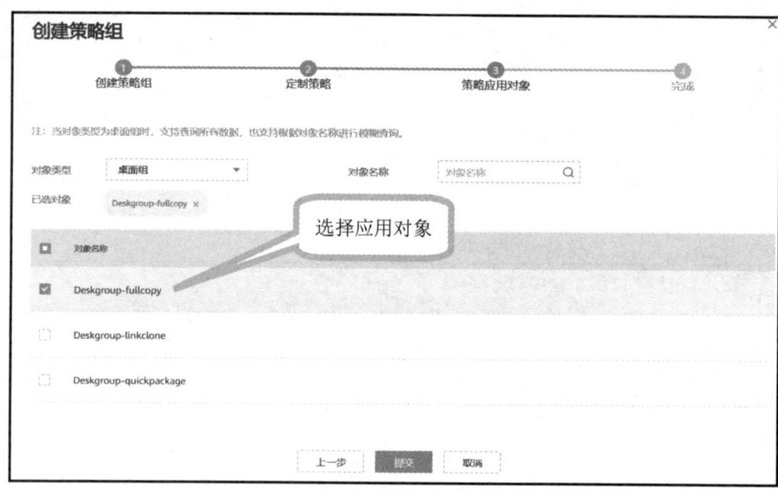

图 8-81　选择策略应用对象

（3）修改策略

在策略列表中，单击策略所在行的“操作”，在弹出的菜单中选择“编辑”即可对策略进行修改，如图8-82所示。如果有多个策略，则可以单击策略所在行的向上或者向下箭头移动策略，优先级数值越小（越靠上方）的策略越优先；当多个策略有冲突时，优先级高的策略生效。

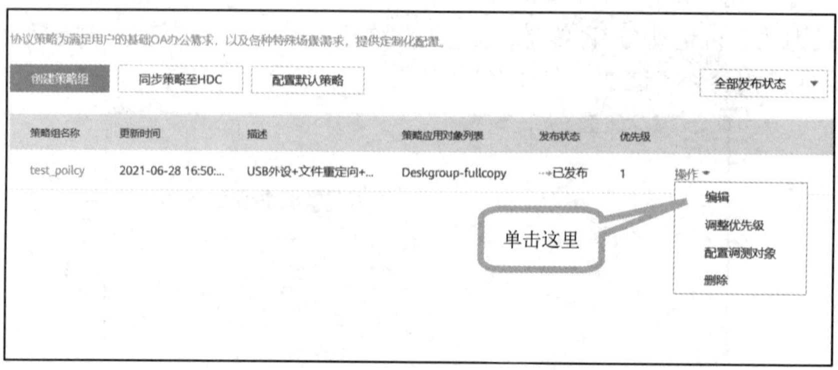

图 8-82　修改策略

（4）测试策略

当用户登录虚拟桌面时会看到水印，如图8-83所示。在虚拟机中，还可以看到本地计算机上的磁盘，包含U盘，当然就可以将数据保存到本地计算机的U盘上，不过效率会比较低。

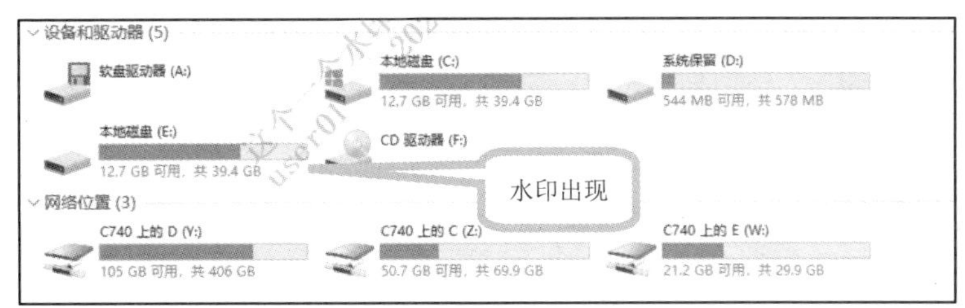

图 8-83　当用户登录虚拟桌面时会看到水印

此外，还可以测试剪切板，测试在虚拟机里能否播放音乐。右键单击物理PC上的歌曲，在弹出的菜单中选择“复制”，回到虚拟机，右键单击，在弹出的菜单中选择“粘贴”，即可将歌曲复制到虚拟机上，双击歌曲即可播放。如可采用如图8-84所示的方式从物理机复制音乐并播放。

图 8-84　测试在虚拟机里能否播放音乐

如图8-85所示，将虚拟机窗口化，3分钟不进行操作，发现屏幕被自动锁定。

图 8-85　屏幕被自动锁定

8.5.2 接入控制策略管理

【背景知识】

接入时间控制功能用于在特定的时间段禁止特定对象访问虚拟机，但需要确保ITA和HDC两个部件时钟同步，且使用相同时区。

【实验内容】

① 创建接入时间控制策略。
② 同步策略至HDC。

【实验步骤】

（1）创建接入时间控制策略

① 在FusionAccess界面，打开“资源”选项卡，选择“接入控制策略”→“新增”，弹出“新增”对话框，如图8-86所示，在“新增”对话框中输入策略名称和策略描述，选择时间段，单击“添加”图标，逐条添加时间段列表，创建接入时间控制策略，然后，单击“下一步”按钮，弹出图8-87。

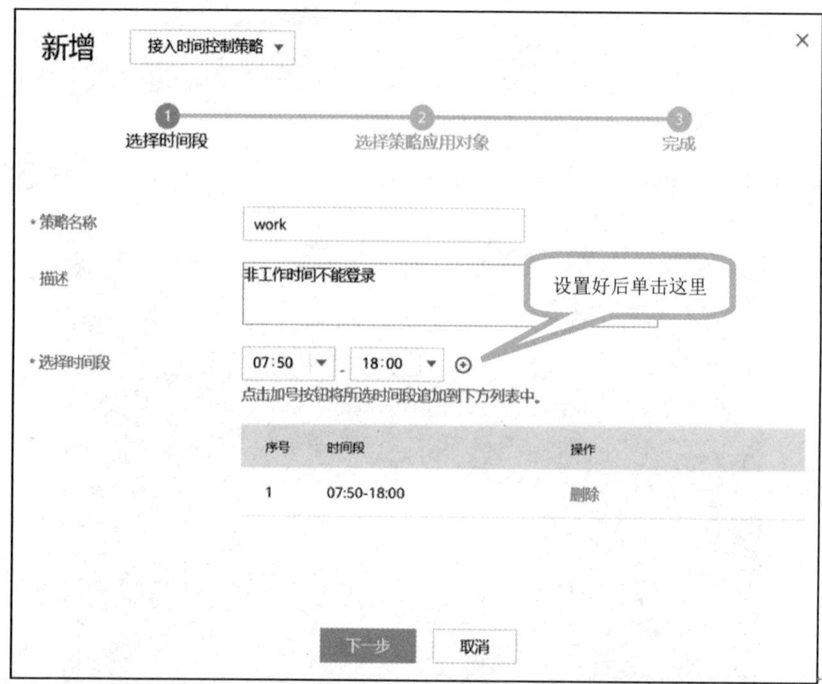

图 8-86 创建接入时间控制策略

② 在图 8-87 中，通过以下操作编辑策略应用对象：

选择对象类型，在“对象名称”文本中输入查找对象名称，单击“查询”图标，查找出需要执行策略的对象并勾选该对象，然后单击“提交”按钮随后关闭弹出的界面，返回图8-86，此时，在图8-86下方的策略列表中，可以查看新创建的策略信息。

说明：如果选择的应用对象名称含有“桌面组”对象类型，则该策略将会应用于对应的桌面组内所有虚拟机。

图 8-87　编辑策略应用对象

（2）同步策略至 HDC

如图8-88所示，单击“同步策略至HDC”选项卡，弹出“确定”对话框，提示即将与HDC同步所有策略；单击“确定”按钮，弹出同步策略给HDC成功“提示”文本框，接着单击“确定”按钮，完成同步策略到HDC操作。

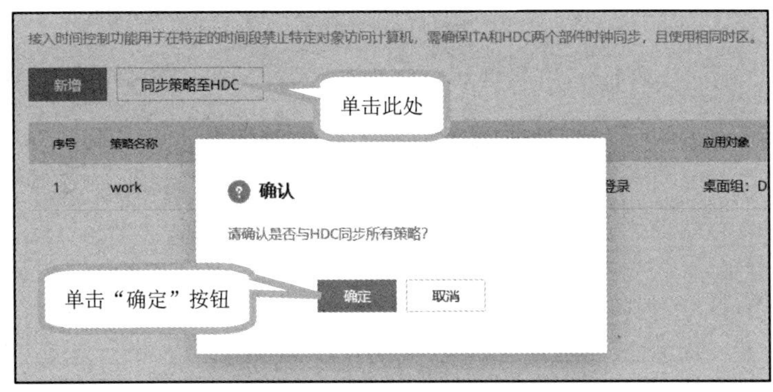

图 8-88　同步策略到 HDC

8.5.3　动态池链接克隆虚拟机中用户数据的保存

【背景知识】

在链接克隆的动态池中，一个用户同时只能使用池中的一台虚拟机；池中的一台虚拟机只供给一个用户使用。但用户与虚拟机无固定绑定关系。默认情况下，勾选“支持系统还原”，虚拟机关机后，系统恢复到初始状态，数据不会进行保存。如取消勾选“支持系统还原”，则虚拟机关机后，不还原到初始状态，虚拟机可保存数据，但因用户每次会登录不同的虚拟机，因此实际上无法保存数据。注意：当系统还原时，不还原用户磁盘上的数据。

可以采用其他方式来保存用户个性化的设置或者用户的数据。对于个性化的设置，可以使用漫游配置文件，把配置文件放到 Windows 文件服务器上。而对于用户数据，可以将数据放到 Windows 的共享文件（网络驱动器）、FTP 服务器、NFS 服务器上，或者将数据存放到用户本地计算机的磁盘上。

本节将介绍如何把用户本地计算机上的磁盘数据导入虚拟机，甚至可以先在虚拟机中通过 iSCSI 协议挂载 IP-SAN 存储，然后再把数据存放到存储上。本节还介绍如何将个性化数据和用户数据放到 Windows 的文件共享上。

【实验内容】

本节以本章 8.3.2 创建的“Deskgroup-linkclone”桌面组为例，该桌面组为动态池、链接克隆虚拟机组，并且勾选了“支持系统还原”。用户登录该组中的虚拟机后，要求能够保存个性化设置（例如，桌面图标和背景等），保存自己的数据。

① 创建 Windows 文件共享。

② 设置个性化数据管理路径并映射网络驱动器。

③ 测试用户数据能否被保存。

④ 查看共享文件夹

【实验步骤】

（1）创建 Windows 文件共享

本节将在 Windows IT 基础架构虚拟机（FA-AD 虚拟机）上创建文件共享，这实际上是很不合理的，此处仅用于实验目的。在实际使用中，应该使用专业的文件服务器或者 NAS 设备。

① 以管理员 Administrator 身份登录 FA-AD 虚拟机，新建文件夹“Share”目录，分配 NTFS 权限，分配过程请参见 Windows 相关课程。如图 8-89 所示，设置共享权限，分配“Share”目录的 NTFS 权限为 Everyone 组有“读取/写入”权限。

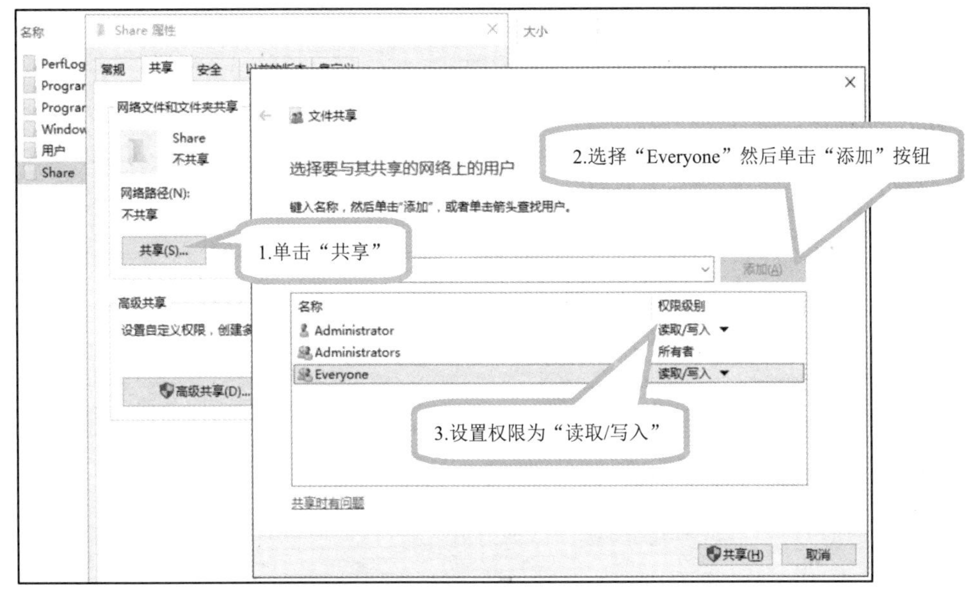

图 8-89　设置共享权限

② 在 FusionAccess 界面，打开"资源"选项卡，选择"协议策略"→"创建策略组"，弹出"创建策略组"对话框，如图 8-90 所示，创建共享文件夹策略。首先在"策略名称"文本框中填写"linkclone_nas"，接着"创建模式"项选择"全新创建"，然后单击"下一步"按钮，弹出图 8-91。

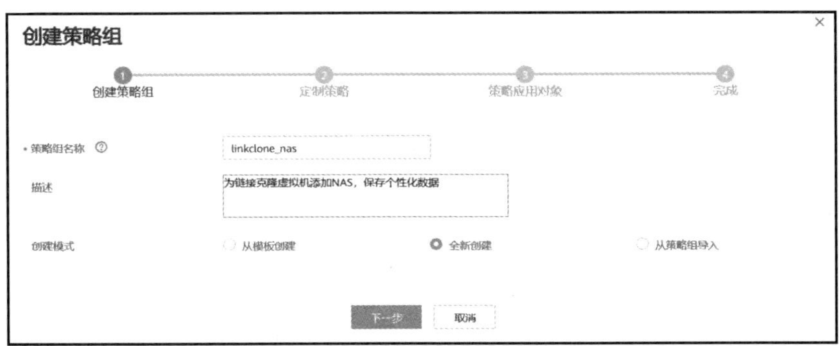

图 8-90　创建共享文件夹策略

（2）设置个性化数据管理路径并映射网络驱动器

① 如图 8-91 所示，单击"个性化数据管理"，设置个性化数据管理路径，打开"用户文件夹重定向"开关。

② 如图 8-92 所示，设置共享磁盘的盘符和共享路径。

③ 用 user01 账户登录链接克隆虚拟机后，如图 8-93 所示，能看到映射网络驱动器。

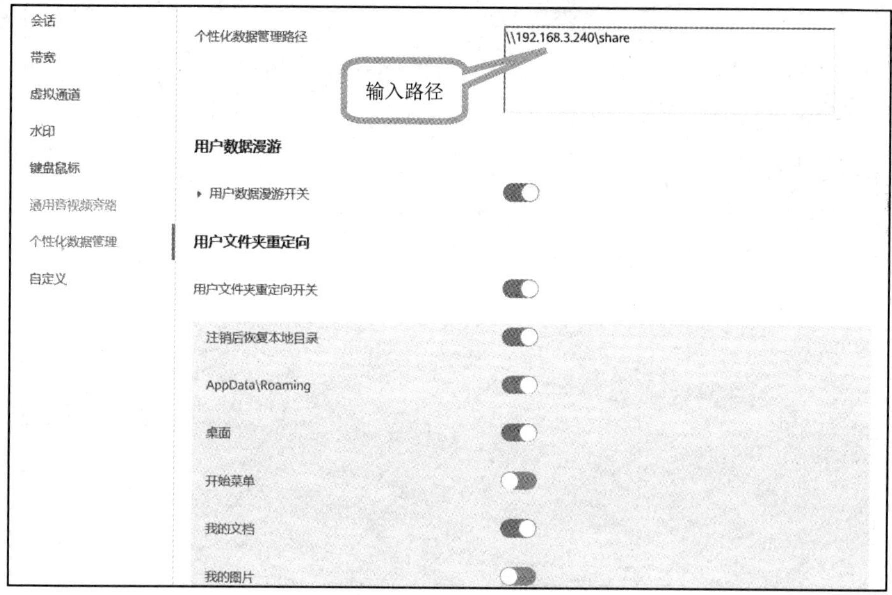

图 8-91　设置共享路径

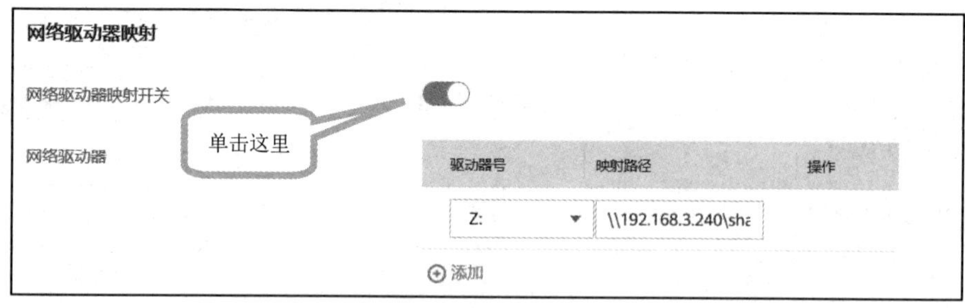

图 8-92　设置共享磁盘

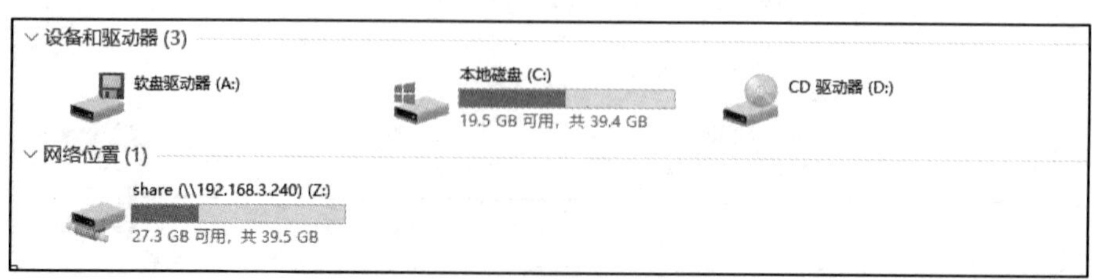

图 8-93　映射网络驱动器

（3）测试用户数据能否被保存

测试用户数据能否被保存。用户登录后可以尝试更换背景图片，在“文档”里新建一个 txt 文档，然后重启虚拟机（虚拟机默认应该被还原）。如图 8-94 所示，“文档”里新建文件还在，桌面背景也被保留，表明虚拟机被还原后共享文件夹依然能保存数据。

图 8-94　虚拟机被还原后共享文件夹依然能保存数据

（4）查看共享文件夹

登录设置网盘的虚拟机，发现其目录下多出了 user01 和 user02 的个性化数据文件夹和共享磁盘的文件夹，用户在共享文件夹（Share）中自动生成的目录如图 8-95 所示。

Windows 个性化设置，例如，桌面图标、桌面背景和菜单设置等，其配置文件实际上并不是一个文件，而是一组文件夹，文件夹下有一堆文件。通常用户的配置文件是放在本地的，但是可以把配置文件存放在网络上，这样用户即使在不同的虚拟机上登录，都会有相同的个性化设置。

图 8-95　用户在共享文件夹（Share）中自动生成的目录

第 9 章　其他

整个实验流程，还是有一些特殊情况无法照顾到，比如很多读者都在使用老服务器（也称为主机），在安装FusionCompute时，PXE安装才是工作中的主流做法，而且，在通常情况下，VRM都是主备部署等，这些内容将在本章补全。

9.1　老服务器的初始设置

【背景知识】

1.1.3 节的实验采用的服务器是华为现售的服务器 RH2288H V5，但考虑到更多读者可能使用的是更老型号的服务器，所以本实验以老服务器演示如何进行初始配置。

主机配置要求如表 9-1 所示，主机 BIOS 的 CPU 高级设置要求如表 9-2 所示。

表 9-1　主机配置要求

项　目	要　求
CPU	Intel 或 AMD 的 64 位 CPU，CPU 支持硬件虚拟化技术，如 Intel 的 VT-x 或 AMD 的 AMD-V，并已在 BIOS 中开启 CPU 虚拟化功能
内存	大于等于 8 GB，推荐内存配置大于等于 48 GB
硬盘 / U 盘	在使用硬盘时，硬盘大于等于 16 GB。如果 VRM 虚拟机使用本地存储创建磁盘，则硬盘空间应大于等于 96 GB。在使用 U 盘时，U 盘大于等于 4 GB
网口	NIC 网口数目大于等于 1；建议网卡数目为 6 个，网卡速率要求每秒千兆比特以上
RAID	建议使用 1、2 号硬盘组成 RAID 1，用于安装主机操作系统，以提高可靠性。在主机 BIOS 中设置启动方式时，需要将已组成 RAID 1 的硬盘设置为硬盘的第一个启动位置

表 9-2　主机 BIOS 的 CPU 高级设置要求

设　置　项	BIOS 设置要求	说　明
Intel HT technology	开启（Enable）	Intel 超线程技术。开启该选项，使 CPU 支持多线程，提升 CPU 性能
Intel Virtualization tech	开启（Enable）	CPU 虚拟化功能。开启该选项，使 CPU 支持虚拟化技术

（续表）

设　置　项	BIOS 设置要求	说　　明
Execute Disable Bit（XD Capability）	开启（Enable）	CPU 硬件防病毒技术，亦称作 NX 或 XD 功能。开启该选项可解决系统异常重启问题。同时，主机如果需要支持集群 IMC 功能，也必须开启该选项
Intel SpeedStep tech（EIST Support）	关闭（Disable）	CPU 工作模式切换技术，新款服务器可能写作 EIST。关闭该选项，可解决硬盘丢失或网卡失效问题
C-State	关闭（Disable）	CPU 节电功能。关闭该选项，可解决硬盘丢失、网卡失效以及时钟偏移问题

【实验内容】

① 对 2 台 RH2288H V2 服务器的 BIOS 进行配置，以满足表 9-2 要求，同时配置 IPMI 以便远程安装 FusionCompute 系统。

② 对 2 台 RH2288H V2 服务器的 RAID 进行配置，由于每台服务器上有 3 块硬盘，因此通过规划组成 RAID 5 磁盘组，将 FusionCompute 安装在每台服务器的本地硬盘上。

③ 测试——通过 IPMI 远程控制服务器。

【实验步骤】

（1）配置服务器的 BIOS

① 在服务器 RH2288H V2 上进行操作。在服务器上连接显示器、键盘、鼠标，打开服务器电源，当出现如图 9-1 所示的服务器开机界面时，按 Del 键进入 BIOS 配置界面。

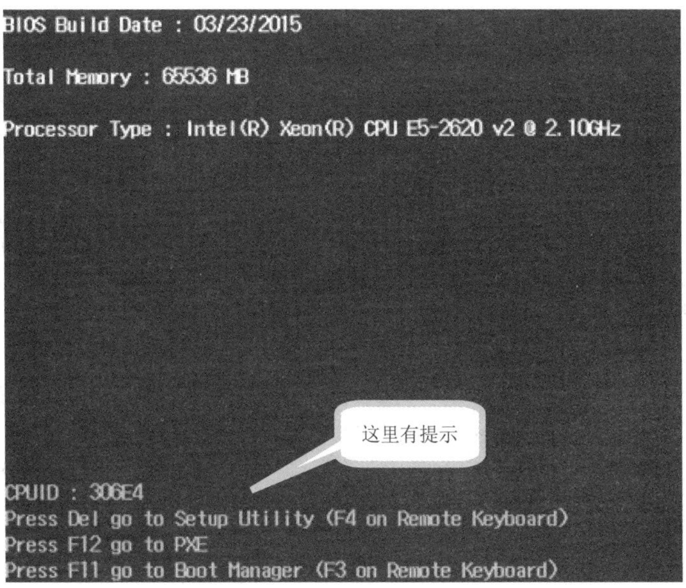

图 9-1　服务器开机界面

② 图 9-2 的底部展示了各个键的功能，选择“Advanced”→“IPMI BMC Configuration”，可进入 IPMI BIOS 配置界面，如图 9-3 所示。

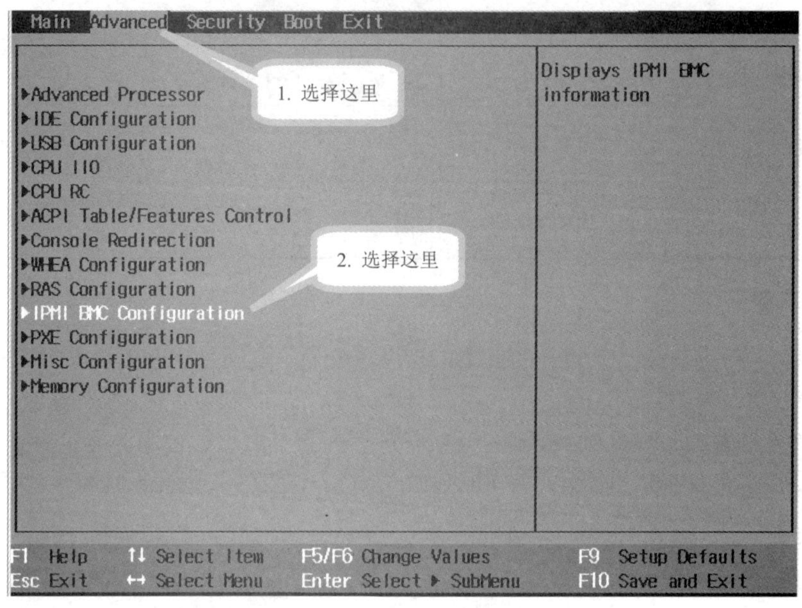

图 9-2　IPMI BIOS 配置界面

③ 在图 9-3 中，确认“IPMI Support”为“Enabled”状态，将光标移动到“BMC Configuration”，按回车键。如图 9-4 所示配置 BMC 用户名、密码、接口的模式和 IPv4 地址，这样管理员就可以通过该 IP 地址远程开、关服务器，也可以远程安装操作系统，VRM 也需要该地址来控制服务器。

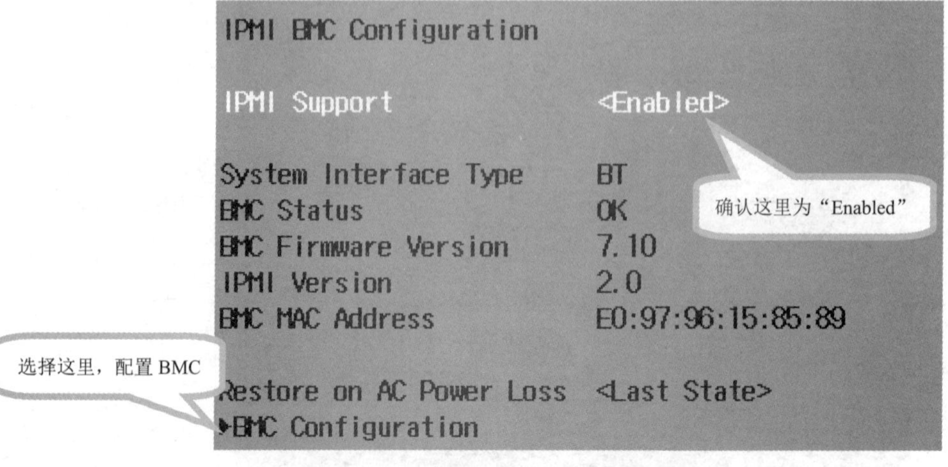

图 9-3　打开 IPMI 功能

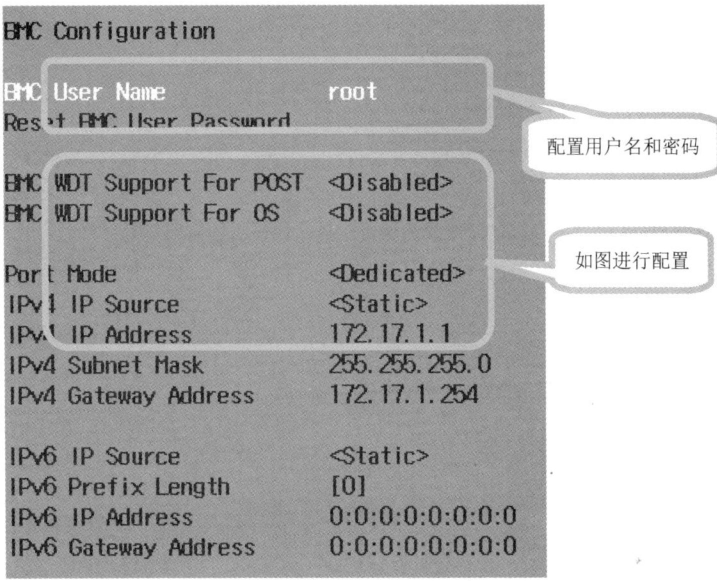

图 9-4　配置 BMC 用户名、密码、接口的模式和 IPv4 地址

④ 按照表 9-2 要求，完成主机 BIOS 的 CPU 高级设置。选择“Advanced”→“Advanced Processor”，进入“Advanced Processor”配置界面，如图 9-5 所示，确认“Intel HT Technology”为“Enabled”，“EIST Support”为“Disabled”。用向下箭头键移动光标，如图 9-6 所示，确认“C-States”为“Disabled”，而“Use XD Capability”为“Enabled”。

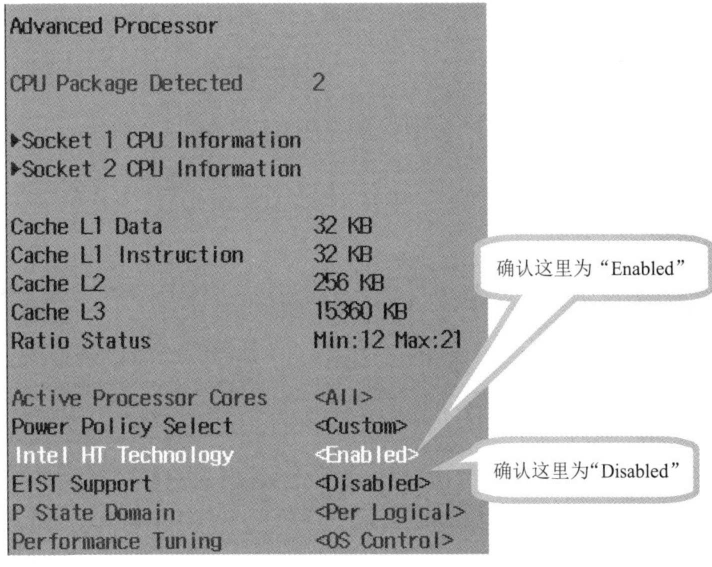

图 9-5　确认 Intel HT Technology 和 EIST Support 状态

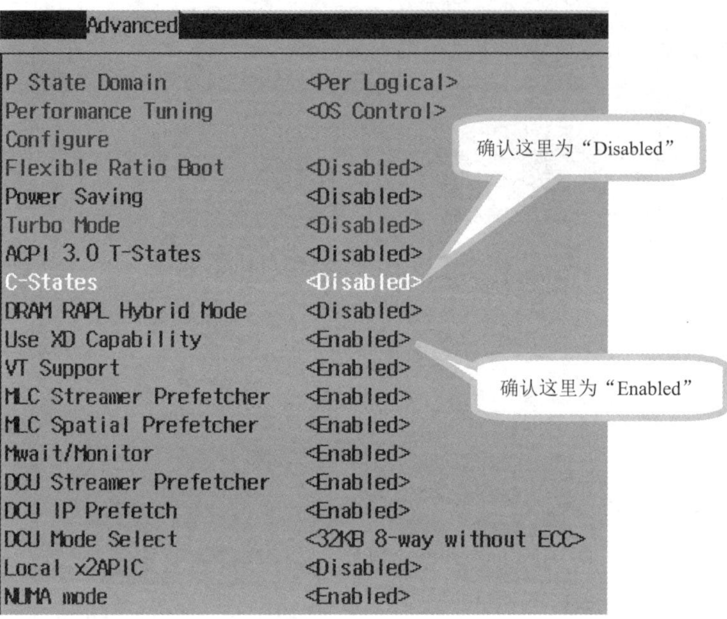

图 9-6　确认 C-States、Use XD Capability 状态

⑤ 如图 9-7，选择“Advanced”→“Misc Configuration”，进入“Misc Configuration”配置界面，确认 VT-d 的状态为“Enabled”，通过 Esc 键逐级退回到图 9-2，使用 F10 键保存 BIOS 配置，然后重新启动服务器。

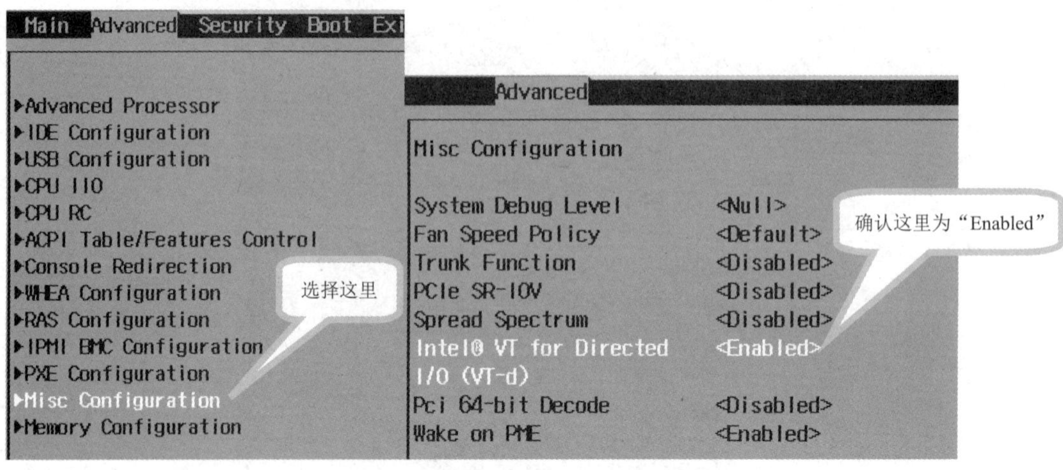

图 9-7　确认 VT-d 状态

（2）配置服务器的 RAID

① 重新启动服务器后，当出现如图 9-8 所示的服务器开机界面时，及时按<Ctrl><H>组合键，随后单击“Start”按钮，进入 RAID 配置界面，如图 9-9 所示。

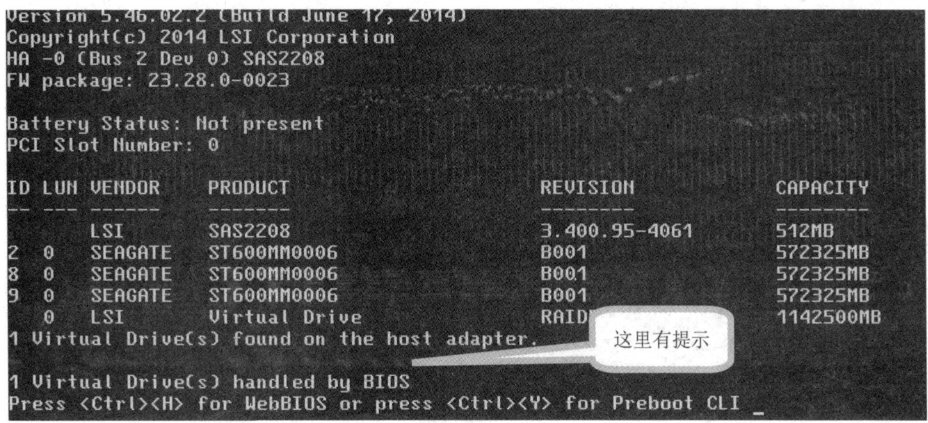

图 9-8　服务器开机界面

② 图 9-9 中右侧显示的是已经配置了的磁盘组，这里需要重新进行配置，单击“Configuration Wizard”，如图 9-10 所示，选择“New Configuration”，表示将清除原有的 RAID 配置，新建 RAID 配置，磁盘上原有数据将丢失。单击“Next”按钮，随后单击“Yes”按钮，弹出图 9-11。

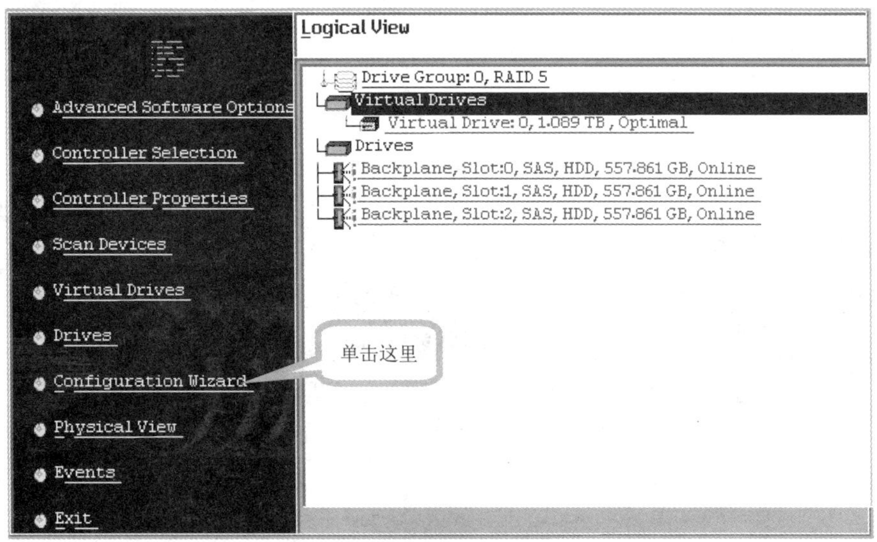

图 9-9　RAID 配置界面

③ 在图 9-11 中，选择“Manual Configuration”，手工配置 RAID，单击“Next”按钮，弹出图 9-12。

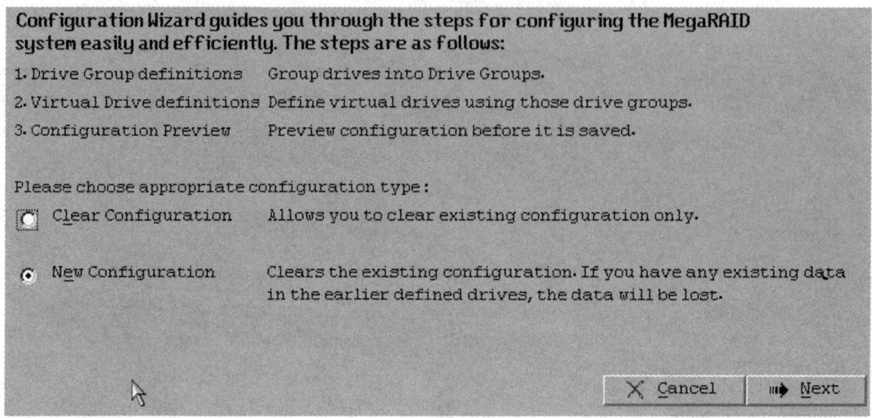

图 9-10　新建 RAID 配置

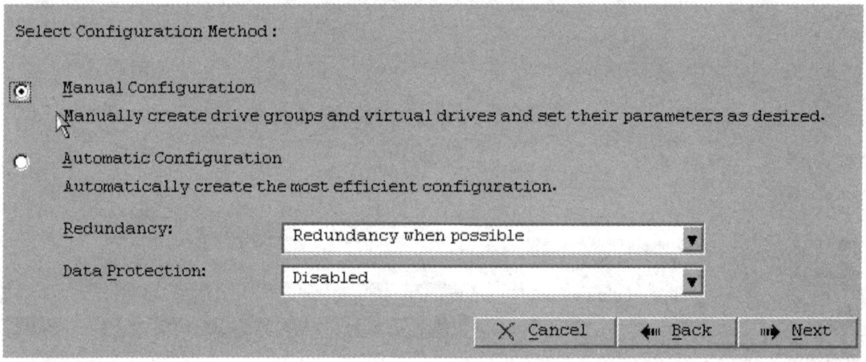

Select Configuration Method:

Manual Configuration

Manually create drive groups and virtual drives and set their parameters as desired.

Automatic Configuration

Automatically create the most efficient configuration.

Redundancy: Redundancy when possible

Data Protection: Disabled

Cancel　Back　Next

图 9-11　选择手工配置 RAID

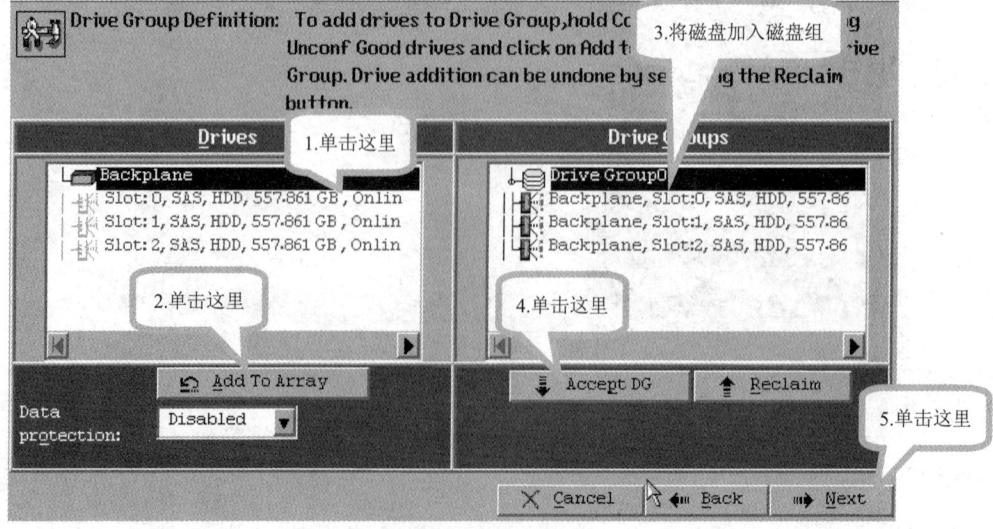

图 9-12　把磁盘加入磁盘组

④ 在图 9-12 中，在“Drives”列表中选择一个磁盘，单击“Add To Array”按钮，将磁盘加入磁盘组中，磁盘会出现在“Drive Groups”列表中。服务器共有 3 块磁盘，采用相同步骤，将 3 块磁盘全部加入磁盘组后，然后单击“Accept DG”按钮，接着单击“Next”按钮，弹出图 9-13。

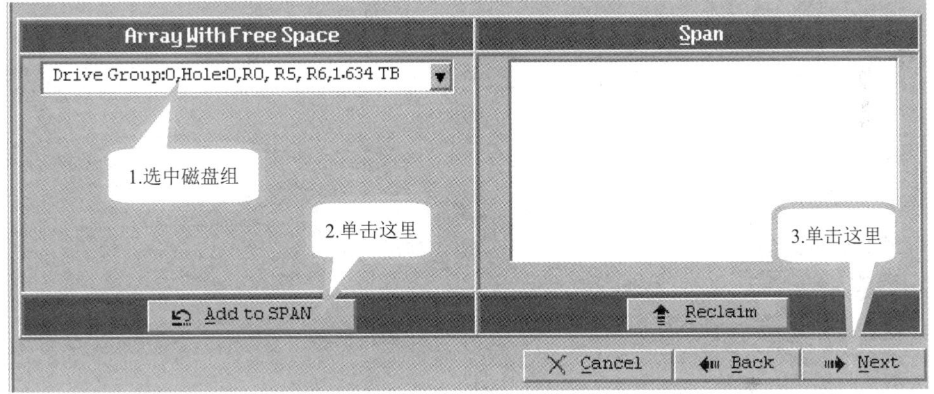

图 9-13　把磁盘组加入阵列

⑤ 如图 9-13 所示，选中刚创建的磁盘组，单击“Add to SPAN”按钮，新加入阵列的磁盘组将出现在右侧的“Span“列表中。单击“Next”按钮，弹出图 9-14。

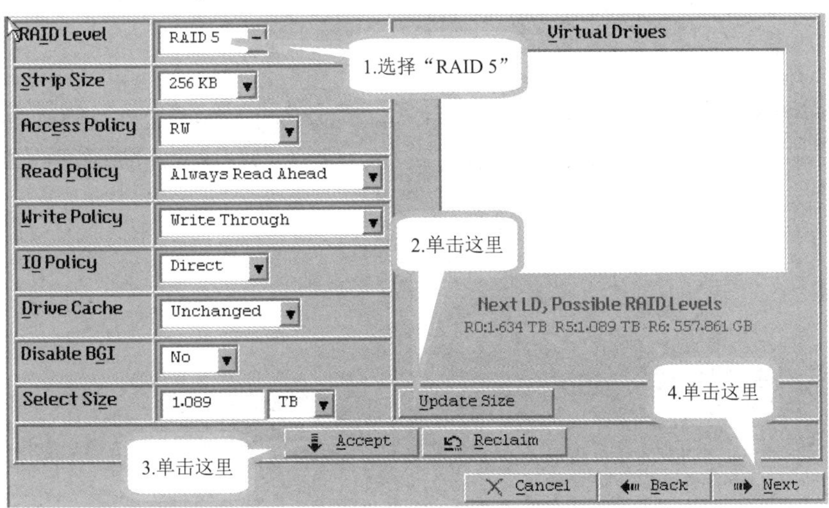

图 9-14　配置 RAID 5

⑥ 如图 9-14 ，在“RAID Level”下拉列表中选择“RAID 5”，磁盘组组成 RAID 5 阵列，磁盘利用率为(3-1)/3=66.7%，单击“Update Size”按钮，则程序自动计算出实际可用的磁盘容量。单击“Accept”按钮，再单击“Next”按钮，弹出图 9-15，在图 9-15 的右侧可见新创建的虚拟磁盘。单击“Next”按钮，弹出图 9-16。

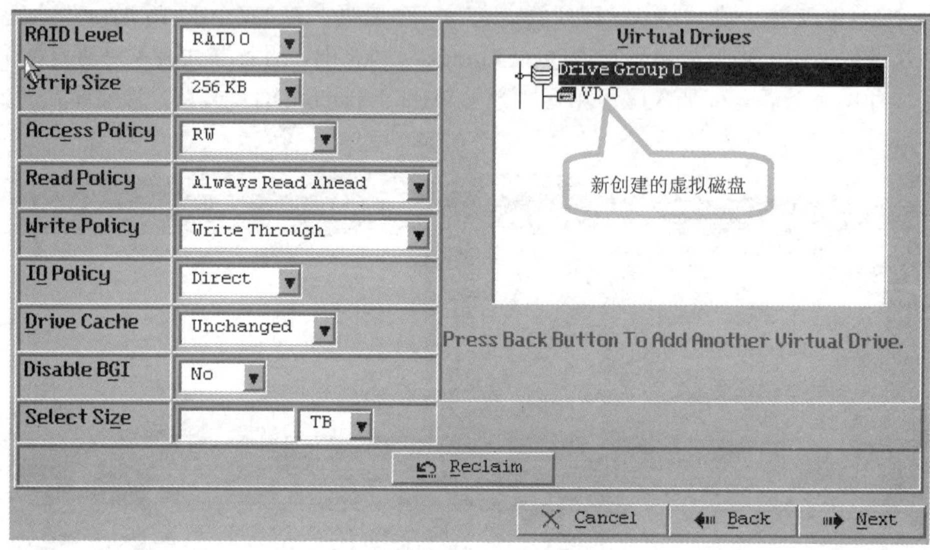

图 9-15　新创建的虚拟磁盘

⑦ 虚拟磁盘与物理磁盘如图 9-16 所示，在该图中，单击“Accept”按钮，弹出图 9-17。等待几秒钟，在图 9-17 中选择新创建的虚拟磁盘组，选择“Set Boot Drive(current=NONE)”项，单击“Go”按钮，设置启动盘。这样新创建的虚拟磁盘将成为启动盘，服务器可以使用虚拟磁盘上即将安装的 FusionCompute 系统进行启动。单击“Back”按钮，弹出图 9-18。

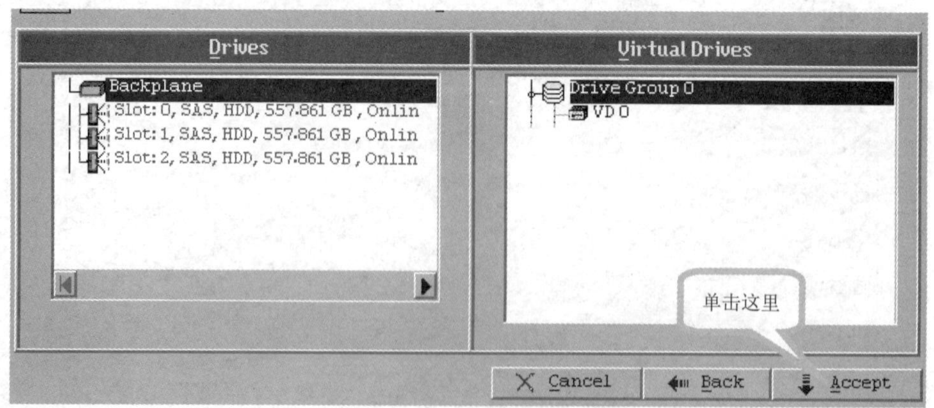

图 9-16　虚拟磁盘与物理磁盘

⑧ 在图 9-18 中，单击左侧的“Exit”，结束 RAID 配置，然后，使用<Ctrl><Alt><Del>组合键重新启动服务器，准备安装 FusionCompute 软件。

按照上述步骤配置服务器 2，该服务器 BMC 的 IP 地址为 172.17.1.2。

（3）测试——通过 IPMI 远程控制服务器

① 在管理员计算机上安装“jre-7u65-Windows-i586”插件，注意，Java 插件版本请勿

太高，笔者的经验表明，太高插件版本出错率较高。在“控制面板”→“程序”→“Java（32 位）”中打开如图 9-19 所示的 Java 控制面板，打开“安全”选项卡，将安全级别设为“中”，单击“确定”按钮。

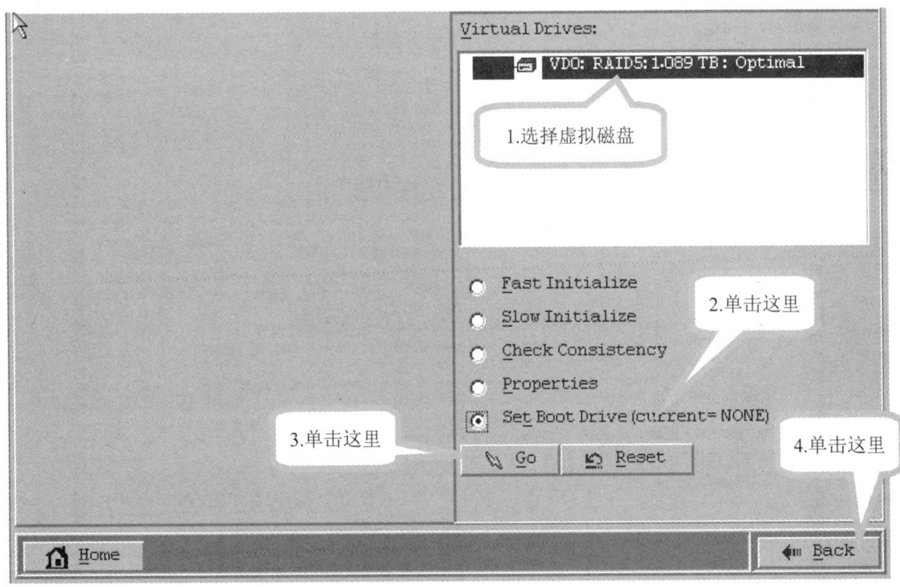

图 9-17　设置启动盘

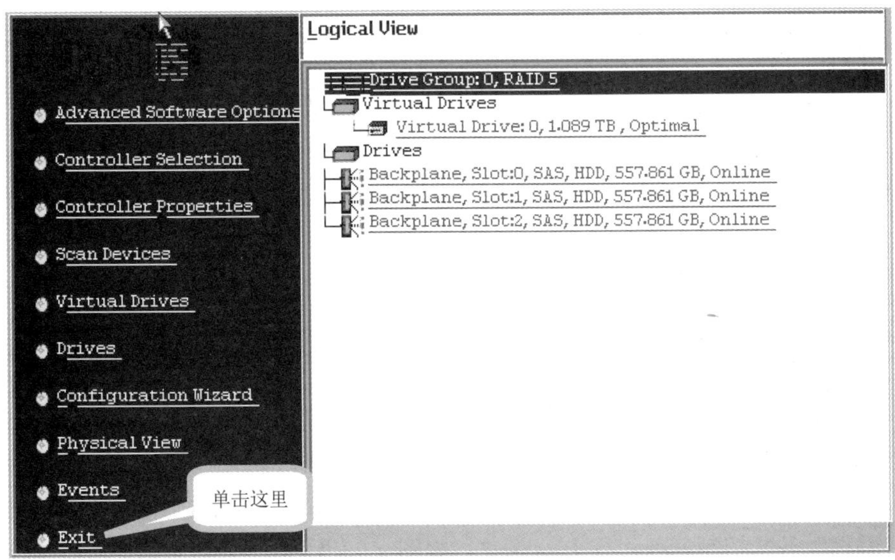

图 9-18　结束 RAID 配置

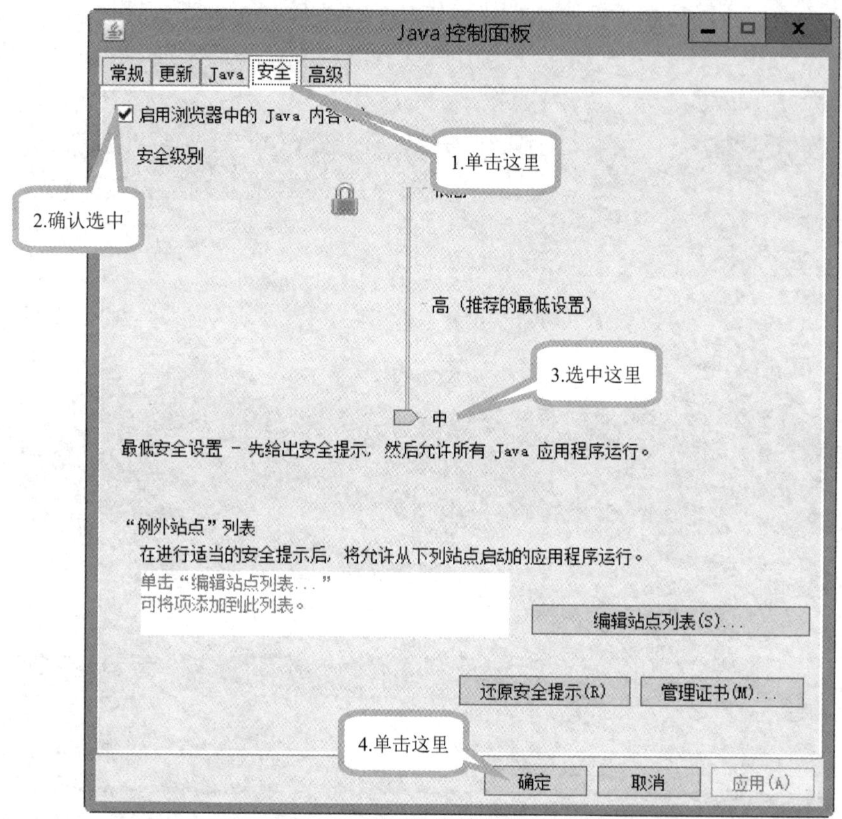

图 9-19　Java 控制面板

② 在管理员计算机上设置一个 VLAN 1 网段的 IP 地址（例如，172.17.1.100/24，网关为 172.17.1.254），完成从管理员计算机 **ping** 服务器 1（172.17.1.1）和服务器 2（172.17.1.2）的测试。

③ 安装最新版火狐浏览器，在地址栏输入 http://172.17.1.1 或者 http://172.17.1.2，打开如图 9-20 网页，因为证书的信任问题，需要单击“高级”按钮，再单击“添加例外”按钮，将该网站的证书设置为可信任证书。

④ 如图 9-21 所示，输入在前面的步骤中设置的 BMC 用户名 root，密码 Huawei@123，单击“登录”按钮，登录 iMana 200，打开 iMana 200 主界面，如图 9-22 所示。

⑤ 在图 9-22 中单击“远程控制”→“远程控制台(独占模式)”，弹出图 9-23。

⑥ 远程服务器控制需要运行 Java 插件，如图 9-23 所示，单击“激活 Java”，然后单击“长期允许”按钮，允许 Java 插件运行，同时弹出图 9-24。

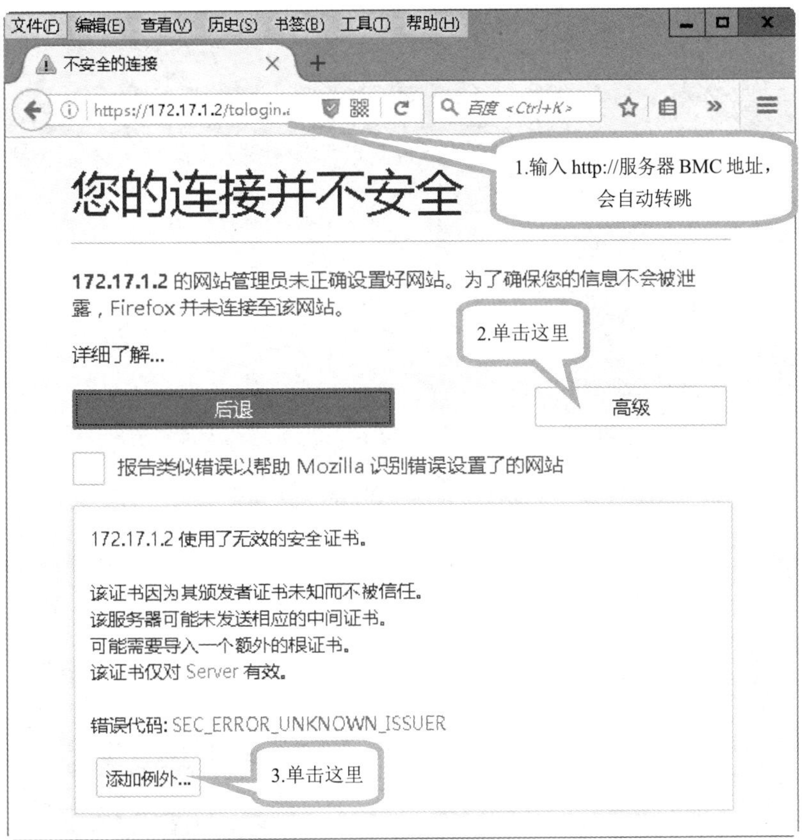

图 9-20　添加例外

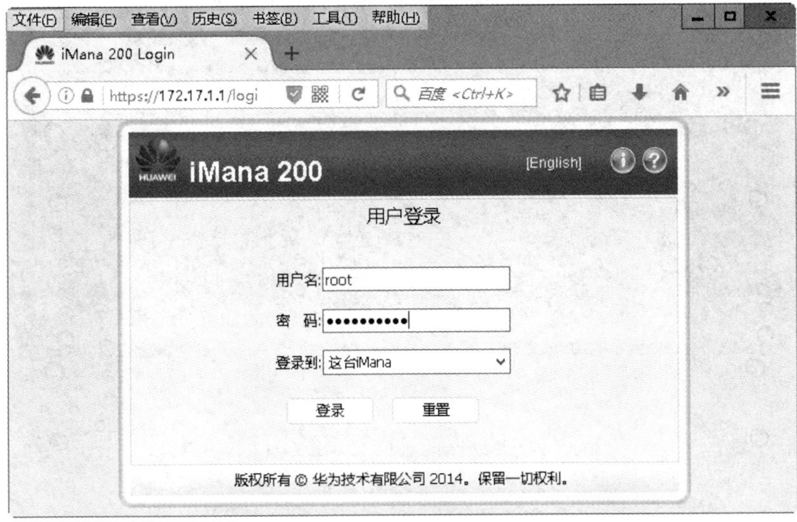

图 9-21　登录 iMana 200

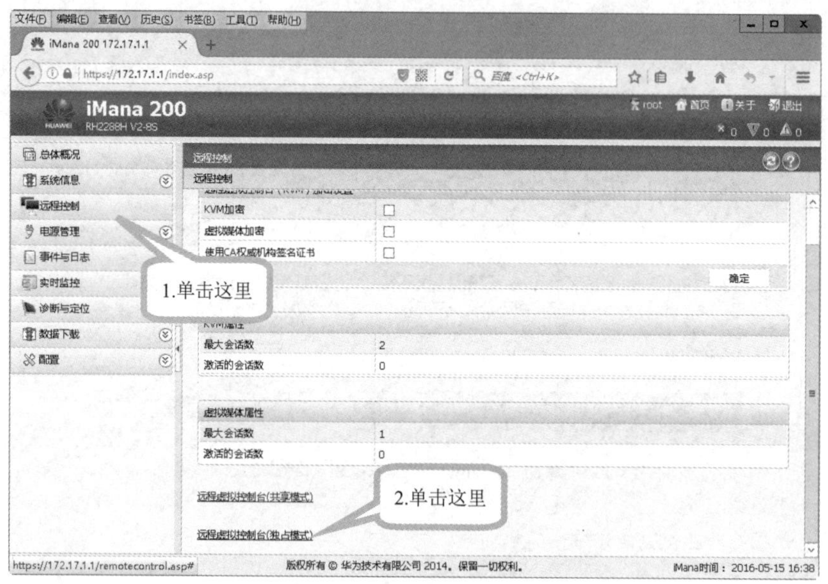

图 9-22　iMana 200 主界面

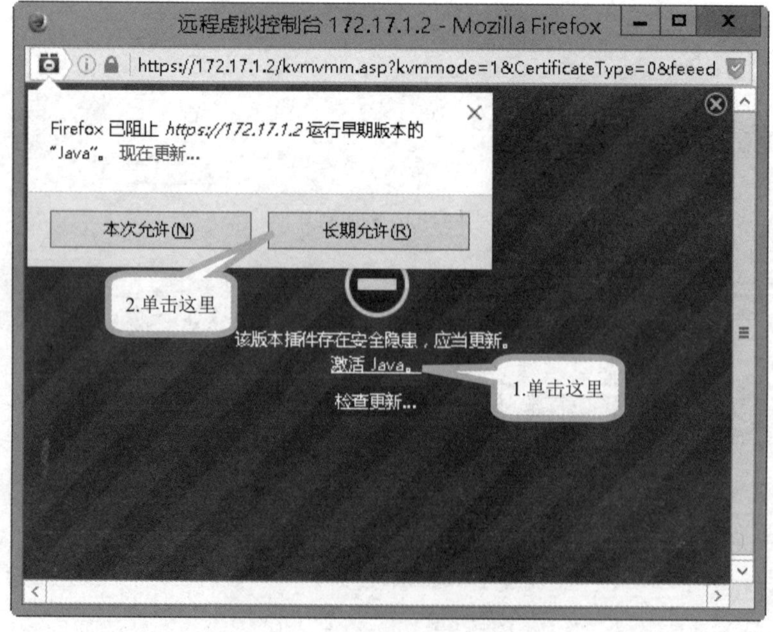

图 9-23　允许 Java 插件运行

⑦ 在图 9-24 中勾选“我接受风险并希望运行此应用程序(I)”，单击“运行”按钮，弹出图 9-25。

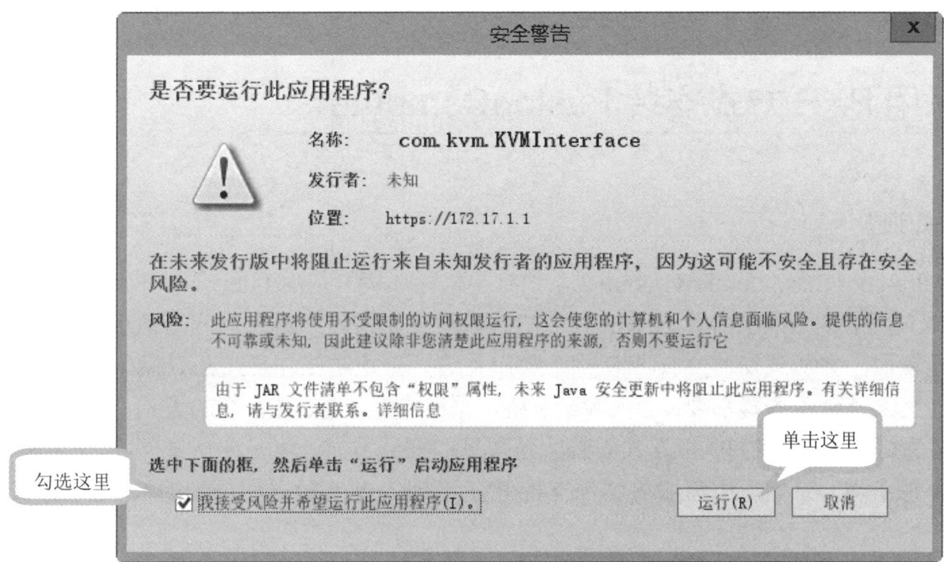

图 9-24 允许运行应用程序

⑧ 图 9-25 所示为服务器远程控制台界面，管理员可以像亲临服务器现场一样配置服务器。在以后的实验中，将多次使用远程控制台，例如，安装 FusionCompute、对 FusionCompute 进行调整。

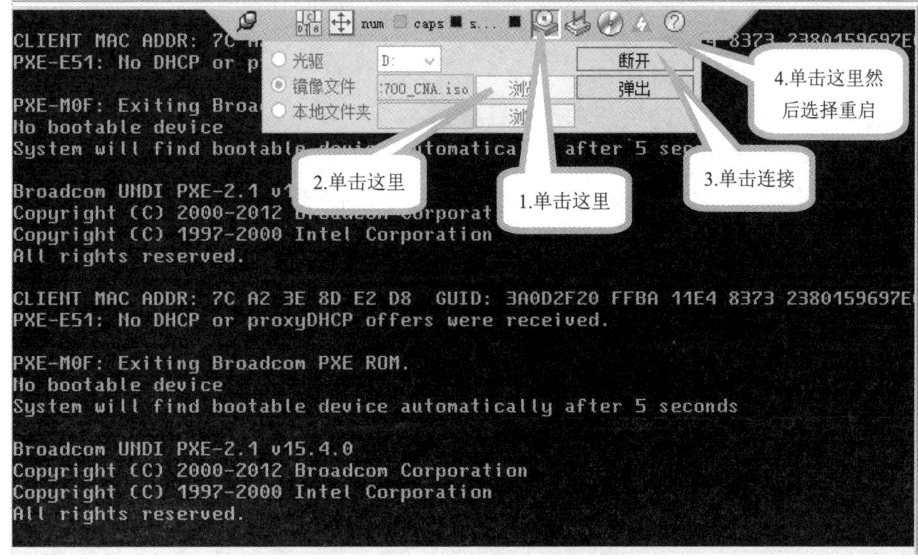

图 9-25 服务器远程控制台界面

9.2　采用 PXE 方式安装 FusionCompute

【背景知识】

PXE（Pre-boot Execution Environment，预启动执行环境）是由 Intel 公司开发的网络引导技术，PXE 网卡的 ROM 内置 DHCP 和 TFTP 功能，允许客户机通过网络从远程服务器上下载引导镜像，并加载安装文件或者整个操作系统。在正常工作环境下，网络工程师面对几十台甚至上百台服务器都要安装 CNA 系统，采用实验 1.2.1 节介绍的方式，一台一台地安装效率太低。所以采用 PXE 方式安装才是常见的安装方式。但是要保证网络环境中不能有 DHCP 服务器。目前，主流服务器都支持 PXE 启动，本实验采用华为的 RH2288H V5 服务器。

【实验内容】

① 运行华为 FusionCompute_Installer 软件，采用 PXE 方式安装。
② 将 RH2288H V5 设置成 PXE 启动。
③ 安装华为 FusionCompute。

【实验步骤】

（1）关闭防火墙和杀毒软件

确认管理员计算机关闭防火墙和杀毒软件。

（2）确认网络连通性

确认管理员计算机可以与 2 台 FusionCompute 主机正常进行通信。

（3）解压安装工具

在管理员计算机上，解压安装工具“FusionCompute 6.5.1_Installer.zip”。

（4）运行安装工具

在解压出来的文件夹中运行“FusionComputeInstaller.exe”，在弹出的如图 9-26 所示的“安装准备”对话框中，“选择语言”项选“中文”，“选择组件”项勾选“主机”和“VRM”，“IP 协议”项选“IPv4”，单击“下一步”按钮，弹出图 9-27。

（5）选择安装模式

在如图 9-27 所示的“选择安装包路径”对话框中，选择安装包路径，单击“开始检测”按钮，这时系统会解压 VRM 的 ZIP 包并检测模板与 ISO 镜像的版本是否符合要求，检测完成后单击“下一步”按钮，弹出图 9-28。

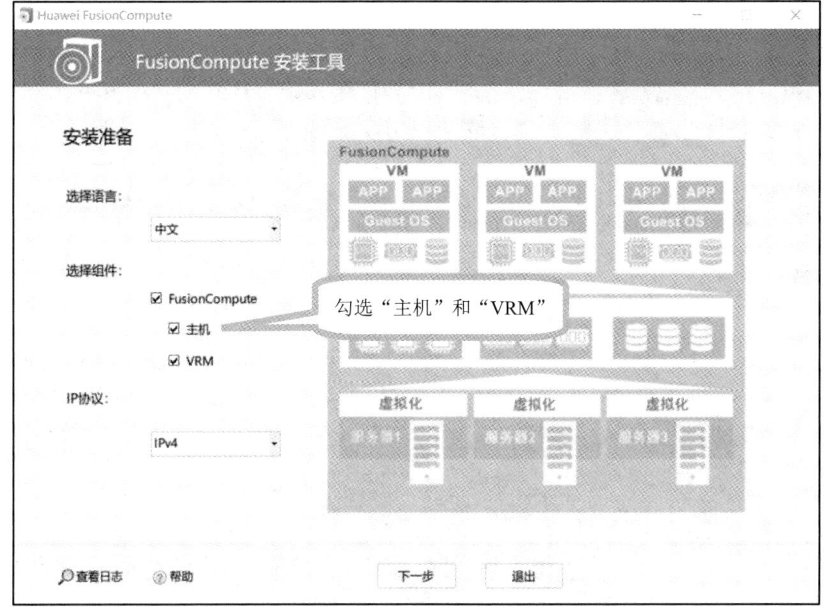

图 9-26　“安装准备”对话框

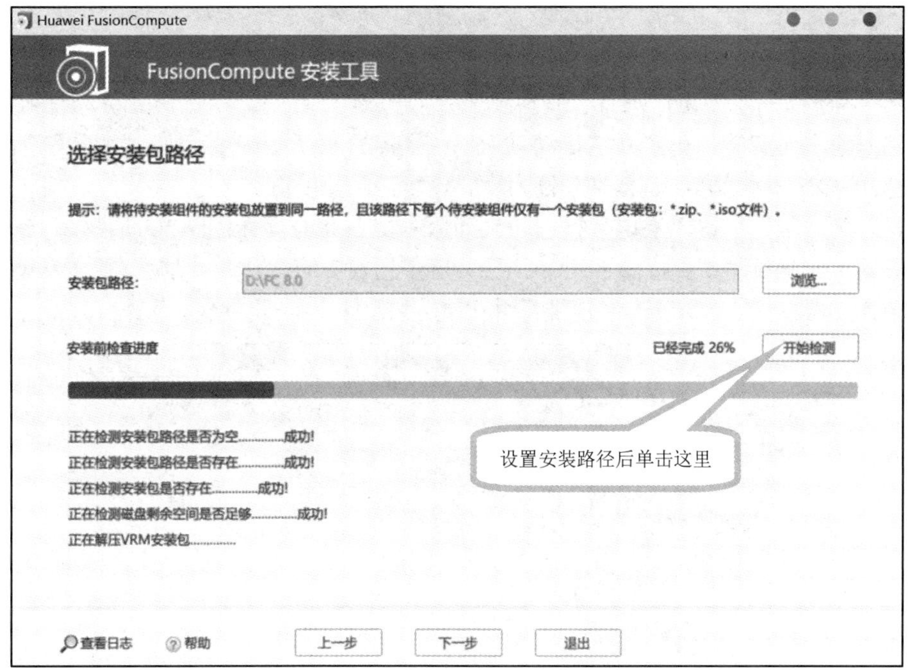

图 9-27　“选择安装包路径”对话框

（6）配置 DHCP 服务

因为采用 PXE 方式安装，所以需要用软件将自己的计算机配置成 DHCP 服务器，如图 9-28 所示，填写相关配置信息，然后单击“配置服务”按钮，（如果所在网络环境中有其他 DHCP 服务器，配置会失败）当配置完成后，单击“下一步”按钮。

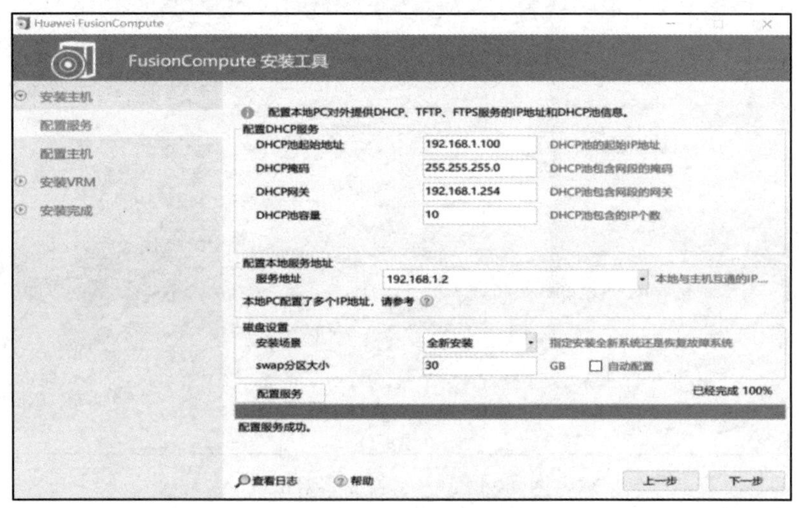

图 9-28　配置 DHCP

（7）配置服务器

使用火狐浏览器，通过 BMC 的 IP 地址登录服务器 1。首先输入账户 root，密码 IE$cloud 登录，然后单击“配置”→“系统启动项”，如图 9-29 所示，将启动的“引导介质”项设置为“PXE”，将“引导介质有效期”设为 “单次有效”，单击“保存”按钮，然后打开“电源与能耗”选项卡，单击“上电”按钮，启动服务器。此时，如图 9-30 所示，可远程控制查看服务器 1 的运行情况，由该图可知，服务器 1 通过 PXE 方式启动后，网卡从刚刚配置的 DHCP 服务器上分配到一个 IP 地址，并可通过 TFTP 接收软件包。

图 9-29　设置 PXE 启动

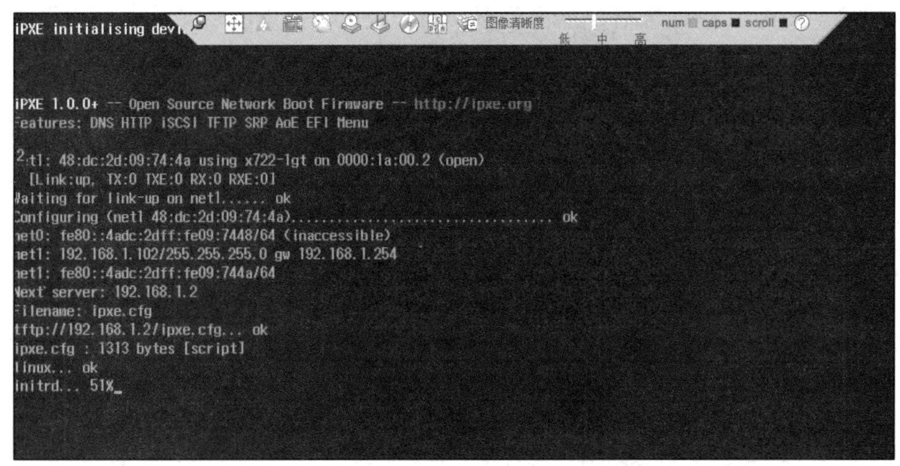

图 9-30　远程控制查看服务器 1 的运行情况

可采用同样方式配置服务器 2。

（8）安装 CNA 系统

服务器启动约 3 分钟后，回到 FusionComputeInstaller 软件界面，在图 9-31 中的“主机信息”列表中已经发现 2 台主机，选择这 2 台主机，单击“开始安装”按钮。这时候 2 台服务器开始安装 CNA 系统，远程登录可以看到 CNA 系统正在安装中，如图 9-32 所示。待安装完成后，服务器会自动选择从硬盘启动，完成 CNA 系统的加载。如果服务器的启动项不和 RH2288H V5 的启动项一样，设置 PXE 为单次启动，这时需要手动设置服务器从硬盘启动，只有进入 CNA 系统安装并启动完成，FusionComputeInstaller 才能被监控到。

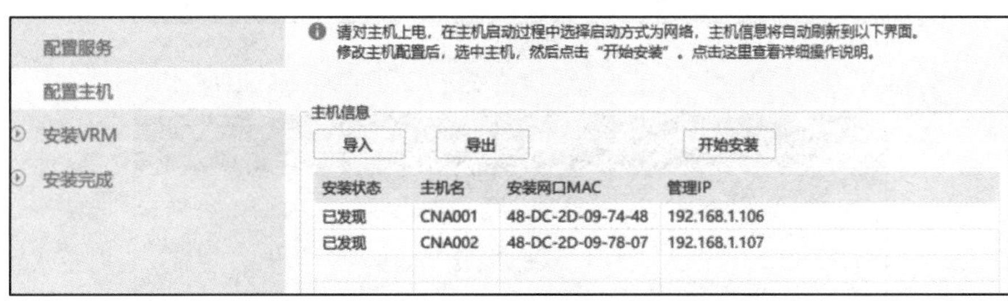

图 9-31　发现主机

当出现图 9-33 时，表明 CNA 系统已经安装完成，单击“下一步”按钮，弹出图 9-34。

（9）安装 VRM

① 如图 9-34 所示，设置 VRM 地址。这时要给 VRM 设置 3 个 IP 地址，其中，“主 VRM 节点管理 IP”和“备 VRM 节点管理 IP”所对应文本框中的 IP 地址分别为稍后部署的 2 台 VRM 虚拟机的 IP 地址，这 2 台虚拟机互为主备，会分别部署在不同的主机上，保证高可用性；“浮动 IP”所对应文本框中的 IP 地址为它们的统一访问 IP 地址，如果主 VRM 发生故障，管理员不需要切换 IP 地址也能自动通过“浮动 IP”所对应文本框中的 IP 地址

访问备 VRM。设置好 IP 地址后，单击“下一步”按钮，弹出图 9-35。

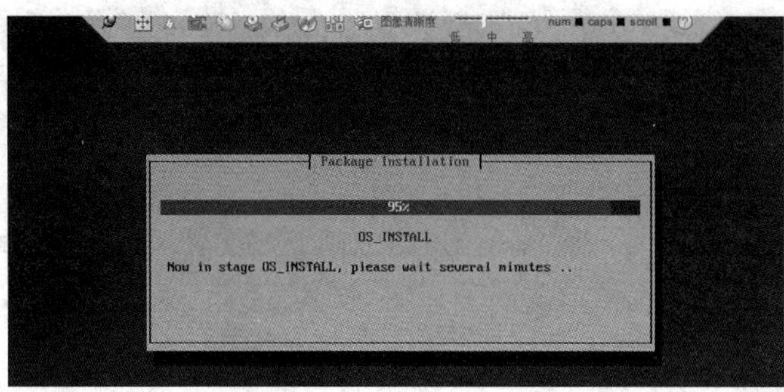

图 9-32　CNA 系统正在安装中

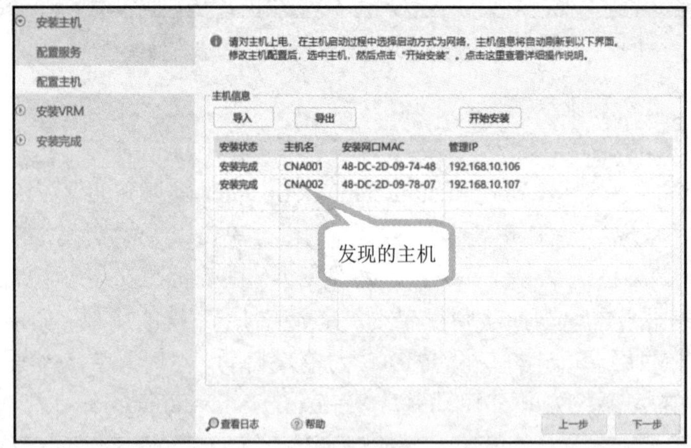

图 9-33　CNA 安装完成

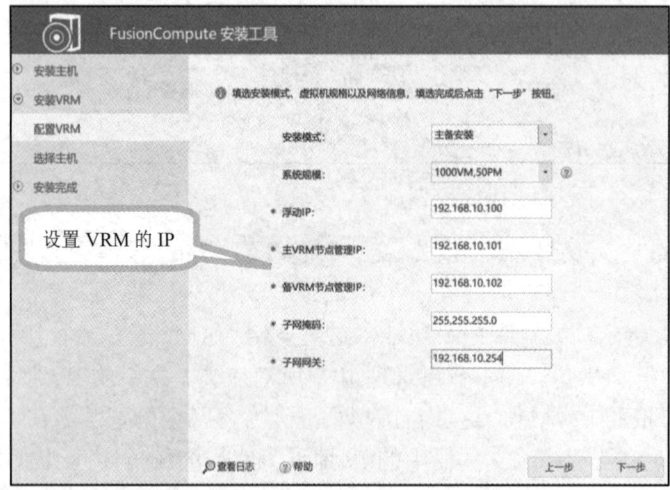

图 9-34　设置 VRM 地址

② 如图 9-35 所示，勾选“CNA001”和“CNA002”，选择部署 VRM 的主机。然后单击“开始安装 VRM”按钮，等待十多分钟后，安装完成，单击“下一步”按钮，弹出图 9-36。

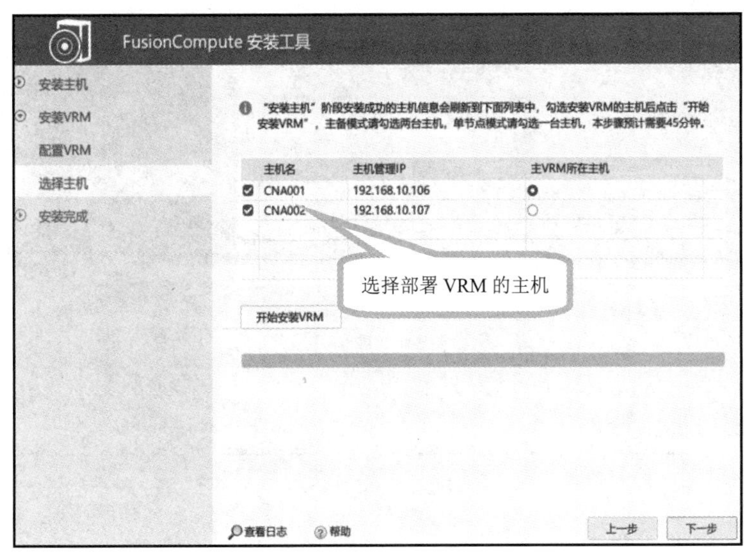

图 9-35　选择部署 VRM 的主机

（10）安装完成

① 安装信息如图 9-36 所示，该图中展示了 FusionCompute 的登录 IP 地址以及用户名和密码（初始密码）。单击“完成”按钮，就会将软件的临时配置清除，完成 FusionCompute 的安装。

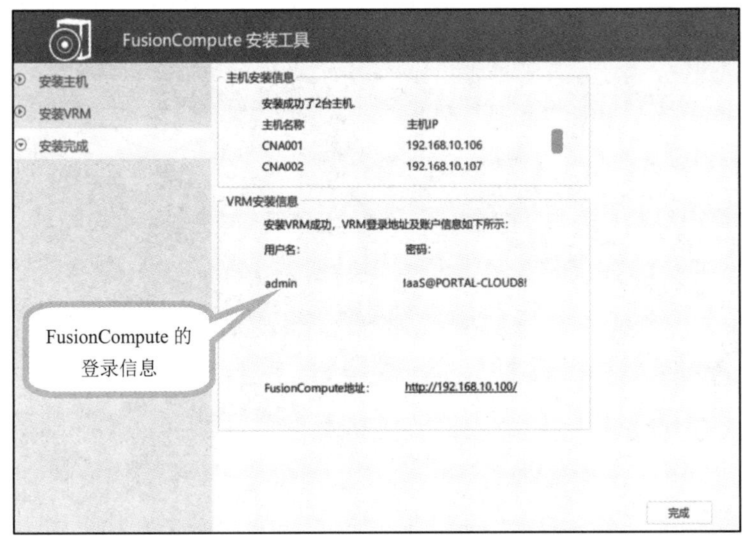

图 9-36　安装信息

② 在火狐浏览器的地址栏中输入192.168.1.100就能登录FusionCompute，成功登录界面，如图9-37所示。

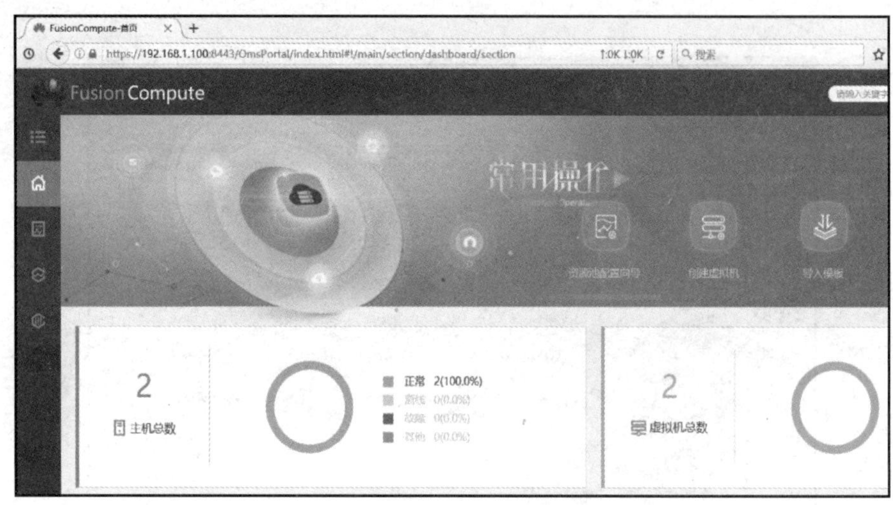

图 9-37　成功登录